Unterwegs
in die Welt von morgen

Unterwegs in die Welt von morgen

Utopische Geschichten
und Science-fiction-Romane

Verlag Das Beste
Stuttgart · Zürich · Wien

Die Texte in diesem Buch
erscheinen mit Genehmigung der Verleger

147

Printed in Germany
ISBN 3 87070 565 5

GIGA

NTEN
WOLFGANG
HOHLBEIN
UND
FRANK
REHFELD

I

Der Park

CRAIGH ELLISON lehnte sich müde zurück und lauschte mit halb geschlossenen Augen auf das Geplärre des Autoradios. Er haßte es, vor zehn oder elf Uhr aus dem Bett zu steigen, und hätten sie sich hier nicht zufällig an einem der heißesten Orte der Welt aufgehalten, hätte er Bettys Vorschlag, um drei Uhr – drei Uhr nachts! – aufzustehen und loszufahren, als persönliche Beleidigung aufgefaßt.

Jetzt aber beglückwünschte er sich im stillen zu dem Entschluß, noch vor Sonnenaufgang aufzubrechen. Obwohl die Sonne erst vor wenigen Augenblicken über den Horizont geklettert war, war es bereits heiß. Das kräftige, in Karmesin überwechselnde Orange des Sonnenaufgangs verblaßte, und in einer Entfernung von zwei, drei Meilen vor dem Wagen begann die Luft vor Hitze zu flimmern und alle Perspektiven zu verfälschen. Der Himmel nahm eine seltsame Färbung an, eine Mischung zwischen Azurblau und der Farbe gehämmerten Stahls, auf der der weißglühende Ball der Sonne wie ein Fremdkörper wirkte. Später, wenn sie den Höchststand ihrer Bahn erreichte, würden hier draußen unerträgliche sechzig oder siebzig Grad herrschen.

Aber die Hitze näherte sich auch jetzt schon der Grenze des Erträglichen. Die altersschwache Klimaanlage des Mietwagens kämpfte vergeblich gegen den heißen Wind, der über die Sanddünen der Großen Victoriawüste strich. Alles, was aus den Lüftungsschlitzen im Armaturenbrett kam, war ein Schwall stickiger, trockener Wärme. Und auch die Idee, das Fenster zu öffnen, um sich ein wenig Linderung zu verschaffen, war nicht besonders gut gewesen. Selbst der Fahrtwind war heiß.

Nein, dachte Craigh, so hatte er sich Australien wirklich nicht vorgestellt.

Er wußte nicht viel über den kleinsten Kontinent der Erde, und das Wenige stammte hauptsächlich aus Filmen und einfältigen Fernsehserien – die zu mehr als neunzig Prozent im dichtbesiedelten und lebensfreundlicheren Südosten spielten. Sydney, Melbourne, Brisbane, Adelaide – das waren Städte und Landstriche, die er mit dem Wort Australien verband. Von der anderen Seite des Kontinents hatte er zwar gewußt, dieses Wissen aber geflissentlich verdrängt. Allmählich begriff er, warum hier keine Filme gedreht wurden.

Und das Beste an allem war, daß es dem Kalender zufolge Mitte Januar war, und noch vor wenigen Tagen war ihm in New York bei fünfundzwanzig Grad unter Null fast die Nase abgefroren. Aber hier in Australien war von Dezember bis Februar Hochsommer; im klimafreundlicheren Südosten wurde Neujahr meist mit Strandpartys gefeiert.

Craigh blinzelte. Es war ein Licht von fast schon schmerzhafter Intensität, und er fühlte sich, als wäre er in einem Zimmer mit viel zu vielen Lampen eingeschlossen. Seit zwei Tagen befanden sich Betty und er in Australien, lange genug, diesen Kontinent hassen zu lernen. Vorgestern waren sie in Perth angekommen, aber er glaubte nicht, daß er sich jemals an das Licht hier draußen gewöhnen würde.

Jetzt ein kaltes Bier, dachte er. Oder noch besser einen eisgekühlten Whisky. Eine noch halbvolle Flasche lag unter dem Sitz. Mittlerweile dürfte der Scotch vermutlich warm wie Pferdepisse geworden sein, aber der Hauptgrund, weshalb Craigh die Flasche dort liegen ließ, saß neben ihm. Es gelang ihm nicht, den verächtlichen Blick zu vergessen, den Betty ihm zugeworfen hatte, als er sich nach dem ersten gemeinsamen Frühstück mit ihr ein kleines Glas genehmigt hatte; sein persönliches Ritual der täglichen seelischen Wiederaufrichtung. Er hatte sich vorgenommen, nichts mehr zu trinken, zumindest bis sie ihr Ziel erreichten, weniger um sich selbst zu beweisen, daß er eine Weile auch ohne das Zeug auskommen konnte, sondern auch, um es Betty zu demonstrieren.

Mißmutig starrte er auf die Kamera, die quer über seinen Knien lag, wühlte einen Moment in seiner Fototasche und förderte schließlich einen gelbgetönten Sonnenfilter zutage. Mit geschickten Bewegungen begann er den Filter auf das Objektiv zu schrauben.

„Das ist der stärkste, den ich habe“, knurrte er. „Ich bin trotzdem nicht sicher, ob mir dieses Scheißlicht keine Löcher in den Film brennt.“ Er seufzte tief und warf der jungen Frau auf dem Sitz neben sich einen beistandheischenden Blick zu. Der Luftstrom aus den Lüftungsschlitzen spielte mit Bettys gelockten dunkelblonden Haaren. Sie trug ein weißes Kleid. Darunter kamen wohlgeformte braune Knie zum Vorschein, die obersten Knöpfe des Kleids waren geöffnet, so daß die Ansätze der Brüste freilagen.

Craigh wandte den Blick rasch wieder ab und beugte sich achselzuckend erneut über seine Kameraausrüstung, als die erhoffte Antwort ausblieb. Mit dem riesigen, fast unterarmlangen Teleobjektiv, den Zusatzgeräten und dem Handgriff unter dem Tele sah der Apparat jetzt eher einer Strahlenwaffe in einem Science-fiction-Film ähnlich als einer Kamera.

Craigh verstand etwas von teuren Kameras, und diese hier war so ziemlich die beste, die es gab. Eine Schande, dachte er grimmig, so ein technisches Wunderwerk in einen tausend Quadratmeilen großen Backofen zu schleppen. Auf dem mattschwarzen Gehäuse der Kamera lag schon jetzt ein dünner Staubfilm, der einfach nicht abging, sooft er auch versuchte, ihn wegzuwischen. Craigh schwor sich, Bredham, seinen Chefredakteur, der ihn hierhergeschickt hatte, zu erschießen, wenn die Kamera auch nur einen einzigen Kratzer abbekam. „Dieses Licht ist scheußlich“, sagte er noch einmal. „Viel zu grell. Möchte wirklich wissen, wie ich da anständige Bilder zustande bringen soll.“

Betty warf ihm einen kurzen, spöttischen Blick zu und schüttelte den Kopf. Dann konzentrierte sie sich wieder auf das eintönige Gelbbraun des nahezu unbefestigten Weges, das sich seit mehr als zwei Stunden stur unter dem Wagen abspulte.

Es hatte etwas Hypnotisierendes, denn es gab nichts, absolut nichts, was das Auge ablenkte. Keinen einzigen Baum und, seit sie vor rund hundert Meilen vom Great Eastern Highway abgebogen waren, nicht einmal mehr Büsche. Nur Wüste und einige verdorrte Grashalme. Wenn jetzt am Straßenrand vor ihnen ein Baum auftauchen würde, war Betty sicher, daß sie geradewegs dagegenfahren würde, gebannt wie das berühmte vom Blick der Schlange hypnotisierte Kaninchen.

Sie waren am vergangenen Abend extra zeitig schlafen gegangen, um den Anstrengungen des nächsten Tages gewachsen zu sein, doch obwohl sie, im Gegensatz zu diesem Nachtmenschen auf dem Beifahrersitz, das frühe Aufstehen gewöhnt war, fühlte sie sich schon wieder müde. Sie hätte niemals geglaubt, daß absolute Eintönigkeit so erschöpfend sein konnte.

„Wie weit ist es noch?" fragte Craigh.

„Nur ein paar Meilen", antwortete Betty nach einem kurzen Blick auf den Zähler am Armaturenbrett. „Warum?"

„Ich glaube", antwortete Craigh nach einer Weile, „ich werde unserem geschätzten Herrn Chefredakteur ein paar ziemlich unfeine Worte sagen, sobald wir zurück sind." Seine Stimme wurde schrill, als er versuchte, Bredhams Tonfall nachzuahmen. „Bezahlte Ferien! Fast schon Urlaub auf Redaktionskosten!"

Betty schaltete das Autoradio aus. In der plötzlichen Stille wirkte das leise Brummen des Motors doppelt laut. Eine Straßenkreuzung tauchte aus dem flimmernden Sonnenglast vor ihnen auf. Betty nahm den Fuß vom Gas, lenkte den Kombi an den rechten Straßenrand und klaubte die zusammengefaltete Karte aus dem Handschuhfach. „Rechts", sagte sie nach kurzem Überlegen. „Dann noch höchstens zwei oder drei Meilen."

„Das hast du vor zwei Meilen auch schon behauptet", sagte Craigh.

Zwischen Bettys Augen erschien eine steile Falte. „Kann ich etwas dafür, wenn die Karte nicht stimmt?"

„Natürlich", nickte Craigh. „Du bist der Boß. Und damit bist du verantwortlich. Prinzipiell und für alles."

Betty legte die Karte zurück und fuhr los. Sie hatte es schon längst aufgegeben, auf Craighs Sticheleien zu reagieren. Schließlich war es nicht ihre Schuld, wenn Bredham ihn nun schon zum drittenmal hintereinander quasi degradiert hatte. Jemand mit Craigh Ellisons Fähigkeiten hätte es längst zum stellvertretenden Chefredakteur bringen können, aber Craigh hatte nun mal ein geradezu unglaubliches Talent darin, den falschen Leuten zum falschen Zeitpunkt das Falsche zu sagen. Wenn er nach fast fünfzehn Berufsjahren noch immer – beziehungsweise wieder – nur einfacher Fotoreporter war, dann trug er selbst die Schuld daran. Und eigentlich hatte er schon ausgesprochenes Glück, daß er wenigstens das noch war. Bredham hatte mehr als einmal ernsthaft damit gedroht, Craighs Presseausweis zu nehmen und in den Reißwolf zu werfen. Und Craigh selbst gleich hinterher.

Betty konnte es ihm nicht einmal übelnehmen. Sie hatte während der letzten Monate mehrmals mit Craigh zusammengearbeitet, aber sonderlich gut ausgekommen war sie nie mit ihm. Er gefiel sich in der klischeehaften Rolle des Zynikers, dessen wahre Qualitäten nur deshalb noch niemand entdeckt hatte, weil sich die ganze Welt gegen ihn verschworen hatte. Vielleicht tat sie ihm mit dieser Einordnung Unrecht, aber bislang hatte er ihr noch keinen Grund gegeben, ihr Urteil zu revidieren – sah man davon ab, daß er von Zeit zu Zeit kooperativ und gelegentlich sogar charmant oder wenigstens freundlich sein konnte.

Nach wenigen Minuten tauchte das erste Hinweisschild vor ihnen auf. Wenigstens hatten sie sich doch nicht so gründlich verirrt, wie es Craigh vorgekommen war. Nach ein paar weiteren Minuten sahen sie den Zaun. Es war ein knapp zwei Meter hoher, geradezu lächerlich wirkender Maschendrahtzaun, der sich scheinbar von einer Seite des Horizonts zur anderen erstreckte und die Landschaft säuberlich in zwei Hälften teilte, von denen die eine so langweilig und leer wie die andere aussah. Das Tor war angelehnt, und direkt neben der Straße baumelte an einem rostigen Metallpfahl ein handgemaltes Schild, auf dem in weithin sichtbaren Buchstaben ZUTRITT VERBOTEN stand.

Craigh deutete auf die Hinweistafel. „Vielleicht sollten wir das Ding ernst nehmen und umkehren", sagte er spöttisch. Wesentlich ernster fügte er einen Moment später hinzu: „Ich habe bei der ganzen Sache kein gutes Gefühl. Dieser Auftrag stinkt mir jetzt schon."

Betty zog es auch diesmal vor, nichts zu sagen. Sie hielt an, stieg aus dem Wagen und öffnete das Tor. Die Scharniere quietschten vernehmlich. Als sie zurückkam, war auf ihrem weißen Sommerkleid ein häßlicher Rostfleck. „Vielen Dank für deine Hilfe, du Kavalier", sagte sie spitz.

Craigh nickte ungerührt. „Gern geschehen. Die Höflichkeit ist ein Erbe meiner britischen Vorfahren."

Sie fuhren weiter, ohne das Tor hinter sich zu schließen. Nach ein paar hundert Metern tauchte hinter der Kuppe eines kleinen Hügels ein zweiter Maschendrahtzaun auf. Und neben dessen Tor war ein ausgewachsenes Handgemenge im Gange: Eine Anzahl stämmiger Männer in uniformartigen blauen Overalls, ebenfalls blauen Kappen und mit spiegelnden Sonnenbrillen hatte eine etwas kleinere Gruppe hauptsächlich jugendlicher Aborigines eingekreist. Es war nahe an einer richtigen Schlägerei, es wurde geschubst und gerangelt, Fäuste wurden drohend geschüttelt. Die Aborigines trugen altmodische, billige bedruckte Hemden und weitgeschnittene Leinenhosen.

Obwohl Betty keinerlei Rassenvorurteile hegte, waren ihr die australischen Ureinwohner mit ihren breiten Gesichtern, den großen flachen Nasen, den tiefliegenden, von buschigen Brauen überschatteten Augen und vorspringenden Unterkiefern ein wenig unheimlich. Wegen ihres stark ausgeprägten Gerechtigkeitssinns ergriff sie aber in Gedanken automatisch Partei für die zahlenmäßig unterlegenen Aborigines. Die Männer in den Overalls waren sämtlich stämmige Kerle; mehrere von ihnen waren bewaffnet, wahrscheinlich ein militärisch gedrillter Schlägertrupp. Und so etwas erfüllte sie immer mit Unbehagen.

Sie nahm den Fuß vom Gas, ließ den Wagen ausrollen und runzelte demonstrativ die Stirn. „Was ist denn da los?"

Craigh antwortete nicht, aber er setzte sich auf und kurbelte das Fenster herunter. Seine Kamera klickte ein paarmal hintereinander. Berichte über Rassenunruhen machten sich immer gut, auch wenn sich TIME-LIFE nicht dafür interessierte. Für eine kurze Notiz in ein paar Tageszeitungen würde es allemal reichen, und Kleinigkeiten brachten auch Geld, obwohl sein Vertrag solche Nebenarbeiten verbot.

Erst als er genügend Fotos geschossen hatte und Betty ein Zeichen gab, betätigte sie die Hupe. Ein besonders bulliger Uniformierter sah her und kam mit gewichtigen Schritten und noch gewichtigerem Gesichtsausdruck auf sie zu. Betty öffnete ihr Fenster. „Was ist los?" fragte sie. „Ärger?"

„Keiner, der Sie was anginge", blaffte der Mann unfreundlich und mit eindeutig amerikanischem Akzent. Er nahm seine Kappe ab und wischte sich den Schweiß von der Stirn. „Ihre Papiere! Was suchen Sie überhaupt hier? Haben Sie das Schild vorne an der Straße nicht gesehen?"

Bettys Gesichtsausdruck blieb freundlich, aber sie mochte es nicht, wenn sie anstelle der Augen eines Gegenübers nur ihr eigenes, in einer Sonnenbrille verzerrtes Gesicht sah. Und noch weniger mochte sie es, wenn man sie ohne Grund so anblaffte. „Doch", antwortete sie mit erzwungener Ruhe. „Aber wir haben eine Einladung." Statt des verlangten Ausweises reichte sie dem Mann den Brief, in dem Professor Sondstrup den Besuchstermin bestätigt hatte.

Der Uniformierte las den Brief sehr aufmerksam und verlangte anschließend noch einmal Bettys Papiere. Diesmal reichte sie ihm ihren Paß und den Presseausweis ohne Widerspruch.

„In Ordnung", sagte er, nachdem er beides eingehend geprüft und zurückgegeben hatte, „Sie können durch." Er drehte sich um und ging, ohne Betty Gelegenheit zu irgendwelchen weiteren Fragen zu geben. Zusammen mit einem der anderen Männer öffnete er das Tor.

Betty fuhr los, nicht ohne noch einen ausgiebigen Blick auf die Streitenden zu werfen. Einer der Aborigines fiel ihr besonders auf: Er stand ein wenig abseits und war wesentlich älter als die anderen. Sein Gesicht war voller Falten, sein krauses Haar und der struppige Bart grau. Er beteiligte sich nicht an den Handgreiflichkeiten, sondern beobachtete statt dessen den Wagen. Betty konnte ein Schaudern nicht ganz unterdrücken, als sie seinen Blick auf sich ruhen spürte. „Siehst du den Alten da?" fragte sie Craigh. „Mach ein paar Fotos von ihm."

„Lieber nicht", gab er mit einem Blick auf den Uniformierten zurück, der sie ungeduldig durch das Tor winkte. „Ich habe das Gefühl, dieser Ausbund an Freundlichkeit sollte meine Kamera besser nicht zu sehen bekommen. Er hat so einen typischen Geben-Sie-mir-sofort-den-Film-Mister-oder-ich-werde-verdammt-ungemütlich-Ausdruck im Gesicht."

Betty lachte leise. „Da kannst du sogar ausnahmsweise recht haben. Ich wüßte nur zu gerne, was hier los ist. Sondstrup wird sich ein paar recht unbequeme Fragen gefallen lassen müssen."

Die Straße verzweigte sich und führte durch eine Ansammlung niedriger, roh zusammengezimmerter Wellblechhütten, die ein regelrechtes Dorf rechts und links der Straße bildeten. Am Horizont ragte das Skelett eines erst halbfertigen Hochhauses von futuristischer Architektur empor.

Craigh versuchte sich vorzustellen, welche Temperaturen in den Blechhütten herrschen mußten. Wahrscheinlich dienten sie nur als Lagerschuppen. Ein paar Wagen standen zwischen den Hütten und am Straßenrand, und von irgendwoher drang das quäkende Plärren eines Transistorradios zu ihnen herüber.

„Da vorne ist jemand", sagte Betty.

Ein Mann war aus einer der niedrigen Hütten getreten und starrte dem näher kommenden Wagen neugierig entgegen. Er trug die gleiche Art von blauem Overall wie die Männer vorne am Tor, und sein Blick war auch nicht viel freundlicher.

Sie fuhren an den Straßenrand. Craigh rückte automatisch seine sehr nachlässig gebundene und im Verlauf der letzten Stunden noch mehrfach gelockerte Krawatte ein wenig zurecht, die er nur auf Bettys Drängen hin angezogen hatte. Mit einem geschäftsmäßigen Lächeln sagte er: „Entschuldigen Sie, wir suchen Professor Sondstrup."

„Den Professor?" Der Mann trat einen Schritt näher und kratzte sich am Kopf. „Der wird wohl auf der Baustelle sein. Aber was zum Teufel tun Sie überhaupt hier? Haben Sie das Schild am Tor nicht gesehen?"

„Haben wir", erwiderte Craigh ungerührt. „Ist ja schließlich nicht zu übersehen. Aber sagen Sie uns lieber, wo wir diese Baustelle finden, statt uns mit dummen Fragen die Zeit zu stehlen."

Die Überrumpelungstaktik hatte Erfolg, denn der Mann im blauen Overall schluckte und deutete mit dem Daumen über seine Schulter. „Fahren Sie einfach weiter. Sie fallen direkt in die Grube, wenn Sie nicht aufpassen." Er grinste und entblößte dabei zwei Reihen gelblicher Zähne. Er deutete mit einer vagen Geste auf das halbfertige Hochhaus.

Craigh bedankte sich mit einem Kopfnicken und lehnte sich zurück. Betty legte den Gang ein und fuhr los. „Ich dachte, das soll nur ein Freizeitpark werden", murmelte sie. „Aber mittlerweile kommt es mir eher wie ein zweites Fort Knox vor." Mit Verwunderung registrierte sie, daß Craigh nicht mit einer seiner spöttischen Bemerkungen konterte. Sein Gesicht war sehr ernst. Hätte sie geahnt, was ihm gerade durch den Kopf ging, wäre sie wahrscheinlich sehr beunruhigt gewesen.

Die Landschaft änderte sich schlagartig, als sie das provisorische Dorf hinter sich gelassen hatten. Um sie herum erstreckte sich immer noch Wüste, aber die eintönige Ebene wurde jetzt von riesigen, fast symmetrisch angeordneten Sandhügeln verunziert, zwischen denen das helle Gelb schwerer Straßenbaumaschinen im Sonnenlicht glänzte. Der festgefahrene Sand unter ihren Reifen wurde von Asphalt abgelöst. Überall stand schweres Gerät, der Boden war zerwühlt und aufgerissen von den Ketten der Planierraupen, und über den Kamm eines Hügels lugte der riesige Ausleger eines Hunderttonnenkrans. Aber es war kein Mensch zu sehen.

„Seltsam", murmelte Craigh. „Auf einer Baustelle wie dieser sollte es eigentlich von Menschen wimmeln."

Betty sah demonstrativ auf die Uhr. „Es ist noch nicht einmal sechs", sagte sie. „Vielleicht fangen sie später an."

„Quatsch", sagte Craigh überzeugt. „Die arbeiten mit Sicherheit im Schichtdienst rund um die Uhr. Darauf wette ich einen Monatslohn."

Betty zuckte mit den Schultern. „Dann gibt es vielleicht noch ein paar andere Tore, an denen sie sich streiten können."

Die provisorische Straße machte einen Knick und führte dann in weitem Bogen um einen pyramidenförmigen Sandhügel herum, auf dessen Flanke eine Planierraupe wie ein überdimensionaler Urzeitkäfer hockte. Als sie um den Hügel bogen, blockierte direkt vor ihnen eine Menschentraube die Straße, größtenteils Männer in den schon bekannten blauen Overalls. Es waren mindestens vierzig oder fünfzig, wahrscheinlich die ganze Schicht, die normalerweise hier arbeitete.

Betty trat auf die Bremse und zog den Zündschlüssel ab.

„Zum Teufel, was ist denn hier bloß los?" murmelte Craigh. „Nach einem fröhlichen Happening sieht das nicht gerade aus. Muß irgend etwas passiert sein."

Betty zog eine Grimasse. „Scharfsinnig wie immer, unser rasender Reporter."

Craigh grinste, hängte sich die Kamera über die Schulter und stieg aus dem Wagen. Die Hitze traf ihn wie der Schlag einer weichen, trockenen Hand.

Ein paar Männer drehten sich um und musterten sie neugierig, als sie näher kamen. Es waren Arbeiter; schwere, grobknochige Männer mit schwieligen Händen und sonnenverbrannten Gesichtern, die offenbar hier in der Gegend groß geworden waren. Craigh hatte die Einheimischen, die sich anstelle der Aborigines für die rechtmäßigen Herren dieses Landes hielten, in den letzten beiden Tagen ein wenig kennengelernt, aber er konnte nicht gerade sagen, daß sie ihm übermäßig sympathisch waren. Die Menschen, die in dieser Hölle aus Sand und Hitze lebten, waren meistens still, verschlossen und allen Fremden gegenüber abweisend, obwohl sie zu einem Gutteil von ihnen lebten. Oder eben gerade deshalb. Vielleicht irritierte ihn ihr Anblick auch nur so, weil sie ihn durch ihre Kleidung unangenehm an die Schläger vorne am Tor erinnerten.

Ein grauhaariger Riese im schmutzigen Overall drehte sich vollends um, als Craigh und Betty zu der Gruppe traten. Sein Blick war ungefähr so freundlich wie der eines Gorillas, dem Tarzan gerade auf die Füße getreten war. „Ihr Jungs von der Presse werdet immer schneller", sagte er. „Wie habt ihr so rasch Wind von der Sache bekommen?"

„Von welcher?" fragte Betty. „Der vorne am Tor oder der hier?"

Craigh machte ein unschuldiges Gesicht und fügte hinzu: „Wer sagt Ihnen überhaupt, daß wir von der Presse sind?"

Der Hüne deutete mit einer Kopfbewegung auf Craighs Kamera. „Das Ding kostet wahrscheinlich mehr als mein Auto", sagte er. „Ein Tourist fährt so etwas bestimmt nicht durch die Wüste spazieren. Außerdem rieche ich Reporter zwei Meilen gegen den Wind."

„Wir sind nur zufällig hier", sagte Craigh. „Eigentlich suchen wir nur jemanden. Aber –"

„Hier ist alles in Ordnung, Mister." Er warf Betty einen raschen, unfreundlichen Blick zu, trat einen weiteren Schritt auf Craigh zu und stemmte herausfordernd die Hände in die Hüften.

Craigh stellte sich auf die Zehenspitzen und versuchte, über die Köpfe der Männer hinweg etwas zu erkennen. Aber alles, was er sah, waren noch mehr Köpfe und ein formloses Etwas, um das sich die aufgeregten Männer drängelten. „Was ist passiert?" fragte er. „Warum sagen Sie es uns nicht einfach, bevor wir es auf eigene Faust herausfinden?"

Sein Gegenüber sog scharf die Luft zwischen den Zähnen ein,

und sein Gesicht verfinsterte sich noch weiter. Aber der erwartete Wutausbruch kam nicht, denn in diesem Moment löste sich ein weiterer Mann aus der Gruppe und kam auf sie zu. Er sah erschöpft und übernächtigt aus, dunkle Schatten lagen unter seinen Augen. „Was suchen Sie hier?" fragte er unwillig. „Das ist Privatbesitz. Sie –"

„Wir suchen Professor Sondstrup", unterbrach ihn Betty. „Man hat uns gesagt, daß wir ihn hier finden."

Plötzlich hellte sich sein Gesicht auf. „Sie sind . . . Sie kommen vom TIME-LIFE-Magazin, nicht wahr? Sie sind die beiden Journalisten, die für heute angekündigt waren."

Betty nickte. „Na endlich mal einer, der hier den Durchblick hat", sagte sie in einem Tonfall, der sehr deutlich machte, daß ihre Geduld nun bald wirklich erschöpft war. „Vielleicht wären Sie jetzt so freundlich, uns zu Sondstrup zu führen."

Der Mann lächelte, trat einen Schritt vor und streckte ihr die Hand entgegen. „Sie müssen mein schlechtes Gedächtnis entschuldigen. An Sie habe ich überhaupt nicht mehr gedacht. Ich bin Professor Sondstrup."

„Oh", sagte sie. „Ich heiße Betty Sanders." Während sie, ohne zu zögern, Sondstrups Hand ergriff und herzhaft schüttelte, reagierte Craigh vor Verblüffung überhaupt nicht, sondern starrte sein Gegenüber nur an. Er wußte nicht, was er erwartet hatte, aber den Paläontologen hatte er sich auf jeden Fall anders vorgestellt. Die meisten Leute denken unwillkürlich an einen alten, weißhaarigen, ein wenig vertrottelten Greis, wenn sie das Wort „Professor" hören. Natürlich gab es auch noch den anderen Typ: den jungen, blauäugigen, sportlichen Wissenschaftler aus Kriminalromanen, Spionagegeschichten und Teenagerschnulzen. Sondstrup gehörte keiner der beiden Kategorien an, sondern besaß die Unverschämtheit, wie ein ganz normaler Durchschnittsbürger auszusehen. In seinem blauen, schlechtsitzenden Overall hätte er genausogut Kranführer oder Truckdriver oder ein x-beliebiger Handwerker sein können.

Er war ein großer, fast schon ausgemergelter Mann schwer zu schätzenden Alters mit kurzem, an den Schläfen angegrautem Haar und sehnigen Händen. Seine Bewegungen waren knapp und zielgerichtet, als lege er Wert darauf, alles mit einem Minimum an

Energieaufwand zu erledigen. Trotz seiner Müdigkeit hatte er sehr aufmerksam blickende Augen.

„Natürlich wußte ich, daß Sie heute kommen, ich habe den Termin ja selbst bestätigt", fuhr Sondstrup nach ein paar Sekunden fort. „Aber ich hatte in den letzten Stunden ziemlich viel um die Ohren, und in der Aufregung habe ich es völlig vergessen. Tut mir leid." Er trat nun auch auf Craigh zu, streckte die Hand aus und zog sie nach ein paar Augenblicken wieder zurück, als er begriff, daß Craigh nicht daran dachte, danach zu greifen. „Mister . . . Craigh, wenn ich nicht irre?" sagte er, eher amüsiert als verärgert.

„Ellison", korrigierte ihn Craigh. „Craigh ist mein Vorname. Aber macht nichts."

„Und Miß Sanders ist Ihre Assistentin, nehme ich an?"

Craigh grinste. „Nicht direkt", sagte er. „Sie ist der Boß, und ich bin der Assistent." Er deutete mit einer Kopfbewegung auf die Menschenansammlung. „Vielleicht würden wenigstens Sie uns endlich erklären, was passiert ist?"

Sondstrups Gesicht wurde eine Spur abweisender. „Eigentlich geht gerade das die Presse nichts an", seufzte er, „aber wenn Sie schon einmal da sind . . . Sie werden es ohnehin erfahren. Irgendein Vandale hat in der vergangenen Nacht unser Pteranodon zerstört."

„Ihr Pterowas?" fragte Craigh. Natürlich wußte er, was er sich unter dem zungenbrecherischen Namen vorzustellen hatte, denn schließlich hatte sich Betty in den letzten Tagen eine Menge Fachwissen für diese Reportage angelesen und das gleiche auch von ihm verlangt, damit sie nicht ganz so unbeholfen und auf die Aufrichtigkeit ihrer Gesprächspartner angewiesen waren. Aber er hatte gute Erfahrungen damit gemacht, sich prinzipiell erst einmal dumm zu stellen. Es gab kaum einen besseren Weg, an Informationen zu kommen.

„Unser Pteranodon", wiederholte Sondstrup mit einem flüchtigen Lächeln. „Ein Pterosaurier der Gattung Pterodactyloidea aus der Kreidezeit. Kommen Sie mit – ich zeige Ihnen, was das ist." Er drehte sich um und ging voraus.

Craigh wußte nicht recht, was er von Sondstrup halten sollte. Auf Anhieb spürte er, daß der Professor ein ausgeprägtes Selbstbewußtsein besaß, vielleicht sogar ein wenig zur Arroganz neigte.

Craigh hängte sich die Kamera wieder über die Schulter und folgte Sondstrup in geringem Abstand. Er war ein bißchen überrascht, daß Betty sich ihnen nicht anschloß. Nun, dachte Craigh, wahrscheinlich würde sie sich den erstbesten Arbeiter schnappen und ausquetschen, kaum daß Sondstrup und er außer Hörweite waren. Nachdem die Männer nun wußten, daß Betty und er auf Einladung des Professors hier waren, würden sie sich vielleicht nicht mehr ganz so reserviert geben.

Ein halbes Dutzend Männer mit gelben Helmen – offensichtlich eine Art Aufseher oder Vorarbeiter – versuchten gestikulierend, die übrigen Männer zurück an die Arbeit zu scheuchen. Nach und nach erwachte die Baustelle wieder zum Leben. Der Motor eines gigantischen Räumers sprang brummend an, jemand brüllte mit überschnappender Stimme Anweisungen, und als Sondstrup und Craigh neben dem umgestürzten Etwas angelangt waren, das einmal eine sorgfältig angefertigte Kunststoffkopie eines urzeitlichen Flugsauriers gewesen war, herrschte um sie herum bereits ein Höllenlärm.

„Ist es hier immer so laut?" fragte er.

Sondstrup nickte. „Leider", sagte er knapp. „Aber wir können in mein Büro gehen. Dort ist es ohnehin angenehmer."

„Später", wehrte Craigh ab. „Zuerst möchte ich mir mal dieses Peronadol ansehen."

„Pteranodon", verbesserte Sondstrup geduldig.

Craigh grinste, nahm die Kamera von der Schulter und überprüfte das Objektiv.

Sondstrup räusperte sich. „Es . . ., äh . . ., wäre mir lieber, wenn Sie das nicht aufnehmen würden", sagte er.

„Warum?" fragte Craigh und schoß in aller Ruhe zwei Aufnahmen. Er hatte vor, seinen Handlungsspielraum auszuloten. Wenn die Grenzen erst einmal abgesteckt waren, würde alles leichter werden.

„Glauben Sie vielleicht, so etwas diene der Reklame?" fragte Sondstrup. Diesmal klang seine Stimme schon etwas schärfer, sein Blick wurde zwingender.

Craigh spürte, wie Sondstrup zwischen dem Bemühen, nicht die Beherrschung zu verlieren, und dem Wunsch, ihm kurzerhand die Kamera aus der Hand zu schlagen, hin- und herschwankte.

Die umgestürzte Skulptur, die er durch den Sucher der Kamera betrachtete, bot einen bizarren Anblick, der ihm unwillkürlich Unbehagen bereitete, obwohl er genau wußte, daß er nichts anderem als Plastik und Metall und einer gewaltigen Menge Kunstfertigkeit gegenüberstand.

Das Modell war nicht nur lebensgroß, sondern auch ungeheuer lebensecht. Der nicht einmal drei Meter lange Körper erinnerte eher an eine Fledermaus als an einen Vogel. Aber obwohl sie Flügel hatten, waren Pterodaktylen ja auch keine Vögel gewesen, erinnerte er sich. Sie waren Echsen. Gigantische Bestien mit teilweise mehr als sieben Meter Flügelspannweite und furchteinflößenden Klauen. Das schlimmste an der Erscheinung war der Kopf. Kleine, böse Augen schienen Craigh abschätzend anzustarren. Der Schnabel war fast einen Meter lang, mit rasiermesserscharfen Rändern und zwei Reihen kleiner, nadelspitzer Zähne, und am Hinterkopf saß ein ebenso langer, horniger Fortsatz. Das Ding war so etwas wie ein fliegender Haifisch, dachte Craigh.

Das bizarrste aber waren die Zerstörungen. Die Flügel des Flugsauriers waren vielfach gebrochen, zum Teil abgerissen, die geschuppte Haut aufgeplatzt. Aus den Wunden waren Zahnräder und andere Metallteile wie stählerne Gedärme herausgequollen. Etwas an dem Anblick störte Craigh, doch es dauerte Sekunden, bis er begriff, was ihn mit so tiefem Unbehagen erfüllte. Das Ding sah aus, als wäre es nicht umgekippt, sondern – so verrückt die bloße Vorstellung auch anmutete – abgestürzt. Und zwar aus beachtlicher Höhe.

„Alles ist Publicity", sagte Craigh schließlich lahm, nur um überhaupt etwas zu sagen und sich von seinen verrückten Gedanken abzulenken. „Alles, was die Leute interessiert. Gute Nachrichten nimmt man lediglich zur Kenntnis und kümmert sich nicht weiter darum. Aber schlechte Schlagzeilen erhöhen sowohl das Interesse wie auch die Auflage. Negativpublicity ist manchmal die beste, auf alle Fälle besser als gar keine Meldung. Glauben Sie mir."

„Trotzdem . . ."

„Ich werde die Aufnahmen nicht veröffentlichen, wenn Sie Wert darauf legen", versprach Craigh halbherzig. „Aber ich hoffe,

Sie gestatten mir, noch ein paar Schnappschüsse für mein Privatarchiv zu machen." Er ging mit raschen Schritten um die umgestürzte Figur herum und schoß ein paar Aufnahmen aus verschiedenen Blickwinkeln. Schon wollte er sich wieder abwenden, als er ein wenig abseits von den anderen Bruchstücken etwas entdeckte, was nicht zu den übrigen Teilen zu passen schien. Er bückte sich und hob ein Stück hellgrauen, fast weiß lackierten Metalls auf, dessen Kanten scharf und ausgefranst waren. Unschlüssig betrachtete er seinen Fund einen Moment lang, vergewisserte sich mit einem raschen Blick, daß er nicht beobachtet wurde, und steckte das Metallstück schließlich in seine Umhängetasche. Abgesehen von den Zähnen – die zudem wahrscheinlich aus Kunststoff bestanden – gab es weder an der Hülle noch im Inneren des Sauriers so hell lackiertes Metall. Er würde sich später in Ruhe damit beschäftigen.

Um keinen Verdacht zu erwecken, schoß Craigh noch ein paar Aufnahmen. Schließlich kniete er nieder, legte sich fast auf den Bauch und visierte das Profil des schrecklichen Drachenkopfes an. Einer der halb angelegten Flügel schnitt wie ein schwarzer Bergrücken durch das Bild. Es wird eine eindrucksvolle Aufnahme werden, dachte er.

Im selben Moment jedoch, in dem er auf den Auslöser drückte, erschien ein Paar schlanker Beine vor dem Objektiv. Craigh überlegte kurz, ob er dieses zwar wertlose, dafür jedoch wesentlich hübschere Motiv noch einmal knipsen sollte, setzte aber statt dessen die Kamera ab und stand auf. „Das ist wieder einmal typisch", sagte er grollend. „Erst verschwindest du, ohne mir ein Sterbenswörtchen zu sagen, und dann tauchst du genau im richtigen Moment wieder auf, um mir ein Foto zu versauen." Anklagend blickte er von seiner Kamera zu der umgeworfenen Drachenfigur und wieder zurück zu Betty.

Sie lächelte nur flüchtig. Ihr weißes Kleid war staubig und verschwitzt, und auch auf ihrer Stirn glänzte Schweiß. „Ich habe mich ein wenig umgesehen", sagte sie. „Und du?"

„Ich habe mich mit Sondstrup unterhalten. Leider war der Bursche nicht sehr gesprächig", sagte Craigh, nachdem er sich vergewissert hatte, daß der Professor weit genug entfernt stand, um ihn nicht zu hören. „Und außerdem habe ich ein prachtvolles Bild gemacht. Ohne deine Beine vor dem Objektiv wäre es allerdings noch viel prachtvoller geworden."

„Aus den anderen war kaum ein Sterbenswörtchen herauszubekommen", murmelte Betty, ohne auf die Spitze einzugehen. „Hast du schon erfahren, was hier passiert ist?"

„Ich wäre froh, wenn ich das selbst wüßte." Sondstrup trat zu ihnen und wandte sich an Betty. „Es wäre mir lieber, wenn Sie nicht allein auf der Baustelle herumlaufen würden", sagte er und fügte entschuldigend hinzu: „Die Stimmung ist hier nicht besonders gut . . ." Er sprach nicht weiter, sondern machte eine vage Handbewegung, die alles mögliche bedeuten konnte. „Außerdem haben viele der Männer schon lange keine gutaussehende Frau mehr zu sehen bekommen. Und wir haben ein paar reichlich rauhe Gesellen hier."

Betty verzog das Gesicht, als hätte sie in eine besonders saure Zitrone gebissen. „Ich weiß mich schon zu wehren", sagte sie knapp und deutete dann auf die Überreste des Sauriermodells. „Waren das auch Ihre rauhen Gesellen?"

„Kaum." Sondstrup schüttelte den Kopf. „Eher ein paar randalierende Boongs."

„Boongs?" Betty schaute ihn fragend an.

„Aborigines. Wir nennen sie Boongs. Schon seit Beginn der Bauarbeiten haben wir Ärger mit ihnen."

„Muß aber ein verdammt kräftiger Vandale gewesen sein", meinte Betty skeptisch. „Wieviel wiegt denn dieser kleine Piepmatz?"

„Zwei, genaugenommen fast zweieinhalb Tonnen."

„So viel? Meines Wissens haben die echten Pterodaktyloiden kaum mehr als zehn Kilo gewogen."

„Aber die bestanden auch aus Fleisch und Blut, nicht aus Metall. Sie sehen ja selbst, daß das Modell mit Elektronik vollgestopft ist. Unsere Monster sollen nicht einfach nur in der Gegend herumstehen, sondern sich auch bewegen. Natürlich werden sie nicht brüllend umherstampfen, aber Mikroprozessoren steuern einige ziemlich realistische Bewegungsabläufe."

„Realistisch genug, um auch ein paar Runden in der Luft zu drehen?" fragte Craigh. Es war nicht genau zu erkennen, ob er seine Frage ernst oder spöttisch meinte.

„Ganz so weit geht der Realismus nun auch wieder nicht“, antwortete Sondstrup.

„Könnte es nicht vielleicht eine Art Kurzschluß gegeben haben? Das wäre doch eine Erklärung für die Zerstörung.“

„Eine interessante Theorie, aber trotzdem unmöglich. Die Modelle sind alle noch nicht an das Stromnetz angeschlossen. Nein, hier handelt es sich um blindwütigen Vandalismus, wenn ich auch noch nicht weiß, wie jemand einen solchen Koloß in kürzester Zeit so zurichten kann.“

„Haben Sie denn schon die Polizei benachrichtigt?“ wollte Betty wissen.

Sondstrup seufzte und schüttelte abermals den Kopf. „Wie ich Ihrem Kollegen schon sagte: Wir wollen jede negative Publicity vermeiden, und bislang haben wir uns sehr gut selbst schützen können. Was sollte die Polizei hier draußen auch ausrichten können?“ Als er sah, daß Betty etwas sagen wollte, machte er eine rasche Handbewegung in Richtung eines weißen Pavillons, der am Rande des Baugeländes stand, und schlug vor: „Gehen wir in mein Büro, dort können wir uns bequemer unterhalten. Ich lade Sie zu einem Drink ein. Nach der langen Fahrt wird Ihnen eine Erfrischung bestimmt guttun.“

„Für einen Drink ist mein werter Kollege immer zu haben“, sagte Betty spitz. „Das ist so etwas wie ein Zauberwort für ihn.“

Craigh schaute sie zornig an. Diese Bemerkung hätte sie sich auch verkneifen können. Es war nur zu deutlich, daß Sondstrup sie von der umgestürzten (abgestürzten?) Saurierfigur weglocken wollte, doch Betty hatte ihm jeden Widerspruch unmöglich gemacht. Sie sah gar nicht gut aus, wie er mit einem raschen Blick feststellte. „Was ist los mit dir?“ fragte er leise, als sich Sondstrup ein paar Schritte entfernt hatte.

Betty schüttelte den Kopf. „Nichts“, erwiderte sie. Selbst ihre Stimme klang matt und strafte ihre Worte Lügen. „Es geht schon.“

Craigh starrte sie noch eine Sekunde lang an, ehe er mit den Achseln zuckte und sich Sondstrup anschloß.

Dick hob die Pistole. „Seid ihr soweit?“

Niemand antwortete, aber die Frage war sowieso nur rhetorisch gemeint. Charles und Roderick waren fast eine halbe Stunde zu früh gekommen und warteten seither fieberhaft darauf, daß es endlich losginge. Ebenso wie die übrigen Mitglieder der Gangs und die etwa dreißig Schaulustigen – Weiße und Aborigines gleichermaßen –, die zusätzlich gekommen waren, um sich das Elefantenrennen nicht entgehen zu lassen. Irgendwie hatten sie Wind von der Sache bekommen, obwohl eigentlich Stillschweigen vereinbart worden war, da die Angelegenheit intern geregelt werden und ohne großes Aufsehen über die Bühne gehen sollte. Das war auch einer der Gründe, weshalb das Rennen so spät in der Nacht stattfand.

Dick grinste, lehnte sich im Sattel seiner schweren Honda zurück und zählte provozierend langsam von zehn rückwärts. Es kam selten genug vor, daß er einen der beiden Großen zappeln lassen konnte, geschweige denn beide. Um so mehr gedachte er die Situation weidlich auszunutzen.

Charles warf ihm einen bösen Blick zu und spielte am Gashebel. Die achtzig Pferdestärken seiner dunkelroten Harley Davidson brüllten auf. Der Farbige war erst vor vier oder fünf Jahren aus England nach Australien übersiedelt und hatte begonnen, sich in Melbourne ein eigenes Reich aufzubauen. Es sprach für seine Fähigkeiten, daß er es in so kurzer Zeit geschafft hatte, sich an die Spitze einer der größten Straßengangs des Kontinents zu setzen; zumal als Farbiger, die hier ohnehin nicht gerade gut angesehen waren, ob Aborigine oder nicht.

„Sechs", sagte Dick. Er sah, wie sich Roderick vorbeugte. Seine Haltung verriet höchste Konzentration.

„Fünf!"

In das Grollen der Harley mischte sich jetzt das hellere, nervenaufreibende Jaulen von Rodericks Kawasaki.

„Vier!" Dicks Finger tasteten nach dem Abzug. Die Gestalten der Kontrahenten versteiften sich. Dick konnte die Nervosität der beiden geradezu spüren. Aber immerhin stand auch genug auf dem Spiel.

„Drei!" Er hob die Pistole noch weiter, so daß sie jetzt senkrecht nach oben wies, und wartete, bis die beiden Maschinen an die dünne Kreidelinie herangerollt waren, die als Start und Ziel galt.

„Zwei!"

Roderick klappte sein Visier herunter. Sein Gesicht glänzte vor Schweiß, obwohl es selbst hier in der Nacht eher kühl war.

„Eins!“ schrie Dick. „Und . . . los!“ Das „Los!“ wurde vom Knall des Schusses verschluckt.

Die beiden Maschinen brüllten auf. Das Vorderrad von Rodericks Maschine stieg eine Handbreit hoch in die Luft und krachte auf den Straßenbelag zurück, als die Maschine nach vorne katapultiert wurde. Das unfreiwillige Kunststück verschaffte Charles schon einen Vorsprung von mehreren Metern. Aber bei diesem Rennen kam es weniger auf die Geschwindigkeit an. Roderick würde mit seiner Kawa auf den ersten drei Kilometern so oder so einen guten Vorsprung herausfahren.

Die Rücklichter der beiden Maschinen schrumpften zusammen, und das Gebrüll der Motoren sank auf ein dünnes Summen herab, das schließlich ganz in der Ferne verklang.

Dick atmete hörbar aus. Während der nächsten halben Stunde konnte er hier warten. Er steckte die Pistole ein, zog den Reißverschluß seiner Lederjacke hoch und stieg aus dem Sattel der Honda. Die übrigen Maschinen der beiden Gangs bildeten ein Spalier aus Stahl und Chrom rechts und links der Straße. Er schlenderte zu den anderen zurück, die jetzt in losen Grüppchen bei den Maschinen standen und diskutierten.

Die mühsam zusammengeschweißte Gruppe war erneut in zwei Teile gespalten. Aus dem geplanten Miteinander war längst schon wieder ein Gegeneinander geworden, auch wenn niemand das offen zugeben wollte. Das Zweckbündnis drohte zu zerbrechen; eigentlich war es ein Wunder, daß es überhaupt so lange gehalten hatte. Die einfachen Mitglieder der Gangs hatten sich untereinander einigermaßen angefreundet, aber Charles und Roderick hatten sich gegenseitig vom ersten Moment an nicht ausstehen können. Alte Rivalitäten, die schon immer zwischen den Revieren Melbourne und Sydney bestanden hatten und sich nicht durch einen Handschlag und ein paar Flaschen Bier so einfach beilegen ließen.

Sydney war Rodericks Revier, dort war er der unumschränkte Herrscher der Straße. Aber als seine rechte Hand spürte Dick deutlich, daß es sogar in der eigenen Gruppe gärte. Roderick hatte in letzter Zeit mehr und mehr Anhänger verloren. Vielleicht, dachte Dick, machte es sich allmählich bemerkbar, daß Roderick auf die Vierzig zuging und ein wenig zu alt für den Anführer einer Motorrad-Gang war. Ihm fehlte die Power, er scheute mehr und mehr das

Risiko, während Charles offener und aggressiver war und durch seine weniger hochmütige Art die Leute mitzureißen vermochte.

„Na, woran denkst du?"

Dick schreckte auf und sah in Nippers Grinsen. Nipper war Mischling. Seine Haut war heller als die der reinrassigen Aborigines. Trotzdem wurde er sowohl von den Angehörigen der Gangs wie auch den wenigen Ureinwohnern, die noch in diesem Gebiet wohnten, respektiert. Er hatte die ganze Sache ins Rollen gebracht. Nipper hatte eine Weile in Melbourne studiert und dort Kontakt zu Charles gefunden. Dick verstand sich ganz gut mit Nipper. Der Mischling war in Ordnung; im Gegensatz zu Denny und Bob und den meisten anderen Idioten, die Charles um sich geschart hatte.

„Was ist los mit dir?" fragte Nipper. „Schiß?"

„Warum sollte ich?"

Nipper zuckte mit den Achseln. „War nur so eine Idee. Könnte ja sein, daß Charles das Rennen gewinnt."

„Wird er nicht", gab Dick ohne rechte Überzeugung zurück. „Und selbst wenn – was soll's?"

Nippers Grinsen wurde noch breiter. „Könnte sein, daß er dir was übelnimmt. Du bist bei unseren Jungs einigermaßen beliebt, aber du hast in letzter Zeit ein paar nicht so feine Sachen gesagt. Und du bist ein hohes Tier bei Roderick."

„Na und?" erwiderte Dick gereizt. „Wollt ihr hier einen Bandenkrieg anfangen? Ich denke, wir haben Frieden geschlossen, bis wir die Amis vertrieben haben?"

„Haben wir", bestätigte Nipper. „Aber es war auch ausgemacht, daß Charles und Roderick gleichberechtigt bestimmen. Euer Boß hat sich nicht daran gehalten, und den Jungs gefällt es nicht, wie er den Anführer spielt."

„Ansichtssache", gab Dick zurück. „Aber vielleicht sollten wir später darüber reden. Nach dem Rennen."

„Du hast recht", sagte Nipper ernst. „Sag mal", fragte er leise, „glaubst du wirklich, daß Roderick seinen Anspruch auf die Führerschaft so einfach aufgibt? Ich meine, selbst wenn er verliert . . ."

„Kaum. Genausowenig, wie ich glaube, daß Charles aufhört, ihm das Wasser abzugraben, wenn *er* verliert." Dick verstummte, zögerte einen Moment und sagte dann: „Ich sollte gerade mit dir eigentlich nicht darüber sprechen, aber ich habe das Gefühl, daß es Ärger geben wird, ganz egal, wie das Rennen ausgeht."

„Und auf welche Seite stellst du dich, wenn die beiden ernsthaft aneinandergeraten?" fragte Nipper lauernd.

Diesmal grinste Dick. „Auf die des Siegers, egal, ob es Rod oder Charles ist. Und wenn du schlau bist, tust du das gleiche. Und eure restlichen Leute auch." Er boxte dem anderen spielerisch gegen die Schulter, drehte sich um und ging zu seiner Maschine. Unterwegs lieh er sich eine Whiskyflasche aus und trank einen Schluck, bevor er sie zurückgab. Nipper hatte genau das ausgesprochen, was auch Dick schon seit Tagen befürchtete. Natürlich würde keiner der beiden seinen Führungsanspruch aufgeben, nur weil er im Wettkampf gegen den anderen verlor. Ein Scheißspiel war das. Eigentlich waren sie nicht hergekommen, um übereinander herzufallen, sondern um gemeinsam den Amis in diesem beschissenen Touristenpark die Abfuhr ihres Lebens zu erteilen.

Dick zündete sich eine Zigarette an. Vielleicht wäre es gar nicht so schlecht, wenn Charles gewinnen würde. Der Schwarze würde wenigstens dafür sorgen, daß hier endlich mal was abging. Das Nichtstun war der Hauptgrund für die dauernden Reibereien.

Leises Motorenbrummen drang an seine Ohren. Einen Moment lang glaubte er, Charles oder Roderick kämen schon zurück. Dann entdeckte er die kleine Sportmaschine. Sie flog nicht allzu hoch, und der Mond schien hell genug, sie in Umrissen zu erkennen. Das Flugzeug drehte eine Schleife, dann verlor der Pilot offenbar das Interesse an dem, was hier unten vorging, und flog weiter.

Dick vergaß den Flieger bald wieder. Es wurde wirklich Zeit, daß er sich zusammen mit den anderen Jungs Gedanken über die Entscheidung machte, die vielleicht schon jetzt irgendwo da draußen in der Weite der Wüste fiel, wo es keine Zuschauer, keine Zeugen gab. Dick versuchte sich einzureden, daß er sich täuschte, doch es gelang ihm nicht. Was er kurz vor dem Start in Rodericks Augen gesehen hatte, war nicht allein ein beunruhigendes Funkeln gewesen, sondern noch etwas anderes.

Blanke Mordlust.

Das Innere des Pavillons bestand aus einem einzigen hellen Raum, der eine Mischung aus Wohn- und Schlafzimmer, Küche, Arbeitszimmer und Fotoatelier zu sein schien. Die Rauhfasertapete an den Wänden wurde beinahe vollkommen von einem Durcheinander riesiger Skizzen, Blaupausen, Listen und anderer Pläne verdeckt, und dazwischen hingen zahlreiche Farbfotos.

Betty atmete hörbar auf, als Sondstrup die Tür hinter ihnen schloß und das angenehme Summen der Klimaanlage sie empfing. Schweißgebadet, aber erleichtert sank sie auf einen Stuhl, während Craigh seine Kamera absetzte und neugierig an die Stirnwand des Raumes trat, um die Fotografien zu begutachten.

„Gefallen Ihnen die Aufnahmen?" fragte Sondstrup.

Craigh nickte. „Sicher. Haben Sie sie selbst gemacht?" Für jemanden, der ihn nur flüchtig kannte, mußte die Bewunderung in seiner Stimme fast echt klingen. Verdammter Heuchler, dachte Betty.

„Die meisten. Wenn es meine Zeit zuläßt, fotografiere ich auch schon mal ein wenig."

„Ein wenig" war mehr als nur eine Untertreibung, fand Betty. Sie wußte nicht, was Craigh wirklich von den Bildern hielt. Ihr gefielen sie ganz ausgezeichnet: urzeitliche Reptilien, Flugdrachen, Saurier, stachel- und panzerplattenbewehrte Monster, die aus einem Horrorfilm hätten stammen können. Besonders ein Bild fiel ihr auf. Die Gegenlichtaufnahme einer gigantischen, aufrecht gehenden Echse, die mit aufgerissenem Maul den Sonnenuntergang anbrüllte. Die Bildkomposition war so geschickt, daß der Betrachter unwillkürlich befürchtete, das Ungeheuer könnte lebendig werden und sich auf ihn stürzen.

„Tyrannosaurus rex", erklärte Sondstrup, der ihren bewundernden Blick bemerkt hatte. „Davon haben Sie sicher schon gehört."

„Habe ich", sagte Betty etwas verärgert, daß Sondstrup sie für so unwissend hielt. „Sind die Bilder alle hier entstanden?" Sie öffnete ihre Handtasche, nahm eine Zigarette heraus und suchte nervös nach dem Feuerzeug.

Sondstrup ließ sein eigenes aufschnappen, hielt ihr die Flamme hin und schüttelte den Kopf. „Nein. Einige stammen noch aus der Planungsphase. Dies und dies und das dort hinten, neben dem Fenster. Der Tyrannosaurus auch. Viele Modelle sind noch nicht fertig." Er lächelte und eilte zu einem Wandschrank. „Ich glaube, ich hatte Ihnen etwas zu trinken angeboten", sagte er entschuldigend. „Was möchten Sie?"

„Egal. Nur kalt muß es sein."

„Wenn ich gewußt hätte, daß Sie selbst so fabelhaft fotografieren, hätte ich mir die Schlepperei sparen können", sagte Craigh mit einem Blick auf seine Kamera.

Sondstrup schien geschmeichelt. Er brachte das Kunststück fertig, mit einer Hand eine Flasche Bourbon und drei Gläser gleichzeitig aus dem Schrank zu nehmen und unbeschädigt auf seinem Schreibtisch abzusetzen. Aus dem Kühlschrank holte er einige Eiswürfel und verteilte sie in die Gläser.

„Früher habe ich mehr fotografiert", sagte er. „Heute habe ich leider kaum mehr Zeit dazu." Erst jetzt schien ihm bewußt zu werden, daß er Craigh noch keinen Platz angeboten hatte, deutete einladend auf einen freien Stuhl und goß den Whisky ein. „Aber wenn Sie glauben, daß Sie mit meinem alten Apparat ebenso gute Bilder hinbekommen wie mit Ihrer Kamera, bin ich gerne bereit zu tauschen", sagte er. „So ein Ding wünscht sich wahrscheinlich jeder Amateurfotograf der Welt."

Craigh setzte sich. „Und eine Menge Profis ebenfalls", sagte er ohne jede Bescheidenheit. Er nahm sein Glas, trank und genoß für einen Sekundenbruchteil die Kälte, der gleich darauf das Gefühl von Hitze folgte, die sich in seinem Inneren ausbreitete.

Sondstrup atmete tief ein. „Also", begann er. „Fangen wir mit dem offiziellen Teil an. Was wollen Sie wissen?"

„Eigentlich alles", antwortete Betty rasch, bevor Craigh etwas sagen konnte. „Vor allem möchte ich wissen, wie ein honoriger Professor wie Sie dazu kommt, bei der Erschaffung eines Spielzeuglandes mitzuwirken."

Craigh zog verwundert die linke Augenbraue hoch, als sie so bereitwillig auf Sondstrups Ablenkungsmanöver einging, war aber wenigstens jetzt klug genug, nichts zu sagen. Genau wie er interessierte sich auch Betty sehr viel mehr dafür, was draußen am Tor passiert war. Aber zunächst mußte eine halbwegs vertrauensvolle Basis für ein Gespräch geschaffen werden.

Sondstrup lächelte, als hätte er auf diese Frage gewartet. „So honorig bin ich vielleicht gar nicht", sagte er. Er nippte an seinem Glas – in dem sich wesentlich weniger Whisky und dafür mehr Eis als in den beiden anderen befand – und setzte sich lässig auf die Schreibtischkante. „Aber Spaß beiseite. Die Gründe sind einfach.

Auch Professoren sind Menschen, und als Mensch habe ich ein ziemlich enges Verhältnis zum Geld. Die Arbeit hier wird verdammt gut bezahlt. Wenn Sie wüßten, was ein normaler Universitätsprofessor verdient, würden Sie diese Frage wahrscheinlich gar nicht stellen."

Betty lächelte und kritzelte einige Striche und Kreise auf ihren Block. Sie machte sich während eines Gesprächs so gut wie nie Notizen, sondern erst später, wenn sie Ruhe hatte, alles zu überdenken. Solange vertraute sie auf ihr recht passables Gedächtnis. „Trotzdem, normal dürfte so eine Laufbahn für einen Professor nicht gerade sein."

„Bestimmt nicht, und natürlich ist das Geld nicht der einzige Grund", fuhr Sondstrup bereitwillig fort. „Ich war nie der Typ eines Gelehrten, der gerne in alten Bibliotheken herumwühlt und verstaubte Bücher wälzt. Ich glaube, wenn es so einen Lehrstuhl gäbe, wäre ich Professor für praktische Problemlösungen geworden."

„Es gibt eine Menge bedeutsamer Probleme auf der Welt", warf Craigh in einem zwischen Schärfe und mildem Spott schwankenden Tonfall ein. Bettys warnenden Blick bewußt ignorierend, fügte er hinzu: „Und die Lösung der meisten davon ist wesentlich wichtiger als die Erschaffung eines Erholungsparks."

Sondstrup nickte. „Ich weiß", sagte er ernst. „Aber es geht mir um das Thema. Ein Park mit irgendwelchen Märchenfiguren hätte mich kein bißchen reizen können. Die Frühgeschichte unserer Welt hat mich jedoch schon als Kind fasziniert. Ich glaube, wenn ich die Möglichkeit dazu gehabt hätte, hätte ich eine dieser Science-fiction-Zeitmaschinen bestiegen und wäre in die Prähistorie gereist. Jetzt können Sie sich vielleicht besser vorstellen, warum ich mit Händen und Füßen gleichzeitig zugegriffen habe, als man mir diese Stellung anbot."

„Das Kind im Manne?" fragte Betty schmunzelnd.

„Zum Teil, sicher", gab Sondstrup zu. „Darin sehe ich nichts Verwerfliches. Welcher Junge hat nicht schon gelegentlich davon geträumt, einmal einem richtigen Dinosaurier zu begegnen? Aber unterschätzen Sie unsere Arbeit nicht. Sicher, das Unternehmen ist in erster Linie kommerzieller Natur – die Geschäftsleitung will Geld verdienen, das ist klar."

„Wenn es nur um die Illusion gegangen wäre, hätte man sich ein paar Trickspezialisten aus Hollywood kommen lassen können", warf Betty ein.

Sondstrup nickte. „Stimmt. Aber es gibt auch in der modernen Welt noch ein paar wissenschaftlich interessierte Menschen. Die Aufgabe, die man mir stellte, war die, die Saurier der Urzeit so lebensecht zu rekonstruieren, wie es nach dem heutigen Wissensstand überhaupt möglich ist."

„Wenn ich an die Überreste Ihres Pteranodon denke, scheint Ihnen dies gelungen zu sein", sagte Craigh.

Sondstrup blinzelte verwirrt, als der komplizierte Ausdruck diesmal glatt über Craighs Lippen kam, aber er ging nicht näher darauf ein. „Ich zeige Ihnen nachher die anderen", sagte er. „Ich gebe zu, daß ich mächtig stolz darauf bin. Wir haben in den letzten zwei Jahren schon viel geschafft. Der Flugsaurier ist dabei noch einer der kleineren. Warten Sie, bis Sie erst die richtigen Giganten gesehen haben."

Betty nippte an ihrem Drink. Der Stolz in Sondstrups Stimme war unüberhörbar, und er gab sich auch gar keine Mühe, ihn zu verbergen. Er war in gewisser Hinsicht noch ein Kind – aber warum auch nicht? Schließlich, dachte sie spöttisch, waren das die Männer im Pentagon und im Kreml auch. Allerdings mit wesentlich gefährlicheren Spielzeugen und auf eine Art, daß man des öfteren denken konnte, auch ihr Verstand wäre noch der von Kleinkindern.

Da war ihr Sondstrup schon lieber. Außerdem gehörte er zu den äußerst angenehmen Interviewpartnern, die von selbst redeten, statt sich jedes Wort mühsam aus der Nase ziehen zu lassen. Wenigstens, so lange es um Dinge ging, über die sie reden wollten . . .

„Eins ist mir aufgefallen", sagte Craigh plötzlich. „Diese . . . Monster stammen doch, soviel ich weiß, aus verschiedenen Epochen. Und doch –"

Sondstrup unterbrach ihn. „Ich weiß, worauf Sie hinauswollen. Sehen Sie, die Herrschaft der Saurier dauerte hundertfünfzig Millionen Jahre. Zahlreiche Arten entwickelten sich und vergingen, ehe die Saurier ganz verschwanden. Längerfristig hoffe ich, hier ein regelrechtes Zentrum für die wissenschaftliche Erforschung der

Urzeit schaffen zu können. Aber vorläufig haben wir nur beschränkt Platz, und unsere Mittel sind auch nicht unbegrenzt. Trotzdem bin ich bisher ziemlich zufrieden. Vordergründig wollen wir nur den Leuten ein paar vergnügliche Stunden bieten, trotz aller wissenschaftlichen Anliegen, die wir damit verbinden. Ich zeige Ihnen nachher die Grube, damit Sie sehen, daß wir die einzelnen Tiere soweit wie möglich in ihren natürlichen Umgebungen dargestellt haben."

„Umgebungen?"

„Sicher", bestätigte Sondstrup. „Wir stellen nicht einfach nur einen Gummisaurier in die Wüste. Im Augenblick sind wir dabei, einen ganzen Urzeitwald aufzubauen. Aus Kunststoff, versteht sich, wenngleich wir auch einige genetisch speziell gezüchtete Pflanzenfasern verwenden."

Betty überlegte einen Moment, wie sie das Gespräch auf ein anderes Thema lenken konnte, das sie brennend interessierte. „Etwas gibt mir noch zu denken", begann sie. „Sie sind gebürtiger Amerikaner, nicht wahr?"

„Kanadier."

„Aber die Geldgeber dieses Projekts sind meines Wissens amerikanische Firmen."

„Zumindest überwiegend, richtig. Und jetzt wollen Sie vermutlich von mir wissen, warum wir dieses Projekt nicht in den Staaten, sondern hier am Ende der Welt realisieren."

„Ganz genau."

„Nun", antwortete Sondstrup und legte eine kurze Kunstpause ein, die Betty zeigte, daß er sich die Antwort genau zurechtgelegt hatte, „dafür gibt es mehrere Gründe. Zunächst einmal herrscht in Amerika fast schon eine Inflation an Freizeitparks – allen voran Disneyland und Disneyworld, von den vielen kleineren gar nicht erst zu reden. Australien ist diesbezüglich noch jungfräuliches Terrain und in vielerlei Hinsicht ein Land der Zukunft. Die Bevölkerung wächst explosionsartig, die systematische industrielle Erschließung dieses neuen Marktes hat erst in den letzten Jahrzehnten in großem Maßstab begonnen. Die Gründe, warum Australien das reinste Paradies für viele Industriezweige ist, liegen auf der Hand."

„Ja", sagte Betty. „Billige Grundstückspreise, korrupte Behörden, nach Belieben auslegbare Gesetze und untereinander zerstrittene Gewerkschaften."

Sondstrup nickte. Er ignorierte den bitteren Unterton in ihrer Stimme, wenn er ihn überhaupt bemerkt hatte. „In gewisser Hinsicht handelt es sich bei diesem Park um einen Probelauf. Wenn wir Erfolg haben, werden wir ein gleichartiges Projekt vielleicht auch in den Staaten in Angriff nehmen. Für den Park hier haben wir aber schon konkrete Vereinbarungen mit verschiedenen Verkehrsgesellschaften und auch der australischen Regierung getroffen. Wir werden von überall aus der Welt sehr günstige Reisen hierher anbieten können."

„Und wo wollen Sie all die Touristen unterbringen?" warf Betty ein. „Es gibt keine einzige Stadt in der Nähe."

„Gerade da liegt ja der Ansatz, um das ganz große Geld zu machen", sagte Sondstrup grinsend. „Die Firmen, mit denen wir zusammenarbeiten, werden Hotels und Urlauberclubs geradezu aus dem Boden stampfen. Deswegen waren sie ja bereit, so viel zu investieren. Einige der Rohbauten haben Sie wahrscheinlich schon gesehen. Wo jetzt noch die Baracken stehen, wird in den nächsten Jahren ein wahres Touristenparadies entstehen."

Einige Minuten herrschte Schweigen. Die Vision, die Sondstrup heraufbeschworen hatte, war beeindruckend; faszinierend und erschreckend zugleich.

„Wie lange werden Sie noch brauchen?" fragte Betty schließlich.

Sondstrup hob die Schultern. „Zu den Hotels kann ich nicht viel sagen, damit habe ich nur am Rande zu tun. Für den Park selbst noch ein Jahr, höchstens eineinhalb", antwortete er nach kurzem Überlegen. „Wir haben den Zeitplan bisher eingehalten und werden das auch weiterhin tun."

„Wenn nichts mehr passiert", warf Craigh ein. „Mit zerstörten Sauriermodellen werden Sie bestimmt keine Touristen anlocken."

Der Professor zuckte merklich zusammen. „Das ist wohl kaum zu befürchten", sagte er scharf, rang sich dann aber ein nichtssagendes Lächeln ab. „Wir werden die Wachen verstärken. Außerdem glaube ich nicht, daß die Vandalen wiederkommen." Er stand auf. „Ich habe eine Mappe mit den wichtigsten Presseinformationen für Sie vorbereiten lassen", sagte er. „Daraus können Sie alle weiteren wichtigen Informationen entnehmen. Wenn Sie beide Lust dazu haben, sehen wir uns jetzt die Baustelle an."

Craigh erhob sich ebenfalls, doch Betty zögerte. „Was war heute morgen los?" fragte sie geradeheraus. „Was wollten die Demonstranten? Diese Leute draußen am Tor . . ., das waren Aborigines, nicht wahr?"

Sondstrups Lächeln sah nicht mehr ganz echt aus, als er nickte. „Jedenfalls die meisten", gestand er schließlich. „Aber was Sie vermutlich denken, ist falsch. Dieses Land hier gehört nicht den Aborigines, wenn Sie darauf hinauswollen." Er seufzte, öffnete eine Schublade seines Schreibtischs und warf Betty einen schmalen Plastikschnellhefter zu. „Da drin finden Sie auch zu diesem Thema alles, was Sie wissen wollen. Beglaubigte Abschriften aus dem Grundbuch, eine Fotokopie des Kaufvertrages, die Unterlagen der letzten drei Landvermessungen, von namhaften, unabhängigen Wissenschaftlern erstellte Gutachten über die Ökologie dieses Gebietes . . ." Er machte eine rasche, flatternde Handbewegung. „Wir holzen keine Wälder ab, wir verändern den Spiegel des Grundwassers nicht, wir zerstören nicht einmal irgendein Biotop. Das hier ist Wüste, sonst gar nichts. Allenfalls vertreiben wir ein paar Spinnen und Ameisen."

„Die Leute draußen am Tor scheinen anderer Ansicht zu sein", sagte Betty. „Und außerdem: Wer sind die anderen, wenn es sich nur zum Teil um Aborigines handelt?"

Sondstrup schnaubte. „Wer schon? Sie wissen doch, wie das ist: Kaum stößt man heutzutage irgendwo eine Schaufel in den Boden, schon tauchen irgendwelche Öko-Chaoten auf und schwenken Spruchbänder. Wir könnten auf dem Mond bauen, und trotzdem würde mit Sicherheit irgend jemand kommen, um zu protestieren."

Das hörte sich ein bißchen dünn an, fand Betty, aber ihr journalistisches Gespür erklärte ihr sehr eindeutig, daß Sondstrup entweder jetzt oder überhaupt nicht mehr über diesen Punkt reden würde. „Nehmen wir einmal an, es handele sich wirklich nur um Krawallmacher", sagte sie so ruhig und nüchtern wie möglich. „Welche Rollen spielen dann die Aborigines?"

„Sie sind die Schlimmsten von allen", entgegnete Sondstrup. „Die differenzieren noch weniger, weil sie einen völlig absurden

Besitzanspruch auf diesen gesamten Kontinent erheben. Denen wäre es am liebsten, wenn alle Weißen wieder aus Australien verschwinden würden. Man könnte manchmal glauben, ganz Australien wäre für die Eingeborenen heiliges Land. Hier jedoch trifft nicht einmal das zu. Wir haben Rücksprache mit allen möglichen Leuten gehalten, die die Geschichte der Aborigines kennen. Wenden Sie sich an die Aboriginal Developement Commission in Perth, Victoria Avenue 8, erster Stock. Oder an Aboriginal Publications, Irwin Street 2. Dort wird man Ihnen alle Angaben bestätigen. Daran, daß ich die Adressen schon auswendig kenne, können Sie sehen, wie oft ich in letzter Zeit dort gewesen bin, weil mir die Sache am Herzen liegt. Dieses Stück Land ist niemals eine Kultstätte gewesen, es hat nie jemandem gehört, und nie hat sich jemand dafür interessiert. Bevor wir hergekommen sind, versteht sich."

Unschlüssig blätterte Betty in dem Hefter, den Sondstrup ihr zugeworfen hatte. Die Kopien sahen echt aus, aber sie war nicht unbedingt jemand, der das beurteilen konnte. „Ich kann das . . . mitnehmen?"

Sondstrup nickte. „Meinetwegen können Sie es sogar wörtlich in Ihrer Zeitung abdrucken", erklärte er. „Wir haben nichts zu verbergen. Was glauben Sie, warum Sie sonst – übrigens als erstes Journalistenteam der Welt – hier sind? Bestimmt nicht, um ein klein wenig belanglose Werbung für einen Freizeitpark zu machen, der erst in frühestens einem Jahr eröffnet wird", sprach Sondstrup mit erstaunlicher Offenheit weiter. „Aber das haben Sie ja wohl ohnehin nicht vor."

„Und warum sind wir Ihrer Meinung nach dann hier?" fragte Betty.

„Wir haben Ihrer Redaktion die Erlaubnis für einen Bericht erteilt, weil wir die öffentliche Meinung brauchen", sagte Sondstrup. „Wir wollen der ganzen Welt zeigen, daß wir nichts zu verbergen haben. Dies ist eines der wenigen Großprojekte in diesem Land, die wirklich niemandem schaden. Und ich bin sicher, daß Sie Ihren Lesern die Wahrheit viel überzeugender darbieten können, wenn Sie jetzt selbst noch Bedenken haben und diese sich als nicht stichhaltig erweisen."

„Und wenn doch?" wandte Craigh ein. Betty verschluckte sich

fast an ihrem Drink. Craigh hatte sich bislang bemerkenswert zurückgehalten, aber was sie überraschte, war vor allem die beiläufige Art, in der er fragte.

Auch Sondstrup blinzelte einen Moment irritiert, ehe er sich zu Craigh umwandte und ihn verblüfft anstarrte. „Wie bitte?“

„Sie haben mich schon richtig verstanden“, sagte Craigh. „Ich möchte wissen, was passiert, wenn wir zu anderen Ergebnissen kommen.“

„Ich bin überzeugt, daß das nicht geschehen wird. Warum also sollten wir über Unmöglichkeiten sprechen?“ erwiderte Sondstrup diplomatisch. Sein Blick wurde erneut zwingend, fast schon hypnotisch. „So, nun schlage ich vor, daß wir uns wieder dem eigentlichen Grund Ihres Hierseins widmen. Wenn Sie nichts dagegen haben, zeige ich Ihnen jetzt den Park.“

Diesmal widersprach keiner von ihnen.

Der Anblick war gigantisch.

Sondstrup hatte Craigh und Betty in weitem Bogen um die eigentliche Baustelle herumgeführt, wahrscheinlich, um ihnen als ersten Eindruck genau diesen Blick zu präsentieren: ein Panorama, das sogar nach Craighs Meinung die Mühe des fast fünfzehnminütigen Fußmarsches unter der glühenden australischen Vormittagssonne gelohnt hatte.

Eigentlich war es keine Grube; der Ausdruck hatte sich wohl nur unter den Arbeitern eingebürgert und war schließlich in den allgemeinen Sprachgebrauch übernommen worden. Es war eher eine flache Senke, deren Ränder sorgfältig planiert und geebnet und mit Beton und sandfarbenem Kunststoff befestigt worden waren. In der Mitte, mehr als eine Meile vom Standpunkt der Beobachter entfernt, glitzerte die unbewegte Oberfläche eines Sees unter den Strahlen der Sonne.

Vor ihnen erstreckte sich eine urzeitliche Savanne, und obwohl die Bauarbeiten noch nicht einmal zur Hälfte abgeschlossen waren, war die Illusion schon fast perfekt. Zwischen einer überwältigenden Vielfalt verschiedener Farngewächse standen niedrige, seltsam kantig aussehende Büsche, die mit prachtvollen Blüten ausgestattet waren und vollkommen echt aussahen, in losen Gruppen vor dem Hintergrund eines gewaltigen Palmdickichts.

Der Boden zwischen den einzelnen, mannsdicken Stämmen war nackt, soweit es Craigh erkennen konnte.

„Das wird wohl auch so bleiben", erklärte der Professor. „Erstens können wir unseren Besuchern den Weg schlecht mit verfilztem Unterholz verstellen, und zweitens gab es damals noch nicht allzu viele Grasgewächse. Prärien, wie wir sie heute kennen, haben sich erst viel später entwickelt."

Seine Augen leuchteten vor Stolz. Sondstrup war wieder ganz der Zauberkünstler, der einem staunenden Publikum sein neues Spielzeug präsentieren konnte.

„Der See", murmelte Craigh. „Ist das echtes Wasser?"

„Aber natürlich."

„Hier? Mitten in der Wüste?"

„Wir haben dieses Gelände nicht ganz willkürlich ausgewählt. Es gibt hier eine mächtige unterirdische Wasserader. Wir können das Wasser hochpumpen. Was glauben Sie, was wir für einen Verbrauch haben werden, wenn die Hotels erst mal eröffnen? Solche gewaltigen Pipelines durch die Wüste zu verlegen würde unseren Etat weit überschreiten."

„Nicht schlecht", sagte Craigh. Ausnahmsweise meinte er es sogar wirklich ehrlich.

„Und wo sind nun Ihre Lieblinge?" fragte Betty neugierig.

Sondstrup deutete auf einen Punkt ein Stück vor ihnen. „Der erste steht dort. Kommen Sie."

Aus der Entfernung hatten sie die Gestalt für einen Arbeiter gehalten, aber der Eindruck verschwand, als sie näher kamen.

Sah man von dem zerstörten Flugsaurier ab, war dies das erste Modell, das sie zu Gesicht bekamen. Das Modell hier war unbeschädigt, und Betty mußte zugeben, daß seinen Schöpfern ein wahres Meisterwerk gelungen war. Das Wesen sah aus wie eine Kreuzung zwischen einem Emu und einer aufrecht gehenden Eidechse, eine zwei Meter große, grüngeschuppte Scheußlichkeit mit einem mindestens ebenso langen Stützschwanz, einem plumpen, tonnenförmigen Leib, übergroß ausgebildeten, in riesigen, dreizehigen Füßen endenden Hinterläufen und einem absurd kleinen, fast kugelrunden Kopf, der auf einem biegsamen Schlangenhals saß.

Es erforderte nicht viel Phantasie, sich vorzustellen, daß in den kleinen schwarzen Knopfaugen plötzlich Leben aufglomm, dachte Betty unbehaglich. „Beeindruckend“, sagte sie. „Wirklich, Professor.“

„Ein Struthiomimus aus der Gattung der Ornithomimiden“, erklärte Sondstrup geschmeichelt. „Eine fabelhafte Arbeit, nicht?“

Betty nickte nur abwesend und starrte das Modell fasziniert an. Craigh war damit beschäftigt, den Kunststoffsaurier aus allen möglichen Perspektiven zu fotografieren.

Vorsichtig trat Betty näher. Das Modell wirkte so lebendig, daß sie nicht einmal sonderlich überrascht gewesen wäre, wenn der Saurier sich umgedreht hätte und gemütlich davongestapft wäre.

Sondstrup bemerkte ihr Zögern und lächelte. „Fassen Sie ihn an“, sagte er aufmunternd.

Betty streckte vorsichtig die Hand aus. Die Oberfläche des Modells fühlte sich warm und lebendig an. Ganz und gar nicht wie ein synthetischer Gummiüberzug. Verblüfft runzelte sie die Stirn. „Was ist das?“

Sondstrup grinste wie ein Schuljunge, dem ein besonders guter Streich gelungen war. „Ein Spezialkunststoff. Unsere Forscher haben verdammt lange gebraucht, um dieses Material zu entwickeln“, erklärte er. „Wir wollen den Leuten die perfekte Illusion bieten, verstehen Sie? Natürlich werden sie die Modelle anfassen, ob es nun erlaubt ist oder nicht. Und ich bin der Meinung, daß die Illusion erheblich gestört wird, wenn sie plötzlich kaltes Plastik oder hartes Metall unter den Fingern spüren.“

„Vielleicht könnten Sie einige Modelle so programmieren, daß sie jedem allzu Neugierigen ein paar Finger abbeißen“, schlug Craigh trocken vor und trat näher. Betont gleichgültig fuhr er mit den Fingerspitzen über den Rücken des Struthiomimus und zog die Hand sofort wieder zurück. Er hatte bereits das zerstörte Pteranodon angefaßt, aber hier war die Illusion wirklich ungleich überzeugender. Noch einmal streckte er die Hand aus, und diesmal ließ er sie ein paar Sekunden lang auf der künstlichen Schuppenhaut liegen. „Sie sagten, die Modelle wären noch nicht ans Stromnetz angeschlossen?“

„Kein einziges. Warum fragen Sie?“

„Halten Sie mich nicht für verrückt, aber ich hatte gerade das Gefühl, etwas im Inneren dieses . . . Dings würde vibrieren.“

Sondstrup lachte laut auf. „Ich war schon enttäuscht, als Ihre Kollegin es nicht zu spüren schien. Sie haben recht, der Kunststoff fühlt sich nicht nur warm an, sondern scheint zu pulsieren, als wäre die Haut lebendig. Es handelt sich um Spannungen im molekularen Aufbau der Zellen, die durch starke Sonnenbestrahlung ausgelöst werden. Natürlich habe ich nicht vor, Ihnen alle unsere kleinen Geheimnisse zu verraten."

Craigh schüttelte den Kopf. Immer noch lag seine Hand auf der Haut des Struthiomimus, und immer noch waren die leichten Vibrationen zu spüren. Aber sie schienen jetzt anders als zuvor zu sein, drängender und schneller, fast wie das Schlagen eines Herzens. „Vor einiger Zeit habe ich in einem Roman geblättert, in dem es auch um so einen Park ging", sagte er. „Allerdings wurden die Saurier dort gentechnisch geklont."

Sondstrup nickte. „Ich kenne das Buch", erklärte er. „Es ist spekulative Science-fiction. Auch wenn die Gentechnik inzwischen fast Wunder vollbringen kann, sind die Wissenschaftler noch nicht in der Lage, aus einzelnen Zellen der DNA das Wesen, dem sie entnommen wurden, vollständig nachzuzüchten. Vielleicht wird es einmal möglich sein, aber das wird noch lange dauern." Er lächelte. „Wobei natürlich noch die Frage bleibt, ob es überhaupt wünschenswert ist."

„Immerhin hätten Sie dann die Möglichkeit, lebende Saurier zu studieren."

Sondstrup zuckte mit den Schultern. „Seien wir ehrlich, es wäre mehr als unwahrscheinlich, daß man diese Erkenntnisse für die Unterhaltungsindustrie verwenden würde. So etwas würden sich die Militärs sofort unter den Nagel reißen, weil sie wahrscheinlich von geklonten Armeen träumen würden." Er schüttelte den Kopf. „Nein, mir reichen unsere Modelle. Alles andere wäre Utopie."

„Wo sind die anderen?" fragte Betty. Sie deutete mit einer Kopfbewegung auf den Struthiomimus. „Das ist doch sicher nicht das einzige Modell."

„Viele sind noch nicht fertig", antwortete Sondstrup. „Wir setzen sie hier nur zusammen. Wenigstens die großen. Gefertigt werden sie in Amerika. Es wäre zu aufwendig, die Techniker mit ihren ganzen Werkstätten hierherzuholen. Aber ein paar Modelle stehen schon. Dort im Dschungel."

„Wie viele Saurier werden hier stehen, wenn der Park fertig ist?" fragte sie, während sie neben Sondstrup auf den Plastikurwald zugingen.

„Mehrere hundert. Natürlich nur ein paar wirklich große. Sehen Sie, die meisten Lebewesen der Jura- und Kreidezeit waren nicht annähernd so groß, wie der Normalbürger es sich vorstellt. Im Gegenteil – es gab ausgesprochene Winzlinge darunter. Einige von ihnen leben heute noch, wenn auch in etwas veränderter Form." Er deutete auf einen schwarzen, buckeligen Schatten, der durch eine Lücke zwischen den Bäumen zu erkennen war. „Sehen Sie das?"

„Dieses Ding da zwischen den Palmen?" fragte Betty. Craigh fotografierte emsig.

„Ja. Übrigens sind es Zykadeen, die großen Vettern unserer heutigen Palmen. Genau wie dieses Gürteltier ein Vorläufer der heute noch existierenden Spezies ist."

Betty betrachtete den dunklen, schwarzglänzenden Umriß genauer. Es war in der Tat ein Gürteltier, wie es sie noch in Australien und einigen tropischen Regionen Afrikas und Asiens gab. Mit dem Unterschied, daß dieses Exemplar eine Schulterhöhe von gut anderthalb Metern aufwies und beruhigenderweise nur aus Kunststoff bestand.

Craigh folgte ihnen, blieb aber immer wieder stehen, um Fotos vom Wald und einigen kleineren Modelltieren zu schießen, die auf dem Boden rechts und links des Weges oder an den Baumstämmen hockten, und spannte schließlich einen weiteren Film in die Kamera. Wie es aussah, würde Bettys Story über den Park nicht allzuviel hergeben, aber die Fotos könnten ihm ein kleines Vermögen einbringen, wenn er sich halbwegs geschickt anstellte. Eine Menge Zeitungen würden ihm die Bilder geradezu aus den Händen reißen, und wenn er auch im Auftrag des TIME-LIFE-Magazins hier war, gab es eine Menge Möglichkeiten, Bredham die kalte Schulter zu zeigen, wenn er nicht genug zahlen wollte. Es wäre nicht das erste Mal, daß er auf diese Art sein karges Honorar etwas aufbesserte, aber wenn alles so verlief, wie er es sich vorstellte, dürfte es der lukrativste Nebenverdienst seiner bisherigen Laufbahn werden.

Sie marschierten eine weitere gute Viertelstunde durch den

nachgebildeten Urzeitdschungel, aber wenigstens war die Hitze im Schatten der riesigen Bäume nicht ganz so unerträglich.

Craigh blieb absichtlich zurück. Er hatte keine Lust, sich das Gehirn noch weiter mit Sondstrups Erklärungen und Lobeshymnen vollstopfen zu lassen. Die Saurier und ihre Zeit interessierten ihn ungefähr so sehr wie das Liebesleben grüner Ameisen. Zum Teufel, viel mehr interessierte ihn sein eigenes Liebesleben. Nach zwei kaputten Ehen hatte er für eine ganze Weile von dauerhaften Beziehungen die Schnauze voll gehabt und so ziemlich jeden festen Halt und Bezugspunkt verloren. Was folgte, war drei Jahre lang Selbstmord auf Raten: flüchtige Flirts in Bars, unpersönliche Abenteuer.

Und natürlich jede Menge Alkohol. Es war die Zeit gewesen, als er begonnen hatte, sich aus lauter Frust fast systematisch zu Tode zu saufen – selbstverständlich ohne es sich einzugestehen. Vorher war er nicht nur Fotoreporter gewesen, sondern hatte auch gelegentlich selbst Artikel verfaßt, aber durch den Alkohol konnte er nicht mehr die nötige Konzentration dafür aufbringen.

Irgendwie hatte er den Dreh jedoch noch bekommen, sogar ohne Therapie. Einer der Gründe, weshalb er diesen Job angenommen hatte, war der, endlich ein wenig Ordnung in sein Leben zu bringen. Und der in dieser Hinsicht wichtigste Ordnungsfaktor war achtundzwanzig Jahre alt, dunkelblond und schlenderte ein paar Meter vor ihm.

Betty war nicht schön, aber hübsch. Sie war keine Traumfrau, aber dafür besaß sie etwas, was Craigh bei vielen ungleich hübscheren Frauen vergeblich gesucht hatte: Persönlichkeit.

Er kannte sie seit etwa einem Jahr, aber richtig aufgefallen war sie ihm erst bei einer Redaktionskonferenz vor knapp drei Monaten. Er wußte nicht mehr, worum es gegangen war, aber es hatte wegen eines ihrer Artikel Meinungsverschiedenheiten zwischen ihr und Bredham, dem Chefredakteur, gegeben, dessen Wort als ungeschriebenes Gesetz galt. Betty hatte damals nicht nur lautstark darauf bestanden, daß ihr Artikel unverändert gedruckt würde, sondern ihrem Chef mit zuckersüßem Lächeln vor versammelter Mannschaft erklärt, daß er sich sein Magazin sonstwohin stecken könnte, wenn er zu feige wäre, auch mal ein heikles Thema anzupacken. Sie wäre gut genug, notfalls auch bei einer anderen Zeitung unterzukommen.

Bredham hatte einen seiner gefürchteten cholerischen Anfälle bekommen. Betty hingegen hatte sich ungerührt umgedreht und war mit hocherhobenem Kopf aus dem Zimmer gegangen.

Ihr Artikel war in der nächsten Ausgabe gedruckt worden. Unverändert.

Am Tag dieser denkwürdigen Konferenz hatte Craigh begonnen, Betty Sanders zu bewundern. Leider eine ziemlich einseitige Angelegenheit, denn sie zeigte keinerlei Interesse an einem heruntergekommenen, sieben Jahre älteren, als versoffen und zynisch verschrienen Fotoreporter, der es selbst mit einer absoluten Spitzenkamera nicht fertigbrachte, mehr als nur halbwegs passable Aufnahmen zu schießen.

Und noch etwas anderes hatte zu dieser Zeit begonnen: die gehässigen Bemerkungen der männlichen Redaktionskollegen hinter Bettys Rücken. Ausgerechnet eine Frau hatte getan, was sie sich zwar alle wünschten, aber niemals wagen würden. Sie waren neidisch und verbargen dieses Gefühl hinter dummen Sprüchen und chauvinistischem Geschwätz. Als sich diese Witzeleien auch auf ihr mutmaßliches Sexualleben erstreckten, begann Craigh, Betty zu verteidigen.

Mit dem durchschlagenden Erfolg, daß er für eine Weile zur Zielscheibe des Spotts wurde. Für den Rat, sich an diesem Eisberg nicht den Schwanz zu verkühlen, hatte er Frank Johnson, dem miesen Klatschkolumnisten, zwei Zähne ausgeschlagen. Glücklicherweise hatte Betty weder von diesem Vorfall noch von den Gerüchten je etwas gehört.

Sie hatten seither ein paarmal zusammengearbeitet, ohne sich sonderlich näherzukommen. Von der gemeinsamen Reise nach Australien hatte sich Craigh eine neue Gelegenheit versprochen, doch bislang waren sämtliche Versuche, das Eis ein wenig zu brechen und so etwas wie ein vernünftiges Verhältnis aufzubauen, in die Hose gegangen.

Er war so in seine Grübeleien versunken, daß er Betty fast umgerannt hätte und erst im letzten Moment aufschrak. Sondstrup und sie waren abermals stehengeblieben, diesmal am Rande einer weiten, kreisrunden Lichtung.

„Das wollten Sie doch sehen, oder?" fragte Sondstrup.

In der Mitte der Lichtung erstreckte sich ein schwarzer, ölig schimmernder Tümpel, wie es sie in der Kreidezeit überall hier in der Wüste gegeben hatte. Und daneben . . .

„Unsere Giganten“, sagte Sondstrup pathetisch.

Es waren zwei. Ein riesiges, vier Meter hohes und sicher mehr als sechs Meter langes Ungetüm, das nur aus Stacheln und Panzerplatten zu bestehen schien, und eine gigantische, aufrecht gehende Bestie, deren Kopf irgendwo in sieben oder acht Meter Höhe über dem Boden hing.

Betty atmete schneller. Die Architekten und Techniker hatten sich bei diesen Modellen selbst übertroffen. Im Gegensatz zu Craigh, der von Anfang an keinen Hehl daraus gemacht hatte, wie wenig ihn die Urzeit interessierte, hatte sie eine Menge über Saurier gelesen, bevor sie hierhergekommen waren. Eigentlich hatte sie gewußt, was sie erwartete. Aber es war etwas anderes, über einen solchen Drachen zu lesen, als ihm dann leibhaftig gegenüberzustehen. Auch wenn es sich nur um ein Modell aus Metall und Kunststoff handelt.

„Der kleinere“, erklärte Sondstrup, während sie über die Lichtung schritten, „ist ein Stegosaurus.“

„Und der andere ein Tyrannosaurus“, ergänzte Betty. „Ich habe sie mir nicht so . . ., so gigantisch vorgestellt.“

Sondstrup schüttelte den Kopf. „Ich muß Sie enttäuschen. Unser Tyrannosaurus rex ist noch nicht ganz fertig. Aber Sie werden ihn noch zu sehen bekommen. Er wird morgen geliefert. Später wird er dort drüben auf dem Hügel stehen. Gewissermaßen als Symbol dafür, daß er der König über dieses Fabelreich ist. Das dort ist ein Gorgosaurus.“

„Ich sehe keinen Unterschied“, gestand Betty.

Sondstrup lächelte gönnerhaft. „Das ist auch nicht weiter verwunderlich.“ Sie hatten die beiden Monster erreicht, und er ging mitten zwischen den weit gespreizten Beinen des Gorgosauriers hindurch. Betty kam erst bei diesem Anblick richtig zum Bewußtsein, wie gigantisch das Ungeheuer war.

„Gorgo ist gewissermaßen der Großvater des Tyrannosaurus“, fuhr er fort. „Ein wenig kleiner, etwas leichter, und die Arme sind länger, sehen Sie? Beim Rex sind sie noch mehr verkümmert, außerdem ist sein Schädel eindrucksvoller. Aber ich finde, der hier kann sich auch sehen lassen.“

Betty mußte sich fast gewaltsam von der seltsamen, exotischen Faszination losreißen, die über der Szene lag; einer künstlichen und durch und durch beabsichtigten Faszination. Wäre nicht der Lärm der nahen Baustelle gewesen, die winzigen, gelb behelmten Gestalten der Arbeiter und Techniker, die wie aufrecht gehende Ameisen zwischen den zyklopischen Bäumen herumkrabbelten, wäre es ihr schwergefallen, daran zu glauben, daß sie noch in der Gegenwart des zwanzigsten Jahrhunderts weilte.

Sondstrup berührte sie an der Schulter. „Fühlen Sie sich nicht wohl?"

Betty erschrak. Sah man ihr ihre Gefühle so deutlich an, oder beobachtete Sondstrup einfach nur so genau? Sie lächelte gezwungen. „Die Hitze", sagte sie ausweichend. „Es ist einfach zu heiß hier."

Der Professor nickte. „Das kann ich gut verstehen. Während der ersten Monate ging es mir ganz genauso. Man gewöhnt sich nur schwer daran. Wenn es Ihnen lieber ist, gehen wir zurück und verschieben den Rest der Führung auf den späten Nachmittag. Es ist dann wesentlich angenehmer hier."

„Einverstanden", stimmte Craigh an ihrer Stelle erfreut zu, bevor Betty auch nur Zeit fand, den Mund zu öffnen. Zum Dank erntete er einen bösen Blick von ihr. Das hatte sie mit ihrer Ausrede nicht erreichen wollen.

Sondstrup schien enttäuscht. Aber Craigh atmete erleichtert auf. Er empfand das gleiche Unbehagen, das er vor ein paar Sekunden in Bettys Augen gelesen hatte. Aber es war mehr als das unbestimmte Gefühl der Bedrückung, irgend etwas hier machte ihm angst. Ganz gewaltige Angst.

II

Träume

ES WAR ein herrliches Gefühl, langsam durch den Himmel zu gleiten und die Landschaft wie einen dreidimensionalen Schwarzweißfilm unter sich vorbeigleiten zu sehen. Die Sicht von hier oben aus war phantastisch, und der Mond, der wie ein großes, gutmütiges Auge vor dem Diadem der Milchstraße blinzelte, spendete genug Licht, um jede Einzelheit erkennen zu können. Die Luft war so klar, daß man meinte, die einzelnen Sandkörner dort unten unterscheiden zu können.

Der Mann lehnte sich zurück. Seine Hände ruhten entspannt auf dem U-förmigen Steuerknüppel. Er genoß das Gefühl der Freiheit. Deshalb unternahm er immer wieder diese Nachtflüge, ohne sich um irgendwelche Vorschriften zu kümmern. Er befand sich fast hundert Meilen von der nächsten regulären Flugroute entfernt, und er flog so niedrig, daß nie die geringste Gefahr bestand, mit einem anderen Flugzeug zu kollidieren, auch wenn er den Flug nicht angemeldet hatte. Sein Funkgerät hatte bei einer holprigen Landung vor zwei Tagen seinen Geist aufgegeben, und die teure Reparatur konnte ruhig noch ein paar Monate warten.

Der Mann drehte leicht den Steuerknüppel. Die Cessna 182 legte sich gehorsam auf die Seite, flog eine elegante Schleife und stieß dann wie ein Raubvogel aus Kunststoff und Glas auf die Wüste hinab. Als er das Höhenruder erneut betätigte und die Maschine, hochkatapultiert von der Geschwindigkeit ihres eigenen Sturzes, wieder in die Höhe jagte, war der Wüstenboden höchstens noch dreißig Meter unter ihm gewesen. Er lächelte. Sein Fluglehrer hätte einen Herzinfarkt bekommen, wenn er das gewagte Manöver gesehen hätte. Aber es gab niemanden, der ihn beobachtete. Wenn es dort unten, in dieser gigantischen sandgelben Einsamkeit Menschen gegeben hätte, hätte er sie längst bemerkt. Außerdem war er ein erfahrener Pilot.

Von Zeit zu Zeit erkannte der Mann die Zelte von Eingeborenen, die noch wie ihre Vorfahren als Nomaden lebten, manchmal auch kleine, aus zwanzig, höchstens dreißig Hütten bestehende Siedlungen. Zu einer der Siedlungen führte eine befestigte Straße, und hier entdeckte der Mann erstmals Zeichen von Leben. Einige Dutzend Menschen, die meisten davon in schwarzer Lederkleidung, standen in Grüppchen zusammen. Mondlicht brachte die schweren, chromverzierten Motorräder beiderseits der Straße zum Funkeln. Eine Rockerbande, dachte der Mann. Hatten sich wohl hier draußen im Niemandsland getroffen, um ungestört irgendwelche verrückten Spielchen abziehen zu können. Er zog die Cessna in eine Schleife, verlor dann das Interesse und flog weiter.

Einige Minuten später entdeckte er erneut zwei Motorräder, diesmal ein ganzes Stück von der Straße entfernt. Eines lag auf dem Boden, direkt daneben der Fahrer, während der zweite Rocker halb über ihn gebeugt stand und einen Strick oder etwas Ähnliches in der Hand hielt. Das Ganze sah verdächtig nach einer Schlägerei aus. Er drückte die Maschine tiefer, um besser beobachten zu können.

Genau in diesem Moment kam der Schatten.

Es ging viel zu schnell, als daß er Einzelheiten erkennen konnte; alles, was er sah, war ein mächtiges, dunkles, breitflügeliges Etwas, das für den Bruchteil einer Sekunde vor der hellen Scheibe des Mondes dahinzog und wieder mit der Schwärze des Himmels verschmolz. Er flog erneut eine Schleife. Wieder tauchte der Schatten auf, näher und deutlicher diesmal.

Das fremde Flugzeug wischte unter ihm weg. Es war die seltsamste Konstruktion, die ihm je zu Gesicht gekommen war. Irgend etwas beunruhigte ihn, ohne daß er wußte, wieso eigentlich. Er flog einen Looping, orientierte sich am Stand des Mondes und der Sterne und hielt Ausschau nach der anderen Maschine.

Sie lag genau vor ihm, vielleicht hundert, hundertfünfzig Fuß unter der Nase seiner Cessna, und trieb mit trägen, majestätischen Bewegungen über die Wüste wie eine dunkle Wolke.

Der Mann sog scharf die Luft ein. Ein Flugzeug dieser Konstruktion konnte einfach nicht fliegen.

Und doch flog es.

Der Mann glaubte eine Bewegung wahrzunehmen, ein mächtiges, langsames Gleiten, fast . . ., ja, dachte er entsetzt, fast, als hätte die Maschine mit den Flügeln geschlagen . . .

Er blinzelte verwirrt, ließ für einen Moment den Steuerknüppel los und fuhr sich mit Daumen und Zeigefinger über die Augen.

Unsinn! Irgendein Lichtreflex, vielleicht der Schatten seiner eigenen Maschine, der das andere Flugzeug gestreift hatte, hatte ihm die Bewegung vorgegaukelt. Überhaupt kurvte er schon viel zu lange hier herum und verfolgte diesen komischen Flieger. Der Pilot dort drüben mußte ihn längst entdeckt haben. Wenn er reagieren wollte, hätte er sicher ein Zeichen gegeben. Wahrscheinlich fühlte er sich von der fremden Maschine nur belästigt, vor allem, wenn er ebenfalls ohne Genehmigung fliegen sollte.

Der Mann warf einen letzten neugierigen Blick auf die seltsame Maschine, musterte staunend die weitgespannten, gezackten Flügel, das lächerlich dünne, kurze Leitwerk, das sich nur als schmaler Strich gegen den Himmel abzeichnete, und den seltsamen, hammerförmigen Bug.

Im selben Moment erschütterte ein dumpfer Schlag seine Maschine. Die Cessna geriet ins Taumeln, schmierte über die rechte Tragfläche ab und trudelte in wilden Spiralen dem Boden entgegen. Ein gigantischer schwarzer Schatten huschte am Cockpit vorbei, und irgend etwas knirschte so laut, daß der Pilot für einen Augenblick befürchtete, seine Maschine würde in zwei Teile zerbrechen. Irgendwo splitterte Metall.

Er kämpfte wild mit der Steuerung, fing den Sturzflug ab und riß die Maschine im letzten Moment wieder hoch. Die Tragflächen schnitten nur wenige Yards über dem Boden durch die Luft. Panik stieg plötzlich in dem Mann auf. Er versuchte, Höhe zu gewinnen und den trudelnden Flug der Maschine zu beruhigen. Gleichzeitig suchte er den Himmel ab. Der Kerl mußte wahnsinnig geworden sein. Wenn er vorhatte, sich so für die vermeintliche Belästigung zu revanchieren, konnte er ihn auch gleich rammen.

Ein gigantischer Schatten tauchte rechts unter der Maschine auf. Und diesmal sah der Pilot genau, daß sich die Flügel bewegten . . .

Für zwei, drei Sekunden war er gelähmt vor Schreck, unfähig, irgend etwas zu tun. Selbst seine Gedanken schienen zu erstarren. Alles, wozu er fähig war, war dazusitzen und auf den Alptraum unter sich zu starren.

Es lebte!

Das Ding lebte, obwohl es für einen Vogel viel zu groß war, und doch konnte es nicht anders sein. Es legte den Kopf in den Nacken, schlug erneut mit den Flügeln und schwang sich mit einer Leichtigkeit empor, die der scheinbaren Starre seines riesigen Körpers Hohn sprach.

Dann griff es an.

Der Pilot reagierte instinktiv. Er zog die Cessna auf die Seite, ließ sie wie einen Stein zwanzig, dreißig Fuß weit absacken und ging dann in einen flachen Sinkflug über. Der Wüstenboden huschte mit irrsinniger Geschwindigkeit unter ihm weg. Es war Wahnsinn – zehn Meter tiefer, und er würde an den Dünen zerschellen.

Wieder traf ein harter Schlag sein Flugzeug, als die gigantischen Schwingen des Dinges wenige Meter über ihm durch die Luft pflügten. Stahlharte Krallen schlugen nach dem Rumpf der Maschine, glitten an dem lackierten Metall ab und hackten wütend durch die leere Luft.

Der Pilot drückte die Cessna noch weiter herunter, jagte wenige Fuß über dem Boden dahin und hielt verzweifelt nach einem Landeplatz Ausschau. So flach die Wüste über weite Strecken auch war, türmten sich ausgerechnet hier zahlreiche Sanddünen, in die das Flugzeug zwangsläufig hineinrasen mußte, wenn er zu landen versuchte.

Und doch blieb ihm keine andere Wahl.

Das Ding setzte sich jetzt genau über ihn, folgte dem kleinen Flugzeug wie ein gigantischer, grotesk verzerrter Schatten und stieß einen krächzenden Schrei aus.

Gleich darauf kam es herunter.

Für einen kurzen, grauenhaften Augenblick starrte der Mann in ein Paar winziger glühender Augen, die ihn durch die Plexiglaskanzel anstarrten. Dann ging die Welt in einem Chaos aus zersplitterndem Glas, reißendem Metall und Schmerzen unter . . .

„HIER?" fragte Betty zweifelnd und schaute sich in dem kaum drei mal drei Meter großen Innenraum der aus hölzernen Fertigteilen zusammengesetzten Baracke um. Zwischen den beiden Feldbetten und dem Campingtisch mit den zwei Stühlen blieb kaum genug Raum, sich umzudrehen. Der Enge und ansonsten spartanischen Einrichtung zum Hohn stand in einer Ecke ein kleiner Fernseher auf einem Hocker. „Selbst eine Ölsardine bekäme hier ja Platzangst."

„Den Komfort eines Fünfsternehotels können wir Ihnen leider nicht bieten", sagte Sondstrup ohne großes Bedauern in der Stimme. „Dafür kommen Sie mindestens zwei Jahre zu früh. Es gibt im Umkreis von einigen Dutzend Meilen zwar ein paar vereinzelte Siedlungen von Aborigines, aber dort herrschen noch viel schlimmere Zustände. Die Leute wohnen in fünfzehn-, zwanzigköpfigen Sippen zusammen, und das in Häusern, die nach Ihren Maßstäben höchstens Platz für eine vierköpfige Familie bieten."

„Schon gut", lenkte Craigh ein und stellte seine Tasche mit den

Fotoutensilien auf den Tisch. „Wir sind nicht so anspruchsvoll. Irgendwie kommen wir schon zurecht." Er wandte sich an Betty. „Ist ja nur für zwei Nächte. Wir sollten dankbar sein, daß man uns überhaupt eine Unterkunft frei gemacht hat."

Sie nickte zögernd. „Tut mir leid", sagte sie. „Ich bin wohl etwas überspannt."

„Das kann ich verstehen. Wir treffen uns dann in zwei Stunden wieder", verabschiedete sich Sondstrup. „Ach ja, der Fernseher steht übrigens normalerweise in meinem eigenen Büro. Ich dachte mir, als Reporter wüßten Sie bestimmt ganz gerne, was in der übrigen Welt vorgeht." Bevor sie sich bedanken konnten, verließ er die Holzbaracke. Craigh setzte sich auf eins der Betten. „Was ist los mit dir? Wir haben schon unter schlimmeren Bedingungen gearbeitet."

Sie würden insgesamt drei Tage hierbleiben, um ohne Zeitdruck Material für die Reportage sammeln zu können. Für einen realistischen Bericht war es Voraussetzung, daß sie selbst für ein paar Tage am Leben der Menschen hier teilnahmen.

„Ich weiß selbst nicht", antwortete Betty ausweichend, und ohne daß sie es auch nur andeutete, begriff Craigh plötzlich, daß er der Grund für ihre Empfindlichkeit war. Es störte Betty, daß sie mit ihm zusammen auf so engem Raum untergebracht war. „Nachdem ich Sondstrups Büro gesehen habe, habe ich meine Erwartungen wohl zu hoch geschraubt", fuhr sie fort, dann machte sie eine wegwerfende Handbewegung. „Erst dieser entsetzliche Kantinenfraß und jetzt diese Abstellkammer – ach, ist ja auch egal. Vergiß es."

Sie luden ihr Gepäck aus dem Wagen und schafften es irgendwie, alles in der Baracke zu verstauen. Craigh gähnte. „Mir bekommt das frühe Aufstehen nicht", stellte er fest. „Ich werde mich wohl ein Stündchen aufs Ohr hauen. Solltest du am besten auch machen."

„Ich bin nicht müde." Betty blätterte in der Mappe, die Sondstrup ihr gegeben hatte. „Sag mal, was hältst du von ihm?"

„Von Sondstrup?"

„Wem sonst?"

„Weiß nicht. Ein sonderbarer Kauz. Mal denke ich, er ist der perfekte Fachidiot, der sich nur für seine Saurier interessiert, und im nächsten Moment benimmt er sich wie ein Politiker, der schon mindestens ein Dutzend Skandale unbeschadet überstanden hat."

Betty lächelte. „Seltsam. Derselbe Vergleich kam mir auch schon in den Sinn. Ein Politiker. Er ist es, bei dem alle Fäden zusammenlaufen. Ich habe selten jemanden mit einem so ausgeprägten Selbstbewußtsein erlebt. Sondstrup wirkt kein bißchen wie ein Gelehrter, eher wie ein Politiker oder ein Topmanager, der im Umgang mit Menschen sehr gründlich geschult ist", sprach sie weiter. „Ein Tatmensch, der es gewohnt ist, Probleme zu lösen, kein Schreibtischhengst."

„Trotzdem kann ich mir nicht vorstellen, daß er dieses Projekt leitet. Ich glaube, wir überschätzen seine Kompetenzen."

„Habe ich auch erst gedacht, aber er ist genauestens über alles informiert. Er gibt mit größter Selbstverständlichkeit Anweisungen, und die Leute gehorchen ihm mit der gleichen Selbstverständlichkeit. Er hat sie völlig im Griff. Für mich steht jedenfalls fest, daß er der Leiter dieses Projekts ist oder zumindest einer der Hauptverantwortlichen. Und das kommt mir reichlich sonderbar vor."

„Es wird schon Gründe dafür geben", erwiderte Craigh ohne sonderliches Interesse. „Für meine Begriffe scheint er seine Aufgabe ausgezeichnet zu erfüllen."

„Eben das bereitet mir ja Kopfzerbrechen. Wo hat er das gelernt, wenn er nur Gelehrter ist? Aber das ist noch längst nicht alles. Ich begreife immer noch nicht, weshalb man den Park zum einen hier in Australien und dann auch noch in dieser abgelegenen Einöde errichtet. Trotz der Konkurrenz von Disneyland oder Disneyworld kämen in den Staaten noch mehr Besucher. Wer will denn schon hier Urlaub machen, ob nun mit oder ohne Hotelparadies? Wenn schon Australien, dann wäre alles im klimafreundlichen Osten viel günstiger gewesen. Und was er über die australische Wirtschaft gesagt hat, ist so auch nicht mehr richtig. Für die meisten Branchen geht es in den letzten Jahren schon wieder steil bergab."

Betty hatte sich regelrecht in Rage geredet. Wie ein Raubtier, das Blut gewittert hat, dachte Craigh amüsiert. Aber er konnte nur noch mit Mühe die Augen offenhalten. „Nimm's mir nicht übel", murmelte er. „Ich bin wirklich hundemüde. Wir können uns nachher weiter darüber unterhalten, okay?"

Er streckte sich auf dem schmalen Feldbett aus und drehte sich auf die Seite. Kurz darauf zeigten seine regelmäßigen Atemzüge an, daß er eingeschlafen war.

Betty begann damit, sich einige Notizen für den Bericht zu machen. Sie kaute auf ihrem Kugelschreiber herum. Wenn sie sich mit einem Thema beschäftigte, kristallisierte sich normalerweise schon nach den ersten oberflächlichen Recherchen das grobe Konzept der fertigen Reportage in ihren Gedanken heraus. Diesmal aber fand sie nicht einmal einen brauchbaren Ansatz. Es gelang ihr nicht, die Story selbst zu entdecken, und ärgerlich registrierte sie, daß auch das ein Erfolg von Sondstrups Gesprächstaktik war. Aber Sondstrup hatte mit jeder Antwort mehr neue Fragen aufgeworfen als alte geklärt. An diesem Punkt mußte sie einhaken.

Betty spürte plötzlich wieder neue Energie in sich aufsteigen. Entschlossen riß sie das Blatt mit den gerade erst niedergeschriebenen Informationen vom Block, zerknüllte es und schleuderte es – in Ermangelung eines Papierkorbs – achtlos in die Ecke. Infos dieser Art konnte sie später in die Rohfassung des Artikels einbauen.

Betty begann eine neue Auflistung, doch diesmal notierte sie alle strittigen Punkte und ungeklärten Fragen, die ihr durch den Kopf spukten. Sie begann mit den Protesten gegen das Bauvorhaben. Das war der Punkt, der noch am ehesten einen Aufhänger für die Story bot. Betty rief sich die Vorgänge am Tor ins Gedächtnis. Sie sah noch einmal die polizeiartig uniformierten Werkschutztruppen, die die Demonstranten zu vertreiben versuchten, vor ihrem inneren Auge und hörte Sondstrups zynische Kommentare dazu.

Betty lächelte grimmig. Sie wußte jetzt, wie sie vorzugehen hatte. Sie durfte die Demonstranten nicht als einen unter vielen Punkten betrachten, sondern mußte zunächst herausfinden, welche Einwände sie gegen das Projekt hatten, und unter diesen Aspekten die Fakten neu bewerten. Von nun an würde das Spiel nach ihren eigenen Regeln laufen. Falls sie letztlich doch zu gleichen Ergebnissen wie Sondstrup kommen sollte, war das eine andere Sache. Dann hatte sie wenigstens nach bestem Wissen und Gewissen gehandelt und war ihren Grundsätzen treu geblieben. Auch in ihrem Beruf war es der Weg, der zählte, nicht das Ziel. Das war ihr noch nie so deutlich geworden wie in diesem Augenblick.

Ein leises Stöhnen riß sie aus ihren Gedanken. Craigh wälzte sich im Schlaf auf dem Feldbett herum. Betty betrachtete ihn ein paar Sekunden lang. Er hatte sich seit der Ankunft im Park verändert, wirkte nervös und deprimiert. Betty hatte in den letzten Monaten genügend Zeit mit ihm zusammen verbracht, um zu merken, daß etwas mit ihm nicht in Ordnung war. Auch sein seltsames Verhalten auf der Dschungellichtung war ein deutliches Anzeichen dafür gewesen. Einen Moment lang war es ihr wirklich so vorgekommen, als ob der Anblick der Kunststoffsaurier ihm Angst eingeflößt hätte. Sollten sich unter der Schale des versoffenen Menschenfeindes womöglich doch so etwas wie Gefühle verbergen?

Er stöhnte erneut, lauter diesmal. Dann kamen einige unartikulierte Laute über seine Lippen, und er stieß einen erstickten Schrei aus. Besorgt stand Betty auf und trat an sein Bett. Seine Hände zuckten und vollführten unbewußte Abwehrbewegungen.

Betty beugte sich vor, packte ihn an den Schultern und schüttelte ihn. Craigh schien unter ihrer Berührung zu erschauern, wachte aber nicht auf. Schließlich riß sie ihn an den Schultern hoch und schrie ihn an.

Aber Craigh wachte immer noch nicht auf. Im Gegenteil; sein Atmen wurde hektischer, verwandelte sich in ein mühevolles Keuchen, und sein Körper schüttelte sich. Vorsichtig ließ Betty ihn aufs Bett zurücksinken und wischte ihm den Schweiß von der Stirn. Er hatte Fieber, zweifelsohne.

Betty starrte ihn an, dann fuhr sie abrupt herum. Craigh war krank, und er brauchte Hilfe. Sie riß die Tür auf und stürmte hinaus. Um ein Haar hätte sie einen der Bauarbeiter umgerannt.

„Einen Arzt", stieß sie hervor. „Gibt es hier einen Arzt?"

Der Mann nickte erstaunt. „Ja, Dr. Wenderworth. Was ist denn . . ."

„Bitte holen Sie ihn", drängte Betty. „Es ist dringend. Meinem Kollegen geht es nicht gut."

Aus der Baracke ertönte ein gellender Schrei. Der Arbeiter schrak zusammen, drehte sich um und lief davon.

Betty kehrte zu Craigh zurück. Sein Zustand hatte sich noch weiter verschlechtert. Er warf sich wild von einer Seite auf die andere, stöhnte und stieß immer wieder schrille Entsetzensschreie aus. Als sie sich bückte und noch einmal nach ihm griff, bäumte er sich auf und schlug nach ihr. Seine Faust traf Betty hart an der Schulter und ließ sie zurücktaumeln. Sicherheitshalber blieb sie ein paar Schritte von dem Bett entfernt stehen.

Kurz darauf kam ein kleiner, dicklicher Mann mit spärlichem Haarkranz schnaufend hereingestürmt. Betty wollte etwas sagen, doch er winkte ab, stellte seine Tasche ab und beugte sich über Craigh. Nicht einmal zwei Sekunden später fand er sich mit reichlich verdutztem Gesicht auf dem Fußboden wieder und preßte seine Hand gegen das Kinn. Glücklicherweise hatte Craighs Schlag ihn nicht voll getroffen, sondern nur gestreift.

„Warum haben Sie mich nicht gewarnt?" ächzte er, warf Betty einen vorwurfsvollen Blick zu und rappelte sich auf. Erneut trat er an das Feldbett heran. Diesmal blieb Craigh ruhig. Der Arzt begann ihn zu untersuchen.

Eine Gruppe neugieriger Bauarbeiter drängte sich inzwischen vor der Baracke. Betty schloß die Tür, dann wandte sie sich ärgerlich an den Arzt: „In Amerika ist es üblich, sich vorzustellen. Ich heiße Betty Sanders, und ich nehme an, Sie sind Dr. Wenderworth?"

„Höchstpersönlich. Ich gebe nicht viel auf Formalitäten. Hat Ihr Kollege so etwas schon öfter gehabt?"

Betty zuckte mit den Achseln. „Keine Ahnung. Aber ich glaube nicht. Was ist denn überhaupt mit ihm los?"

„Wenn ich das nur wüßte. Jedenfalls hat er Fieber und Schüttelfrost. Und einen Alptraum. Das ist allerdings bei all den Ungeheuern hier nichts Besonderes und erklärt auch seinen rasenden Puls. Das Sonderbare ist nur, daß er nicht aufwacht. Hatte er Schmerzen, war ihm schwindelig oder übel?"

„Er war etwas stiller als sonst, das war alles. Von Schmerzen hat er nichts gesagt. Er wollte sich nur etwas ausruhen. Dann fing er plötzlich an zu stöhnen und sich herumzuwälzen."

„Sonderbar. Sehr sonderbar. Fieber und Kreislaufzusammenbrüche können durch die Klimaveränderung ausgelöst werden", murmelte Wenderworth, „aber sie treten normalerweise nicht so kraß auf. Woher kommen Sie?"

„Aus New York", antwortete Betty.

„Das erklärt einiges, wenn auch nicht alles. Wenn man das Klima dort gewöhnt ist und dann in diesen Brutofen hier kommt . . ."

Er öffnete seine Tasche. „Ich werde Ihrem Kollegen eine Beruhigungsspritze und ein Mittel gegen das Fieber und zur Stabilisierung des Kreislaufs geben. Das ist im Moment alles, was ich für ihn tun kann. Falls sich sein Zustand allerdings verschlechtern sollte, müssen wir ihn in ein Krankenhaus bringen."

„Wegen einem bißchen Fieber und einem Alptraum?" fragte Betty ohne rechte Überzeugung. „Oder ist da noch etwas anderes, das Sie mir nicht sagen wollen?" fügte sie hinzu.

Wenderworth schüttelte den Kopf. „Unsinn. Aber Alpträume sind manchmal erste Warnzeichen für ernsthafte Erkrankungen. Und –"

Craigh schrie auf und fuhr in die Höhe, als hätte er einen Stromschlag erhalten. „Nein!" kreischte er. Seine Augen waren weit aufgerissen, aber er schien nichts um sich herum wahrzunehmen, sondern immer noch in den Tiefen seines Alptraums gefangen zu sein. „Nein, nicht das . . ." Im nächsten Moment klärte sich sein Blick. Das Flugzeug, in dem er sich gerade noch befunden hatte, war verschwunden, ebenso wie das angreifende Pteranodon. Verwirrt schaute Craigh sich um und rieb sich mit der Hand über die Augen. „Betty", murmelte er ungläubig. „Was ist passiert?"

„Genau das würden wir ganz gerne von dir erfahren. Übrigens, das ist Dr. Wenderworth. Wir haben uns deinetwegen ziemliche Sorgen gemacht. Du hast getobt und geschrien wie ein Verrückter."

„Ein Alptraum", murmelte Craigh immer noch benommen. „Ich habe schlecht geträumt."

„Legen Sie sich wieder hin!" befahl Wenderworth. Er drückte Craigh mit sanfter Gewalt zurück, legte ihm eine Hand auf die Stirn und tastete mit der anderen nach seinem Puls. „Das . . ., das gibt es doch nicht", stieß er im nächsten Moment verblüfft hervor. „Das Fieber ist weg, der Herzschlag hat sich stabilisiert. Aber eine so schnelle Erholung ist schlichtweg unmöglich."

„Hören Sie, Doktor, ich verstehe nicht, was diese Aufregung soll", sagte Craigh.

„Sie hatten nicht nur einen Alptraum, aus dem Sie nicht aufzuwecken waren, sondern zusätzlich einen völligen Kreislaufzusammenbruch", erklärte Wenderworth fassungslos. „Außerdem Fieber, mindestens neununddreißig oder vierzig Grad. Ihrem Puls zufolge haben Sie dicht vor einem Herzinfarkt gestanden. Und Sie fragen, was diese Aufregung soll?"

„Schon gut, entschuldigen Sie", murmelte Craigh. In seiner Stimme lag plötzlich ein gehetzter Unterton, und er schien es sehr eilig zu haben, den Arzt loszuwerden. „Vielen Dank für Ihre Hilfe. Ich brauche nur noch einen Moment Ruhe, um wieder ganz zu mir zu kommen."

Wenderworth musterte Craigh noch einen Moment, dann klappte er kopfschüttelnd seine Tasche zu und ging zur Tür. „Wie Sie meinen", sagte er verärgert. „Sie müssen es wissen." Er schlug die Tür hinter sich zu.

Craigh sprang auf, öffnete seine Fototasche und nahm etwas heraus, das er ihr in die Hand drückte. „Wofür würdest du das halten?"

Unschlüssig betrachtete Betty das Stück weißlackierten Leichtmetalls. „Ein Stück der Verkleidung irgendeiner Maschine, schätze ich."

„Irgendeine Maschine", wiederholte Craigh gedehnt. „Wie wäre es mit der Tragfläche eines Sportflugzeugs?"

DIE HARLEY ruckte merklich, als Charles die Straße verließ und sich für einen Augenblick nichts als feinkörniger Sand unter den Reifen befand.

Roderick war irgendwo vor ihm; der Mistkerl hatte ihn schon nach kaum hundert Metern überholt und inzwischen einen beachtlichen Vorsprung herausgeschunden. Das Rücklicht seiner Kawa hüpfte wie ein wildgewordener roter Stern vor dem Horizont auf und ab, und Charles konnte das helle, an- und abschwellende Kreischen seines überdrehten Motors selbst über die Entfernung und das Gebrüll seiner eigenen Maschine hinweg hören. Er lächelte abfällig, gab Gas und katapultierte die zentnerschwere Harley über einen flachen Sandhügel. Es war eine Sache, mit einer hochfrisierten Rennmaschine auf glatter Straße Geschwindigkeitsrekorde zu brechen, aber eine ganz andere, sich in dem nun beginnenden schwierigen Gelände und bei Dunkelheit mit einem Profi anzulegen, auch wenn Roderick das anscheinend noch nicht gemerkt hatte. Charles war entschlossen, ihn seine Lektion in dieser Nacht lernen zu lassen. Es wurde Zeit, endlich für klare Verhältnisse zu sorgen. Er war schließlich nicht aus Melbourne hergekommen, um sich wie ein dummer Junge von einem aufgeblasenen Wichtigtuer aus Sydney herumkommandieren zu lassen.

Charles brauchte seine ganze Konzentration, um die Maschine im Gleichgewicht und auf Kurs zu halten. Aber er fand immer noch Zeit, ab und zu einen Blick auf das rotschimmernde Auge von Rods Rücklicht zu werfen. Es bewegte sich nicht mehr. Roderick hatte angehalten.

Vielleicht war das Großmaul steckengeblieben, eine Blamage, wie man sie sich schöner kaum wünschen konnte, aber Charles glaubte nicht recht daran. Verblüfft runzelte er die Stirn, umfuhr einen jäh aufragenden Felsbuckel und nahm Gas weg. Rod war keine fünfzig Meter mehr von ihm entfernt; seine Gestalt zeichnete sich als schwarzer Schatten gegen den sternenklaren Himmel ab.

Charles lenkte seine Maschine neben die Kawa des Bandenchefs aus Sydney, schaltete den Motor aus und klappte das Visier hoch.

„Was ist los, alter Mann?“ fragte er spöttisch. „Gibst du schon auf?“

Roderick antwortete nicht, aber das Glitzern in seinen Augen sagte mehr als alle Worte. Trotzdem reagierte Charles beinahe zu spät.

Rodericks Hand kam blitzschnell hoch. Charles sah das Glitzern des Mondlichtes auf den einzelnen Gliedern der Fahrradkette und riß instinktiv die Arme hoch, aber er konnte den Schlag nur noch mildern, nicht mehr vollständig abfangen. Ein mörderischer Hieb traf seinen Helm. Das Kunststoffvisier zersplitterte, ein heißer, brennender Schmerz zuckte durch seinen Kopf, und in seinen Ohren dröhnte es, als wäre unmittelbar neben seinem Schädel eine Bombe explodiert. Er stieß einen erstickten Schrei aus, warf sich zurück und stürzte mitsamt der Maschine zu Boden, wobei er noch Glück hatte, daß er nicht unter die schwere Harley zu liegen kam.

Wie durch einen blutigen Schleier sah er Roderick auf sich zukommen. Die Kette pendelte lose an seiner Seite, aber seine ganze Haltung verriet, wie angespannt er war.

„Hast du wirklich geglaubt, daß ich bei diesem lächerlichen

Rennen mitmache, ohne mir was dabei zu denken?" zischte er.

Charles stöhnte. Die schwere Maschine hatte noch einen Teil seines Stiefels erwischt und nagelte seinen Fuß regelrecht am Boden fest. „Du . . ., du bist verrückt", keuchte er mühsam. Seine Zunge verweigerte ihm fast den Dienst. Er schluckte, schmeckte Blut und würgte mühsam ein paar Worte hervor. „Die Jungs werden dich in Stücke reißen. Meine wie deine."

Roderick lachte humorlos. „Kann schon sein, daß sie das tun würden, wenn sie wüßten, was hier geschieht", sagte er beinahe freundlich. „Aber sie werden es nicht erfahren, Charlyboy."

Allmählich begriff Charles. „Du . . ., du willst . . .", stammelte er fassungslos.

„Dich umbringen, du hast es erfaßt", sagte Roderick ungerührt.

„Du bist ja verrückt", stöhnte Charles noch einmal. „Die Jungs werden nach mir suchen, wenn ich nicht zurückkomme. Und dann werden sie dich lynchen."

„Wer denn?" höhnte Roderick. „Niemand kann mir etwas beweisen, und wenn du erst mal tot bist, wird es auch niemand mehr wagen, gegen mich aufzubegehren. Wen stört es schon, daß es einen dreckigen Nigger mehr oder weniger auf der Welt gibt?"

„Aber . . . Verdammt, wir sind doch nicht . . ., sind doch nicht hier, um uns zu bekriegen. Wir sollten –"

„Du vielleicht." Rod lachte, dann zerbrach seine Maske, und sein Gesicht verwandelte sich von einem Moment zum anderen in eine haßerfüllte Fratze. „Was kümmert es mich, ob diese Arschlöcher hier einen Ferienpark bauen?" schrie er. „Meinst du, mich interessiert das Gefasel der Boongs? Ich bin von Anfang an nur wegen dir hergekommen, um endlich mal klarzustellen, wer der mächtigste Bandenführer ist!"

Charles erkannte, daß Roderick seine Worte ernst meinte. Blitzschnell griff er unter seine Jacke und zog die Automatic, die er stets bei sich trug. Roderick ließ ihm keine Chance. Ein wohlgezielter Tritt prellte Charles die Waffe aus der Hand, noch bevor er sie entsichern konnte. In einer verzweifelten Kraftanstrengung versuchte Charles, seinen Fuß unter der Maschine hervorzubekommen, aber ein zweiter Tritt Rodericks schleuderte ihn zurück. Erneut schwang er die Kette.

Das rasch näher kommende Brummen eines Motors war zu

hören. Roderick erstarrte mitten in der Bewegung. Die Maschine gehörte niemandem von der Gang, wie Charles gehofft hatte, sondern es handelte sich um ein Flugzeug.

„Verpiß dich!" schrie Roderick wutentbrannt in Richtung der kleinen Maschine.

Sie flog so niedrig, daß Charles sie deutlich erkennen konnte, und er wußte, daß der Pilot auch sie sah. Zwei Motorradfahrer nachts mitten in der Wüste, von denen der eine auf dem Boden lag und der andere mit einer Kette in der Hand vor ihm stand – die Situation war ziemlich eindeutig. Wenn der Pilot Meldung erstattete, würde es zumindest einige Nachfragen geben.

Charles kam nicht mehr dazu, irgend etwas zu sagen. Ein zweites Flugzeug tauchte hinter einer Hügelkuppe auf, und was dann geschah, ließ ihn ernsthaft an seinem Verstand zweifeln.

Was er im ersten Moment für ein weiteres Flugzeug gehalten hatte, entpuppte sich bei genauerem Hinsehen als ein gigantischer, verzerrter Schatten von der Farbe der Nacht; die alptraumhafte Karikatur eines Riesenvogels mit fledermausartigen Flügeln und einem gurkenförmigen Schädel, dessen Hinterkopf fast ebenso lang und spitz wie der Schnabel war. Ein schriller, unbeschreiblich fremdartiger Schrei gellte über die Wüste.

Im nächsten Moment stürzte sich das Ding auf das Sportflugzeug.

Der bizarre Luftkampf dauerte nicht einmal eine Minute. Das kleine Propellerflugzeug hatte keine Chance gegen die mehr als doppelt so große Alptraumkreatur. In einer verzweifelten Bewegung riß der Pilot die Maschine herum; viel zu steil und in zu engem Bogen. Sie geriet ins Trudeln und sackte durch. Erst dicht über dem Boden gelang es dem Piloten, das Flugzeug wieder unter Kontrolle zu bringen. Das letzte, was Charles sah, war die Kreatur, die im Sturzflug auf das Flugzeug herabstieß. Dann verschwanden die beiden ungleichen Gegner hinter einer Sanddüne. Wenige Sekunden später verstummte das Motorengeräusch.

Charles wartete darauf, daß er das Bersten und Krachen hörte, das den Absturz des Flugzeugs begleiten mußte, vielleicht sogar das Detonieren des Tanks, aber es blieb weiterhin still. Etwas in ihm weigerte sich immer noch zu glauben, was er gerade gesehen hatte. „Was . . ., was war das?" flüsterte er schließlich.

„Ich weiß es nicht", murmelte Roderick ebenso leise. „Aber was es auch war, es ist vorbei."

Es war der größte und zugleich letzte Irrtum seines Lebens.

Noch einmal gellte der unmenschliche Schrei von vorhin durch die Wüste. Rasend schnell und so tief, daß ihre Flügel fast den Boden berührten, kam die monströse Kreatur hinter der Sanddüne hervorgeschossen. Kleine böse Augen funkelten wie geschliffene Edelsteine durch die Nacht.

Instinktiv schlug Roderick mit der Kette zu. Es gab ein helles, seltsam metallisches Klirren, als die Stahlglieder gegen den Schädel der Bestie schmetterten, aber sie schien den Schlag nicht einmal zu spüren. Mit einem einzigen mühelosen Biß trennte die Kreatur Roderick den Kopf von den Schultern, krächzte erneut und stieg wieder steil in die Höhe. Zwei, drei Sekunden lang blieb Rodericks Torso noch aufrecht stehen, dann stürzte er zu Boden. Blut pulsierte aus seinem Halsstumpf und färbte den Wüstensand rot.

Erst jetzt überwand Charles seinen Schock und schrie gellend auf. Die Panik verlieh ihm ungeahnte Kräfte. Mit einem gewaltigen Ruck zog er seinen Fuß unter dem Tank der Harley hervor, packte die Automatic und warf sich zur Seite.

Keine Sekunde zu früh.

Mit atemberaubender Geschwindigkeit schoß die Bestie wieder herab. Diesmal erkannte Charles, daß ihr Leib nicht einmal besonders groß war, sondern im Vergleich zu den Flügeln geradezu winzig. Die Schwingen jedoch erreichten eine Spannweite von sieben bis acht Metern. Durch seinen Sprung entging er zwar einem direkten Hieb, es gelang ihm aber nicht, ihnen ganz auszuweichen. Eine der Schwingen streifte ihn, riß ihn von den Füßen und schleuderte ihn weit durch die Luft. Der weiche Sand dämpfte seinen Aufprall, trotzdem blieb Charles mehrere Sekunden lang benommen liegen. Die ganze Zeit über hatte er die Pistole nicht losgelassen.

Im gleichen Moment, als die Kreatur zum zweiten Mal auf ihn zujagte, ging eine Wandlung in ihm vor, die ihn selbst am allermeisten erstaunte. Vielleicht lag es am kühlen Metall der Waffe, daß er seine Selbstsicherheit zurückgewann, vielleicht auch nur an dem Wissen, daß er innerhalb der nächsten Sekunden sterben würde, wenn es ihm nicht gelang, sich zu beherrschen. Sein linker Arm hing taub und gefühllos herab, doch seine Rechte war unversehrt. Charles zielte kurz und drückte ab. Eine rotglühende Feuerzunge stach aus dem Lauf. Die Kugel traf den Leib der Bestie und prallte wirkungslos an den hornigen Panzerschuppen ab.

Der zweite Schuß traf das rechte Auge. Mit geradezu übernatürlicher Deutlichkeit sah Charles, wie die Kugel es zerschmetterte und in den Schädel eindrang, aber kein Tropfen Blut quoll aus der Wunde. Statt dessen glaubte er für einen Moment bläuliche Funken sprühen zu sehen, war sich jedoch nicht sicher.

In das Knallen des Schusses mischte sich der von Wut und Schmerz erfüllte Schrei der Bestie. Ihre Schwingen peitschten die Luft und wirbelten dichte Sandschwaden auf, als sie wild flatternd an Höhe zu gewinnen versuchte.

Das Unglaubliche geschah: Die monströse Kreatur floh. Charles schoß ihr nach, bis sie hinter einem Hügelkamm verschwand, und selbst als das Magazin längst leer war, betätigte er den Abzug noch mindestens ein dutzendmal. Irgendwann entglitt die Pistole seinen Fingern. Zitternd brach er in die Knie, schlug die Hände vors Gesicht und begann hemmungslos zu schluchzen. Es dauerte nicht lange, bis sein Schluchzen in ein meckerndes Gelächter überging, und auch als er sich schließlich wieder aufrichtete, lachte er noch.

Ohne dem blutigen Etwas, das einmal Roderick gewesen war, auch nur einen Blick zu widmen, schwang Charles sich in den Sattel von dessen Kawasaki. Wie durch ein Wunder schaffte er es, dieselbe Strecke, die er gekommen war, ohne einen einzigen Sturz in halsbrecherischem Tempo zurückzurasen.

„Sie kommen!" Nipper starrte aus zusammengekniffenen Augen auf den winzigen Lichtpunkt, der am Ende der Straße aufgetaucht war. Der Wind wurde stärker, aufwirbelnde Sandschwaden behinderten die Sicht. „Einer jedenfalls", fügte er etwas leiser hinzu.

Dick löste sich von seiner Maschine und trat neben den Mischling. In seinem Gesicht erschien ein verschlagener Ausdruck. „Scheint, daß das Rennen vorbei ist. Das ist Rods Kawa. Ich kenne den Sound genau." Der Triumph in seiner Stimme war kaum zu überhören. Nervös sog er an seiner Zigarette. Der glühende Punkt des Scheinwerfers wuchs mit quälender Langsamkeit. Sein Unbehagen verstärkte sich plötzlich wieder. Selbst wenn Rod das Rennen gewonnen hatte, mußte Charles bald auftauchen. Aber von einem zweiten Scheinwerfer war nichts zu entdecken. Bei zwei so hervorragenden Fahrern waren höchstens Unterschiede von Sekunden drin. Es sei denn . . .

Nipper schien seine Gedanken zu erraten. „Wenn Charles etwas passiert ist und dieser Kerl dahintersteckt, dann schneide ich ihm höchstpersönlich die Haut vom Leib", zischte er. „Und wenn du klug bist, sorgst du dafür, daß sich eure Leute nicht einmischen."

Dick antwortete nicht. Die Kawasaki näherte sich jetzt rasend schnell. In die Reihen der Rocker kam Unruhe. Gedämpftes Murmeln erhob sich überall.

„Da ist doch irgend etwas faul", murmelte Dick. „Zum Teufel, das ist gar nicht Rod!"

Jetzt erkannten die anderen es auch – der schwarze, mit einem fluoreszierenden Totenkopf beklebte Lederanzug gehörte Charles. Und er dachte offenbar gar nicht daran, das Tempo zu drosseln.

Die Männer sprangen erschrocken beiseite. Auch Dick brachte sich mit einem Riesensatz in Sicherheit und schlug hart auf dem Boden auf. Kaum einen halben Meter neben ihm jagte die Kawa mit ohrenbetäubendem Getöse vorbei. Bremsen quietschten, ein paar Männer schrien entsetzt auf, dann war das Kreischen von Metall zu hören, gefolgt vom dumpfen Aufprall eines schweren Körpers.

Dick war mit einem Satz auf den Beinen.

Charles hatte erst im allerletzten Moment versucht, die Maschine mit einer Gewaltbremsung zum Stehen zu bringen, es aber nicht mehr geschafft. Mit furchtbarer Wucht war die Kawa in das Spalier der am rechten Straßenrand stehenden Motorräder hineingerast und hatte die chromglänzende Pracht von mehr als einem Dutzend Maschinen binnen einer einzigen Sekunde in einen gigantischen Schrotthaufen verwandelt.

Charles hatte noch Glück im Unglück gehabt. Er war beim Aufprall in hohem Bogen von der Kawa geschleudert worden und im Sand gelandet. Sein Anzug war an der Seite aufgerissen. Dunkles, im Sternenlicht beinahe schwarz glänzendes Blut quoll unter dem zerfetzten Leder hervor. Er hatte das Bewußtsein verloren, aber er lebte noch. Sein Visier war zertrümmert, und quer über den weißen Kunststoff zogen sich die charakteristischen Kratzspuren einer Kette.

Allmählich dämmerte Dick, was geschehen war. Nipper hielt plötzlich Verbandszeug in der Hand. Er begann damit, Charles das Blut abzutupfen. „Sein Arm", keuchte er entsetzt. Im selben Moment sah es auch Dick. Charles' linker Ärmel war ebenfalls aufgeplatzt, und nur mit Mühe war das blutige, auf geradezu unmögliche Art in sich verdrehte Ding darunter noch als Arm zu erkennen. Der Knochen war nicht nur mehrfach gebrochen, sondern mußte dicht unter der Schulter regelrecht pulverisiert worden sein. „Hast du so etwas schon einmal gesehen? Wie hat er damit nur fahren können?"

„Ich weiß es nicht", gab Dick gepreßt zurück. „Aber das stammt jedenfalls nicht von Rods Kette." Er hob den Kopf. „Brad, Jo, ihr fahrt die Strecke nach. Seht zu, ob ihr Rod findet. Vielleicht lebt er noch."

„Die beiden haben sich in die Haare gekriegt", sagte Nipper. „Aber das war nicht alles. Irgendwas anderes muß noch passiert sein." Er deutete auf Charles. „Jedenfalls muß er schnellstens in ein Krankenhaus."

„Und wie, du Klugscheißer?" gab Dick zurück. „Das nächste Krankenhaus ist zweihundert Meilen entfernt."

„Wir brauchen einen Rettungshubschrauber. Jemand muß nach Kalgoorlie fahren und in Perth anrufen."

„Okay." Dick sprang auf und deutete auf einen der Herumstehenden, dessen Maschine auf der anderen Straßenseite parkte und nichts abbekommen hatte. „Jack, schwing deinen Arsch auf den Bock und gib Gas! Sie sollen schnellstens einen Hubschrauber schicken."

„Ich denke ja gar nicht daran", bekam er trotzig zur Antwort. „Der Kerl da hat wahrscheinlich Rod auf dem Gewissen."

Dick packte ihn am Jackenkragen und zog ihn mit einem Ruck zu sich heran, bis ihre Gesichter sich fast berührten. „Du wirst tun, was ich dir sage, oder du kannst deine Knochen einzeln zusammensuchen."

„Schon gut", maulte der Rocker und wandte sich um. Zehn

Sekunden später saß er auf seiner Maschine und brauste davon.

In diesem Moment kam Charles stöhnend wieder zu Bewußtsein. Wahnsinn und eine so abgrundtiefe Angst, wie Nipper sie noch nie bei jemandem gesehen hatte, flackerten in seinem Blick. „Drache", brachte Charles mühsam heraus. „Ich habe . . . den Drachen . . . besiegt. Rod ist tot . . . Der Drache hat . . ., hat ihn . . . umgebracht. Das Flugzeug . . . abgestürzt . . ., der Drache . . ." Seine Worte wurden unverständlich. Er bäumte sich auf und krümmte sich unter einem Hustenanfall. Blutiger Schaum quoll über seine Lippen. Dann sank er zurück und blieb reglos liegen.

„Ist er tot?" fragte Dick. Es klang nicht besonders mitfühlend.

„Bewußtlos", murmelte Nipper, nachdem er den Puls gefühlt hatte. „Aber es sieht ziemlich ernst aus. Hoffentlich kommt der Hubschrauber bald. Irgend etwas Schreckliches muß da draußen passiert sein."

„Auf jeden Fall ist er verrückt geworden", stellte Dick kalt fest. „Hat jemand eine Ahnung, was das Gefasel von einem Drachen für einen Sinn hat? Vielleicht der Name einer anderen Gang oder so etwas?"

Niemand antwortete. „Er hat phantasiert, ist doch klar", sagte schließlich einer der Umstehenden. „Offenbar hat Rod ihm ordentlich die Birne weichgeklopft."

Nipper schüttelte den Kopf. Charles schien Angst höchstens vom Hörensagen zu kennen. „Das war nicht Roderick", sagte er langsam. „Der hätte ihn nicht so zurichten können. Ich habe noch nie jemanden gesehen, der solche Angst hatte. Das war etwas anderes."

Dick entging nicht, daß er „etwas" gesagt hatte, nicht „jemand". „Was soll der Quatsch?" fragte er barscher als beabsichtigt, um über seine eigene Unsicherheit hinwegzutäuschen. „Glaubst du etwa an den Drachen, hier, mitten in der Wüste, pah." Er lachte gekünstelt auf. „Außerdem weiß jedes Kind, daß die lieben Tierchen Feuer speien. Ich habe keine Brandwunden gesehen."

Zu seiner eigenen Überraschung blieb Nipper ruhig. „Es geht nicht um ein Märchenungeheuer", sagte er. „Aber jedes Kind weiß heute, daß die Drachen der Legenden ihre Vorbilder in den Urzeitsauriern hatten. Und jetzt überleg mal ganz scharf, wo es so was hier gibt."

Einige Sekunden herrschte Schweigen. Selbst das Getuschel der umstehenden Rocker war verstummt. Alle starrten Nipper an.

„Bullshit“, brummte Dick schließlich. „Aber ich finde heraus, was wirklich passiert ist, das schwöre ich.“ Wütend drehte er sich um und stapfte davon.

„Dr. Wenderworth sagte mir, Sie hätten einen Kreislaufzusammenbruch gehabt.“ Sondstrups Gesicht verriet nicht, was er dachte, aber Craigh meinte, einen lauernden Tonfall aus seiner Stimme herauszuhören, den er sich nicht erklären konnte.

„Er hat wohl etwas übertrieben“, antwortete er betont gleichmütig. „Ich hatte lediglich einen harmlosen Alptraum. Kommt schließlich nicht jeden Tag vor, daß ich ein paar Dutzend Sauriermonster sehe.“

„Wenderworth war ziemlich verstört, was bei ihm etwas heißen will. Es wäre mir lieber, wenn Sie sich noch einmal gründlich untersuchen ließen. Schließlich bin ich in gewisser Hinsicht für Ihr Wohlergehen verantwortlich, solange Sie hier sind.“

Fast hätte Craigh aufgelacht. Gerade weil er die Sache nicht auf die leichte Schulter nahm, sagte er nichts, und deshalb hatte er auch Betty auf ihre unzähligen Fragen und ihr Drängen in den letzten Minuten, bevor Sondstrup hereingeplatzt war, nur ausweichende Antworten gegeben. Er hatte einen Alptraum gehabt, okay, das passierte ihm zwar selten, aber es konnte vorkommen. Daß er von dem Pteranodon geträumt hatte, war ebenfalls nichts Besonderes. Im Traum verarbeitete das Gehirn Eindrücke, die es vorher gewonnen hatte. Damit ließ sich auch erklären, daß er geträumt hatte, der Pilot eines Flugzeugs zu sein, das von dem Flugsaurier angegriffen wurde. Offenbar hatte das gefundene Metallstück sein Unterbewußtsein zu dieser verrückten Assoziation angeregt.

Das Sonderbare waren nur die übernatürliche Klarheit des Traums und das Fehlen unlogischer Sprünge und Verfremdungsprozesse, wie sie eigentlich für einen Traum charakteristisch waren. Statt dessen war alles wie ein Film abgelaufen: völlig logisch und so realistisch, daß er nach dem Aufwachen noch eine Weile gebraucht hatte, um in die Wirklichkeit zurückzufinden. Es war, als wäre er für eine Weile wirklich jemand anders gewesen. Er erinnerte sich sogar an alles, was er – als der andere Mann –

während des Fluges gedacht hatte: daß er diese nächtlichen Flüge öfters unternahm, daß er sie nicht anmeldete, daß sein Funkgerät kurz zuvor einer unsanften Landung zum Opfer gefallen war.

„Mr. Ellison, was ist nun?“ riß ihn Sondstrups Stimme aus seinen Gedanken. „Sind Sie bereit, sich noch einmal untersuchen zu lassen?“ Es klang mehr wie eine Anordnung als wie eine Frage.

Craigh schüttelte den Kopf. „Nein, bin ich nicht“, sagte er schärfer als beabsichtigt und fügte dann etwas versöhnlicher hinzu: „Hören Sie, Professor, es geht mir wirklich wieder gut, keinerlei Grund zur Beunruhigung.“

„Wenn Sie es sagen, muß ich Ihnen wohl glauben“, sagte Sondstrup in einem Tonfall, der das genaue Gegenteil ausdrückte. „Aber ich nehme an, Sie werden sich etwas schonen wollen, statt uns auf dem weiteren Rundgang zu begleiten, oder?“

Craigh verdrehte die Augen und schüttelte energisch den Kopf. „Es wäre mir recht, wenn wir sofort aufbrechen könnten. Wir würden sonst doch nur noch hier herumsitzen und die Zeit totschlagen.“

Betty schaute ihn überrascht und ein wenig ärgerlich an. Sie hatte sich die ganze Zeit über in sein Gespräch mit Sondstrup nicht eingemischt, sondern offenbar gehofft, in Ruhe mit ihm sprechen zu können, sobald der Professor wieder verschwunden war. Gerade das jedoch wollte Craigh verhindern. Er erwiderte ihren Blick. „Da du ja ursprünglich gar keine Pause wolltest, hast du doch sicher nichts dagegen“, sagte er mit nur für sie erkennbarem Spott.

„Also gut, meinetwegen.“

Craigh nahm die vollgeknipsten Filme aus seiner Fototasche und steckte dafür neue ein, ehe sie aufbrachen. Im Inneren der Baracke hatten einigermaßen erträgliche Temperaturen geherrscht, doch kaum trat er ins Freie, traf ihn die trockene Hitze wie ein Hammerschlag. Geblendet schloß er die Augen. Für einen Moment wurde ihm erneut schwindelig, doch er hatte sich sofort wieder in der Gewalt. „Ich habe eine Bitte“, sagte er. „Ich würde gerne noch einmal das Pteranodon sehen.“

„Tut mir leid, aber meine Männer haben die Figur bereits weggeschafft und sind dabei, die Überreste zu zerlegen und einzupacken“, erwiderte Sondstrup. „Wenn morgen der Tyrannosaurus rex geliefert wird, kann das Flugzeug die noch brauchbaren Einzelteile gleich mitnehmen, damit die Daktyle in den Staaten so schnell wie möglich repariert wird." Er runzelte die Stirn. „Warum interessieren Sie sich denn für das Ding?"

„Nur so", log Craigh. Er war enttäuscht, daß er keine Gelegenheit mehr hatte, seinen Verdacht zu überprüfen. Etwas in ihm weigerte sich beharrlich zu glauben, daß sich der Kunststoffsaurier in die Luft erhoben und ein Flugzeug angegriffen haben könnte. Dennoch gelang es Craigh nicht mehr, den Gedanken an diese Möglichkeit völlig zu verbannen. Immerhin hatte auch Betty eingeräumt, daß das Metallstück möglicherweise von der Tragfläche eines Flugzeugs stammte.

Aber es wäre doch völlig unsinnig, einen in solchem Maße flugfähigen Saurier zu konstruieren, um ihn ein Flugzeug angreifen zu lassen. Das hätte zum einen vorsätzlichen Mord bedeutet und zum zweiten die völlig sinnlose Vernichtung eines absoluten Wunderwerks der Technik.

Betty versetzte ihm mit dem Ellbogen einen leichten Rippenstoß. „Wenn dich das alles schon nicht interessiert, dann tu wenigstens so, bevor Sondstrup vollends die Geduld verliert", flüsterte sie ihm zu. „Außerdem bist du hergeschickt worden, um Fotos zu machen, wenn ich mich recht erinnere."

Craigh nickte schuldbewußt. Er durfte sich durch seine idiotischen Spekulationen nicht so ablenken lassen, daß er seine Arbeit vergaß, sonst provozierte er erst recht ein erneutes Verhör durch Betty.

Wie schon am Vormittag spulte Sondstrup in der Manier eines Fremdenführers alle möglichen Informationen herunter, viel mehr, als für die Reportage nötig waren. Craigh hörte kaum hin, doch wie Betty es wünschte, gelang es ihm wenigstens, ein bißchen Interesse zu heucheln.

Sie waren bereits mehr als drei Stunden unterwegs, als plötzlich ein leises Piepsen ertönte. Sondstrup holte ein flaches Funkgerät aus seinem Jackett, zog die Antenne heraus und drückte einen Knopf. „Hier Sondstrup. Was gibt es?"

„Sherman", war die aufgeregt und gehetzt klingende Stimme eines Mannes zu hören. „Wir haben Ärger. Einige der Rocker versuchen, gewaltsam auf das Gelände vorzudringen. Es ist –"

„Nicht alles auf einmal", sagte Sondstrup ruhig. „Wo?"

„Am Haupteingang."

„Anzahl?"

„Dreißig, vielleicht vierzig."

„Gewalttätigkeiten?"

„Halten sich bislang in Grenzen."

„In Ordnung. Ich schicke Ihnen Verstärkung. Verhindern Sie, daß die Kerle hereinkommen. Notfalls mit allen Mitteln, aber vermeiden Sie unnötige Brutalität. Ich komme, so schnell ich kann. Over."

Craigh warf Betty einen raschen Blick zu. Sie beachtete ihn nicht, und er war froh, daß sie nicht sah, wie blaß er plötzlich geworden war. Bei der Erwähnung der Rocker hatte etwas in seinem Gehirn vernehmlich klick! gemacht. Konnte es sich wirklich noch um einen bloßen Zufall handeln?

Sondstrup drückte einen anderen Knopf. „Hier Sondstrup. Schicken Sie zwanzig Mann der Bereitschaftstruppen als Verstärkung zum Tor drei. Und lassen Sie mich sofort von einem Jeep in Quadrant C/5 abholen. Over." Ohne eine Bestätigung abzuwarten, schaltete er das Funkgerät aus und steckte es wieder weg. „Tut mir leid, aber ich muß die Führung abbrechen."

„Was sind das für Rocker, von denen der Mann gesprochen hat?" wollte Craigh wissen.

Sondstrup zögerte einen Moment. „Einige Radaubrüder, die hier in der Gegend Ärger stiften", antwortete er dann betont gleichgültig. „Keine Sorge, wir haben die Lage unter Kontrolle."

„Glauben Sie, daß sie auch für die Zerstörung des Pteranodons verantwortlich sind?"

„Ich bin nicht befugt, Ihnen darauf zu antworten", sagte Sondstrup kalt. „Alles, was mit der Sicherheit des Projekts zu tun hat, unterliegt strenger Geheimhaltung, dafür werden Sie sicherlich Verständnis haben."

Craigh schluckte. Sondstrup kanzelte ihn wie einen kleinen Schuljungen ab, und er war nicht in der Lage, sich dagegen zu wehren. Auch Betty brachte kein Wort heraus.

Aus der Ferne kam der bestellte Jeep herangebraust. Die Reifen wirbelten eine dichte Sandwolke auf. Kaum daß der Wagen gebremst hatte, schwang sich Sondstrup auf den Beifahrersitz.

„He, und was wird aus uns?" rief Betty.

„Ich kann mich jetzt leider nicht um Sie kümmern. Sie werden schon allein zurückfinden. Es ist nicht sehr weit." Sondstrup gab dem Fahrer des Wagens ein Zeichen, und dieser gab wieder Gas.

„Das . . ., das gibt es doch nicht", murmelte Betty fassungslos.

Craigh grinste. „Wenigstens hast du jetzt die Bestätigung deiner Theorie. Er scheint wirklich so was wie der große Boß zu sein."

Betty nickte. „Damit steht fest, daß er nicht nur für die Anlage des Parks, sondern auch für alles andere zuständig ist, sogar für die Werkschutztruppen. Aber erklärt wird dadurch immer noch nichts."

„Eben, also sollten wir versuchen, mehr herauszufinden. Sehen wir zu, daß wir schnellstens zu diesem Tor kommen. Das Spektakel will ich mir nicht entgehen lassen. Gibt bestimmt bombige Fotos."

„Und ein paar schöne Schlagzeilen." Sie musterte ihn skeptisch. „Traust du dir so einen Lauf zu?"

„Wird schon irgendwie gehen."

Sie rannten ein Stück, aber schon nach einigen hundert Metern waren sie schweißgebadet, und die Kleidung klebte ihnen am Körper, so daß sie gezwungen waren, langsamer zu laufen. Sie verfielen in einen leichten Dauerlauf, rannten zwischendurch jedoch immer wieder einige Minuten lang schneller.

Craighs Lungen schmerzten bei jedem Atemzug. Vom Alkohol hatte er sich in letzter Zeit einigermaßen erholt, aber die verdammten Zigaretten machten ihm zu schaffen. Seine Beine schienen nur noch aus Pudding zu bestehen, und zu allem Überfluß spürte er jetzt auch noch heftiges Seitenstechen.

Er biß die Zähne zusammen. Der Gedanke an Sondstrup gab ihm neue Kraft. Wenn der Kerl glaubte, sie auf so simple Art austricksen zu können, dann hatte er sich geschnitten. Craigh war entschlossen, ihm diesen Triumph nicht zu gönnen. Vor allem wollte er vor Betty keine Schwäche zeigen.

Mittlerweile hatte sie schon einen beachtlichen Vorsprung. Als sie merkte, daß er ihr nicht folgen konnte, wurde sie langsamer und wartete, bis er sie eingeholt hatte. „Keine Puste mehr?" fragte sie ohne jeden Spott, aber dafür mit Besorgnis in der Stimme. „Du solltest dich nicht überanstrengen, das ist die Sache nicht wert." Ihre Bluse war durchgeschwitzt und klebte ihr am Körper.

„Geht schon", krächzte er. Vergeblich versuchte er zu lächeln. Er fühlte sich hundeelend, aber lieber hätte er sich die Zunge abgebissen, als ihr die Wahrheit zu sagen. „Ein klein bißchen langsamer, okay?" Das Seitenstechen war noch stärker geworden. Er konnte nur noch gekrümmt laufen. Bleigewichte schienen an seinen Füßen zu hängen. Irgendwann begannen schwarze Kreise vor Craighs Augen zu tanzen, und schließlich konnte er beim besten Willen nicht mehr weiter. Kraftlos stürzte er in den Sand. Gleich darauf wurde es dunkel um ihn herum.

Als er aufwachte, kniete Betty neben ihm, und sein Kopf ruhte auf ihrem Schoß. Besorgt blickte sie auf ihn herab. Einige Spitzen ihres dunkelblonden Haares kitzelten sein Gesicht. „Idiot", sagte sie mit unverkennbarer Erleichterung in der Stimme. „Wem glaubst du zu imponieren, wenn du dich selbst umbringst?"

Craigh stöhnte. Er hob die Hand und schirmte seine Augen gegen das grelle Sonnenlicht ab. „Ich wollte . . . dir deine Reportage . . . nicht . . ." Seine Stimmbänder verweigerten ihm den Dienst.

„Denkst du, die Sache wäre mir so wichtig?" Betty schüttelte den Kopf. „Auf ein paar Minuten mehr oder weniger wäre es auch nicht mehr angekommen."

„Habe mich . . . wohl etwas . . . überschätzt."

Am liebsten hätte er die Augen wieder geschlossen und alles so belassen, wie es im Moment war; den Zauber des Augenblicks konserviert. Es war verrückt, aber er genoß es, daß sich Betty Sorgen um ihn machte.

Trotzdem wälzte er sich zur Seite und stemmte sich mühsam in die Höhe. Die Beine gaben unter ihm nach, und er wäre erneut gestürzt, wenn Betty nicht rechtzeitig zugegriffen und ihn aufgefangen hätte. Erstaunlich schnell überwand er seine Schwäche. Während der ersten Schritte mußte er sich noch auf Betty stützen, dann konnte er sich bereits wieder aus eigener Kraft auf den Beinen halten. „Beeilen wir uns", murmelte er.

„Das ist nicht dein Ernst." Betty schaute ihn entgeistert an. „Warum willst du nicht gleich ein kleines Wettrennen machen? Ist dir eigentlich klar, daß du gerade deinen zweiten Zusammenbruch innerhalb von nur ein paar Stunden hattest? Also hör auf, den starken Mann zu spielen. Wir werden jetzt schön langsam gehen, und wenn du auch nur die geringsten Anzeichen von Schwäche verspürst, wirst du es mir sofort sagen, verstanden?"

Craigh verbiß sich einen Kommentar und stapfte los. Abgesehen von einer Verkrampfung der Beinmuskeln und einem etwas flauen Gefühl im Magen ging es ihm wirklich schon wieder recht gut, aber er konnte verstehen, daß Betty ihm nicht glaubte. Er begriff es ja selbst nicht. Irgend etwas geschah mit ihm. Diese fast blitzartige Erholung war in der Tat nicht normal. Vielleicht sollte er wirklich einen Arzt aufsuchen, wenn er wieder in New York war.

Ziemlich genau eine Stunde nachdem Sondstrup sie verlassen hatte, erreichten sie wieder ihre Unterkunft.

„Ich nehme den Wagen, um zum Tor zu kommen", sagte Betty. „Wahrscheinlich wird zwar inzwischen alles vorbei sein, aber ich will mich zumindest überzeugen. Du bleibst schön hier und ruhst dich aus."

„Was? Du glaubst doch nicht ernsthaft, daß du mich davon –"

„Und ob ich das glaube, mein Lieber." Die Entschlossenheit in ihrer Stimme verriet Craigh, daß er sie nicht mehr umstimmen konnte. Im Grunde hatte Betty ja auch recht. Trotzdem wollte er nicht so schnell aufgeben.

„Und die Fotos?" fragte er. „Weißt du, wie gut sich Fotos von so einer Auseinandersetzung in deiner Reportage machen würden? Wahrscheinlich können wir sie sogar gleich mehrfach verkaufen."

„Wenn es etwas zum Fotografieren gibt, werde ich es selbst knipsen. Mit der Polaroid."

„Dann kannst du auch gleich Skizzen malen." Er schaute sie treuherzig an. „Auf die paar Minuten kommt es doch nun auch nicht mehr an."

„Du brauchst Ruhe. Wenn du nicht vernünftig bist, werde ich Dr. Wenderworth sagen, daß er dir eine Spritze geben soll, die dich für mindestens zwölf Stunden schlafen legt."

„Das kannst du mir doch nicht antun!"

„Willst du es darauf ankommen lassen?" In ihren Augen blitzte es herausfordernd auf.

Craigh grinste plötzlich. „Weißt du, daß du bezaubernd aussiehst, wenn du dich aufregst?"

Dieses Kompliment kam so überraschend für Betty, daß sie ihn einige Sekunden sprachlos anstarrte. Dann lächelte sie verlegen und eilte zur Tür. „Du hast die Polaroid vergessen!" rief Craigh ihr nach. Betty kam zurück, schnappte sich den Fotoapparat vom Tisch und verließ fast fluchtartig die Baracke.

Craighs Grinsen vertiefte sich noch. Es sah ganz so aus, als wäre das Eis zwischen ihnen endlich gebrochen. Dafür lohnte es sich auch, eine Weile hier herumzusitzen, zumal er sich ohnehin nicht vorstellen konnte, daß Betty überhaupt bis zum Tor kommen würde.

Lustlos blätterte Craigh eine Weile in den Unterlagen, die Sondstrup ihnen gegeben hatte. Aber die Gutachten und Dokumente interessierten ihn nicht sonderlich. Nachdem er sich nicht einmal die Hälfte angesehen hatte, klappte er den Hefter wieder zu und schaltete den Fernseher ein. Normalerweise haßte er das Fernsehen und begnügte sich mit einem Radio. Aber im Moment war es eine ganz gute Methode, um sich abzulenken und die Zeit totzuschlagen. Außerdem mußten bei ABC, dem einzigen Sender, den er klar empfing, gleich Nachrichten kommen.

Craigh streckte sich auf dem Bett aus. Er verschränkte die Hände hinter dem Kopf, schloß die Augen und hörte dem Sprecher zu. Viel Bedeutsames hatte sich nicht ereignet. Er war bereits halb eingeschlummert, als ihn eine der Meldungen wie elektrisiert in die Höhe fahren ließ.

ALS BETTY in den Kombi stieg und losfuhr, war sie immer noch verwirrt. Sie wußte schon seit einiger Zeit, daß Craigh scharf auf sie war. Was sie hingegen wunderte, war seine Hartnäckigkeit, als schien es ihm wirklich um sie als Person zu gehen. Auch sein Verhalten an diesem Nachmittag ergab nur unter einem einzigen Aspekt Sinn: Er versuchte, ihr zu imponieren.

Er hatte sich in letzter Zeit verändert. Er trank kaum noch, gab sich beim Fotografieren Mühe, und selbst sein überheblicher Zynismus war längst nicht mehr so stark ausgeprägt wie zu Beginn ihrer Bekanntschaft. Wenn seine Versuche, mit ihr zu flirten, auch meist reichlich plump ausfielen, so war das wohl ein Ausdruck seiner schüchternen Unbeholfenheit – jedenfalls ihr gegenüber.

Betty wußte nicht recht, was sie von ihm halten sollte. Craigh sah nicht übermäßig gut aus, vor allem viel älter, als er in Wirklichkeit war. Und doch hatte er etwas an sich, was sie fast magisch anzog.

Vielleicht, weil er unterbewußt ihre Mutterinstinkte ansprach. Vielleicht auch einfach eine soziale Ader. Er hatte ihr in gewisser Hinsicht von Anfang an leid getan, aber sie hatte dieses Gefühl stets unterdrückt, da sie wußte, daß er ganz bestimmt kein Mitleid brauchte. Und mehr war sie nie bereit gewesen, ihm zuzugestehen. Sie bezweifelte sowieso, daß er überhaupt in der Lage wäre, eine längerfristige Beziehung mit einer Frau aufrechtzuerhalten.

In der Ferne konnte sie nun den Zaun sehen. Eine größere Menschengruppe hielt sich am Tor auf. Viele der Männer trugen die blauen Overalls der Werkschutztruppen. Zwischen ihnen sah Betty auch einige schwarze Jacken und Metall, das in der Sonne glänzte. Vermutlich Motorräder, aber sie war noch zu weit entfernt, um Einzelheiten zu erkennen.

Ein Jeep kam Betty entgegengebraust. Ein Stück vor ihr bremste der Fahrer, stieg aus und stellte sich ihr winkend in den Weg. Auch er trug einen blauen Overall. An seiner Hüfte baumelte eine Pistolentasche. Der Verschluß war geöffnet.

Betty ließ den Kombi ausrollen und kurbelte das Fenster herunter. „Was ist los?"

„Sie sind Miß . . ., Miß Sanders, nicht wahr?" Ein sorgsam gestutzter Bart zierte die Oberlippe des Mannes, und seine Augen waren hinter einer spiegelnden Sonnenbrille verborgen. „Mein Name ist David Archer. Der Professor selbst hat mich gerade angewiesen, Sie auf keinen Fall ans Tor zu lassen." Verlegen zupfte sich der junge Mann am Ohrläppchen. „Bitte, Miß Sanders, machen Sie mir keine Schwierigkeiten."

„Ich habe eher den Eindruck, als ob Sie mir Schwierigkeiten machen wollten. Ich bin Journalistin. Es gibt so etwas wie Pressefreiheit, und dies ist ein freies Land. Wenigstens habe ich das bisher geglaubt."

„Nein, dies ist Privatbesitz", korrigierte Archer. „Professor Sondstrup meinte, ich sollte Sie daran erinnern, wenn Sie sich auf die Pressefreiheit berufen. Wir sind keineswegs verpflichtet, Ihnen zu allen Teilen des Geländes Zutritt zu gewähren."

Betty kam eine Idee. „Ich möchte das Gelände jetzt sofort verlassen. Das können Sie mir nicht verbieten, sonst handelt es sich eindeutig um Freiheitsberaubung. Also lassen Sie mich durch das Tor hinaus."

„Das Verlassen des Geländes steht Ihnen selbstverständlich frei. Es gibt noch drei weitere Tore. Jedes davon können Sie anstandslos passieren. Bitte drehen Sie jetzt um, und fahren Sie zurück."

„Ich denke gar nicht daran." Betty schüttelte den Kopf. „Wenn Sondstrup mich nicht dort haben will, dann wird er mir das selbst sagen müssen, statt einen Stiefellecker vorzuschicken."

Der junge Mann ließ sich nicht anmerken, ob die Beleidigung ihn traf. Er stützte seine Hände auf die Türkante. „Ich soll Sie so freundlich wie möglich behandeln, aber wenn –" Betty hatte sich im Sitz zurückgelehnt, und ohne zu zögern, nutzte er die Gelegenheit und zog den Zündschlüssel ab. Der Motor erstarb.

„He!" protestierte sie, wütend auf sich selbst, daß sie sich so leicht hatte überrumpeln lassen. „Geben Sie mir sofort den Schlüssel wieder."

„Das wird Professor Sondstrup persönlich erledigen. Später."

Betty stieß die Tür so heftig auf, daß sie Archers Knie traf. Der junge Mann trat zwei Schritte zurück, um das Gleichgewicht zu halten. Mit kampflustig geballten Fäusten ging Betty auf ihn zu. „Den Schlüssel!" forderte sie noch einmal. „Jetzt sofort!"

Archer wich nicht einmal vor ihr zurück. Im selben Moment, in dem er den Schlüssel abgezogen hatte, war eine Wandlung mit ihm vorgegangen. Nichts war mehr von seiner Unsicherheit zu spüren. Er hatte ihr nur etwas vorgespielt, um sie in Sicherheit zu wiegen, begriff Betty.

„Es ist wohl besser, wenn Sie jetzt in Ihre Unterkunft zurückkehren", sagte Archer kühl. „Wenn Sie möchten, fahre ich Sie hin."

„Zu freundlich!" fauchte Betty. „Aber ich kann selbst fahren, solange mir niemand den Zündschlüssel stiehlt. Sie haben kein Recht –"

„Doch", unterbrach Archer sie. „Habe ich." Er stemmte provozierend die Fäuste in die Hüften. Im gleichen Maße, in dem seine Selbstsicherheit wuchs, schrumpfte ihre eigene. „Ich hindere Sie daran, Landfriedensbruch zu begehen. Wie Sie selbst gesagt haben, sind Sie und Ihr Kollege nur Gäste hier. Daran sollten Sie gelegentlich denken. Und jetzt sollten Sie zu Ihrer Unterkunft zurückkehren, bevor Sie etwas sagen, das Ihnen hinterher vielleicht leid tut."

„Nein." Betty schüttelte den Kopf. „Das Stück kann ich auch zu

Fuß gehen. Um mich daran zu hindern, müssen Sie schon Gewalt anwenden. Und ob Sie einer Journalistin gegenüber handgreiflich werden, sollten Sie sich sehr gründlich überlegen", sagte sie, mehr aus Trotz denn aus Überzeugung.

Archer seufzte. „Was wollen Sie eigentlich mit diesem Theater bezwecken, Miß Sanders? Es gibt kein Publikum, und ich sitze ohnehin am längeren Hebel. Wenn Sie die Angelegenheit auf die Spitze treiben, muß ich Sie des Geländes verweisen. Dazu bin ich ausdrücklich befugt, wenn alles andere nichts hilft."

„Das ist Erpressung. Was glauben Sie, was ich in diesem Fall in meiner Reportage –"

„Schreiben Sie, was Sie wollen", entgegnete Archer scharf. „Es gibt Hunderte von Journalisten, die sich bestimmt kooperativer zeigen werden." Sein Stimme wurde etwas sanfter. „Sobald Sie sich etwas beruhigt haben, werden Sie einsehen, daß ich recht habe. Kommen Sie jetzt, ich fahre Sie zurück."

„Sie können mich mal!" schrie Betty unbeherrscht. Sie warf sich auf den Fahrersitz, knallte die Tür zu und kurbelte die Scheibe hoch. Vor Wut, Empörung und Ärger über ihre Hilflosigkeit bebte sie am ganzen Körper. Sie konnte nicht verhindern, daß ihr Tränen in die Augen stiegen, und sie ballte die Fäuste so fest, daß ihr die Fingernägel ins Fleisch schnitten. Archer blieb noch einige Sekunden unschlüssig stehen, dann kehrte er zu seinem Jeep zurück und setzte sich ebenfalls, fuhr jedoch nicht weg.

Betty zündete sich eine Zigarette an. Sie rauchte in hastigen, tiefen Zügen und drückte die Kippe erst aus, als die Glut fast ihre Finger verbrannte. Allmählich beruhigte sie sich etwas. Sondstrup würde sein heutiges Verhalten noch bedauern. Betty nahm sich vor, in ihrer Reportage kein gutes Haar an dem Park zu lassen. Sie starrte durch die Windschutzscheibe nach vorne. Auch jetzt war nicht viel von dem zu erkennen, was am Tor vorging. Es schien leichte Handgreiflichkeiten zu geben.

Betty stieg aus. Ohne Archer auch nur eines Blickes zu würdigen, machte sie sich zu Fuß auf den Rückweg. Sie brauchte mehr als eine halbe Stunde, bis sie die Unterkunft erreichte. Ihre nackten Arme röteten sich bereits beträchtlich, und ihre Gesichtshaut prickelte, wenn sie sie berührte. Wahrscheinlich würde sie einen ordentlichen Sonnenbrand bekommen.

Aufatmend trat Betty in die kühlere Baracke. Sie murmelte einen flüchtigen Gruß in Craighs Richtung, der auf seinem Bett lag. Sofort ging sie zu ihrem Kosmetikkoffer, nahm die Flasche mit der Sonnenmilch heraus und verteilte etwas auf ihre Arme und das Gesicht. Vielleicht konnte sie auf diese Art noch verhindern, daß der Sonnenbrand allzu schlimm wurde.

„Sondstrup kann was erleben, wenn ich ihn in die Finger bekomme!“ stieß sie hervor. „Er hat das Gelände um das Tor sperren lassen und einen arroganten Scheißer geschickt, um mich abzufangen. Hat sogar gedroht, uns rauszuwerfen . . . He, hörst du mir überhaupt zu?“

Sie drehte sich zu Craigh um. Er lag immer noch reglos auf dem Bett. Seine Mundwinkel zuckten. Seine Augen waren weit aufgerissen. „Was ist los mit dir?“ Sie trat neben das Bett und rüttelte ihn an der Schulter. „Nun sag schon was.“

Langsam klärte sich sein Blick. „Betty“, murmelte er. „Endlich.“ Er schaute auf seine Uhr. „Bitte, mach den Fernseher an. Gleich sind wieder Nachrichten. Dann kannst du es selbst sehen.“

Verständnislos drückte Betty auf den Einschaltknopf des Fernsehers. Ein Reklamespot für ein Waschmittel flimmerte über die Mattscheibe. Dann erschien das lächelnde Gesicht eines Ansagers auf dem Bildschirm.

„Es ist achtzehn Uhr“, sagte der Sprecher. „Australian Broadcasting Company sendet Nachrichten.“

Es folgten die üblichen Meldungen. Ein Treffen des amerikanischen Außenministers mit seinem russischen Amtskollegen. Ein Bombenanschlag in Belfast, einer in Medellin. Ein Flugzeugabsturz über der Karibik. Ein mißlungener Putschversuch irgendwo in Afrika. Betty wurde unruhig. Meldungen dieser Art sah, hörte oder las sie nahezu jeden Tag. Nationale Nachrichten folgten den internationalen. Sie zündete sich eine Zigarette an, als ihre Aufmerksamkeit plötzlich von einer weiteren Meldung geweckt wurde.

„. . . wurde der Anführer einer Motorradgang mit schweren Verletzungen von einem Rettungshubschrauber eingeliefert. Nach Verlautbarungen der Polizei scheint es sich um einen Machtkampf rivalisierender Rockergruppen gehandelt zu haben, die sich in der Nähe des im Bau befindlichen Touristenparks in der Victoriawüste zu Protesten zusammengefunden haben. Laut Zeugenaussagen haben die Anführer der beiden Gruppen eine Art Rallye ausgetragen, bei der es offenbar zu Tätlichkeiten gekommen ist. Der Schwerverletzte befindet sich noch in Lebensgefahr und ist zur Zeit nicht vernehmungsfähig. Von dem mutmaßlichen Täter fehlt gegenwärtig jede Spur. Bislang hat sich die Polizei geweigert, die Namen der Betroffenen bekanntzugeben, wir sind jedoch zuversichtlich, Ihnen im Laufe der nächsten Stunden nähere Informationen mitteilen zu können. Und nun zum Wetter . . ."

Betty schaltete den Fernseher aus. „Ich begreife nicht, was daran so Besonderes sein soll, auch wenn es hier direkt in der Nähe stattfand", wandte sie sich an Craigh. „Solche Machtkämpfe gibt es doch dauernd."

„Du kannst das nicht begreifen", murmelte Craigh. „Es . . . hat etwas mit meinem Alptraum zu tun. Ich weiß nicht richtig, wie ich es dir erzählen soll."

„Am besten von Anfang an. Und möglichst lückenlos."

„Aber halt mich hinterher nicht für verrückt. Also, ich habe geträumt, Pilot eines Flugzeugs zu sein. Es war so, als hätte es mich in seinen Körper verschlagen und ich würde nun an all seinen Empfindungen teilhaben, verstehst du? Jedenfalls bin ich im Traum vergangene Nacht irgendwo hier in der Nähe herumgeflogen. Dabei habe ich eine Gruppe von Rockern gesehen. Aber ich habe nicht nur die Rockergruppe gesehen, sondern kurze Zeit später zwei weitere Motorradfahrer mitten in der Wüste. Der eine von ihnen lag am Boden, der andere bedrohte ihn mit einer Schnur oder etwas Ähnlichem, wahrscheinlich einer Kette. Zufall?"

Betty schwieg einige Sekunden lang. „Craigh, was soll das?" fragte sie dann. „Diese Geschichte nimmt dir nicht einmal ein zehnjähriges Kind ab. Gib schon zu, daß du dir das alles gerade erst ausgedacht hast."

„Nein!" protestierte er. „Es ist alles genauso gewesen, wie ich es dir erzählt habe. Ich konnte es so deutlich sehen wie in einem Film."

„Aber natürlich. Bestimmt hat jemand ein Videoband mit den Ereignissen der vergangenen Nacht geradewegs in deine Gedanken projiziert."

„Du glaubst mir also nicht", sagte Craigh bitter. „Aber das ist noch kein Grund, dich über mich lustig zu machen."

Er wußte selbst, wie phantastisch seine Geschichte klang, trotzdem hatte er sich anstelle von Spott wenigstens ein bißchen Verständnis von Betty erhofft. Ihr jetzt noch vom weiteren Verlauf des Traums, dem Angriff des Pteranodons zu erzählen, wäre völlig sinnlos. Sie würde ihm davon erst recht entweder kein Wort glauben oder irgendwelche psychologischen Erklärungen finden.

„Okay, Craigh, es tut mir leid." Betty hob abwehrend die Hände. „Ich wollte dich nicht verspotten. Aber du glaubst doch nicht ernsthaft an übernatürliche Vorkommnisse und hellseherische Träume."

„Ich weiß selbst nicht mehr, was ich glauben soll." Craigh verzog das Gesicht und zündete sich eine Zigarette an. Er rauchte hastig, inhalierte den Rauch jedoch nicht, sondern blies ihn sofort wieder aus. „Von Hellseherei kann dabei schon mal keine Rede sein, da alles bereits in der vergangenen Nacht stattfand. Ich möchte nur wissen, wie ich davon wissen konnte."

Betty zuckte mit den Schultern. „Du bist einfach überreizt. Vielleicht wegen der grellen Sonne. Du warst vorhin nicht gerade in bester Verfassung, und als du die Nachrichten zum ersten Mal gehört hast, da haben sich Phantasie und Realität wohl vermischt. Du bildest dir nur ein, von den beiden Motorradfahrern geträumt zu haben. Diese Erklärung erscheint mir am wahrscheinlichsten."

„Vielleicht bin ich wirklich nur überreizt", sagte er so unbefangen wie möglich. „Sprechen wir nicht mehr davon, wir kommen ohnehin nicht weiter. Aber ich möchte unbedingt mit diesen Rockern reden. Das dürfte wohl auch in deinem Interesse liegen."

„Allerdings. Gut, ich bin einverstanden. Fahren wir morgen hin, auch wenn Sondstrup Gift und Galle spuckt. Davon kann er uns nicht abhalten."

„Lieber wäre es mir, wenn wir –" Craigh kam nicht zum Ausreden, denn in diesem Moment klopfte es an der Tür. Sondstrup trat ein.

Betty sprang auf, trat auf ihn zu und blieb mit in die Hüften gestemmten Händen vor ihm stehen. „Ist ja großartig", fauchte sie. Ihr in den letzten Minuten abgekühlter Zorn flammte bei seinem Anblick schlagartig wieder auf. „Sie wagen sich also tatsächlich hierher, als ob nichts gewesen wäre. Daß Sie sich mit Ihren Polizeistaatmethoden alle Sympathien verscherzt haben, können Sie sich ja wohl denken."

Sondstrup machte ein zerknirschtes Gesicht. „Ich habe vielleicht etwas überreagiert, aber ich bin von den Ereignissen selbst überrollt worden", erklärte er entschuldigend. „Sehen Sie, man hat mir die Verantwortung für dieses Millionenunternehmen übertragen, und wenn seine Sicherheit bedroht ist, treffe ich deshalb lieber ein paar zu harte Entscheidungen, als eine einzige Nachlässigkeit zu begehen. Erst die Zerstörung des Pteranodons, dann die Drohung, daß diese Rocker gewaltsam einzudringen versuchten – die Meldung hörte sich allerdings dramatischer an, als sie in Wirklichkeit war. Ich kann Ihnen versichern, daß Sie nichts versäumt haben. Es hat weder Handgreiflichkeiten noch sonstigen Ärger gegeben."

„Aber begreifen Sie denn nicht, daß es um das Prinzip geht? Sie selbst haben doch gesagt, Sie wünschten sich kritischen Journalismus. Wir sollten uns frei umsehen können, um uns eine eigene Meinung zu bilden. Das waren wohl nur schöne Worte?"

„Keineswegs. Aber ich bin den Umgang mit der Presse eben noch nicht gewöhnt. Ich versichere Ihnen, daß etwas Derartiges nicht mehr passieren wird." Sondstrup lächelte und breitete in einer jovialen Geste die Arme aus. „Ich hoffe, daß Sie mir dieses eine Mal noch verzeihen können. Um meinen guten Willen zu zeigen und mich zu entschuldigen, habe ich eine kleine Überraschung für Sie vorbereiten lassen. Für Sie und alle Mitarbeiter wird heute abend eine kleine Feier stattfinden. Nun, was sagen Sie dazu?"

„Wir werden kommen", stimmte Betty nach kurzem Zögern widerstrebend zu. „Aber glauben Sie nicht, daß ich deshalb alles vergesse, was geschehen ist."

„Das erwarte ich auch gar nicht. Sagen wir also um halb acht im Aufenthaltsraum. Es ist das große Gebäude, in dem wir bereits heute mittag gegessen haben. Bis dann. Ich habe noch einiges zu erledigen."

„Du läßt nach", sagte Craigh mit mildem Spott, nachdem Sondstrup gegangen war. „Hattest du nicht vor, ihn in der Luft zu zerreißen? Seit wann läßt du dich so leicht einwickeln?"

„Die blöden Kommentare kannst du dir sparen." Betty schaute verdrossen zu Boden. „Ich kann dem Kerl einfach nicht richtig böse sein, wenn ich ihm direkt gegenüberstehe. Aber das hat nichts damit zu tun, daß ich mich einwickeln lasse."

„Doch, hat es." Craigh nickte bekräftigend und stand auf. „Mir geht es ja selbst nicht anders. Rhetorisch ist er uns beiden überlegen. Diese verdammte Feier ist ein weiteres taktisches Meisterstück."

„Wieso? Das scheint doch ausnahmsweise mal wirklich nett gemeint zu sein."

„Von wegen. Er weiß genau, daß wir wegen der Vorfälle planen, mit den Demonstranten zu reden. Verbieten kann er es uns nicht, also bringt er uns auf diese ach so nette Tour davon ab. Aber nicht mit mir." Craigh ging zur Tür. „Uns bleibt noch knapp eine Stunde. Kommst du mit?"

Betty lächelte. „Soll das ein Witz sein?"

CRAIGH hatte sich immer noch nicht an den Anblick der Wüste gewöhnt. Er war ein Stadtmensch. Die Weite und Monotonie dieses Landes bedrückten ihn. Sandhügel, so weit der Blick reichte, dazwischen gelegentlich einige im Laufe der Jahrtausende glattgeschmirgelte Felsbrocken. Es schien, als hätte die Natur bei der Erschaffung der Welt den Bauschutt hier abgeladen, den sie sonst nirgendwo hatte brauchen können.

Nachdem Betty eingesehen hatte, daß sie ihn von seinem Vorhaben nicht mehr abbringen konnte, hatte sie sich ihm nach kurzem Zögern angeschlossen. Ohne Schwierigkeiten hatten sie das Gelände verlassen können, und auf die Frage, wo sich die Demonstranten aufhielten, hatten die Posten am Tor ihnen sogar bereitwillig den Weg erklärt. Der Grund für diese Hilfsbereitschaft war Craigh allerdings sehr schnell klargeworden. Sie hätten ihr Ziel auch sonst kaum verfehlen können, da die Reifen der Motorräder deutliche Spuren im Sand hinterlassen hatten.

Sie waren noch keine vier Kilometer vom Tor entfernt, als Craigh nach vorn deutete. „Das scheint es zu sein." Eine kleine Siedlung ragte hinter einer Sanddüne auf; niedrige Steinhütten, die sich wie schutzsuchende Tiere aneinanderdrängten und mehr wie Ställe denn wie Behausungen von Menschen wirkten. Spärliches, halb verdorrtes Gras sproß um die Hütten, auch die blattlosen Skelette einiger verkrüppelter Büsche waren zu sehen. Offenbar hatte es sich einst um eine Oase gehandelt, die inzwischen jedoch fast ausgetrocknet war und den hier lebenden Menschen und ihrem wenigen Vieh höchstens noch das Allernotwendigste zum Leben bot.

Ein Stück entfernt waren mehr als drei Dutzend Zelte aufgeschlagen worden. Vor vielen standen Motorräder. Aus Kofferradios und Kassettenrecordern drang laute Musik, überwiegend Heavy metal. Ein paar junge Leute, fast nur Männer, schlenderten umher und unterhielten sich oder bastelten an den Maschinen herum. Einige der Motorräder sahen aus, als hätten sie sich mit einer Planierraupe angelegt.

Dicht vor dem ersten Zelt parkte Betty den Kombi und stieg aus. Sie trat auf den vordersten der Rocker zu, einen bärtigen, dunkelhaarigen Mann von vielleicht fünfundzwanzig Jahren. „Betty Sanders", stellte sie sich vor. „Ich komme vom TIME-LIFE-Magazin und –"

„Den Rest können Sie sich sparen", fiel ihr der Bärtige unfreundlich ins Wort. Sein Gesicht hatte sich verdüstert. „Den Krampf haben wir heute schon ein paarmal gehört. Wenn Sie sich einen Haufen Ärger ersparen wollen, dann steigen Sie am besten wieder in Ihren Wagen und verschwinden von hier." Er deutete auf Craigh. „Und nehmen Sie den Kerl da gleich mit."

Betty wußte, wie sie darauf zu reagieren hatte. „Könnte es eventuell sein, daß Sie etwas gegen die Presse haben?" fragte sie mit zuckersüßem Lächeln.

Darauf wiederum war ihr Gegenüber nicht vorbereitet. Er brauchte ein paar Sekunden, bis er ein einfallsloses „Allerdings" knurrte.

„Dann verstehen wir uns ja. Gibt es hier vielleicht irgendwo ein kaltes Bier?"

Der Bärtige begann schallend zu lachen. „Sie sind okay, Lady", sagte er. „Aus dem Interview wird aber trotzdem nichts. Das war's. Leben Sie wohl."

Er wandte sich ab und wollte weggehen, aber Craigh hielt ihn am Arm fest. „Einen Moment mal, wir –" Im nächsten Moment verlor er den Boden unter den Füßen. Fluchend rappelte er sich wieder auf. Sand knirschte zwischen seinen Zähnen, und er spie ein paarmal aus.

„Versuchen Sie nicht noch einmal, mich anzufassen", sagte der Bärtige drohend. „Und jetzt verschwinden Sie, bevor ich richtig ungemütlich werde. Sie können ja in Ihrem Blättchen darüber schreiben, wie Sie von einer Schlägerbande angegriffen und bedroht worden sind. So was gibt doch immer eine nette Schlagzeile."

Craigh entschloß sich, alles auf eine Karte zu setzen. „Urzeitmonster, die Flugzeuge und Menschen angreifen, interessieren mich viel mehr", gab er einen Schuß ins Blaue ab.

Das saß. Einige Sekunden lang herrschte atemlose Stille, ein paar der Männer wurden blaß. Ihre Reaktion zeigte Craigh, daß er ins Schwarze getroffen hatte. Auch Betty runzelte die Stirn und schaute ihn verwirrt an. Kein Wunder; da er ihr nur einen Teil seines Traumes erzählt hatte, konnte sie von allen am wenigsten begreifen, worauf er hinauswollte.

Ohne ein weiteres Wort ging der Bärtige zu den Zelten zurück, doch ein junger Aborigine vertrat ihm den Weg. „Du wolltest doch unbedingt herausfinden, was letzte Nacht geschehen ist, Dick", sagte er. „Dann solltest du ihnen zuhören. Scheint so, als wüßten sie etwas."

„Halt dich da raus, Nipper. Ich habe keine Lust, diesen Presseschmierern –"

„Vielleicht lohnt es sich doch. Wir können uns wenigstens anhören, was sie zu sagen haben." Einige der Umstehenden nickten beifällig.

Der Bärtige zögerte, dann kehrte er zu Betty und Craigh zurück. „Also gut. Sie haben genau eine Viertelstunde Zeit. Kommen Sie." Er führte sie zwischen den Zeltreihen hindurch zu einem besonders großen Zelt in der Mitte des Camps, in dem einige Campingtische und -stühle standen. Nipper setzte sich mit ihnen an einen Tisch.

„Warum diese Feindseligkeit der Presse gegenüber?" fragte Betty. „Wenn Sie den Bau dieses Freizeitparks stoppen wollen, sollten Sie sich gut mit den Medien stellen."

„Dann bringen Sie erst mal die Medien dazu, sich gut mit uns zu stellen", erwiderte Dick. „Ihre werten Kollegen sind wegen der

Sache mit Charles heute wie die Heuschrecken hier eingefallen. Die hatten wahrscheinlich ihre Artikel schon fertig im Kopf. Wollten nur mal wieder Stimmung gegen uns machen und alles mit ein paar hübschen Fotos schmücken. Für welche Zeitung schreiben Sie?“

„TIME-LIFE-Magazin“, wiederholte Betty.

„Kenn ich nicht.“

„Eine amerikanische Zeitschrift. Wir haben die Erlaubnis bekommen, den Park zu besichtigen und darüber zu schreiben.“

Dicks Gesicht verfinsterte sich erneut. „Von da also weht der Wind. Hätte ich mir gleich denken können. Ein bißchen Werbegeschreibsel und als Zugabe, daß die Proteste nur Krawalle von ein paar Rockern und Schlägern sind.“

„Unsinn“, widersprach Betty ärgerlich. „Es gibt noch Journalisten, die ihren Job ernst nehmen. Mir paßt an dem Park einiges nicht, und deshalb will ich hören, welche Argumente Sie dagegen haben.“

Craigh hatte sich während des Gesprächs unauffällig an den jungen Aborigine herangeschoben. „Können Sie meine Kollegin irgendwie für eine Weile weglocken?“ flüsterte er ihm zu, ohne daß Betty es bemerkte.

Nipper nickte ebenso unauffällig zurück und ergriff gleich die Gelegenheit. „Um Ihnen das zu erklären, ist Dick kaum der Richtige“, sagte er. „Wir haben einige Leute mit größerem politischem Durchblick im Camp. Wenn Sie wollen, bringe ich Sie hin. Es gibt auch Material, das wir an die Medien geschickt haben, ohne daß jemand Notiz davon genommen hat.“

„Geh ruhig“, stimmte Craigh eilfertig zu. „Wenn wir schon nur so wenig Zeit haben, können wir sie getrennt besser nutzen.“

Als Betty und der Aborigine das Zelt verlassen hatten, funkelte Dick Craigh wütend an. „Würden Sie mir mal erklären, was das bedeuten soll?“

„Meine Kollegin muß nicht unbedingt mitbekommen, was ich mit Ihnen bespreche“, erklärte Craigh. Er zog seine Zigaretten aus der Hemdtasche und bot auch Dick eine an. Er überlegte, wie er das Gespräch beginnen sollte, als Nipper ins Zelt zurückkam und drei Dosen Bier auf den Tisch stellte.

„Warum wollten Sie nicht, daß Ihre Kollegin hierbleibt?“

„Was ich mit Ihnen besprechen möchte, ist rein privat. Ich habe in den Nachrichten gehört, daß es letzte Nacht eine Art Motorradrennen hier draußen gegeben hat", begann Craigh. „Mich interessiert, was dabei wirklich passiert ist."

„Rein privat, versteht sich." Spott und Zorn klangen gleichermaßen in Dicks Stimme mit. „Für wie dumm halten Sie uns eigentlich, Mister?"

„Es geht um . . ., um einen Bekannten", log Craigh. Er hatte sich eine Story ausgedacht, die zwar nicht gerade glaubwürdig klang, aber immer noch glaubwürdiger als die Wahrheit. „Er ist Sportflieger und hatte gestern nacht einen Unfall", begann Craigh seine Geschichte. „Seither faselt er ziemlich wirres, unzusammenhängendes Zeug. Dieses Rennen hat auch damit zu tun. Ich möchte nun herausfinden, wieviel davon der Wahrheit entspricht. Deshalb erst mal: Haben Sie gestern nacht ein Flugzeug gesehen, das über Sie hinweggeflogen ist? Es handelte sich um eine kleine einmotorige Sportmaschine."

Dick überlegte einen Moment und schüttelte dann den Kopf. „Moment, doch, ich erinnere mich", korrigierte er sich gleich darauf. „Da war so ein Flieger. Hat 'ne Runde über uns gedreht und ist dann weitergeflogen."

Craigh schloß für eine Sekunde die Augen. Auch vom Fliegen der Ehrenrunde hatte er geträumt. Es konnte kein Zufall sein. „Kurz darauf habe ich . . ., hat mein Bekannter zwei Motorräder weiter draußen in der Wüste entdeckt", berichtete er. Er atmete unmerklich auf. Keiner der beiden schien seinen Versprecher bemerkt zu haben. „Die Fahrer waren abgestiegen. Einer lag auf dem Boden, der andere stand vor ihm. Er schwang eine Kette oder etwas Ähnliches. Ihr Freund, der ins Krankenhaus gebracht wurde – hatte er Verletzungen, die von einer Kette herrühren könnten?"

„Hatte er", bestätigte Nipper. „Deutliche Spuren am Visier. Hat Ihr Bekannter auch etwas über die Maschinen gesagt?"

Craigh rief sich das Bild genau ins Gedächtnis. Es fiel ihm schwer, sich zu konzentrieren; in seinen Gedanken herrschte Aufruhr. „Die eine war dunkelrot, die andere weiß. Ich verstehe nicht viel von Motorrädern, aber die rote könnte eine Harley gewesen sein. Sie war umgestürzt und hatte das Bein des einen Fahrers eingeklemmt."

Dick und der Aborigine wechselten einen Blick. „Deshalb ist Charles auf der Kawa zurückgekommen", murmelte Nipper. „Mit dem zerfleischten Arm hat er seine Maschine nicht mehr hochbekommen." Er räusperte sich. „Um ehrlich zu sein, Mister . . .?"

„Craigh Ellison", sagte Craigh gedankenverloren. „Nennen Sie mich ruhig Craigh."

„Also, Craigh, bislang habe ich Ihnen kein Wort Ihrer Geschichte geglaubt. Hörte sich alles so an, als hätten Sie ein paar Informationen von den Bullen aufgeschnappt und sich den Rest zusammengereimt. Aber die wußten zwar, daß Charles eine Harley fuhr, doch niemand hat nach der Farbe gefragt. Scheint also zu stimmen, was Sie sagen."

„Wer ist Charles?"

„Der im Krankenhaus liegt. Sein Gegenspieler heißt Roderick. Ist seither verschwunden. Charles behauptet, er wäre tot."

„Hat die Polizei nicht nach ihm gesucht?"

„Klar, hat sie", antwortete Dick. „Wir übrigens auch, stundenlang. Aber finden Sie mal da draußen jemanden."

„Außerdem ist es gestern nacht ziemlich windig geworden", ergänzte Nipper. „Falls Rod wirklich tot ist, liegt er wahrscheinlich samt der Harley unter einem Sandhügel begraben. Da ist nicht einmal mit einem Hubschrauber mehr was zu entdecken."

Craigh nickte bedächtig. Bislang hatte er nicht begriffen, wieso man in den Nachrichten nichts von den Trümmern des Flugzeugs berichtet hatte. An Sand und Wind hier draußen hatte er nicht gedacht. Der Mann in Craighs Traum hatte keine näheren Familienangehörigen gehabt. Es konnte Tage dauern, bis man ihn überhaupt vermißte. Natürlich würde man irgendwann vermuten, daß er abgestürzt war, aber selbst dann wußte noch niemand, wo es auch nur ungefähr passiert war. Nach ihm würde niemand mehr suchen.

„Hat Charles nach seiner Rückkehr etwas gesagt?"

„Er war völlig verrückt geworden und hatte panische Angst. Außerdem war er entsetzlich zugerichtet. Hat von einem Drachen erzählt, der Rod getötet hätte. Die Sanitäter bezeichneten es als Wunder, daß er überhaupt noch lebte."

„Ein Drache", wiederholte Craigh. Er leerte die noch halbvolle Bierdose in einem Zug. Als er sich eine weitere Zigarette anzündete, stellte er fest, daß seine Finger inzwischen so stark zitterten, daß er das Feuerzeug kaum halten konnte. Weder das Bier noch das Nikotin vermochten ihn zu beruhigen. Die Worte kamen nur noch stockend aus seinem Mund. „Auch mein Bekannter hat etwas von einem Drachen erzählt, der sein Flugzeug angegriffen hätte. Er hat gerade noch mit Mühe den Rückweg geschafft. Natürlich hat ihm keiner ein Wort geglaubt, und deshalb bin ich hergekommen, um die Wahrheit herauszufinden. Aber zwei Leute . . . Wie können zwei Leute unabhängig voneinander das gleiche phantasieren?"

„Ich weiß es nicht", sagte Nipper. „Aber ich weiß, daß an Ihrer Geschichte etwas gewaltig stinkt. Ihr Bekannter kann gar nicht mit Ihnen gesprochen haben, weil der Pilot dieses Flugzeugs tot ist", vervollständigte er den Satz. „Charles hat nämlich auch gesagt, daß er den Absturz da draußen gesehen hat. Es wird allmählich Zeit für die Wahrheit, finden Sie nicht auch?"

„Aber ich habe doch –"

„Bevor Sie noch mehr Lügen erfinden, werde ich Ihnen sagen, wie ich die Sache sehe", unterbrach ihn der Aborigine. „Sie arbeiten für diesen Sondstrup und sollen uns ausspionieren. Er hat uns heute mittag beschuldigt, das Modell eines Flugsauriers zerstört zu haben. Dadurch haben wir überhaupt erst erfahren, daß dieses Ding kaputt ist, und ich habe mir meine Gedanken gemacht. Ich glaube inzwischen, daß Charles keinen Unsinn geredet hat. Irgendwie habt ihr das Modell dazu gebracht, wirklich zu fliegen. Und wahrscheinlich hat es mit einer Kamera alles aufgenommen. Nun, war es so?"

Einige Sekunden war Craigh unfähig, etwas zu sagen. „Das . . ., das ist absurd", stieß er schließlich hervor.

„Mag sein", räumte Nipper ein. „Dann erzählen Sie die Wahrheit."

„Die würden Sie mir erst recht nicht glauben."

„Käme auf einen Versuch an."

Mit einem Mal war es Craigh völlig egal, ob man ihm glaubte. Es war, als würde er in einem Treppenhaus auf dem Geländer hinunterrutschen, wie er es als kleines Kind oft getan hatte, nur verwandelte sich dieses Geländer plötzlich in eine Rasierklinge.

„Es war ein Alptraum", sagte er mit ruhiger, gefaßter Stimme. „Nichts weiter als ein Traum. Es gibt keinen Bekannten. Bis vor ein paar Stunden habe ich nicht einmal etwas von dem Flugzeug gewußt, und dann habe ich genau das geträumt, was offenbar wirklich passiert ist. Das ist die Wahrheit. Und wenn Sie jetzt sagen, daß ich verrückt geworden bin, nehme ich es Ihnen nicht einmal übel. Allmählich glaube ich nämlich schon selbst daran.“

III

Rätsel

KAUM waren sie wieder ins Auto gestiegen, begann Betty damit, Craigh auszufragen, aber er schwieg, ganz in seine Gedanken versunken. Der Abschied von Nipper und Dick war recht frostig ausgefallen.

„Wir sind sogar fast pünktlich“, meinte Betty, während sie den Wagen vor dem Tor ausrollen ließ, dem Wachposten zuwinkte und wartete, daß er es öffnete. „Drei Minuten nach halb acht.“

„Ich glaube nicht, daß ich mit zu der Party komme“, sagte Craigh unvermittelt. Es waren seine ersten Worte während der Fahrt.

Betty gab wieder Gas und winkte dem Posten noch einmal kurz zu, während sie an dem kleinen Häuschen vorbeifuhren. „Du bist verrückt. Das kannst du nicht machen.“

„Doch. Ich bin nicht zum Feiern aufgelegt. Du kannst Sondstrup ja sagen, daß es mir nicht gut ginge und ich mich hingelegt hätte.“

Betty holte tief Luft. „Jetzt hör mir mal gut zu, mein Lieber. Wir sind nicht allein zum Vergnügen hier, sondern haben einen Job zu erledigen. Da wirst du es wohl schaffen, dich mal für eine Weile zusammenzureißen. Ansonsten bekommen wir nämlich zum erstenmal wirklich ernsthaften Ärger miteinander.“

„Betty, ich fühle mich wirklich nicht wohl. Alles, was ich will, ist eine Weile allein sein, um mich auszuruhen. Dafür dürfte wohl auch Sondstrup Verständnis haben.“

„Hat es immer noch mit diesem Alptraum zu tun?“

Craigh antwortete nicht und stieg als erster aus dem Wagen, als sie kurz darauf ihre Unterkunft erreichten. „Keine falschen Hoffnungen!“ rief Betty und folgte ihm. „Du kommst mit. Ich habe auch keine große Lust zum Feiern und ohne dich erst recht nicht." Betty schaute ihn treuherzig an und legte dabei den Kopf etwas schief. „Komm wenigstens meinetwegen eine Weile mit."

„Du bist ein Biest", schimpfte er und mußte gegen seinen Willen grinsen. „So etwas nennt man Einsatz unfairer Waffen. Du weißt genau, daß ich dir keinen Wunsch abschlagen kann, wenn du mich so ansiehst."

„Schadet dir gar nichts, für eine Weile auf andere Gedanken zu kommen."

„Mal abwarten." Craigh wußte, daß sie recht hatte. Durch das Gespräch fühlte er sich schon jetzt wieder besser als noch vor Minuten. Vielleicht war es wirklich gut, wenn er sich etwas ablenkte. „Okay, gehen wir."

„So?" Betty musterte ihn von Kopf bis Fuß mit deutlicher Skepsis, und als Craigh an sich herabsah, verstand er, was sie meinte. Er trug immer noch dieselbe Kleidung wie während des Rundgangs am Nachmittag. Sein Hemd war durchgeschwitzt, ein Glutfunke von einer Zigarette hatte ein kleines Loch in seine Brusttasche gebrannt. „Abendgarderobe habe ich leider nicht eingepackt", erklärte er mit spöttischem Bedauern.

„Aber eine andere Hose und ein frisches Hemd dürftest du ja haben." Betty holte etwas aus dem Schrank. „Und jetzt dreh dich um, ich will mich auch umziehen."

Gehorsam drehte Craigh ihr den Rücken zu. Als er sich wieder umdrehte, trug Betty ein tief ausgeschnittenes cremefarbenes Kleid, das sie viel fraulicher als in Rock und Bluse aussehen ließ.

„Verführerisch", kommentierte er. „Die Männer werden dir zu Füßen liegen." Er machte ein zerknirschtes Gesicht. „Ich hätte doch besser einen Smoking einpacken sollen, aber leider kenne ich niemanden, der mir einen hätte leihen können."

„Du bist eben ein Mensch ohne jede Kultur. Und jetzt komm endlich."

Der Speisesaal befand sich in einem schuppenähnlichen großen Holzbau. Die meisten Tische und Stühle waren ausgeräumt worden, und auch sonst war der Raum kaum noch wiederzuerkennen. Bunte Girlanden und Luftschlangen hingen unter der Decke; die Glühbirnen waren hinter Lampions verschwunden. Etwas kindisch, fand Craigh, aber schließlich war nicht viel Zeit zum Organisieren geblieben. An einer Wand war aus Tischen eine Theke errichtet worden, an der gegenüberliegenden Seite gab es ein kaltes Buffet. Laute Musik erfüllte den Raum.

Es waren etwa hundert, hundertfünfzig Menschen anwesend. Die überwiegende Zahl waren Männer, aber es gab auch einige Frauen. Da Craigh keine von ihnen zuvor gesehen hatte, vermutete er, daß sie meist organisatorischen Tätigkeiten nachgingen. Seiner Meinung nach konnte keine von ihnen Betty auch nur annähernd das Wasser reichen. Offenbar teilten die meisten diese Ansicht, denn beim Eintreten wandten sich Betty fast alle Augen zu.

„Viel Spaß", raunte Craigh leise. „Bei dieser Meute hättest du dir wohl doch besser einen unförmigen Overall besorgt."

„Purer Neid", raunte sie ebenso leise zurück.

Sondstrup kam auf sie zu. Er hatte seinen Overall mit einem dezenten grauen Anzug vertauscht und entsprach nun etwas mehr dem gängigen Bild eines Professors. „Sie sehen hinreißend aus, Miß Sanders." Er küßte ihr galant die Hand. Gleich darauf kam einer der Bauarbeiter zu ihnen herüber und bat Betty um den ersten Tanz. „Ich fürchte, Sie werden aus dem Tanzen gar nicht mehr herauskommen", sagte Sondstrup und wandte sich dann an Craigh: „Wir mußten zwar alles improvisieren, aber dafür ist es doch ganz nett geworden, nicht wahr?"

„Ihren Leuten scheint die Party jedenfalls zu gefallen", sagte Craigh. „Hoffentlich kommt nicht jeder an und bedankt sich bei uns."

„Bei Ihnen bedanken? Wieso?"

„Sie haben doch gesagt, alles fände unseretwegen statt."

„Na ja, ich habe wohl etwas übertrieben. Die Stimmung des Teams war in den letzten Tagen nicht besonders gut. Die Zerstörung des Pteranodons und der Vorfall vorhin am Tor haben das Klima weiter vergiftet. Ein solcher Abend kann da Wunder wirken."

„Sie überraschen mich immer wieder, Professor. Ich habe eine ziemlich trockene Kehle. Trinken Sie auch ein Bier?"

Craigh ließ an der Theke zwei Gläser zapfen und reichte Sondstrup eins. „Inwiefern überrasche ich Sie?" fragte dieser.

„Ihre ganze Art. Mal wirken Sie wirklich wie ein Professor, im nächsten Moment wie ein Manager, und dann wieder führen Sie sich wie ein militärischer Oberbefehlshaber auf. Das lernt man doch bestimmt nicht an der Uni."

Er beobachtete sein Gegenüber scharf, aber wenn die Bemerkungen Sondstrup in irgendeiner Weise irritierten, so hatte er sich bemerkenswert gut unter Kontrolle, denn er zeigte keinerlei Reaktion.

„Nein, auf der Uni nicht, obwohl es manchmal auch nicht einfach ist, mit einer Horde Studenten fertig zu werden", entgegnete Sondstrup in unbefangenem Plauderton. „Aber man hat mich eine Reihe Intensivschulungen durchlaufen lassen, bevor man mir dieses Projekt anvertraute. Und vor meinem Studium habe ich vier Jahre lang in der Army gedient. Ist zwar nun schon gut zwei Jahrzehnte her, aber einiges bleibt doch hängen. Die Hälfte dieser Zeit war ich in Vietnam."

„Ich denke, Sie sind Kanadier?"

„Nur von Geburt her. Meine Eltern zogen in die Staaten, als ich noch ein Kind war. Ich besitze die amerikanische Staatsbürgerschaft."

„Trotzdem kommt es mir ziemlich seltsam vor, daß man Ihnen als Paläontologe eine so verantwortungsvolle Aufgabe überträgt", bohrte Craigh nach.

Sondstrup trank sein Glas leer und bestellte ein neues. „Das verantwortliche Firmenkonsortium hatte einem dieser frischgebackenen Jungmanager die Organisation übertragen. Ein Harvard-Student mit glänzenden Zeugnissen, der vorher nur an ein paar kleineren Projekten gearbeitet hatte. In der Theorie brillant, aber in der Praxis eine glatte Null. Schon damals habe ich einen Großteil seiner Arbeit miterledigt. Bei einer Inspektion kam die Sache heraus. Da alles hervorragend lief, bot man mir dann an, die Leitung ganz zu übernehmen, und man schickte mich zu ein paar Schulungen, um allem ein formelles Mäntelchen umzuhängen. Und natürlich habe ich einen ganzen Stab von Beratern. Von Architektur verstehe ich beispielsweise gar nichts. Das übernehmen andere."

„Die amerikanische Traumkarriere, wie?" Craigh lächelte schief.

„Ehrlich gesagt bin ich über diese Entwicklung nicht einmal allzu glücklich. Ich verdiene zwar mehr und habe mehr Einfluß darauf, daß der Park so wird, wie ich ihn mir vorstelle, aber dafür habe ich auch viel mehr Arbeit. Der organisatorische Kram frißt einen Großteil meiner Zeit, so daß ich mich weniger um das kümmern kann, was mich eigentlich an dem Projekt gereizt hat. Inzwischen sehne ich mich manchmal fast nach der ruhigen Zeit an der Uni zurück."

„Trotzdem halte ich jede Wette, daß Sie nicht mehr tauschen möchten."

„Da könnten Sie recht haben. Aber welchen Eindruck haben Sie denn inzwischen von dem Park gewonnen? Würde es Sie persönlich reizen, hier ein paar Wochen Urlaub zu verbringen, wenn alles fertig ist?"

„Ich weiß nicht." Craigh zuckte die Achseln. „Ich habe Touristenrummel nie sonderlich gemocht, ob nun in der Südsee oder sonstwo. Und von Sauriern habe ich bis vor ein paar Tagen nicht mehr gewußt, als daß sie irgendwann einmal gelebt haben. Um ehrlich zu sein: Ihre Modelle sind wunderbar und werden bestimmt jeden Interessierten begeistern, aber mir sind sie ein wenig unheimlich."

„Der Anblick ist eben fremd. Aber gerade das Fremde wird die Menschen hoffentlich reizen. Ein bißchen Grusel kann ruhig dabei sein. Schließlich amüsieren sich die Leute auch in einer Geisterbahn."

„Aber nur einige Minuten lang, und sie brauchen auch nur ein paar Cents dafür auszugeben. Ein Urlaub hier wird mitsamt Flug Abertausende Dollar kosten. Und für das Geld kann man sich wahrlich an schöneren Orten erholen."

„Schöner vielleicht, aber nicht so exklusiv. Es geht nicht nur darum, sich die Modelle mal anzusehen, sondern wirklich etwas von der Urzeit zu erleben. Ich glaube, die Leute sind es leid, drei Wochen lang nur an überfüllten Stränden zu faulenzen. Wir wollen ein ganz bestimmtes Publikum ansprechen, das ein Vergnügen sucht, das sich andere nicht leisten können. Gewissermaßen eine Art Treffpunkt für die High-Society. Über kurz oder lang werden dann auch die normalen Touristen folgen, gerade weil sie den Reichen alles nachmachen."

„Das klingt ziemlich elitär", wandte Craigh ein. „Ich bin weiterhin skeptisch, ob das Konzept aufgeht."

„Das wird sich in ein paar Jahren zeigen." Sondstrup lächelte gewinnend. „Zu einem kleinen Teil hängt das ja auch von Ihnen ab, beziehungsweise Ihrem Artikel."

Craigh fühlte sich gegen seinen Willen geschmeichelt, und genau das hatte sein Gegenüber mit seiner Bemerkung bezweckt. Craigh wünschte, es würde ihm gelingen, dem Kerl die Maske der Freundlichkeit wenigstens für einen Moment in aller Öffentlichkeit herunterzureißen. „Sie scheinen ziemlich sicher zu sein, daß unser Artikel gut, also in Ihrem Sinne ausfällt."

„Das bin ich auch", erwiderte Sondstrup. „Weil dies ein gutes Projekt ist und ich Sie und Miß Sanders für gute Journalisten halte."

„Ich mache nur die Fotos. Heben Sie sich die Schmeicheleien also lieber für Betty auf."

„Schmeicheleien? Sie enttäuschen mich. Warum bloß versuchen Sie, alles nur negativ zu sehen?"

Das joviale Lächeln verstärkte sich noch, und plötzlich begriff Craigh, daß er aus einem Wortgefecht nur als zweiter Sieger hervorgehen konnte. Trotzdem gab er sich noch nicht geschlagen. „Haben Sie das heute mittag auch den Jungs am Tor gesagt? Sie sollten aufhören, alles so negativ zu sehen? Oder haben Ihre Leute denen das positive Denken eingeprügelt?"

„Mr. Ellison –"

„Craigh", fiel er ihm ins Wort. „Nennen Sie mich einfach Craigh." Diesmal gelang auch ihm ein Lächeln. Er hatte das Gefühl, einen ersten kleinen Punktsieg errungen zu haben.

„Also gut, Craigh. Ich weiß nicht, warum, aber Sie scheinen diesem Haufen von Rockern da draußen aufgeschlossener gegenüberzustehen als jedem vernünftigen Argument. Eine Berufskrankheit? Solidarität mit Schwächeren, die den heroischen Kampf gegen verderbliche Konzernmultis aufnehmen? Darum geht es hier nicht, und Sie dürften eigentlich clever genug sein, das zu begreifen."

„Vielleicht", murmelte Craigh ernst. „Vielleicht habe ich auch nur schon so oft Ärger mit der Polizei gehabt, daß ich gegenüber allem, was eine Uniform trägt, mißtrauisch bin."

„Sie werden mir vielleicht nicht glauben, aber ich kann Sie sogar verstehen", sagte Sondstrup. „Mir ist es nicht anders ergangen. Als ich gerade lebend aus Vietnam zurückgekehrt und in Boston an der Universität war, habe ich an mehr Sit-ins und Demonstrationen gegen den Vietnamkrieg teilgenommen, als ich heute noch zählen kann. Einmal wurde mir sogar eins mit dem Polizeiknüppel übergezogen, daß ich zwei Tage ohne Bewußtsein war. Überrascht Sie das, Craigh? Es ist gerade erst fünf Jahre her, daß ich zuletzt an einer Demonstration gegen Atomkraftwerke teilgenommen habe."

Craigh schwieg ein paar Sekunden. „Und danach haben Sie Ihre Ideale verkauft, weil schließlich jeder mal erwachsen wird", sagte er dann ohne rechte Überzeugung.

„Verkauft? Unsinn", schnaubte Sondstrup, nun zum erstenmal wirklich verärgert. „Ich stehe immer noch zu meinen damaligen Ansichten. Wenn dem nicht so wäre und ich nicht für die demonstrierenden Aborigines da draußen Sympathie empfände, würde ich wesentlich härter vorgehen. Genug Anlaß dafür haben sie mir geboten. Aber ich habe eingesehen, daß dieses Projekt tatsächlich niemandem schadet, sondern eine große Bedeutung für die Erforschung der Urzeit haben kann, auch wenn es in erster Linie kommerziellen Interessen dient. Und damit kann ich leben."

Wieder schwieg Craigh eine Weile. Auch diesmal hatte es Sondstrup geschafft, ihm den Wind aus den Segeln zu nehmen. „Wenn wirklich keinerlei negative Aspekte existieren, dann verstehe ich nicht, warum es überhaupt Widerstand gibt", sagte er schließlich.

Auf dieses Stichwort schien Sondstrup nur gewartet zu haben. „Weil es ein paar Scharfmachern nur um den Krawall geht", wiederholte er, was er schon am Morgen gesagt hatte, nur klang es diesmal ungleich glaubwürdiger. „Haben Sie von den Demonstranten ein einziges vernünftiges Argument gehört? Ich bislang auch noch nicht. Weil es keins gibt."

„Aber ich mißtraue nun mal dem vordergründigen Schein. Alles, was ich bisher über den Park gehört habe, klingt mir einfach zu einleuchtend, zu ideal, als daß es nicht irgendwo wenigstens ein kleines Haar in der Suppe gäbe."

„Dann suchen Sie nur, suchen Sie!" Sondstrup lachte und leerte sein Glas.

Craigh sah endlich eine Gelegenheit, das Gespräch auf das Thema zu lenken, das ihn mehr als alles andere interessierte. „Vielleicht habe ich sogar schon etwas gefunden", murmelte er. „Dieser zerstörte Saurier geht mir nicht aus dem Kopf. Ich frage mich immer noch, wie jemand solche Zerstörungen anrichten kann, ohne daß Ihre Leute etwas gemerkt haben. Oder haben sie das vielleicht doch?"

Sondstrup grinste. „Einer hat behauptet, einen Schatten am Himmel gesehen zu haben, aber wahrscheinlich handelte es sich nur um Einbildung oder eine Wolke. Und wenn da wirklich etwas anderes war, dann höchstens ein Flugzeug. Es gibt in Australien eine Menge Hobbypiloten, aber das kann hiermit nichts zu tun haben. Da die Schutzzäune unversehrt sind, habe ich auch schon gedacht, daß die Täter vielleicht aus der Luft gekommen wären, aber das haut nicht hin. Um hier zu landen, hätte man einen Helikopter gebraucht, und der wäre gehört worden."

Ein Schatten, dachte Craigh. Er bemühte sich, ruhig zu bleiben oder zumindest nach außen weiterhin gelassen zu wirken. Um sich abzulenken, griff er nach seinen Zigaretten und zündete sich eine an. Vielleicht ein Flugzeug. Vielleicht aber auch nicht. Es gibt viele Hobbypiloten in Australien. Und offenbar auch viele Träume. Verrückte Träume, über die nachzudenken sich nicht lohnen würde, wenn nicht –

„Wie die Leute hereingekommen sind, meinte ich eigentlich weniger. Ich meine die Zerstörungen selbst. Man würde Stunden dafür brauchen und einen infernalischen Lärm verursachen. Haben Sie dafür inzwischen eine Erklärung gefunden?"

Sondstrup zuckte mit den Schultern. „Was weiß ich. Vielleicht Dynamit."

„Aber Professor, Sie enttäuschen mich." Craigh verzog das Gesicht, als hätte er in eine Zitrone gebissen. „Was soll die Märchenstunde? Es gibt keine Brandspuren, von dem Lärm erst gar nicht zu reden. Außerdem würde das immer noch nicht erklären, wie die Daktyle zwischen die Planierraupen gekommen ist."

„Nein", bekannte Sondstrup. Er wirkte mit einem Mal wachsamer, angespannt. „Das Pteranodon stand mitten im Dschungel, wenn Sie darauf hinauswollen. Fragen Sie mich jetzt bloß nicht nach einer Erklärung. Aber vielleicht haben Sie ja eine?"

„Eine Erklärung?" Craigh drückte seine Zigarette aus und zündete sich sofort eine neue an. „Nein, leider nicht. Höchstens eine . . ., sagen wir, eine Theorie. Aber sie ist zu verrückt, und ich will Sie nicht mit Schnapsideen langweilen."

„Ich bitte Sie", tadelte Sondstrup. „Sie langweilen mich ganz und gar nicht. Mit Vernunft kommen wir offenbar nicht weiter, und deshalb bin ich für jede noch so verrückte Idee dankbar." Obwohl er sich bemühte, konnte er ein beunruhigtes Flackern in seinen Augen nicht völlig unterdrücken, und er zupfte sich ein paar Flusen zuviel von seinem Anzug. Er war nervös, kein Zweifel.

Der kleine Triumph, ihn durchschaut zu haben, stärkte Craighs Selbstbewußtsein. „Ich glaube nicht, daß meine Theorie Ihnen weiterhelfen wird", sagte er und paffte genüßlich eine Rauchwolke in die Luft. „Aber nehmen wir mal an, jemand hätte die Bewegungsabläufe eines Flugsauriers so realistisch nachkonstruieren können, daß sich das Ding tatsächlich in die Luft erheben kann." Während er sprach, beobachtete er sein Gegenüber auch weiterhin scharf. Sondstrups Haltung war angespannt, an seiner rechten Schläfe zuckte ein Nerv. Craigh kam es darauf an, den Paläontologen aus der Reserve zu locken. „Möglicherweise soll dieses Wissen vorerst noch geheim bleiben, weil es bei Tests zu einem bedauerlichen Unfall gekommen ist. Und vielleicht ist nicht einmal der verantwortliche Leiter der Bauarbeiten in alles eingeweiht. Schließlich werden die Teile in Amerika gefertigt und hier nur zusammengesetzt."

„Bemerkenswert", warf Sondstrup spöttisch ein. „Mir scheint, Sie hätten besser Schriftsteller als Fotoreporter werden sollen. Aber ich muß Sie enttäuschen. Eine echte Daktyle wog nur ein paar Kilo, unser Modell aber mehrere Tonnen. Um ein solches Gewicht in die Luft zu heben, wären Flügel von der dutzendfachen Größe nötig, mal ganz davon abgesehen, daß das Pteranodon noch nicht ans Stromnetz angeschlossen war, wie ich Ihnen schon gesagt habe. Außerdem bin ich zwar kein Elektronikfachmann, aber ich kenne die Modelle trotzdem genau, und es ist schlichtweg unmöglich, daß sich eines davon in die Luft erhebt."

Was er sagte, klang überzeugend und war auch so vorgetragen, und dennoch war sich Craigh so gut wie sicher, daß er zumindest an einen wunden Punkt gerührt hatte. Er begriff, daß auch Sondstrup schon mit dem Gedanken gespielt hatte, möglicherweise nicht in alles eingeweiht worden zu sein.

„Ob Sie davon wissen oder nicht, spielt eigentlich auch keine Rolle. Wenn es sich so ähnlich verhielte, wie ich geschildert habe, wäre strikte Geheimhaltung selbstverständlich oberstes Gebot; man würde einem dahergelaufenen Pressefotografen bestimmt nicht die Wahrheit so einfach auf die Nase binden, nicht wahr?" Er lächelte selbstironisch. „Aber ich war noch nicht fertig. Würde man nämlich ein solches Ding, das sich in die Luft erheben kann, wirklich bauen, wäre ein Stromkabel ziemlich hinderlich. Eine interne Stromversorgung wäre also Grundvoraussetzung. Durch einen Kurzschluß oder meinetwegen auch durch Sabotage hebt sich das Ding in die Luft und schmiert ein Stück entfernt wieder ab. Wenn eines Ihrer Modelle aus entsprechender Höhe abstürzt und auf dem Boden zerschellt, dürfte es ziemlich genau so wie die Daktyle heute morgen aussehen."

„Immerhin eine stringente Logik", erkannte Sondstrup an und tippte Craigh mit dem Zeigefinger gegen die Brust. „Aber leider nur, wenn man die von Ihnen aufgestellten Prämissen akzeptiert, und da diese unmöglich sind, bricht das ganze Kartenhaus in sich zusammen. Was ich brauche, ist eine akzeptable Erklärung. Aber jetzt entschuldigen Sie mich. Wir sehen uns noch." Er bahnte sich durch die Menge einen Weg zur Tanzfläche in der Mitte des Raums und löste Bettys Tanzpartner ab.

Craigh überlegte, ob er sich noch ein Bier bestellen sollte, entschied sich aber dagegen. Seit Stunden hatte er nichts mehr gegessen. Über die Köpfe der anderen hinweg sah er Betty kurz beim Tanzen zu, dann schlenderte er zum kalten Buffet hinüber. Es gab kein besonders üppiges Angebot: Würstchen, Nudel- und Kartoffelsalat in riesigen Schüsseln und belegte Brote. Craigh lud sich einen Pappteller mit Salat voll und fischte ein Würstchen aus dem großen Kessel. Nachdem er die ersten Bissen gegessen hatte, merkte er erst, wie hungrig er war, und schlang den Rest in Windeseile hinunter.

„Du hättest sie nicht herholen sollen. Es war ein Fehler", sagte Francis mit einer Kopfbewegung in Richtung der Staubwolke, die von den schweren Motorrädern aufgewirbelt wurde. Die Rücklichter glühten wie rote Raubtieraugen, bevor auch sie von der Dunkelheit verschluckt wurden.

Nipper zuckte mit den Schultern. Sie saßen nebeneinander am Fuß einer Sanddüne. Schon jetzt bedauerte er, sich auf das Gespräch eingelassen zu haben, hatte er doch erst vor kaum einer Stunde eine ähnliche Diskussion mit Dick geführt, wenn auch unter genau entgegengesetzten Vorzeichen. „Ich habe eben gedacht, wir könnten jede nur mögliche Hilfe brauchen", antwortete er mit Verzögerung. „Und es war einfach, Charles zu überreden."

„Aber diesen Kerlen ist doch völlig egal, um was es hier eigentlich geht. Keinerlei politisches Bewußtsein. Die wollen nur ein bißchen Show abziehen."

„Ich bin nun mal davon ausgegangen, daß wir sie für unsere Zwecke einspannen können", erwiderte Nipper und fügte in Gedanken hinzu: Genau wie dich und deine Leute. Francis war der Vorsitzende einer politisch ausgerichteten Umweltschutzgruppe. Ein hagerer, etwas schlaksig wirkender Mann mit krausem Haar und weichlichen Gesichtszügen, der hehren Träumen von der Weltrevolution nachhing und nicht verstehen konnte, daß sich jemand nicht für Politik interessierte. Für Nipper zählte nur, daß es bei ihm nicht schwerer als bei Charles gewesen war, ihn zur Mithilfe zu überreden, zum gemeinsamen Kampf gegen den Vergnügungspark.

„Auf jeden Fall bieten sie unseren Gegnern reichlich Munition, um allen Widerstand zu kriminalisieren", sagte Francis.

„Rodericks Teilnahme war ja auch nicht geplant. Ich hatte mich auf Charles verlassen. Daß er so schwer verletzt würde, konnte niemand vorhersehen. Und jetzt wollen die Jungs natürlich herausfinden, was mit ihm passiert ist."

„Hast du schon gehört, wie es ihm geht?"

„Ich habe vorhin noch mal im Krankenhaus angerufen. Da hat man mir den gleichen Stuß wie vorher erzählt." Nipper veränderte seine Stimme und ahmte den Tonfall der Krankenschwester nach: „Ich bedauere, aber Auskünfte dürfen nur an Familienangehörige weitergegeben werden."

Francis scharrte mit den Füßen im Sand. „Wenn diese Idioten wirklich mit Gewalt auf das Gelände vordringen, wird man höchstens Polizeischutz anfordern oder die Wachmannschaften noch verstärken. Zunächst müssen wir also dieses verdammte Schlägerpack wieder loswerden. Dann können wir mit friedlichen Mitteln weiterarbeiten. Sitzblockaden und Mahnwachen hier, Demonstrationen und Flugblattaktionen in allen größeren Städten. Wenn es uns gelingt, die Öffentlichkeit auf unsere Seite zu bringen, dann –"

„– wird sich ebenfalls nichts ändern", fiel ihm Nipper ins Wort. Francis tat ihm fast ein bißchen leid. Der junge Umweltschützer glaubte an seine Ideale, und wenn ihm etwas am Herzen lag, setzte er sich mit Leib und Seele dafür ein. „Solange die Medien fast geschlossen auf der Seite des Parks stehen, können wir noch so viele Transparente schwenken, Flugblätter verteilen, Sitzblockaden organisieren, ohne etwas zu erreichen. Wie sollen wir etwas erreichen, wenn wir uns an die Spielregeln halten, die unsere Gegner zu ihrem eigenen Schutz erlassen haben?"

„Vielleicht unterliegen wir bei diesem Projekt. Aber irgendwann werden die Leute merken, daß sie immer wieder auf die gleiche Art belogen und betrogen werden, und dann werden sie es sich nicht mehr einfach gefallen lassen."

Irgendwann, wiederholte Nipper in Gedanken. Eine Perspektive für jemanden, der in langfristigen Strategien zu denken vermochte. Ihm jedoch ging es nur um dieses eine spezielle Projekt. Er mußte einen Weg finden, den Bau des Touristenparks zu verhindern, bevor . . .

Ja, dachte er, bevor eigentlich was? Morweyn hatte nur einige vage Andeutungen über eine Katastrophe und heraufbeschworene Schatten der Vergangenheit gemacht, sich aber geweigert, präziser zu werden. Aber nach allem, was geschehen war, würde der greise Schamane seines Stammes nun nicht mehr länger schweigen können. Nipper glaubte nicht an Zufälle. Was mit Charles passiert war, hatte etwas mit dieser drohenden Gefahr zu tun, und für ihn stand so gut wie fest, daß Roderick tot war.

Er mußte wieder an diesen Journalisten denken, Ellison, oder wie er hieß. Dick hatte den Mann ausgelacht, doch Nipper nahm seine Worte ernster, als er es sich hatte anmerken lassen. Die Detailkenntnisse waren mehr als erstaunlich gewesen. Dazu kam der verstörte Eindruck, den der Mann gemacht hatte. Nipper hatte Soziologie und Geschichte studiert, außerdem einige Kurse in Psychologie belegt, und er bildete sich ein, über eine recht gute Menschenkenntnis zu verfügen. Wenn die Bauleitung Ellison zum Spionieren geschickt hätte, dann hätte er sicherlich eine glaubwürdigere Geschichte erfunden. Nein, der Mann hatte etwas erlebt, womit er nicht fertig wurde.

Nipper zündete sich eine Zigarette an. Er mußte unbedingt versuchen, mehr von Morweyn zu erfahren, aber der alte Mann konnte so störrisch wie ein Maulesel sein, wenn er nichts erzählen wollte.

Alles war eine verdammte Kette ineinandergreifender Teufelskreise, dachte Nipper. Einerseits war er sicher, daß Morweyn nicht phantasierte, wenn er behauptete, der Park würde eine Gefahr bedeuten, und die mysteriösen Ereignisse in jüngster Zeit schienen das zu bestätigen. Andererseits wußte Nipper jedoch zu wenig, um wirksame Gegenmaßnahmen zu ergreifen, und das wiederum bedeutete, daß er den Bau nicht verhindern konnte. Er war überzeugt, daß weder Dick mit seinem Drängen auf ein gewaltsames Vorgehen noch Francis mit seiner langfristigen friedlichen Strategie Erfolg haben würden. Sie um Hilfe zu bitten war eine Notlösung gewesen, um den Bau wenigstens eine Weile zu verzögern. Aber nicht einmal dieses Ziel hatten sie bislang erreicht.

„Selbst wenn wir Dick sagen würden, daß wir seine Hilfe nicht mehr brauchen, würde er bestimmt nicht einfach so wegfahren", wandte er sich wieder an Francis. Schließlich würdest du es genausowenig tun, dachte er. „Sieht aus, als würden wir die Geister, die wir riefen, nicht mehr los. Alle."

Falls Francis die Anspielung verstand, so zeigte er es nicht. „Es muß eine Möglichkeit geben", beharrte er. Dann erhob er sich, stapfte davon und verschwand in seinem Zelt.

Nipper blickte ihm kopfschüttelnd nach. Zum Teufel, er hatte keine Lust, sich zwischen den Gruppen, von denen er sich Hilfe erhofft hatte, aufreiben zu lassen. Er legte sich zurück und starrte zum Sternenhimmel hinauf. Es war kühler geworden, aber der Sand hatte noch die Hitze des Tages gespeichert. Hier so zu liegen vermittelte ihm ein wohltuendes Gefühl der Erdverbundenheit. Schließlich stand er auf, schlenderte aus dem Camp und näherte sich der Siedlung seines Stammes.

Seines Stammes. Die Worte besaßen einen unangenehm schalen Beigeschmack. Seine Eltern hatten die Siedlung verlassen, als er noch ein Kind gewesen war. Sie waren nach Melbourne gezogen, und es war seinem Vater gelungen, eine schlecht bezahlte Drecksarbeit zu finden. Seine Eltern hatten gewollt, daß es Nipper einmal bessergehen sollte als ihnen, deshalb hatten sie ihm den Besuch einer höheren Schule ermöglicht. Aufgrund seiner Intelligenz und glänzender Noten hatte er es geschafft, eines der seltenen Stipendien für Aborigines zu einem Universitätsstudium zu erhalten.

Der Stamm hatte es seinen Eltern nie verziehen, daß sie ein anderes Leben begonnen hatten. Sein Studium wurde als eine besonders verabscheuungswürdige Anbiederung an den Lebensstil der verhaßten Weißen betrachtet, doch Nipper hatte den Kontakt zur Stammesgemeinschaft nie ganz aufgegeben. Sein Ansehen war erst wieder gestiegen, als er durch seine Mitarbeit bei verschiedenen Black Land Councils für konkrete Verbesserungen sorgen konnte. Trotzdem hatte er jedesmal, wenn er zur Siedlung kam, das Gefühl gehabt, ein Fremder zu sein. Man akzeptierte ihn, aber man gab ihm nicht das Gefühl, wirklich dazuzugehören, und Nipper seinerseits empfand dieses Gefühl ebenfalls nicht. Durch seine Erziehung trennte ihn einfach zuviel von diesen Menschen. Die Erfahrung, wie sehr er die Verbindung zu dem, was er als seine Wurzeln betrachtete, verloren hatte, war schmerzhaft gewesen. Schmerzhaft auch dadurch, daß er erkennen mußte, daß die verschiedenen Völker der Aborigines unweigerlich dem Untergang geweiht waren, wenn nicht auf politischer Ebene Grundsätzliches geändert wurde – auf beiden Seiten. Dabei ging es nicht um eine völlige Aufgabe der Kultur und Lebensweise, sondern um eine wenigstens teilweise, behutsame Anpassung an die moderne Zeit.

Auch seine Stammesgemeinschaft würde lernen müssen, in manchen Punkten umzudenken. Das Wasserloch, das ihnen einmal eine bescheidene Viehzucht und ein Minimum an Ackerbau ermöglicht hatte, war so gut wie ausgetrocknet, und die Umgebung war zu öde, als daß es Tiere zum Jagen gegeben hätte. Sie konnten nicht mehr viel länger hierbleiben.

Aber das Land, auf dem sie aufgewachsen waren, bedeutete ihnen viel mehr als nur ein beliebiges Stück Erde, auch mehr als das, was die Weißen mit dem Begriff „Heimat“ beschrieben. Es war der Mittelpunkt ihres Universums, das die Urzeitwesen ihrer Mythologie ihnen zum Behüten anvertraut hatten. Hier lagen ihre Wurzeln; diese Menschen umzusiedeln oder zu vertreiben, wie die Weißen es zum Teil immer noch versuchten, war so, als würde man ihnen einen Teil ihrer Seele rauben. Dabei bedeutete Land für sie keinen genau begrenzten geographischen Ort, sondern bezeichnete ein weiträumiges Territorium, da viele Aborigines bereits seit Urzeiten Nomaden waren.

Nipper ging durch die Siedlung und grüßte die wenigen Menschen, die ihm begegneten oder vor den Türen ihrer Hütten saßen. Die Hütte des Stammesältesten und Schamanen lag ganz am Ende der Straße. Es handelte sich um einen aus groben Brettern zusammengenagelten Verschlag, in dem die wohlhabenden Bürger Melbournes nicht einmal ihre Hunde unterbringen würden. Nipper hatte Morweyn ein paarmal angeboten, die Hütte wenigstens notdürftig in Ordnung bringen zu lassen, doch ebensooft hatte Morweyn das Angebot ausgeschlagen. Er weigerte sich beharrlich, anders als seine Ahnen zu wohnen, weil er schließlich auch nichts Besseres als sie wäre.

Anstelle einer Tür gab es nur ein schmutziges Wolltuch vor dem Eingang. Einer alten Gewohnheit folgend, klopfte Nipper gegen das Holz des Rahmens, obwohl er wußte, daß er keine Antwort bekommen würde, und trat ein paar Sekunden später ein.

Im Inneren der Hütte herrschte ein unglaubliches Durcheinander. Eine Vielzahl ebenso verschiedener wie primitiver Waffen lag auf dem Boden verstreut, dazwischen die Überreste getrockneter Kleintiere, Lehmtöpfchen mit Farben zur Körperbemalung, weitere Gefäße und unzählige andere Dinge. Bei vielen vermochte Nipper Bedeutung und Zweck nicht einmal zu erahnen. Zwei Kerzen spendeten flackernden Lichtschein.

Morweyn saß mit untergeschlagenen Beinen auf einem verschlissenen Fell in der Mitte des Raums. Bis auf eine Hose mit Löchern über den Knien war er nackt. Niemand kannte sein genaues Alter, fest stand nur, daß er uralt war; älter als jeder andere des Stammes. Sein krauses Haar und der verfilzte Bart waren grau, fast weiß. Tiefe Falten durchzogen sein Gesicht und ließen es wie zerknittert aussehen. Seine Augen waren rotgerändert, über seinen

Pupillen lag ein milchiger Schleier. In der Hand hielt er eine Art Pfeife, jedenfalls hatte er das Gebilde einmal hochtrabend so bezeichnet: ein hohler Stock mit einem Kopf aus gebranntem Ton, aus dem abscheulich stinkender Rauch aufstieg.

Bei Nippers Eintreten sah er nicht einmal auf, sondern bewegte weiterhin seinen Oberkörper im Rhythmus einer unhörbaren Musik leicht hin und her. Auf seiner dunklen, wie mumifiziert aussehenden Haut glitzerten Schweißtröpfchen. Nipper räumte einige Sachen zur Seite, setzte sich ihm gegenüber auf den festgestampften Boden und wartete ungeduldig. Er wußte, daß es sinnlos war, Morweyn zu drängen. Wenn der Schamane sprechen wollte, würde er das Gespräch von sich aus beginnen.

Nippers Ungeduld wich allmählich einer angenehmen Entspannung. Die Hütte vermittelte ihm doch stets ein Gefühl der Geborgenheit, und er vermutete, daß Morweyn ihn allein deshalb jedesmal so lange warten ließ. Angesichts der unerschütterlichen Ruhe des greisen Schamanen kamen ihm seine Probleme nahezu unwichtig vor.

„Deine Ruhelosigkeit ist kein Wunder", sagte Morweyn plötzlich, als hätte er seine Gedanken gelesen. Er sprach nuschelnd, kaum verständlich im sonderbaren Idiom seiner Ursprache. „Wer sich von seinen Wurzeln trennt, hat nichts, woraus er Kraft schöpfen könnte. Auch Pflanzen welken rasch, wenn man sie abschneidet."

„Es . . ., es geht um den Park. Du hast mich gerufen, damit ich den Bau verhindere. Ich habe alles versucht, aber ich komme einfach nicht weiter, solange ich nicht mehr weiß."

Er schaute Morweyn erwartungsvoll an, aber der alte Mann schwieg und verpestete die Luft nur mit einer neuen Rauchwolke. Sein Blick war jetzt erstaunlich klar, doch auf seinem Gesicht lag ein gleichgültiger Ausdruck.

„Ich muß mehr erfahren, wenn nicht alles umsonst sein soll", fuhr Nipper schließlich fort. „Du hättest mich nicht geholt, wenn es nicht wirklich wichtig wäre, das weiß ich. Deshalb habe ich dir vertraut und ohne lange Fragerei getan, was in meiner Kraft steht. Für dieses Projekt wird man viel Wasser brauchen. Bei einer vernünftigen Einigung wäre es kein Problem, auch eine Leitung bis hierher zu legen. Du weißt, wie dringend ihr Wasser braucht."

Morweyn schüttelte den Kopf. „Wir würden kein Wasser, sondern das Blut von Toten bekommen."

„Deshalb bin ich hier. Ich will wissen, welche Gefahr du fürchtest. Sag mir, warum der Park nicht weitergebaut werden soll. Sag mir die Wahrheit", drängte Nipper.

„Die Wahrheit", wiederholte Morweyn wie geistesabwesend. „Gründe. Du brauchst immer und für alles Gründe. Du hast zu glauben verlernt und etwas einfach um seiner selbst willen zu tun. Manchmal schadet die Wahrheit mehr, als sie nutzt."

„Vielleicht. Aber warum läßt du mich das nicht selbst beurteilen?"

„Dann glaubst du, ein besseres Urteilsvermögen als ich zu haben?"

„Das habe ich nicht gesagt", entgegnete Nipper ärgerlich.

„Dann sag, was du denkst." Morweyn lächelte, zumindest vermutete Nipper, daß die flüchtige Grimasse ein Lächeln darstellen sollte.

„Es ist etwas geschehen, was mich beunruhigt", sagte Nipper. „Ich vermute, daß es mit der Gefahr, von der du sprichst, zu tun hat." Er berichtete, was mit Charles geschehen war. Morweyn schwieg. Sein Schweigen ließ Nipper nach kurzem Zögern auch von der Vision des Journalisten berichten.

Erstmals flackerte echtes Interesse im Blick des alten Mannes auf. „Wenn du ihm noch einmal begegnest, dann sag ihm, er soll zu mir kommen. Ich möchte ihn kennenlernen."

„Dann glaubst du, daß er die Wahrheit gesagt hat?"

„Warum sollte er lügen?"

„Aber du kennst ihn doch gar nicht."

„Deshalb möchte ich ihn kennenlernen."

Um nicht die Beherrschung zu verlieren, atmete Nipper tief durch, auch wenn der Rauch ihn an den Rand eines Erstickungsanfalls brachte. „Also gut, fangen wir noch einmal ganz von vorne an. Warum soll dieser Ferienpark nicht gebaut werden?"

„Er würde großes Unglück heraufbeschwören."

„Was für ein Unglück?"

Morweyn schwieg.

„Warum würde es ein Unglück geben?"

Schweigen.

„Liegt es an diesem speziellen Gelände?“

Scheinbar teilnahmslos starrte Morweyn zu Boden.

„Natürlich liegt es an dem Gelände“, beantwortete Nipper seine Frage selbst. „Du hast vor Wochen selbst einmal gesagt, der Park dürfte nicht hier gebaut werden. Aber warum?“

„Warum, warum“, echote Morweyn. „Warum gibt es Menschen? Warum dreht sich die Erde um die Sonne? Es ist eben einfach so.“

„Aber du weißt mehr, als du sagst. Es hat einen Schwerverletzten und mit Roderick und diesem Piloten möglicherweise sogar bereits zwei Tote gegeben. Ich lasse mich nicht mehr einfach so abweisen.“

„Nipper, ich weiß, daß du ein guter Junge bist“, sagte Morweyn leise. „Es ist gefährlich, an bestimmte Dinge zu rühren, und sei es nur dadurch, daß man über sie spricht. Gefährlich für dich und auch gefährlich für mich. Mehr darf ich dir nicht sagen.“

„Wie du meinst.“ Nipper stand auf, murmelte einen Gruß und verließ die Hütte. Morweyns Worte beunruhigten ihn, weil er spürte, daß sie ehrlich gemeint waren. Er begann zu ahnen, daß er erst den Auftakt von etwas erlebt hatte, das viel gewaltiger war, als er sich bislang vorgestellt hatte.

JEMAND tippte Craigh auf die Schulter. „Willst du nicht auch mal tanzen?" fragte Betty.

Craigh lächelte flüchtig. „Wenn dir etwas an deinen Füßen liegt, dann such dir lieber einen anderen. Ich habe nie gern getanzt und vor allem nie gut. Als ich meine Partnerin nach der ersten Tanzstunde irgendwohin einladen wollte, habe ich einen Korb bekommen und mich anschließend nicht mehr dort blicken lassen.“

„Na schön, du mußt es wissen. Aber beschwer dich hinterher bloß nicht bei mir, wie langweilig alles gewesen sei.“

Craigh blickte ihr nach, bis sie im Gewirr der anderen Gäste verschwunden war. Seine Kehle war trocken. Er entschied, daß er nach dem Essen jetzt ruhig noch ein Bier trinken konnte, und ging zur Theke zurück. Das Bier schmeckte viel besser als das letzte. Er leerte das Glas auf einen Zug und ließ sich ein weiteres geben. Mit dem Glas in der Hand schlenderte er durch den Raum, nippte gelegentlich an dem Bier und bemühte sich, nicht zu Betty hinüberzuschauen.

Statt dessen unterhielt er sich mit ein paar Bauarbeitern. Gelegenheitsarbeiter, nur wenige waren im Auftrag von Baufirmen hier. Ein kompliziertes System von Schichtdiensten gewährleistete, daß die Arbeiten stets ohne Einschränkungen aufrechterhalten werden konnten. Sieben Tage Arbeit, zwei freie Tage, dann acht Arbeitstage und anschließend vier Tage lang frei. Durch diese verlängerten Wochenenden lohnte sich für die Arbeiter, die überwiegend aus anderen Teilen des Landes stammten, eine Heimfahrt. Craigh plauderte mit ihnen eine Weile über die Arbeit und auch über Sondstrup, ohne etwas von Bedeutung zu erfahren.

Schon bald langweilten ihn diese Unterhaltungen. In einer Ecke saßen vier Männer an einem Tisch und spielten Karten. Er gesellte sich zu ihnen. „Setzen Sie sich, wenn Sie genügend Geld zum Verlieren in der Tasche haben", forderte einer der Männer ihn auf. Craigh zögerte einen Moment, dann nahm er die Einladung an. Er hatte sich schon während der Schulzeit in den Pausen sein Taschengeld gelegentlich mit Pokern aufgebessert und mit achtzehn so ziemlich sämtliche schmutzigen Tricks beherrscht. Zugleich hatte er sich schon damals auch den ungeschriebenen Ehrenkodex aller achtbaren Kartenspieler zu eigen gemacht: Es gab Menschen, die nur des Geldes, und solche, die nur des Vergnügens wegen spielten. In Gegenwart ersterer war es beinahe Pflicht, die Karten nach Kräften zu manipulieren. Trotz der großspurigen Worte hatte er es hier jedoch eindeutig mit letzteren zu tun, und deshalb würde es keine Tricks geben.

Es wurde nur um kleine Beträge gespielt, und während der ersten Runden hielt sich Craigh bewußt zurück, um erst einmal die Taktik seiner Mitspieler zu studieren. Wider Erwarten machte ihm das Spiel nach einer Weile sogar Spaß. Poker war weit mehr als ein reines Glücksspiel, für das es viele hielten. Die Kunst des Bluffens und das Erkennen winziger Unsicherheiten bei den Mitspielern waren letztlich wichtiger als das Blatt, das man selbst hielt. Nach zwei Stunden kannte Craigh die halbe Lebensgeschichte seiner Mitspieler und plauderte auch selbst unbefangen über Gott und die Welt. Er spielte unkonzentriert und wußte, daß ihm die meisten Bluffs zu durchsichtig gerieten. Aber die Ablenkung war ihm auch den Verlust der mittlerweile rund vierzig Dollar wert.

Immer wieder stand einer von ihnen auf, ging zur Theke und kehrte mit einem Tablett voller Gläser zurück. Craigh hatte bereits fünfzehn oder zwanzig Bier getrunken, aber er fühlte sich allenfalls ein wenig angeheitert. Als sich die Runde schließlich auflöste, bemerkte er erst, daß Betty neben ihm saß. Vor ein paar Minuten hatte sich jemand auf den Stuhl gesetzt, aber er hatte nicht darauf geachtet.

„Scheint nicht dein großer Abend zu sein", sagte sie.

„Ich wollte gar nicht gewinnen. Die vierzig Dollar setze ich eben auf die Spesenrechnung."

„Bredham wird sich freuen", erwiderte Betty.

„Wir können ja auf dem Rückflug noch eine Zwischenlandung in Las Vegas machen. Auf Kosten der Redaktion."

„Wieso sitzt du eigentlich hier? Keine Lust mehr zum Tanzen?"

Betty schloß die Augen und stieß geräuschvoll die Luft aus. „Puh, ich brauche ein paar Minuten Pause. Hast du schon mal stundenlang getanzt? Natürlich nicht. Wie könnte man von einem Faulpelz auch so etwas erwarten."

Craigh grinste, und auch Betty konnte sich ein Lächeln nicht verkneifen. Ihre Blicke trafen sich, und irgend etwas war diesmal anders als sonst. Als hätte sich ein Schaltkreis geschlossen, schien es plötzlich eine unsichtbare Verbindung zwischen ihnen zu geben. Die anderen Menschen um sie herum verblaßten zur Bedeutungslosigkeit. Ein Schaltkreis. Der Begriff setzte sich in Craighs Kopf fest. Schaltkreis . . . Schalter, die umgelegt wurden . . . Elektrizität . . . Die Begriffe lösten eine flüchtige Assoziation in ihm aus, ähnlich eines Déjà-vu-Erlebnisses, und für Sekundenbruchteile hatte er das Gefühl, eine Tür in seinem Inneren, hinter der die Antworten auf zahlreiche Fragen verborgen lagen, würde einen Spaltbreit geöffnet. Aber der Gedanke entglitt ihm, noch bevor er ihn richtig zu fassen bekam; die Tür schloß sich wieder, als würde sie von einer unsichtbaren Hand tief in ihm zugeschlagen. Gleich darauf hatte er diesen verflogenen Sinneseindruck bereits vergessen.

Schweißtröpfchen glitzerten auf Bettys Stirn, doch ihr Gesicht war entspannt. In ihren Augen lag ein seltsamer Glanz. Craigh streckte wie in Trance die Hand aus und strich ihr eine widerspenstige Haarsträhne aus dem Gesicht. Er zögerte einen Moment, aber als Betty keine Anstalten machte, ihn zurückzuweisen, ließ er seine Finger über ihre Wange gleiten, berührte flüchtig ihre Mundwinkel und zog erst dann die Hand fast erschrocken zurück.

„Ich . . ." Craigh schluckte.

„Was?"

„Schon gut."

„Nein, ist es nicht. Was wolltest du sagen?" Seine Hilflosigkeit schien sie zu amüsieren, ohne daß Craigh wußte, was er davon halten sollte.

„Es ist ziemlich stickig und verqualmt hier drin", sagte er und kam sich unsagbar albern dabei vor. Endlich hatte er Gelegenheit, Betty näherzukommen, und ihm fiel nichts Besseres als so ein abgedroschener Spruch ein. Trotzdem fügte er hinzu: „Was hältst du von ein bißchen frischer Luft?"

„Ein Spaziergang im Mondschein? Wie romantisch." Betty lächelte, stand aber rasch auf und ging zum Ausgang.

In dem Schuppen war es wirklich stickig und heiß, das merkte sie erst richtig, als sie ins Freie trat und ein paarmal tief durchatmete. Zudem hatte es sich im Laufe des Abends beträchtlich abgekühlt. Betty fröstelte und massierte ihre Arme.

„Ist dir kalt?" fragte Craigh. Als sie nickte, legte er einen Arm um ihre Schultern. Sie hob den Kopf und sah zum Himmel hinauf. Die Nacht war sternenklar; es sah aus, als hätte jemand in verschwenderischer Fülle glänzende silberne Punkte auf das schwarze Samttuch des Firmaments gesprenkelt.

„Schön, nicht?" murmelte sie.

Craigh sagte nichts. Arm in Arm gingen sie ein paar Schritte und hingen ihren Gedanken nach. Die Musik war hier draußen nur noch gedämpft zu hören. Craighs Herz schlug doppelt so schnell wie üblich. Er schaute Betty immer wieder von der Seite her an, doch sie schien es nicht zu merken. Craigh hatte Schwierigkeiten, sich auf die veränderte Situation einzustellen. Alles war zu schnell und überraschend gekommen. Aber er wagte auch nicht zu fragen, aus Angst, damit alles zu zerstören.

„Warum küßt du mich denn nicht endlich?" fragte Betty ruhig.

Er zögerte.

„Nun küß mich doch endlich einmal, das willst du doch schon seit langem!“ verlangte sie in so befehlendem Tonfall, daß er unwillkürlich zusammenzuckte.

Er zog sie zu sich heran und preßte seinen Mund auf ihre Lippen. Sie waren warm und feucht und süß. Ihre Zunge glitt in seinen Mund, tastete über seine Zähne. Craigh vergrub seine Hände in ihrer Haarmähne und erwiderte den Kuß leidenschaftlich. Betty drückte ihren Körper gegen seinen. Seine Hände glitten über ihren Rücken. Durch den dünnen Stoff des Kleides konnte er spüren, wie sie unter seiner Berührung erschauerte.

„Endlich“, keuchte sie, als sie sich nach Minuten schwer atmend voneinander lösten. Sie legte ihm den Zeigefinger auf die Lippen. „Komm mit.“

Aneinandergeschmiegt gingen sie zwischen den Baracken hindurch, bis Betty vor einem länglichen Steinbau stehenblieb, dem einzigen richtig gemauerten Gebäude des Camps. Es war der Duschraum.

„Was willst du –“

„Duschen“, fiel sie ihm lächelnd ins Wort. „Wir sind schließlich den ganzen Tag in der Sonnenhitze herumgelaufen.“ Sie öffnete die Tür und zog ihn mit sich. Auf Knopfdruck flammte eine Neonröhre an der Decke auf. Weiße Kacheln bedeckten die Wände, der Boden war gefliest. An den beiden Längsseiten ragten Brauseköpfe aus der Wand.

In dem Raum herrschte eine nüchterne Atmosphäre, die Craigh abstieß – fast so steril wie in einem Krankenhaus. Dies war wahrlich keine Umgebung, die Gedanken an ein zärtliches Rendezvous weckte. „Es kann jeden Moment jemand reinkommen“, gab er zu bedenken.

Betty schob einen Riegel vor. „Jetzt nicht mehr. Außerdem sind doch alle auf dem Fest.“ Ihr Lächeln vertiefte sich noch. „Aber wenn du dich genierst, kannst du natürlich auch züchtig draußen warten und ein bißchen fernsehen, bis ich fertig bin.“

Craigh schüttelte den Kopf. „Was ist mit dir los?“ fragte er leise. „Das bist doch nicht du, die so redet.“

Betty konnte ihm keine Antwort geben. An diesem Abend war ihr bewußt geworden, auf wie vieles sie verzichtet hatte. Die unzähligen engen Tänze hatten sie erregt, etwas in ihr geweckt, das sie fast vergessen geglaubt hatte. Sie hatte plötzlich begonnen, sich nach Zärtlichkeiten zu sehnen, nach Sex. Von Craigh hoffte sie, daß er ihr beides geben konnte. Aber das konnte sie ihm nicht sagen. Es würde ihn kränken, wie wenig ihr Verlangen auf ihn persönlich gerichtet war.

„Doch", antwortete sie mit Verspätung. „Ich will es, Craigh, und ich weiß, daß du es auch willst, und das ist doch im Moment alles, was zählt." Ohne ihm Gelegenheit zu Widerspruch oder weiteren Fragen zu geben, streifte Betty die Träger ihres Kleides von den Schultern. Nur mit einem Slip bekleidet, blieb sie vor Craigh stehen.

Ihr Anblick weckte sein Verlangen erneut. Er ließ seinen Blick über ihren schlanken Körper gleiten. Ihre Haut war straff und sonnengebräunt, ihre Brüste fest. Betty zog sein T-Shirt hoch, und er hob bereitwillig die Arme, um es sich ganz ausziehen zu lassen. Sie tastete mit den Fingerspitzen über seinen nackten Oberkörper, seinen Nabel, verharrte kurz an seinem Gürtel, öffnete ihn, und mit einem Ruck zog sie den Reißverschluß auf.

Craigh wollte nach Betty greifen, doch sie entwand sich ihm. „Nur nichts überstürzen!" rief sie, streifte auch ihren Slip ab und lief zu einer der Duschen. In Windeseile entledigte sich Craigh seiner restlichen Sachen und folgte ihr. Betty räkelte sich unter der Dusche wie eine Badenixe unter einem Wasserfall.

In einer Wandhalterung stand eine vergessene Flasche Duschgel, das sie benutzten, um sich gegenseitig einzuseifen. Gemeinsam ließen sie sich von den heißen Wasserstrahlen massieren, während ihre Hände den Körper des anderen erkundeten.

Bereitwillig öffnete Betty ihren Schoß. Ihre Hand schloß sich um sein Glied. „Sei ganz zärtlich", bat sie.

Craigh drängte sie gegen die gekachelte Wand, strich ihr das nasse Haar aus der Stirn und küßte ihr die Wassertropfen vom Gesicht, bevor seine Lippen zu ihrem Mund zurückfanden und er sie erneut stürmisch küßte. Sie schlang die Arme um seinen Nacken und stützte sich mit dem Rücken gegen die Wand. Während er nach ihren Pobacken griff und sie weiter hochhob, umklammerte sie seine Lenden mit den weit geöffneten Beinen. Sanft drang er in sie ein. Ihre Körper verschmolzen in leidenschaftlicher Glut.

Ein leises Geräusch ertönte, aber Craigh nahm es nur unbewußt wahr. Sein Atem ging schwer und keuchend, und das Blut hämmerte in seinen Schläfen, daß er glaubte, sein Herzschlag müsse meilenweit zu hören sein. Nach ein paar Sekunden wiederholte sich das Geräusch, so laut, daß er es nicht mehr auf eine bloße Sinnestäuschung schieben konnte. Ein gedämpftes Scharren, als kratze etwas Scharfes über Stein. Craigh verharrte in der Bewegung und lauschte.

„Schon erschöpft?" neckte Betty ihn.

Craigh schüttelte den Kopf. Seine Lust flachte ab. „Da ist was. Draußen."

Erneut das Kratzen. Ein unheimlicher, angstmachender Laut. Es hört sich fast wie das Scharren scharfer Krallen an, dachte Craigh. Unsicher schaute er sich um. Der Wasserdampf erfüllte den Raum wie dichte Nebelschwaden, ließ alles, was weiter als ein paar Schritte entfernt war, wie hinter einer Wand aus Watte verschwinden.

„Laß doch", murmelte Betty und knabberte an seinem Ohrläppchen. „Dann ist eben jemand draußen, der auch frische Luft schnappen will. Hauptsache, er kann nicht herein."

Craigh zögerte. Wahrscheinlich hatte Betty recht. Die Tür war verriegelt, und es gab nur ein einziges schmales Fenster, das zudem eine Milchglasscheibe besaß, so daß nicht einmal jemand hereinsehen konnte.

Nicht einmal eine halbe Sekunde später zerbarst die Decke des Duschraums und fiel ihm auf den Kopf.

„DER VERDAMMTE Vollmond!" fluchte Dick. „Es ist so hell, daß wir auch gleich bei strahlendem Sonnenschein herkommen könnten. Die werden uns sehen."

„Nun mach dir bloß nicht in die Hose", zischte Denny, einer von Charles' Leuten. „Fängst schon an, wie Roderick zu quatschen."

„Leck mich doch!" fuhr Dick ihn gereizt an, grinste aber gleich versöhnlich, bevor er wieder durch sein Fernglas starrte. Denny gegenüber mußte er vorsichtig sein, und dies war nicht der Zeitpunkt für Streitereien.

Sie lagen nebeneinander auf dem Kamm einer Sanddüne, nicht

einmal eine halbe Meile vom äußeren der beiden Zäune entfernt, die das gesamte Areal des im Bau befindlichen Freizeitparks umgaben. Dazwischen patrouillierten Wachposten mit Jeeps auf und ab, und auch die Tore waren bewacht. Scheinwerfer mit weit gestreutem Licht sorgten für zusätzliche Helligkeit. Minutenlang beobachtete Dick durch das Fernglas die Bewegungen der Wachposten, bemühte sich, Schwachstellen in ihrem Rhythmus zu entdecken.

Dies war seine Nacht. Die nächsten Stunden würden auch über sein weiteres Schicksal entscheiden. Die Nachfolge von Charles und Roderick war noch nicht geklärt. Zunächst jedoch hatte er das Kommando übernommen, und wenn heute nacht alles klappte, würde er es vorläufig auch behalten.

Dick beanspruchte dauerhaft die Führung, und Denny machte sie ihm streitig, aber Denny war ein Idiot, der sich das Gehirn mit Koks eingefroren hatte. Obwohl er stark genug schien, selbst Rocky Balboa mit einem Nasenstüber auf die Bretter zu schicken, fühlte er sich von allem und jedem bedroht. Er bemerkte nicht, daß er insgeheim schon immer von den anderen nur mitleidig belächelt wurde, sondern sonnte sich im Triumph der eigenen vermeintlichen Unentbehrlichkeit.

Dick wußte, daß er ihn nicht unterschätzen durfte. Natürlich hatte Denny keine Chance, sein Ziel zu erreichen. Ihm fehlten selbst im Ansatz das Charisma und die Intelligenz seines Vorgängers, aber wenn er auch kein ernst zu nehmender Konkurrent im Ringen um die Macht war, so aufgrund seiner mit Verschlagenheit gepaarten Kraft doch ein gefährlicher Widersacher. Ein falsches Wort konnte genügen, Denny durchdrehen zu lassen, und Dick war nicht besonders scharf auf einen gebrochenen Arm oder ein paar ausgeschlagene Zähne. Oder Schlimmeres.

„Dahinten sind zwei, die offenbar keinen Bock haben", sagte er nach einer Weile. „Quasseln dauernd nur miteinander und fahren ihre Runde nicht bis zum Ende."

„Laß sehen", verlangte Denny.

Dick reichte ihm das Fernglas und deutete in die entsprechende Richtung. „Die beiden dahinten, die gerade am Tor wenden. Etwas weiter rechts. Siehst du sie?"

„Bin ja nicht blöd", fauchte Denny.

Während Denny durch das Glas blickte, beobachtete Dick mit bloßen Augen den Jeep, der sich aus der Entfernung nur als winziger dunkler Umriß gegen den Sand abhob. Trotzdem war auch so zu erkennen, daß die beiden Wachen ihre Pflicht nur mehr als nachlässig ausübten. So wie die anderen kontrollierten sie einen bestimmten Abschnitt, doch seit Dick auf sie aufmerksam geworden war, hatten sie bereits dreimal den letzten Teil ihrer Strecke ausgelassen.

„Wenn, dann schaffen wir es da“, ergänzte Dick.

„Worauf warten wir dann noch? Fangen wir endlich an.“ Denny kroch ein Stück rückwärts und richtete sich hinter der Hüge kuppe auf. „Kommt, Jungs, der Tanz geht los.“

Mit Zufriedenheit registrierte Dick, daß die anderen zunächst ihm fragende Blicke zuwarfen und sich erst erhoben, als er zustimmend nickte. „Vergeßt das Zeug nicht“, sagte er und deutete auf die Motorräder, bevor er zu seiner eigenen Honda ging und die Satteltaschen öffnete. Er schob die Drahtzange neben seine Pistole in den Gürtel und steckte sich einige der Sprengsätze in die Taschen.

Charles war hergekommen, weil er Nipper angeblich einen Gefallen schuldete, und Rod war ihm gefolgt, um herauszufinden, was die Gang aus Melbourne hier vorhatte. Letztlich waren auch sie geblieben, weil die Sache eine Menge Action versprach; eine willkommene Abwechslung zur Langeweile, die sich in Sydney in letzter Zeit bei ihnen ausgebreitet hatte.

Der wahre Grund, warum Dick jetzt hier stand, war nicht Nipper, sondern Charles. Ausgerechnet Charles. Vor ein paar Wochen noch hätte Dick schallend gelacht, wenn ihm jemand erzählt hätte, daß ihn das Schicksal des Anführers der verhaßten Konkurrenz-Gang einmal so beschäftigen würde. Inzwischen aber war er sich so gut wie sicher, daß in der vergangenen Nacht mehr passiert war als nur eine Prügelei zwischen Charles und Roderick und daß es etwas mit dem Park zu tun hatte. Irgend etwas dort war schiefgelaufen. Der Drache . . .

Natürlich hatte Sondstrup alles bestritten, aber daß kaum eine Stunde später dieser Journalist aufgetaucht war, ihnen seine bescheuerte Story erzählt und sie auszuhorchen versucht hatte, sprach eine eigene Sprache. Und wenn man ihnen keine Antworten freiwillig gab, dann würden sie sie sich eben mit Gewalt erzwingen.

„He, komm endlich! Wenn du pennen willst, hättest du im Lager bleiben sollen!“ riß Dennys Stimme ihn aus seinen Gedanken. Dick schrak zusammen. Denny hatte recht; er brauchte alle Konzentration und durfte sich nicht ablenken, indem er zuviel grübelte.

Sie kamen nur langsam voran. Gelegentlich konnten sie im Sichtschutz eines Hügels auf Händen und Knien kriechen, aber die meiste Zeit mußten sie flach auf den Boden gepreßt robben. Das letzte Stück drang Dick allein bis zum Zaun vor, nachdem er sich überzeugt hatte, daß sich die Wachen weit genug entfernt befanden. Am Zaun angelangt, verschnaufte er einige Sekunden und wischte sich den Schweiß von der Stirn. Er brauchte nicht zu befürchten, daß es Sicherheitsdrähte gab. Dafür war der Zaun zu groß und die Zeit, seit der es aktiven Widerstand gab, zu kurz, umfangreiche Alarmsysteme zu installieren.

Noch einmal schaute Dick sich um, zog die Drahtzange hervor und setzte sie an. Behutsam zerschnitt er einige Maschen dicht über dem Boden und lauschte, doch alles blieb still. Dick schnitt weiter. Zwischendurch schaute er immer wieder auf seine Uhr. Als er etwa die Hälfte geschafft hatte, mußte er eine Pause einlegen. Der Jeep mit den Wachposten näherte sich ihm wieder. Dick kroch ein Stück zurück und preßte sich in eine Sandmulde. Selbst wenn die beiden Wachen ihre Runde diesmal bis zum Ende fuhren, mußten sie schon sehr genau hinsehen, um die Schnitte zu entdecken.

Wie die Male zuvor, hielt der Fahrer an, als er kaum drei Viertel seiner Strecke zurückgelegt hatte. Ebenso wie sein Partner rauchte er eine Zigarette, dann wendete er endlich und fuhr zurück. Dick atmete auf. Er wartete, bis sich der Wagen weit genug entfernt hatte, dann kroch er wieder vor und setzte sein Werk fort. Kaum zwei Minuten später hatte er drei Seiten eines Quadrats von mehr als einem halben Meter Kantenlänge ausgeschnitten, bog den Draht zur Seite und kroch durch die Öffnung. Hinter sich richtete er den Zaun so wieder her, daß man schon anhalten und ihn aus der Nähe betrachten mußte, um etwas zu entdecken.

Geduckt hastete Dick über die freie Fläche des Sicherheitsstreifens bis zum zweiten Zaun, wobei er sich immer wieder sichernd umschaute. Hier drinnen stand er wie auf dem Präsentierteller. Es gab keinerlei Deckung, zudem wurde die Zeit verdammt knapp. Er arbeitete wie besessen, und mit knappem Vorsprung gewann er den Wettlauf gegen die Uhr. Motorengeräusch klang auf, während er sich durch das Loch schob, und er sah die Scheinwerfer näher kommen. In aller Hast schaffte er es, den Draht wieder zurechtzubiegen und sich ein Stück hinter dem Zaun zu Boden zu werfen, denn diesmal wurde der Wagen nicht abgebremst, sondern fuhr an ihm vorbei, so nah, daß Dick glaubte, nur die Hand ausstrecken zu müssen, um den Fahrer zu berühren.

Dick wartete, bis der Wagen außer Sicht war, dann richtete er sich wieder auf – und erschrak. Der Sand zwischen den beiden Zäunen war voller Reifenspuren, aber trotzdem war die Linie seiner Fußabdrücke deutlich zu erkennen. Daß die Wachen sie nicht ebenfalls entdeckt hatten, war pures Glück, und trotz ihrer Unachtsamkeit eine gehörige Portion zuviel davon für Dick, um es noch einmal auf die Probe zu stellen. Fluchend kroch er zurück und verwischte die Spuren, so gut es ging. Kurz darauf fuhr der Jeep in umgekehrter Richtung erneut an ihm vorbei, und kaum waren die Rücklichter zu kleinen roten Punkten zusammengeschrumpft, sprang er auf und winkte die anderen heran.

Da sie mehr als zwanzig waren, dauerte es lange, bis sie alle durch waren, und wegen der Wachen mußten sie mehrmals Pausen einlegen und ihre Spuren verwischen. Aber ohne entdeckt zu werden, überwanden sie alle das Hindernis.

„Gute Arbeit", meinte Mona, eines der wenigen Mädchen der Gang, und lächelte Dick an.

„War doch wohl nichts dabei", murrte Denny. „Hätt jeder gekonnt."

„Wohin jetzt?" wollte ein anderer wissen. „Nehmen wir uns den Dschungel vor oder die Fertigungshallen?"

„Den Dschungel", antwortete Denny, ohne zu zögern. „Ich will ein paar von den Saurierdingern wegpusten."

Es widerstrebte Dick, ihm zuzustimmen, trotzdem nickte er. „Die Hallen werden gesondert bewacht. Wir dürfen uns auf keine

Auseinandersetzungen einlassen, die Wachen sind weit in der Überzahl. Wenn man uns entdeckt, sind wir geliefert, das ist euch wohl hoffentlich klar."

„Vor allem ist mir klar, daß du Schiß hast", unterbrach ihn Denny. „Wenn mir einer von den Scheißkerlen vor die Knarre kommt, dann putze ich ihn weg."

Dick preßte die Zähne zusammen. Ein Revolverheld war so ziemlich das letzte, was sie brauchen konnten.

„Das hat mit Schiß nichts zu tun", sagte er so ruhig wie möglich. „Die sind mehr als doppelt so viele wie wir, und wir sind nicht hier, um einen Krieg anzufangen."

Es gab eine Reihe Gründe, die für den Dschungel sprachen. Sie besaßen beispielsweise nicht genug Sprengstoff, um die Fertigungshallen zu zerstören, und bei einem so gewaltigen Anschlag wäre ein Einschreiten der Polizei unumgänglich. Doch soweit wollte er es nach Möglichkeit nicht kommen lassen – vermutlich ebensowenig wie Sondstrup, jedenfalls seinem bisherigen Verhalten nach zu urteilen. Beschädigten sie hingegen nur einige der Sauriermodelle, ließen diese sich wieder reparieren, und es bestand Aussicht, daß Sondstrup davor zurückschrecken würde, die Polizei einzuschalten. Er würde die Drohung verstehen. Möglicherweise würde er sich dann endlich zu Verhandlungen bereit finden, und das war schließlich das Hauptziel, das sie mit ihrer Aktion erreichen wollten.

Sie kamen schnell an den Rand des künstlichen Dschungels aus „urzeitlichen" Palm- und Farngewächsen. Fast bewundernd schaute sich Dick um. „Also los, ihr wißt, was ihr zu tun habt!" stieß er hervor. „Wir treffen uns um halb eins wieder hier. Stellt die Zünder auf ein Uhr ein. Die Dinger müssen gleichzeitig hochgehen, damit nicht nach der ersten Explosion die übrigen Sprengsätze entdeckt und entschärft werden, und wir brauchen genug Zeit, um wieder zu verschwinden, bevor der Feuerzauber losgeht."

Wie Schatten verteilten sie sich in Zweiergruppen in verschiedene Richtungen. Alles lief mit fast militärischer Präzision ab, aber anders ließ sich eine solche Aktion auch nicht durchführen. Dafür hatten sie schließlich so gründlich geübt, wie es die knappe Zeit zugelassen hatte.

„Komm schon, oder willst du hier Wurzeln schlagen?“ drängte Mona, seine Begleiterin. Sie warf den Kopf zurück und strich sich dabei mit einer Hand die blonde Mähne aus ihrem puppenartigen Gesicht.

Unbehaglich schaute Dick in die Richtung, in der Denny verschwunden war. „Ich traue diesem Idioten nicht“, brummte er. „Hätte anstelle von Pete doch selbst mit ihm gehen sollen.“

„Paßt dir meine Begleitung etwa nicht?“ Mona zog einen Schmollmund. Gleichzeitig bewegte sie provozierend ihre Hüften, die in hautengen Jeans steckten, und stieß gegen seine Schenkel.

„Leider nicht die richtige Zeit, daran zu denken, Baby. Denny macht mir wirklich Sorgen. Wir kriegen noch Ärger mit ihm, das hab ich im Gefühl.“

„Und ich hab im Gefühl, daß wir noch hier rumstehen und reden, wenn die anderen zurückkommen. Komm, wir haben was zu erledigen.“ Resolut packte sie ihn am Arm und zerrte ihn mit sich.

Nach etwa zehn Minuten stießen sie auf den ersten Saurier. Mona stieß einen leisen Schrei aus und griff erneut nach seinem Arm, als sie einen gewaltigen Busch umrundeten und urplötzlich der Kreatur gegenüberstanden. Sogar Dick erschrak im ersten Moment. Wie der gesamte Dschungel wirkte auch der Saurier in der Dunkelheit noch realistischer, als es vermutlich im hellen Tageslicht der Fall gewesen wäre. Daran änderte auch das Wissen nichts, daß sie es hier nur mit einem künstlichen Gebilde zu tun hatten.

Es dauerte ein paar Sekunden, bis er den Mut aufbrachte, die Taschenlampe einzuschalten und den Strahl über den Saurier wandern zu lassen. Was er sah, faszinierte ihn im gleichen Maße, wie es ihn abstieß. Das Modell war mehr als mannsgroß und erinnerte an eine bizarre Mischung aus einem Känguruh und einem mit Hornschuppen gepanzerten Nashorn. Es schien mitten in der Bewegung erstarrt zu sein, bereit, jeden Moment vorzuspringen und sich auf ihn zu stürzen. Das Licht der Taschenlampe brach sich in den Augen und täuschte huschende, wachsame Bewegungen darin vor.

Mona hielt seinen Arm umklammert, so fest, daß sich ihre spitzen, schwarzlackierten Fingernägel in seine Haut bohrten und weh taten. Mit einem Ruck riß er sich frei. „Wach endlich auf, Schätzchen. Wir haben was zu erledigen“, wiederholte er ironisch ihre eigenen Worte und ahmte dabei auch ihren Tonfall nach.

Mona nickte wie geistesabwesend. „Pusten wir das Ding in die Luft“, stieß sie hervor. „Es . . ., es macht mir angst. Ich will so schnell wie möglich weg hier.“

Dick musterte sie spöttisch. „Wo ist deine große Klappe geblieben? Schon gut, reg dich nicht auf. Hilf mir lieber, und nimm das Klebeband.“ Er ging vor dem Saurier in die Hocke und ließ sich von Mona mehrere Klebestreifen reichen, mit denen er die Sprengladung zwischen den Beinen des Modells befestigte. Eine primitive Amateurbombe, die gerade mal an die Wirkung einer Handgranate heranreichte und wahrscheinlich von Möchtegern-Terroristen in einem Keller zusammengebastelt worden war. Nicht viel besser war der Zeitzünder, ein nur geringfügig umgebauter Digitalwecker. In der Kürze der Zeit hatte Dick nicht allzu wählerisch sein können. Er stellte den Zünder ein und richtete sich auf. „Fertig“, kommentierte er.

„Dann laß uns verschwinden.“

Dick nickte und trat ein paar Schritte zurück. Als er den Strahl der Taschenlampe noch einmal auf die Minibombe richtete, hatte sich das Klebeband ein wenig verzogen und Falten geworfen. Fast, als hätte sich der Saurier bewegt . . .

Sie eilten denselben Weg zurück, den sie gekommen waren. Auf halber Strecke blieb Dick plötzlich stehen und hielt auch Mona zurück.

„Was ist denn?“

„Pssst.“ Er legte den Finger an die Lippen und lauschte. „Ich habe etwas gehört.“ Nach ein paar Sekunden wiederholte sich das Geräusch und bestätigte, daß er sich nicht getäuscht hatte. Es handelte sich ohne Zweifel um Schüsse. „Denny“, zischte er wütend. „Ich hab's doch gewußt. Dieses verdammte Arschloch. Ich muß nachsehen gehen.“

„Und was ist mit mir?“

„Du läufst zu den anderen. Sag ihnen, sie sollen nicht auf mich warten, sondern sofort verschwinden. Ich komme zum Lager nach, so schnell ich kann.“

„He, du glaubst doch nicht ernsthaft, daß ich allein –"

„Doch, glaube ich. Spiel dich nicht künstlich auf, du hältst dich doch sonst für so cool. Es ist nur noch ein kleines Stück, also mach, daß du wegkommst!" Ohne ihr Zeit zu einer Antwort zu lassen, lief Dick in die Richtung, aus der die Schüsse gekommen waren. Er zweifelte keinen Moment daran, daß Denny sie abgegeben hatte. Denny hatte fast den gleichen Ausdruck wie Rod in den Augen gehabt, eine Mischung aus Haß, Ungeduld und purer Lust am Töten und Zerstören.

Dick blieb ein paarmal stehen und lauschte, doch um ihn herum herrschte eine beinahe gespenstische Totenstille, die nur von seinem eigenen, scheinbar übernatürlich laut schlagenden Herzen und seinem keuchenden Atem durchbrochen wurde. Erst jetzt wurde ihm richtig bewußt, wie groß der Dschungel wirklich war. Unmöglich, jemanden hier durch Zufall zu finden. Er wünschte sich, Denny würde noch einmal schießen.

Statt dessen jedoch hörte er plötzlich entfernte Schreie. Er korrigierte die Richtung ein wenig und rannte noch schneller als bisher. Was zum Teufel war da los? Eine Auseinandersetzung mit Wachposten, die das Gelände durchstreiften? Die Schreie wurden lauter, und er konnte nun Petes Stimme erkennen.

Nicht einmal eine halbe Minute später erreichte Dick eine Lichtung, in deren Mitte sich ein kleiner Teich erstreckte. Das Wasser lag ruhig, ein abgrundtiefes schwarzes Loch, in dessen Mitte das Spiegelbild des Mondes wie ein weißer Ball leuchtete. Dicht neben dem Tümpel ragte ein besonders gewaltiges Modell auf, das sich entschieden mehr mit Dicks Vorstellung von Sauriern deckte als alle, die er bisher im Park zu Gesicht bekommen hatte. Eine riesige, hoch aufgerichtete Scheußlichkeit mit säulenartigen Hinterbeinen, einem spitz zulaufenden Schwanz und zwei Reihen furchterregender Reißzähne. Im Vergleich zum Körper wirkten die Arme geradezu lächerlich kurz und plump. Vermutlich ein Tyrannosaurus, neben dem geradezu niedlich anmutenden Brontosaurier das einzige Urzeittier, das er von Bildern her kannte.

Trotzdem warf Dick ihm nur einen kurzen Blick zu, denn gleich darauf entdeckte er Pete. Der Anblick war bizarr. Pete strampelte inmitten eines riesigen, farnähnlichen Busches, in dessen Zweige er sich so verstrickt hatte, daß sie ihn wie Fesseln hielten. „Hol mich hier raus!" kreischte er mit überschnappender Stimme. „Hol mich raus!"

Dick eilte zu dem Busch und zerrte an einigen der kaum fingerdicken Zweige. Kaum hatte er einen ein Stück zur Seite gezerrt und losgelassen, schnellte das verfluchte Ding wieder in seine ursprüngliche Position zurück. Er zog sein Springmesser, ließ die Klinge hervorschnellen und begann die Zweige zu zerschneiden. Das Messer war scharf wie eine Rasierklinge, doch der Kunststoff, aus dem der Busch hergestellt war, erwies sich nicht nur als elastisch, sondern auch extrem zäh. Das Zeug fühlte sich unter seinen Händen fast lebendig an, schien sich hin und her zu winden, um der Klinge auszuweichen.

„Mach schon!" kreischte Pete voller abgrundtiefem Entsetzen. Seine Kleidung war zerfetzt, auf seiner Haut zeichneten sich blutige Striemen ab. „Das Zeug schnürt mir das Blut ab. Ich . . ., ich kann kaum noch atmen!"

Dick nahm sich einige der Zweige vor, die sich um Petes Brust gewunden hatten. „Wo ist Denny?" keuchte er, während er wie besessen schnitt und hackte.

„Weg. Einer der Saurier . . ., das . . ., das Ding wurde plötzlich lebendig, während er die Ladung anbrachte. Es hat ihn gepackt und . . ." Er bekam einen Arm frei und zerrte nun ebenfalls mit der Kraft der Verzweiflung an den Zweigen. „Bei Gott, ich schwöre, das Ding hat sich bewegt! Denny hat geschossen, aber es . . ., es hat ihn weggeschleppt. Hörst du, was ich sage? Sie leben, sie –"

Aus den Augenwinkeln nahm Dick eine Bewegung wahr, schaffte es aber nicht mehr zurückzuweichen. Einer der Zweige schnellte wie eine Peitschenschnur auf ihn zu und traf ihn im Gesicht. Er schrie auf und schmeckte Blut.

„Paß auf, daß es dich nicht auch packt!" kreischte Pete weiter mit vor Hysterie schriller Stimme. Sein Gesicht war von einem Entsetzen verzerrt, wie Dick es bislang nur bei Charles nach dem Rennen gesehen hatte. „Sie leben, auch der Busch! Der ganze Wald lebt! Hol mich hier raus, mein Gott, hol mich doch raus!"

„Halt endlich dein Maul!" schrie Dick ihn an. „Das ist nur ein künstlicher Farn, begreifst du das? Ein bißchen Gummi, das wie ein Busch aussieht, mehr nicht." In rasender Eile hackte er auf die Stränge ein, die Petes Beine umklammerten, dann hatte er es geschafft und ließ das inzwischen fast stumpfe Messer fallen. Dick packte Pete und riß ihn unsanft hoch. „Und jetzt sag mir, was mit Denny passiert ist", fauchte er und versetzte ihm ein paar kräftige Ohrfeigen. „Komm endlich zur Besinnung!"

Ein heiseres, wütendes Fauchen ließ Dick herumfahren. Über einigen mehr als doppelt mannshohen Zykadeen erschien ein alptraumhafter Schädel – der Schädel des Modellsauriers, der gerade noch neben dem See gestanden hatte. Für ein, zwei Sekunden weigerte sich Dick schlichtweg zu glauben, was er sah. Es war das Modell, aber es war kein lebloses Ding mehr. Eine tückische Intelligenz funkelte in den Augen. Der Kopf pendelte hin und her, verschwand für eine halbe Sekunde und tauchte erneut auf. Im nächsten Moment brach der gesamte gewaltige Körper durch die Reihe der Zykadeen, walzte sie einfach nieder.

Pete erwachte als erster aus seiner Erstarrung. Immer noch schreiend, wirbelte er herum und rannte davon. Auch Dick gewann die Fassung zurück. Sein Verstand weigerte sich auch jetzt noch standhaft, das Unmögliche hinzunehmen, aber er begriff instinktiv die Gefahr und begann ebenfalls zu rennen, so schnell ihn die Füße trugen.

Der Saurier hinter ihm war lebendig. Die Bestie schrie wütend auf, als sie sich um ihre Beute betrogen sah, und legte an Tempo zu. Es war erstaunlich, wie schnell sich der plump aussehende Körper bewegen konnte. Aber seine Größe behinderte den Saurier auch. Die Dschungelpflanzen hemmten seinen Lauf.

Dick rannte wie noch nie zuvor in seinem Leben. Nacktes Entsetzen trieb ihn voran, und er hatte das Gefühl, seine Füße würden den Boden kaum noch berühren. Trotzdem kam er sich vor wie in einem Alptraum, in dem man noch so schnell laufen konnte, ohne von der Stelle zu kommen. Hinter sich hörte er das Brechen von Holz und Kunststoff und immer wieder ein wütendes Fauchen. Pete lief dicht neben ihm, und nach einer Weile erreichten sie das Ende des künstlichen Dschungels.

Verzweifelt hielt Dick nach dem Loch im Zaun Ausschau und entdeckte es nicht einmal weit entfernt. Seine Lunge brannte, und mit jedem Atemzug schien Lava durch seine Kehle zu rinnen. Er wußte selbst nicht, was ihm die Kraft zum Weiterlaufen gab. Feurige Kreise drehten sich vor seinen Augen, als er sich vor dem

Zaun auf die Knie fallen ließ und durch das Loch kroch. Taumelnd kam er in dem Sicherheitsstreifen dahinter wieder auf die Beine.

Pete versuchte ihm zu folgen, doch er war noch nicht halb durch das Loch, als sich seine zerfetzte Kleidung in den Maschen verfing. Er besaß nicht mehr die Kraft, um sich loszureißen, konnte nicht einmal schreien, obwohl er die Lippen geöffnet hatte. Im nächsten Moment war die Bestie heran. Sie packte ihn mit ihren Stummelarmen und zerrte ihn hoch. Die Klauen bohrten sich tief in seinen Leib, töteten Pete im Bruchteil einer Sekunde. Einer seiner Arme verfing sich in den Maschen des Zauns und wurde ihm aus der Schulter gerissen.

Irgend etwas in Dick zerbrach. Er vergaß seine Erschöpfung und Angst, spürte nur noch blinden Haß auf die Kreatur, die sich ihr Opfer noch geholt hatte, als die Rettung für Pete bereits zum Greifen nahe gewesen war. Rasend vor Wut packte er die Pistole, zielte und drückte ab. Zwischen den Augen des Ungeheuers blitzte es auf, als die Kugel gegen die stahlharten Panzerplatten schlug und als Querschläger davonjaulte. Die Bestie ließ das blutige Etwas fallen, das einmal Pete gewesen war, legte den Kopf schräg und knurrte wütend. Die mächtigen, mit dolchartigen Klauen versehenen Hinterfüße scharrten im Sand. Dann stürmte sie erneut vorwärts. Es gelang selbst ihr nicht auf Anhieb, den Zaun zu durchbrechen, doch er bog sich weit durch, und einige der Maschen rissen.

Dick krabbelte durch die Öffnung im äußeren Zaun und rannte auf die Sanddüne zu, hinter der die Motorräder standen. Irgendwo hinter ihm heulte eine Alarmsirene auf. Er achtete nicht darauf. Er wußte selbst nicht, wie er es schaffte, den kleinen Hügel zu erreichen. Nur zwei Maschinen standen noch dort, seine eigene und Dennys Suzuki, mit der auch Pete gekommen war. Dick sprang in den Sattel seiner Honda und trat den Starter durch. Brüllend erwachte der Motor zum Leben.

Im selben Moment kam das Ungeheuer über die Hügelkuppe gestapft.

Dick stützte die Pistole auf dem Unterarm auf und zielte sorgfältig. Seine Kaltblütigkeit erstaunte ihn fast selbst. Als die Bestie zum Sprung ansetzte, drückte er zweimal direkt hintereinander ab. Beide Kugeln fuhren in das Maul des Sauriers. Ein seltsames, an das Splittern von Glas erinnerndes Klirren war zu hören. Der Kopf des Monstrums ruckte herum. Seine Arme vollführten unkontrollierte, wilde Bewegungen, und für einen Moment sah es so aus, als würde es das Gleichgewicht verlieren und stürzen. Es bekam die Suzuki zu packen und verwandelte sie mit wenigen wuchtigen Hieben in Schrott. Es roch durchdringend nach Benzin.

Dick zielte auf den Tank, hielt die Linke schützend vors Gesicht und drückte erneut ab.

Die Suzuki explodierte. Eine Flammensäule schoß in die Höhe, und für ein, zwei Sekunden wurde die Wüste in weitem Umkreis in blendende, flackernde Helligkeit getaucht, während die Bestie wie ein gigantischer Feuerdämon inmitten der Flammen stand und ihre Wut hinausbrüllte. Flammen leckten an ihrem grünschimmernden Panzer empor, es stank nach verbranntem Kunststoff und heißem Metall. Sie öffnete das Maul zu einem krächzenden, peinerfüllten Schrei. Es sah aus, als spucke sie Feuer.

Obwohl noch geblendet von der Helligkeit, gab Dick Gas und jagte los. Er wagte nicht ein einziges Mal zurückzublicken. Es war ihm gleichgültig, ob die Kreatur verbrannte oder weiterhin hinter ihm herjagte. Er wußte, daß er sie niemals würde abschütteln können, daß ihr Bild ihn verfolgen würde bis ans Ende seines Lebens.

Es DAUERTE eine gute Sekunde, bis Craigh das Geräusch wahrnahm und begriff, was es zu bedeuten hatte, und noch einmal mindestens eine weitere Sekunde, bis er in der Lage war, darauf zu reagieren. Er sprang so rasch zurück, daß Betty stürzte und laut aufschrie, wohl mehr vor Schreck als vor Schmerz. Ohne darauf zu achten, zerrte er sie in Richtung der Tür und rettete ihr und sich so vermutlich das Leben.

Ein Sattelschlepper schien das Duschhaus gerammt zu haben. Kacheln platzten von der Wand, Steine brachen aus ihrer Verankerung, und mehrere Stützbalken des Daches sackten durch. Eine Neonröhre riß aus ihrer Verankerung, fiel herab und zersplitterte beim Aufprall. Glassplitter sausten wie winzige Geschosse durch den Raum. Einige davon trafen Craigh und bohrten sich in seine Haut, doch er ignorierte den Schmerz.

Dann traf ein zweiter, noch härterer Schlag das Gebäude. Unerträglich grelle Helligkeit überflutete sie, und gleichzeitig drohte ein Donnerschlag Craigh das Trommelfell zu zerreißen. Die gesamte rückwärtige Wand schien sich wie ein Ballon aufzublähen, bevor sie unter der Wucht der Explosion zerbarst und in sich zusammenbrach. Mehrere Brände flackerten auf, und inmitten der Flammen glaubte Craigh einen Herzschlag lang die Umrisse einer unförmigen, titanischen Gestalt zu entdecken. Der Boden bebte.

„Das Dach!" schrie Betty. Ihre Stimme ging in dem tobenden Inferno fast unter.

Aus den Augenwinkeln sah Craigh, wie der hintere Teil des Holzdaches abknickte und mit ohrenbetäubendem Krachen herabstürzte. Obwohl er wußte, daß es sinnlos war, versuchte er erneut, seinen Kopf mit den Armen zu schützen, doch nicht einmal das gelang ihm mehr. Ein mörderischer Schlag traf ihn im Nacken und löschte sein Bewußtsein augenblicklich aus.

Das erste, was er nach dem Erwachen spürte, war Schmerz, ein stechender Schmerz, der vom Nacken ausging, sich über seine gesamte Kopfhaut bis zur Stirn zog und sich in umgekehrter Richtung bis in die Schultergelenke und weit den Rücken hinunter erstreckte. Craigh stöhnte. Er konnte nicht lange bewußtlos gewesen sein, und einen Moment lang fragte er sich allen Ernstes, ob er überhaupt noch am Leben war. Mühsam öffnete er die Augen. Es war zu dunkel, als daß er etwas anderes erkennen konnte als den huschenden Widerschein von Flammen hinter sich. Staub kitzelte in seiner Nase. Er mußte niesen, und spätestens das überzeugte ihn endgültig davon, daß er noch höchst lebendig war. Aber rings um ihn schien die Welt untergegangen zu sein.

Dann erwachte die Erinnerung in ihm. „Betty!" krächzte er.

Craigh versuchte aufzustehen, doch es gelang ihm nicht einmal, sich so weit aufzurichten, daß er die Hände aufstützen konnte, ohne mit Ellbogen und Schultern an ein Hindernis zu stoßen. Rings um ihn lagen Holzlatten, und irgend etwas drückte auf seinen Rücken. Er würde wie auf einem Scheiterhaufen verbrennen, wenn es ihm nicht gelang, aus dem Holzstapel herauszukommen, durchfuhr es ihn. Für einen Moment flackerte Panik in ihm auf, aber gleich darauf hörte er aufgeregte Stimmen, die sich näherten. Taschenlampen leuchteten auf, das charakteristische Zischen von Feuerlöschern ertönte. „Hier!" schrie er. „Hier bin ich!"

Eine Taschenlampe blendete ihn. „Mein Gott!" rief jemand. Er glaubte, Sondstrups Stimme zu erkennen. „Warten Sie, wir holen Sie da raus. Faßt mit an, Männer!"

Es dauerte fast eine Minute, bis er frei war. Hände griffen nach ihm und hoben ihn hoch. Alles drehte sich vor Craighs Augen, aber langsam ließ das Schwindelgefühl nach.

„Sind Sie verletzt?" Sondstrups Gesicht schälte sich aus den vor seinen Augen tanzenden Kreisen.

„Ich . . ., ich glaube nicht." Craigh bewegte die Arme und Beine, tastete seinen Oberkörper ab. Es schien nichts gebrochen zu sein. Abgesehen von unzähligen Blutergüssen und unbedeutenden Kratzern schien er wie durch ein Wunder wirklich kaum etwas abbekommen zu haben.

Sondstrup zog sein Jackett aus und legte es ihm um die Schultern. Erst dadurch wurde sich Craigh wieder bewußt, daß er völlig nackt war. Er bedankte sich mit einem flüchtigen Nicken. „Betty", murmelte er. „Sie muß auch . . ."

Er sprach nicht weiter. Betty lag nur wenige Schritte von ihm entfernt. Ihr Oberkörper und Kopf waren frei, von der Hüfte abwärts jedoch war sie unter einem Stapel von Holz, Kacheln und Steinen begraben. Einige der Bauarbeiter waren bereits dabei, das Geröll zur Seite zu räumen.

Craigh taumelte auf sie zu, doch er wäre bereits nach zwei Schritten gestürzt, wenn Sondstrup ihn nicht aufgefangen hätte. „Sie lebt", sagte der Professor. „Und sie scheint noch weniger abbekommen zu haben als Sie." Er deutete auf die beiden Hauptstützbalken des Daches. Einer davon war wie ein riesiges Streichholz gebrochen, der andere jedoch ruhte auf dem Rest, der von der Mauer übriggeblieben war, und hatte die Hauptlast des herabstürzenden Daches aufgehalten.

„Was . . . ist überhaupt passiert?" Das Sprechen bereitete Craigh auch jetzt noch Mühe. „Wir haben geduscht, und dann plötzlich . . . Irgend etwas ist explodiert."

„Nicht irgend etwas, sondern ein Sprengsatz", korrigierte Sondstrup. „Wir haben die Detonation bis in den Festsaal gehört. Und es gab zahlreiche weitere Explosionen im Park, durch die einige

Modelle zerstört wurden. Dahinter muß dieses verdammte Rockerpack stecken. Eine der Wachmannschaften hat mir gerade gemeldet, daß der Zaun an einer Stelle völlig niedergerissen wurde."

„Sehen Sie nicht, daß der Mann völlig verstört ist?" klang die resolute Stimme Dr. Wenderworth' hinter ihnen auf. „Sie können später mit ihm sprechen, jetzt kümmere ich mich erst einmal um ihn." Mit sanfter Gewalt drängte er Sondstrup zur Seite und zog eine Spritze auf.

„Was ist das für ein Zeug?" fragte Craigh. Er wollte auf keinen Fall ein Betäubungsmittel injiziert bekommen, bevor er wußte, was hier geschehen war.

Wenderworth schien seine Gedanken zu erraten. „Keine Sorge. Nur etwas gegen die Schmerzen. Es wird Ihnen auch helfen, den Schock zu überwinden."

„Ich habe keine Schmerzen, ich –"

„Jetzt noch nicht, aber warten Sie erst mal, bis der schlimmste Schock abgeklungen ist. Her mit dem Arm."

Ohne weiteren Widerspruch ließ sich Craigh die Injektion geben. Anschließend versorgte Wenderworth die zahlreichen kleinen Wunden, die er sich zugezogen hatte. Jemand brachte ihm eine Hose und ein Paar Schuhe, während sich der Arzt um die noch bewußtlose Betty kümmerte.

Nachdem er sich angezogen hatte, trat Craigh neben ihn. „Wie geht es ihr?"

„Eines der Holzstücke hat sie am Hinterkopf getroffen. Ich schätze, sie hat eine Gehirnerschütterung erlitten, sonst kann ich außer ein paar Prellungen und Hautabschürfungen nichts feststellen." Wenderworth zog eine weitere Spritze auf, die er Betty injizierte. „Wenigstens sie kann nicht gegen ein Betäubungsmittel protestieren. Es ist am besten für sie, wenn sie sich gründlich ausschläft." Er winkte zwei Sanitäter herbei und half ihnen, Betty auf eine Trage zu betten, dann wies er die Männer an, sie in ihre Unterkunft zu bringen. „Für Sie, Mr. Ellison, wäre es ebenfalls das beste, wenn Sie sich ein paar Stunden hinlegen würden. Hören Sie auf mich."

Craigh schüttelte den Kopf. Der Schock klang allmählich ab.

„Wie Sie meinen." Wenderworth ließ sich eine Decke geben,

die er über Betty breitete, und beauftragte zwei Männer, sie in ihre Unterkunft zu bringen.

Craigh ging zu Sondstrup hinüber. Als er nahe genug heran war, konnte er die von der Explosion völlig zerfetzten Überreste eines der Sauriermodelle inmitten des Schutts erkennen.

„Unser Stegosaurus“, erklärte Sondstrup fassungslos. „Erinnern Sie sich noch? Ich habe ihn Ihnen heute mittag gezeigt.“

Craigh nickte. „Aber da stand er gut zwei Meilen entfernt. Wie . . ., wie ist er hierhergekommen?“

Sondstrup zuckte mit den Schultern. „Dieselben, die den Sprengstoff gelegt haben, müssen ihn hergeschafft haben.“

„Anscheinend mit einem Tieflader. Und da sie so schlechte Fahrer sind, haben sie beim Einparken gleich noch das Duschhaus in Schutt und Asche gelegt.“

Wütend funkelte ihn Sondstrup an. „Mit Ihrer klugscheißerischen Art können Sie einem ganz schön auf die Nerven gehen, Mr. Genie“, fauchte er. „Meinen Sie, ich wüßte nicht selbst, wie mysteriös das ist? Tut mir leid. Meine Nerven . . . Ich schlage vor, wir gehen in mein Büro. Jetzt dürften wir uns wohl einen Drink verdient haben.“

Die Verlockung, das Angebot anzunehmen, war groß für Craigh, doch er blieb standhaft. Ihm war klar, daß Sondstrup nur vorhatte, ihn von hier wegzulocken. „Später“, antwortete er.

„Wie Sie meinen.“ Er wollte noch etwas sagen, doch in diesem Moment trat ein totenblasser Wachmann auf ihn zu und flüsterte ihm etwas ins Ohr. „Kommen Sie mit“, sagte Sondstrup und drehte sich um, ohne auf Antwort zu warten.

Sie gingen zu zwei weiteren Wachen hinüber, die ihre Taschenlampen auf den Boden gerichtet hielten. Als er nahe genug heran war, um zu sehen, was sie entdeckt hatten, spürte Craigh Übelkeit in sich aufsteigen. Er wandte den Blick kurz ab und erkannte, daß es Sondstrup nicht besser erging. Erst nachdem er ein paarmal tief durchgeatmet hatte, gelang es Craigh, den Fund genauer zu betrachten.

Es war ein Mensch, war es zumindest einmal gewesen. Arme und Beine waren nur noch blutige Stümpfe; eine Hand lag ein paar Schritte entfernt. Urgewalten hatten seinen Torso bis hoch zum Brustbein regelrecht auseinandergerissen. Sein Kopf war mit ungeheurer Kraft zerquetscht worden. Nur die Fetzen einer schwarzen, nietenbeschlagenen Lederjacke deuteten darauf hin, daß es sich um einen der Rocker handelte.

„Sorgen Sie dafür, daß die anderen zurückbleiben", ordnete Sondstrup stockend an. Er legte Craigh die Hand auf die Schulter. „Kommen Sie, hier können wir ohnehin nichts machen."

„Wie kann so etwas passieren?" murmelte Craigh.

„Sie haben es doch selbst miterlebt", entgegnete Sondstrup. „Ein Sprengsatz. Offenbar ist die Bombe explodiert, während der Kerl sie gerade anbrachte."

Matt schüttelte Craigh den Kopf. „Warum hören Sie nicht endlich auf, Sondstrup? Haben Sie irgendwelche Brandspuren gesehen? Und welchen Sinn sollte es überhaupt haben, den Saurier durch den halben Dschungel zu schleppen, um ihn dann ausgerechnet hier zu sprengen?"

„Was ergibt schon Sinn beim Vorgehen dieser Chaoten? Woher soll ich wissen, was in ihren Köpfen vorgeht?" Sondstrup blieb abrupt stehen. „Was wollen Sie eigentlich? Natürlich werde ich Maßnahmen treffen und mit meinen Beratern und Auftraggebern über dieses Problem sprechen, Mr. Ellison, aber soll ich ausgerechnet Ihnen meine sämtlichen Vermutungen mitteilen? Muß ich Sie daran erinnern, daß Sie nur als Gast hier sind?"

„Das müssen Sie in der Tat nicht", bestätigte Craigh. „Vor ein paar Stunden erst haben Sie gesagt, Sie würden sich für Betty und mich verantwortlich fühlen, solange wir hier wären, und in gewisser Hinsicht stimmt das ja auch. Trotzdem wären wir innerhalb dieses Geländes gerade fast Opfer eines Mordanschlages geworden."

„Den Sie mir aber wohl kaum in die Schuhe schieben können."

„Das habe ich auch nicht gesagt. Aber Sie dürften verstehen, daß ich genau wie Sie ein großes Interesse daran habe, mehr über die Hintergründe dieses Anschlags zu erfahren. Aber mehr denn je sind Sie daran interessiert, daß unsere Reportage positiv ausfällt. Sie hätten mir wohl kaum den Toten gezeigt, wenn er nicht so ein überzeugender Beweis dafür sein könnte, wer hinter dem Anschlag steckt."

„Sie haben mich durchschaut, Mr. Ellison. Und ich hoffe, daß auch Sie nun überzeugt sind, mit was für Gegnern wir es hier zu tun haben. Wie ich schon sagte, hat es fast ein Dutzend Explosionen gegeben, und ganz in der Nähe der Stelle, an der der Umgrenzungszaun niedergerissen wurde, haben wir ein weiteres zerstörtes Modell gefunden, außerdem einen zweiten Toten, der ähnlich schlimm zugerichtet wurde. Auch er trug eine Rockerkluft, es gibt also keinerlei Zweifel, wer die Täter waren. Das hat mit demokratischem Protest nichts mehr zu tun, sondern ist offener Terror, dem wir mit aller Macht entgegentreten werden."

„Sie oder die Polizei?"

Für einen Moment war Sondstrup irritiert, doch gleich darauf hatte er sich wieder in der Gewalt. „Beide", erklärte er ausweichend. „Nachdem es nun zwei Tote gegeben hat, werden wir natürlich nicht mehr umhinkommen, die Polizei einzuschalten, aber wir werden auch selbst Maßnahmen treffen, um den Schutz des Geländes zu verbessern. Wir haben eigene Spezialisten, die für solche Aufgaben ausgebildet wurden."

„Sind Sie sicher? Mir scheint es zur Zeit eigentlich nicht so." Er machte eine weit ausholende Geste, die die umhereilenden und mit ersten Aufräumarbeiten beschäftigten Wachen in den blauen Overalls einschloß. „Jedes Kind, das von Zeit zu Zeit fernsieht, weiß beispielsweise, daß man Leute nicht vor dem Eintreffen der Polizei wie aufgescheuchte Hühner über den Tatort laufen läßt, damit keine Spuren verwischt werden. Oder ist vielleicht sogar gerade das Ihr Ziel?" Craigh nahm Sondstrup die Taschenlampe aus der Hand. „Ich zeige Ihnen, was ich meine. Sie haben zwar die Lampe die ganze Zeit nicht auf den Boden gerichtet, aber ich habe ziemlich gute Augen." Er richtete den Lichtkegel nach unten, machte einige Schritte, dann deutete er auf eine bestimmte Stelle. „Das sollte ich doch möglichst nicht zu sehen bekommen, oder?"

Direkt vor ihnen, im weichen Sandboden deutlich zu erkennen, befand sich ein gewaltiger dreizehiger Abdruck, wie es ihn das letzte Mal vielleicht vor sechzig Millionen Jahren gegeben hatte. Es war der Abdruck eines der riesigen krallenbewehrten Füße des Stegosaurus.

PROFESSOR SONDSTRUP trat an die Bar seines Büros, nahm die Whiskyflasche heraus und goß ein Glas halbvoll. „Auch einen?"

Craigh zögerte. Er mußte sich zwingen, den Kopf zu schütteln. Alles in ihm verlangte danach, den erlittenen Schock mit Alkohol zu betäuben. Das Denken würde ihm nach einigen Schlucken viel leichter fallen, aber er wußte nur zu genau, daß er nicht aufhören würde, wenn er jetzt damit begann. „Ich will keine Drinks von Ihnen", sagte er hart, „sondern eine Erklärung für das, was passiert ist."

Sondstrup nickte und trank einen großen Schluck. Er ließ sich in seinen Stuhl fallen, schloß die Augen und öffnete demonstrativ den obersten Kragenknopf. „Sie möchten wissen, was es mit den Fußabdrücken des Sauriers auf sich hat. Sie glauben nicht daran, daß diese Rocker den Stegosaurus zu der Duschbaracke gebracht haben, nicht wahr? Ihrer Meinung nach ist die Figur von selbst gelaufen. Sehen Sie", fuhr der Professor fort, „ich habe Ihnen und Ihrer Kollegin bislang nicht die ganze Wahrheit gesagt. Es ist wohl einsichtig, daß ich nicht jetzt schon, in dieser noch recht frühen Phase des Projekts, sämtliche Karten offen auf den Tisch lege. Wenn ich Ihnen mehr erzähle, versprechen Sie mir, daß diese Informationen nicht veröffentlicht oder sonst irgendwie weitergegeben werden?"

Craigh schüttelte den Kopf. „Nein. Sie glauben doch nicht ernsthaft, daß ich Informationen zurückhalten werde, die möglicherweise erklären, wie es zu diesen Zwischenfällen kommen konnte? Aber ich werde abwägen, ob es Informationen sind, die für die Öffentlichkeit wirklich bedeutsam sind, oder ein paar Überraschungen, die der Park für seine Besucher bereithält. Mehr kann ich Ihnen nicht zugestehen."

Sondstrup lächelte flüchtig. „Mr. Ellison, Sie sind wenigstens ehrlich, und das bedeutet, daß ich mich bis zu einem gewissen Grad auf Sie verlassen kann. Hätten Sie mir leichtfertig ein Versprechen gegeben, hätten Sie gar nichts erfahren." Er betrachtete versonnen das Whiskyglas in seiner Hand und trank einen Schluck. „Ich habe Ihnen ja schon gesagt, daß unsere Modelle keine starren Skulpturen sind. Sie sind beweglich. Wenigstens zum Teil."

„Das sagten Sie", bestätigte Craigh. „Einfache Bewegungsabläufe oder so etwas in der Art. Aber Sie haben sich um die Erläuterung herumgedrückt, was genau darunter zu verstehen ist."

„Waren Sie schon einmal in Disneyworld?"

Craigh nickte. „Mehrmals."

„Nun, dann wissen Sie ja, daß viele der dortigen Comicfiguren ebenfalls beweglich sind. Aber sie führen nur einfache Bewegungen aus, drehen den Kopf, heben die Arme und so weiter. Unsere Modelle sind voll beweglich. Jedes von ihnen ist mit einer leistungsstarken Computereinheit ausgestattet, die die mechanischen Funktionen so lenkt, daß die Bewegungen fast wie bei einem echten Lebewesen ausfallen. Sie werden verstehen, daß wir bemüht waren, dies bis zum letzten Augenblick geheimzuhalten. Als Überraschung zur Eröffnungsfeier gewissermaßen."

Craigh benötigte einige Sekunden, um das Gehörte zu verdauen. „Wollen Sie damit sagen", preßte er schließlich hervor, „daß diese Dinger . . . herumlaufen können?"

„Nur innerhalb eines gewissen Rahmens freilich", schwächte Sondstrup sofort ab. „Sie können ihre Runden drehen und ganz bestimmte Bewegungen ausführen, die wir ihnen einprogrammieren. Dieses Programm wird dann wie eine Endlosschleife ablaufen, bis es gestoppt wird. Aber die Modelle könnten gar keine Menschen angreifen, weil ihnen das auf keinen Fall einprogrammiert wird."

„Theoretisch würde das die Abdrücke erklären, die wir entdeckt haben", wandte Craigh ein.

„Nur theoretisch", erklärte Sondstrup. „Denn bislang ist noch kein einziges Modell programmiert worden, auch der Stegosaurus nicht. Ohne ein entsprechendes Programm ist da nichts, was sie irgend etwas tun läßt oder ihnen sagt, wie man etwas tut."

Craigh überlegte einen Moment. „Und wenn ihnen irgend jemand ein entsprechendes Programm eingespeist hat?"

„Ausgeschlossen!" widersprach Sondstrup. „Sie glauben gar nicht, wie umfangreich das Programm für jede einzelne Bewegung sein muß. Einige der fähigsten Programmierer der Welt arbeiten in unserem Auftrag seit Monaten an Programmen, die die Modelle befähigen, sich einige Dutzend Schritte auf einer festgelegten Route zu bewegen, ein paarmal das Maul aufzureißen und zu brüllen und dergleichen mehr. Ein Programm zu entwickeln, das den Stegosaurus mehrere hundert Meter bis zur Duschbaracke laufen und allen Hindernissen dabei ausweichen ließe, dürfte Jahre dauern, und es wäre so umfangreich, daß die

Computereinheit diese Datenfülle gar nicht aufnehmen und verarbeiten könnte."

„Und doch ist es passiert."

„Ist es nicht." Sondstrup stand auf und begann unruhig im Zimmer auf und ab zu gehen. „Sie müssen sich mit der Aussage begnügen, daß es absolut unmöglich ist, die Modelle heimlich zu programmieren. Die Programme werden digital von unserer zentralen Überwachungseinheit aus eingespeist, aber das wird erst in einigen Wochen geschehen. Die Anlage ist noch nicht angeschlossen. Der Kontrollraum ist verschlossen, und es gibt nur einen einzigen Codeschlüssel, den ich bei mir trage." Er kehrte zu seinem Stuhl zurück und setzte sich wieder. „Sie sehen also, daß Ihre Spekulationen haltlos sind. Alles ist dutzendfach abgesichert."

„Und wenn es eine Art Kurzschluß oder etwas Vergleichbares war, was das Modell in Gang gesetzt hat?" beharrte Craigh.

Sondstrup seufzte. „In diesem Fall wäre vielleicht eine einzige Bewegung möglich gewesen, meinetwegen sogar ein einzelner Schritt. Weitere Erklärungen sind sinnlos. Auf irgendeine Art haben es diese Krawallbrüder geschafft, den Stegosaurus bis zur Duschbaracke zu schaffen, und ihn dort in die Luft gesprengt."

Craigh schwieg verbissen – aus dem einfachen Grund, weil er Sondstrups Theorie nicht widerlegen konnte. Irgend etwas sagte ihm, daß es ganz anders gewesen war, daß sowohl Sondstrups Theorie wie auch seine eigenen Gedanken falsch waren. Bis zu seiner Ankunft in diesem Park hatte er sich zu den Menschen gezählt, die mit beiden Beinen fest auf der Erde standen. Hier jedoch stimmte irgend etwas nicht, und dieses Gefühl ließ sich weder mit Logik noch mit rationalen Argumenten vertreiben. In erster Linie fußte es auf dem Traum, den er gehabt hatte und der aller Rationalität Hohn sprach. Es war nicht einfach nur ein Traum gewesen, sondern eine Vision, und er hatte durch die Augen eines anderen – eines Toten! – haargenau miterlebt, was diesem eine Nacht zuvor zugestoßen war. Aber wenn er Sondstrup jetzt mit irgendwelchen übernatürlichen Kräften kam, die er selbst nicht begriff, würde dieser ihn bestenfalls auslachen.

„Ich bin sicher, Sie hätten auch ohne mich etwas von der Beweglichkeit unserer Modelle erfahren“, ergriff Sondstrup wieder das Wort. „Alles Weitere liegt nun bei Ihnen. Ich hoffe, Sie werden mit den Informationen wirklich verantwortlich umgehen und nicht darüber schreiben.“

„Ich werde in Ruhe über alles nachdenken“, versprach Craigh, gähnte und stand auf. „Es ist spät geworden. Ich werde zusehen, daß ich noch ein paar Stunden Schlaf bekomme.“

Mit einem Gruß verließ er den Pavillon. Während er zu seiner und Bettys Unterkunft hinüberging, echote ihm immer wieder Sondstrups vorletzter Satz durch den Kopf: Alles Weitere liegt nun bei Ihnen!

Möglicherweise lag darin mehr Wahrheit, als der Professor selbst ahnen mochte. Daß gerade er die Vision gehabt hatte, war für Craigh nur ein Hinweis darauf, daß er selbst eine der Schlüsselrollen bei dem ganzen Geschehen spielte. Er war entschlossen, herauszufinden, was für eine Rolle das war.

IV

Die Drachen

DAS ROYAL PERTH HOSPITAL im Zentrum der Stadt war ein hohes weißes Gebäude aus Kunststoff und Glas, das fast wie ein surrealistisches Kunstwerk in der Nähe des Swan River aufragte. Die einseitig verspiegelten Scheiben des Gebäudes schienen das Sonnenlicht wie eine ganze Batterie überdimensionaler quadratischer Scheinwerfer zu reflektieren.

Craigh war bereits in aller Frühe aufgestanden, hatte sich leise angezogen und war losgefahren, ohne Betty zu wecken. Statt dessen hatte er ihr eine kurze Nachricht geschrieben. Zwar würde sie ihm bei seiner Rückkehr wahrscheinlich den Kopf abreißen, aber dieses Risiko mußte er eingehen. Allein hatte er eine bessere Chance, seinen Plan zu verwirklichen, mit diesem Charles zu sprechen. Gerade die Fragen, die ihm besonders wichtig waren, hätte er in Bettys Anwesenheit unmöglich stellen können, ohne daß sie ihn für völlig verrückt erklärt hätte.

Craigh bog von der Wellington Street in die Auffahrt des Krankenhauses ein und hielt an, als eine dünne rot-weiß gestrichene Schranke ihm den Weg versperrte. Er kurbelte die Seitenscheibe herunter und hielt dem Pförtner seinen Presseausweis unter die Nase, während er sich mit der anderen Hand den Schweiß von der Stirn wischte.

Der Pförtner, ein alter grauhaariger Mann, sagte: „Es ist momentan keine Besuchszeit."

Craigh grinste. „Ich habe vorhin mit dem Leiter der Klinik telefoniert", log er und bluffte: „Sie können gerne bei Ihrem Vorgesetzten nachfragen."

„Das . . . wird wohl nicht nötig sein." Der Alte lächelte unsicher. „Schließlich bewahren wir hier keine Staatsgeheimnisse, nicht?"

Die Schranke hob sich mit leisem Summen. „Stellen Sie den Wagen am besten auf dem Besucherparkplatz rechts neben dem Haupteingang ab."

Craigh nickte dankbar, legte den Gang ein und fuhr los. Es war ihm nicht schwergefallen, herauszufinden, in welche Klinik man den verletzten Rocker gebracht hatte. Er parkte den Wagen, betrat die Empfangshalle und blieb einen Moment lang aufatmend in dem kühlen Luftstrom stehen, der ihm aus den Gittern der Klimaanlage entgegenschlug.

Die Schwester hinter der Theke des Empfangs empfing ihn mit einem berufsmäßig unverbindlichen Lächeln. „Was kann ich für Sie tun?"

Craigh lächelte ebenso unverbindlich zurück und zückte seinen Presseausweis. „Mein Name ist Ellison", sagte er. „Craigh Ellison von der Australian Broadcasting Company." Diesmal zeigte er den Ausweis nur gerade lange genug, daß die Schwester das Wort Presse und sein Foto erkennen konnte. „Meine Kollegen waren schon einmal hier. Es geht um –"

„Um den Patienten, der vorgestern nacht eingeliefert wurde. Ich weiß." Die Schwester stand auf.

„Wo finde ich ihn?"

„Er ist nicht vernehmungsfähig", antwortete die Schwester. „Hat man Ihnen das nicht gesagt?"

Craigh nickte. „Doch. Ich will auch weder ein Interview noch einen Filmbericht machen. Nur ein paar einfache Fotos." Er hielt demonstrativ seine Kamera hoch. „Das wird doch wohl gestattet sein."

Die Krankenschwester zögerte. „Ich werde Doktor Leroy rufen", entschied sie schließlich.

Craigh versuchte, sein Gesicht möglichst unbeteiligt aussehen zu lassen. „Tun Sie das. Aber vorher könnten Sie mir schon mal die Zimmernummer sagen, dann treffe ich mich dort mit dem Doc."

„Zimmer vierhundertsiebzehn." In das Lächeln der Schwester mischte sich eine Spur Spott. „Aber machen Sie sich keine allzu großen Hoffnungen."

Craigh zuckte mit den Achseln, drehte sich um und ging auf den Aufzug zu. Er hoffte, daß dieser Charles bei Bewußtsein war und es ihm gelang, ein paar Worte mit ihm zu wechseln, bevor der Arzt eintraf. Als er die Kabine in der vierten Etage verließ, erkannte er den Grund für den spöttischen Ausdruck in den Augen der Empfangsschwester. Vor der Tür zu Zimmer 417 stand ein Polizist.

Craigh schluckte einen wütenden Fluch hinunter. Während er auf den Beamten zuging, grübelte Craigh über eine passende Lüge nach. Das Problem war, daß er sich möglichst kurz fassen mußte, damit ihn sein amerikanischer Akzent nicht sofort verriet.

Der Polizist lächelte flüchtig, aber seine Mimik drückte eher erwartungsvolle Schadenfreude als irgend etwas anderes aus.

„Guten Tag", sagte Craigh. „Ich bin –"

„Exakt der vierundzwanzigste Reporter, der hier herein will, seit ich vor sechs Stunden meinen Dienst begonnen habe", unterbrach ihn der Beamte. „Und bestimmt nicht der letzte, der mir etwas von Pressefreiheit und dem Recht der Öffentlichkeit auf Informationen erzählt und dann erfolglos wieder abzieht."

Craigh deutete mit einer Kopfbewegung auf die weißlackierte Tür hinter dem Rücken des Polizisten. „Vielleicht verraten Sie mir dann wenigstens den Grund für diese Geheimnistuerei", sagte er.

„Der Mann ist noch nicht vernehmungsfähig, ganz einfach. Es soll eben niemand zu ihm. Ich habe meine Befehle."

„Und ich meinen Auftrag. Nur ein paar Fotos für die Abendnachrichten, daran ist doch wirklich nichts Schlimmes."

„Nichts zu machen." Der Mann gehörte zu jener Sorte von Polizeibeamten, die alles mit unerschütterlicher Ruhe hinnahmen, dafür aber um so sturer sein konnten.

„Geben Sie mir wenigstens einen kleinen Tip, wie ich an meine Bilder kommen kann", sagte Craigh. „Es muß doch eine Möglichkeit geben." Demonstrativ zückte er sein Portemonnaie.

„Aber sicher", erwiderte der Beamte grinsend. „Wenn Sie Näheres erfahren wollen, dann fragen Sie einfach meinen Boß. Er kommt gerade hinter Ihnen aus dem Aufzug."

Hastig verstaute Craigh das Portemonnaie und fuhr herum. Ein kleinwüchsiger, schmal gebauter Mann mit grauem Haar und harten, stechenden Augen näherte sich rasch. Um seinen Mund lag ein verärgerter Zug.

„Mr. Ellis?"

„Ellison", verbesserte Craigh. „Craigh Ellison. Und Sie sind –"

„Inspektor Leech, Bundespolizei", fuhr ihm der andere ins Wort. „Dürfte ich Ihren Presseausweis sehen?"

Craigh griff achselzuckend in die Brusttasche seines Hemdes und holte den Ausweis heraus. Leech musterte ihn eingehend, nickte dann und ließ ihn in der Tasche seines eigenen Jacketts verschwinden.

„He!" machte Craigh.

„Wir haben bei der ABC nachfragen lassen", sagte Leech ohne erkennbare Gefühlsregung. „Dort hat man noch nie etwas von Ihnen gehört."

„Natürlich nicht", sagte Craigh. „In Wahrheit bin ich amerikanischer Journalist und arbeite für das TIME-LIFE-Magazin. Als ausländischer Journalist hat man es prinzipiell doppelt schwer. Schließlich arbeite ich ja nur für eines der bekanntesten Magazine der Welt."

Leech ignorierte die Spitze und nickte. „Sicher. Aber ich muß Sie dennoch bitten, mich zum Revier zu begleiten."

Craigh blieb nichts anderes übrig, als ihm zu folgen. Aber er hatte ein ziemlich ungutes Gefühl dabei. Unbehaglich fragte Craigh sich, was man wirklich von ihm wollte.

Sie brauchten nicht weit zu fahren, um das Präsidium zu erreichen. Leech gehörte der übergeordneten Commonwealth-Police an, entfernt vergleichbar mit dem FBI. Er besaß kein eigenes Büro im Präsidium, doch ein paar knappe Worte genügten, daß man ihm für das Verhör einen Raum zur Verfügung stellte, in dem sich lediglich einige verschlossene Aktenschränke, ein Schreibtisch mit einem Telefon und drei Stühle befanden. Auch hier war es stickig heiß. Ein Ventilator drehte sich träge unter der Decke.

Mehr als fünf Minuten telefonierte Leech selbst mit Bredham, wobei er mit wachsender Ungeduld mit den Fingern auf die Tischplatte trommelte. „Ihr Chef möchte noch mit Ihnen sprechen“, sagte er schließlich und schaltete mit einem Tastendruck einen Zimmerlautsprecher ein, um das Gespräch mitzuhören.

„Ellison?“ Bredhams Stimme klang dünn und verzerrt, aber Craigh brauchte nur die Augen zu schließen, um den glatzköpfigen, ständig schwitzenden und ebenso ständig übellaunigen Chefredakteur vor sich zu sehen. „Was ist da los, zum Teufel noch mal? Ich schicke Sie mit einem simplen Routineauftrag in die Wüste, dazu noch in Begleitung einer unserer besten Journalistinnen, und schon ruft die Polizei bei mir an und bittet um eine Identifikation. Hätten Sie vielleicht die Freundlichkeit, mir das näher zu erklären?“

Craigh lächelte unglücklich. „Die ganze Sache ist vollkommen harmlos“, sagte er mit einem schnellen Seitenblick auf Leech. „Ich habe versucht, ein paar Informationen zu bekommen, und mußte eine falsche Identität vor–“

„Informationen worüber?“ unterbrach ihn Bredham.

„Über . . .“ Craigh brach ab, sog ärgerlich die Luft ein und musterte Leech mit unverhohlener Feindseligkeit. „Über nichts“, sagte er schließlich.

„Nichts?“ echote Bredham. „Und wegen nichts werden Sie verhaftet, wegen nichts versetzt man die halbe Redaktion in Panik und klingelt mich zu allem Überfluß noch aus dem Bett?“ Es war nicht das erste Mal, daß Craigh Schwierigkeiten mit den Behörden bekam. Und er wußte, daß er sich wenigstens in dieser Hinsicht voll auf Bredham verlassen konnte. „Außerdem habe ich ganz bestimmt keine tausend Dollar für Ihr Flugticket ausgegeben, damit Sie dort unten nichts tun.“

„Davon kann überhaupt keine Rede sein“, verteidigte sich Craigh. „Aber es hat ein paar seltsame Zwischenfälle in dem Touristenpark und der Umgebung gegeben. Und ich habe gedacht, daß –“

„Daß Sie mit Fotos davon ein paar schnelle Dollars bei der Konkurrenz machen könnten“, bellte Bredham. „Glauben Sie nur nicht, daß ich nichts von Ihren Privatgeschäften wüßte, Ellison. Aber darüber reden wir noch, sobald Sie zurück sind, das kann ich Ihnen versprechen."

„Unsinn", sagte Craigh. „Hier geht es nicht um Privatgeschäfte, sondern ich bin mir so gut wie sicher, daß die Vorfälle etwas mit dem Park zu tun haben. Wenn meine Vermutungen stimmen, bekommen Sie vielleicht bald den dicksten Knüller, den . . ."

Craigh unterbrach sich selbst, als er begriff, daß Bredham ihn unabsichtlich beinahe dazu gebracht hätte, sich zu verplappern. Er warf Leech über den Schreibtisch hinweg einen bösen Blick zu. Der Inspektor beobachtete ihn weiterhin mit scheinbarer Gleichgültigkeit. Craigh klopfte sich mit der freien Hand eine Zigarette aus der Packung und zündete sie an. „Ich erzähle Ihnen alles, wenn ich zurück bin."

Bredham schwieg einen Augenblick. „Okay", sagte er schließlich, als er begriff, daß Craigh nicht offen sprechen konnte. „Sie melden sich bei mir, sobald Sie wieder hier sind."

Craigh reichte den Hörer zurück und stand auf. „Damit dürfte nun ja wohl alles geklärt sein."

Leech nickte. „Sicher. Sie hätten sich eine Menge Ärger ersparen können, wenn Sie gleich die Wahrheit gesagt hätten."

„Heißt das, daß ich gehen kann?" fragte Craigh ein wenig verwundert, als Leech aufstand und ihm seine Papiere zurückreichte.

„Natürlich", antwortete der Inspektor. „Je eher, desto lieber. Ich werde einen Beamten beauftragen, Sie zu Ihrem Wagen zurückzufahren."

„Dann gestatten Sie mir noch eine Frage: Warum die ganze Geheimniskrämerei? Warum lassen Sie niemanden mit dem verletzten Motorradfahrer sprechen?"

Leech seufzte. „Ich wußte, daß Sie diese Frage stellen würden. Neugier ist eben eine Berufskrankheit unter Journalisten." Das Klingeln des Telefons unterbrach ihn. „Entschuldigen Sie einen Moment." Der Inspektor nahm den Hörer ab. Der Art nach, wie sich Leechs Augen verengten, mußte es sich um eine wichtige – und wenig erfreuliche – Nachricht handeln. Der Inspektor wurde merklich blasser. „Okay, ich kümmere mich darum, sobald ich kann", sagte Leech schließlich und legte grußlos auf.

„Schlechte Nachrichten?" erkundigte sich Craigh.

„Sie scheinen wirklich an krankhafter Neugier zu leiden. Kommen wir lieber wieder zu dem Motorradfahrer. Ich habe meine Gründe, niemanden zu ihm zu lassen, wie Sie sich vorstellen können. Es geht ihm sehr schlecht, er liegt im Sterben. Den Ärzten ist es ein Rätsel, daß er überhaupt noch lebt. Ich halte es für ein Gebot der Menschenwürde, dafür zu sorgen, daß er in Ruhe und Frieden sterben kann und nicht während seiner letzten Stunden noch von Journalistenhorden belästigt wird."

„Aber das ist nicht Ihr einziger Grund."

„Nicht der einzige, nein, aber ein wesentlicher. Darüber hinaus . . ., nun, der Mann liegt im Delirium. Er redet viel wirres Zeug, und es gibt genügend gewissenlose Sensationsjournalisten. Sie wissen wohl besser als ich, wie leicht man für Unruhe und Panik sorgen kann. Diese Gefahr bestünde leider, wenn Zeitungen die Fiebervisionen des Sterbenden als angebliche Tatsachen verbreiten würden. Man könnte das Ganze als einen geschickt eingefädelten Propagandafeldzug ansehen, der das Projekt in Mißkredit bringen soll."

Craigh horchte auf. „Das Projekt? Sie meinen den Vergnügungspark in der Wüste, nicht wahr?" hakte er nach. „Das müssen ja schon ziemlich beunruhigende Wahnvorstellungen sein, wenn dadurch die Bauarbeiten gefährdet würden."

Leech schüttelte den Kopf, verärgert darüber, schon zuviel gesagt zu haben. „Ich will keinen Ärger, jedenfalls keinen größeren, als ich ihn ohnehin schon habe."

„Das kann ich verstehen, und ich will Ihnen auch keine Schwierigkeiten machen." Craigh entschloß sich, einen Schuß ins Blaue abzugeben, in der Hoffnung, die Selbstsicherheit des Inspektors ein wenig erschüttern zu können. „TIME-LIFE interessiert sich sowieso nicht übermäßig für Wahnvorstellungen von Drachen, die Menschen angreifen und Flugzeuge vom Himmel holen. Jedenfalls nicht, wenn es sich wirklich nur um Wahnvorstellungen handelt."

„Woher wissen Sie davon?" fragte Leech und runzelte gleich darauf verärgert die Stirn, als er begriff, daß er sich durch einen Trick ungewollt eine Bestätigung hatte entlocken lassen.

Craigh lächelte. „Sie haben Ihre Geheimnisse, und ich habe meine."

„Wie Sie meinen, Ellison." Leech nickte langsam. „Ich habe keine Lust auf solche Spielchen, und es wartet noch eine Menge Arbeit auf mich." Er deutete zur Tür. „Ein Kollege wird Sie zu Ihrem Wagen zurückfahren und zum Park begleiten, wo Sie Ihre Sachen packen können, und anschließend zum Flughafen zur nächsten Maschine nach Amerika. Ich wünsche einen guten Heimflug."

HENRY SONDSTRUP räkelte sich in seinem Sessel, gähnte ungeniert und warf seinem eintretenden Assistenten aus nur halb geöffneten Augen einen mißmutigen Blick zu. Obwohl auch Masters in dieser Nacht kaum geschlafen hatte, sah er frisch und geradezu unverschämt gut gelaunt aus. Sein bloßer Anblick reichte aus, Sondstrups Stimmung noch weiter zu drücken, sofern dies überhaupt möglich war.

Zum erstenmal, seit er mit diesem Projekt betraut worden war, hatte Sondstrup das Gefühl, daß ihm die Dinge aus der Hand gleiten könnten. Bislang hatte er die Proteste nicht sonderlich ernst genommen, zumal ihnen jede begründete Basis fehlte. Das war eine Tatsache. Der Bau des Parks würde keinerlei negative Konsequenzen für die Ökologie des Gebietes bringen, und es war auch nie ein Heiligtum der Ureinwohner gewesen. Selbst die Aboriginal Development Commission hatte nach kurzer Diskussion keinerlei Einwände mehr gegen das Projekt erhoben. Für die wenigen Aborigines, die in der Umgebung lebten, würde es Vorteile bringen, beispielsweise Wasserleitungen in ihre Siedlungen. Ihr Widerstand gründete sich einzig und allein auf die Behauptung eines greisen, halbverrückten Schamanen, der Park werde Unglück bringen. Nun, Unglück hatte er in der Tat bereits gebracht, und das schlimmste für Sondstrup war, daß er nicht begriff, was eigentlich passierte. Die Proteste beunruhigten ihn nicht weiter. Spätestens seit sich die verdammten Rockergruppen eingemischt hatten und ihre Show abzogen, gab es für die Demonstranten kaum noch Aussicht, irgend etwas zu bewirken. Aber nun, da der Widerstand offenbar in Terror umschlug, konnte es nicht mehr lange dauern, bis sich die Presse verstärkt um den Park kümmerte. Sensationsreporter irgendwelcher Boulevardblättchen würden erst gar nicht um Objektivität bemüht sein, und eine solche Publicity würde sich auf Dauer negativ auswirken, selbst wenn mit noch so vielen Gutachten und Gegendarstellungen bewiesen werden konnte, daß nichts davon der Wahrheit entsprach.

Noch besorgniserregender waren die Todesfälle. Sondstrup wußte selbst, daß der Mann an der Duschbaracke nicht durch eine selbstgebastelte Bombe ums Leben gekommen war, ebensowenig wie der Rocker, den sie verstümmelt am Zaun gefunden hatten. Was er hingegen nicht wußte, war die wahre Todesursache, wobei ihm besonders die gefundenen Fußabdrücke der Sauriermodelle zu schaffen machten. Er kannte das Innenleben der Modelle besser als fast jeder andere und wußte, daß die Saurier unmöglich wie ihre lebenden Vorfahren plötzlich losstapfen und jemanden umbringen konnten. Was er Ellison in der vergangenen Nacht erzählt hatte, stimmte Wort für Wort. Aber wie waren die Modelle bei ihrem Gewicht dann an andere Standorte gebracht worden?

Masters räusperte sich dezent und riß ihn dadurch aus seinen Gedanken. „Wir sind soweit", sagte er. „Mr. Dearks erwartet Sie bereits."

Sondstrup nickte, gähnte erneut und stand auf. Die Verhöre durch die Polizei sowie die dringendsten Aufräumarbeiten hatten Zeit gekostet. Dann hatte er nach dem Abrücken der Polizei noch über zwei Stunden weitergearbeitet, um alles für die Ankunft der neuen Modelle und den Abtransport der beschädigten vorzubereiten, die hier nicht mehr zu reparieren waren, sondern zurück nach Amerika gebracht werden mußten. Auch Masters war bis zum Schluß dabeigewesen. Wie also schaffte es dieser verdammte Kerl, so frisch auszusehen?

Sie befanden sich in einem Büro in einem kleinen, ganz aus Glas und durchsichtigem Kunststoff erbauten Verschlag am südlichen Ende der großen Montagehalle. Von hier aus hatte man einen hervorragenden Überblick über die gesamte Halle. Sondstrup liebte diese Halle, ihre Dimensionen waren gigantisch. Ein Sattelschlepper fuhr gerade durch das große Südtor herein, ein mächtiges zwölfachsiges Fahrzeug, auf dessen Ladefläche bequem ein Einfamilienhaus Platz gefunden hätte. Aber selbst dieses riesige Fahrzeug schien im Inneren der Halle auf Spielzeuggröße zusammenzuschrumpfen.

Sondstrup trat durch die geöffnete Tür und blieb stehen. Seine schlechte Laune sank noch weiter, als er an den Wetterbericht dachte, den er während des Frühstücks im Radio gehört hatte. Eine auch nur geringfügige Abkühlung war nicht abzusehen, eher würde es noch heißer werden. Er folgte Masters die kurze Eisenleiter hinab und ging mit weit ausgreifenden Schritten auf den Tieflader zu.

Dearks, einer der Generalmanager des beteiligten Firmenkonsortiums, erwartete ihn bereits. „Guten Morgen, Professor."

Sondstrup nickte knapp. „Morgen, Mr. Dearks. Alles vorbereitet?"

Dearks nickte. „Sicher. Von unserer Seite aus ist alles in Ordnung", sagte er betont. Jung, gutaussehend, sportlich – genau der Typ, der in der modernen Wirtschaft schnell Karriere machen konnte, wenn zu diesen Attributen noch Intelligenz und Rücksichtslosigkeit kamen, dachte Sondstrup. Und von beidem besaß Stephen J. Dearks mehr als genug.

„Die Techniker sind auch bereit", erwiderte Sondstrup ausweichend. Er schaute auf die Uhr. „Fangen wir an?"

Dearks lächelte. „Nervös?"

„Ein wenig", gab Sondstrup zu. „Ich bin in dieser Nacht nicht viel zum Schlafen gekommen. Sie wissen ja, was hier los war."

„Nur das bißchen, was Sie mir am Telefon erzählt haben, und das war ziemlich vage. Hat sich inzwischen irgend etwas ergeben?"

„Zahlreiche Spuren, ein großer Haufen Verdächtiger, eine Menge Lügen, keine Beweise; aber die Polizei arbeitet an der Sache." Sondstrup lächelte sarkastisch, um seine Unsicherheit zu überspielen. „Wahrscheinlich arbeitet sie noch daran, wenn der Park längst eröffnet ist."

„Wie groß sind die Schäden?"

„Halten sich in Grenzen. Der Gorgosaurus ist völlig verbrannt. Schwer beschädigt wurde auch der Stegosaurus, aber ich glaube, man kann ihn reparieren, ebenso wie das Pteranodon. Ein paar der kleineren Modelle hat es auch erwischt. Wird uns ein bißchen in der Zeitplanung zurückwerfen, aber die Kosten für die Reparaturen brummen wir einfach der Versicherung auf."

„Ich fürchte, so einfach geht das nicht", entgegnete Dearks, ohne eine Miene zu verziehen. „Wenn überhaupt, wird die Versicherung erst zahlen, sobald die polizeilichen Ermittlungen abgeschlossen sind. Ihre Aufgabe ist es, dafür zu sorgen, daß das möglichst schnell, effektiv und mit möglichst wenig Aufsehen geschieht."

„Ich –"

„Ich schlage vor, das besprechen wir später unter vier Augen in Ihrem Büro", fiel ihm Dearks ins Wort. Auch er sah nun auf die Uhr. Sondstrup verstand den Wink. Er gab Masters ein Zeichen, und dieser sprach mit gesenkter Stimme in ein winziges Funkgerät, das er bisher in der Brusttasche seines weißen Arbeitskittels getragen hatte.

Eine Laufkatze schnurrte über ihnen an der Decke entlang, kam mit sanftem Ruck über dem Tieflader zum Stehen, und ein massiver Stahlhaken begann sich auf das Fahrzeug herabzusenken.

Dearks und Sondstrup beobachteten aufmerksam den Fortgang der Arbeit. Männer in blauen Monturen kletterten auf den Wagen, lösten Befestigungsringe und Halteseile. Schließlich wurde die Plane, die bisher über der unförmigen Last auf der Ladefläche ausgebreitet gewesen war, vollends weggezogen. Ein gigantisches grüngraues Etwas kam zum Vorschein.

Selbst Sondstrup, der einen Teil des Modells bei seiner letzten Reise nach Amerika bereits gesehen hatte, war beeindruckt.

Der Tyrannosaurus lag wie ein gefällter Gigant auf der Ladefläche des Sattelschleppers; ein sechseinhalb Meter hohes Monstrum mit grüngrauer gepanzerter Haut, einem Paar ungeheuer massiger Beine und einem gut vier Meter langen Schwanz, hinter dem sich ein ausgewachsener Mann im Sitzen bequem hätte verbergen können. Der Kopf allein hatte die Ausmaße eines Kleinwagens.

Masters flüsterte weiter in sein Funkgerät. Ein zweiter Kran kam über die Decke herangeschnurrt, gefolgt von einem dritten, vierten. Schließlich war die riesige Saurierattrappe in einem Netz von Stahlseilen eingeschlossen. Auf ein Zeichen von Masters hin sprangen die Arbeiter vom Wagen und zogen sich in respektvolle Entfernung zurück.

Die Seile strafften sich.

Sondstrup fiel plötzlich auf, wie still es war. Alle Anwesenden starrten in fast ehrfurchtsvollem Schweigen auf den Koloß, der langsam vor ihren Augen in die Höhe schwebte. Die gesamte Dachkonstruktion schien unter dem ungeheuren Gewicht des Monstrums zu erzittern.

Es war schwierig, mit diesen riesigen Modellen zu arbeiten, sie behinderten den Fortgang der Arbeiten am meisten. Nicht zuletzt wegen Sondstrups Beharren auf absoluter Detailtreue würde es noch lange dauern, bis der Vergnügungspark endgültig fertiggestellt und seiner Bestimmung übergeben werden konnte. Aber Sondstrup sehnte diesen Tag auch gar nicht herbei; im Gegenteil. All das, was ihn an seiner Arbeit reizte, die seltsame, unwirkliche Atmosphäre, die ihn manchmal einfing, wenn er nach Sonnenuntergang allein durch diese Kunststoffurzeit ging, all dies würde dann zerstört werden.

Es dauerte fast eine halbe Stunde, bis der Gigant auf seinen eigenen Beinen stand.

Sondstrup gab ein Zeichen. Der Sattelschlepper fuhr aus der Halle; für einen Moment entstand an der Westseite ein grelles, lichtüberflutetes Rechteck, durch das Hitze und der Geruch von heißem Sand ins Innere der Halle drangen. In wenigen Augenblicken war es wesentlich wärmer im Inneren der Halle geworden.

„Diese Hitze bringt mich noch um“, sagte Dearks.

Der Professor nickte. „Wem sagen Sie das? Hier drinnen geht es ja noch, aber draußen herrschen zum Teil Temperaturen von sechzig, siebzig Grad Celsius. Die Elektronik der Modelle leidet darunter.“

„Schwer?“ fragte Dearks.

„Bis jetzt hat es in dieser Hinsicht noch keine Beeinträchtigungen gegeben. Aber wenn das Wetter noch lange so bleibt . . .“

„Das ist Ihr Problem und das Ihrer Techniker“, unterbrach ihn Dearks. „Wenn Sie nichts dagegen haben, würde ich mir jetzt gerne die Folgen des Überfalls gestern ansehen.“

Sondstrup nickte. „Wie Sie meinen. Gehen wir.“

CRAIGH glaubte, sich verhört zu haben. „Wie . . ., wie meinen Sie das?“

„Oh, wenn Sie nicht sofort in die Vereinigten Staaten zurückkehren, sondern lieber in ein anderes Land reisen wollen, steht

Ihnen das selbstverständlich frei", erklärte Leech. „Nur hierbleiben werden Sie nicht. Ihre Aufenthaltserlaubnis ist gerade vor zwei Minuten abgelaufen. Als Bundesbeamter bin ich befugt, Sie des Staates zu verweisen."

Craigh stand so heftig auf, daß der Stuhl polternd nach hinten umstürzte. „Mit welcher Begründung wollen Sie mir den Aufenthalt hier verbieten lassen? Ich habe nichts angestellt, was eine solche Maßnahme rechtfertigt."

„Sie haben sich unter falschem Namen in ein Krankenhaus eingeschlichen, um sich unberechtigt Informationen zu verschaffen, und schließlich haben Sie noch versucht, einen Beamten zu bestechen. Durch Ihr Verhalten haben Sie uns wertvolle Zeit gekostet, laufende Ermittlungen gestört und uns einige Schwierigkeiten bereitet. Und da behaupten Sie, Sie hätten nichts angestellt?"

„Das ist doch lächerlich! Für eine Ausweisung reicht das auf keinen Fall aus."

Leech setzte sich wieder. „Mag sein. Aber ich könnte Sie augenblicklich in Untersuchungshaft nehmen lassen. Frühestens morgen käme es zu einem Haftprüfungstermin, und angesichts der erhobenen Vorwürfe würde jeder Richter meine Maßnahme billigen. Bis es zu einer Verhandlung käme, könnten Wochen, wenn nicht Monate vergehen. Ihre Reportage wäre bis dahin in jedem Fall uninteressant, Schnee von gestern. Ist es Ihnen das wert?"

„Das ist Erpressung", knurrte Craigh bitter. „Also gut, Sie haben gewonnen. Sagen Sie schon, was Sie wollen."

Leech lächelte amüsiert. „Schön, kommen wir zum Kern der Sache. So, wie ich das sehe, sollten wir versuchen, unsere gemeinsamen Interessen unter einen Hut zu bringen. Sie wollen unbehelligt mit Ihrer Kollegin zusammen die Reportage beenden, und ich bin mit einem komplizierten Fall mit bereits mehreren Todesopfern betraut worden, bei dessen Aufklärung Sie mir möglicherweise helfen können. Ich nehme an, Sie haben mit Charles' Kumpanen gesprochen und durch sie von seinen Phantastereien erfahren."

Craigh nickte, dankbar über die Brücke, die Leech ihm unbeabsichtigt gebaut hatte. „Ich hatte mir von einem persönlichen Gespräch mit ihm weitere Aufschlüsse für die Reportage erhofft. Ich wußte ja nicht, wie schlimm sein Zustand wirklich ist."

„Weitere Aufschlüsse? Obwohl Ihr Magazin angeblich nicht an Fieberphantasien interessiert ist?"

„Damit setzen Sie voraus, daß es welche sind."

„Sie scheinen Ihre Zweifel daran zu haben." Ein lauernder Unterton schlich sich in Leechs Stimme.

„Stimmt", bestätigte Craigh offen. „Zumindest bin ich mir nicht sicher. Wenn man Drachen durch Saurier ersetzt und in die Rechnung einbezieht, daß vorletzte Nacht auf bislang unbekannte Weise ein Pteranodon im Park völlig zerstört wurde, erscheint einiges in einem etwas anderen Licht. Nach Sondstrups Angaben stehen die Modelle im Park nicht nur unbeweglich herum, sondern sind mit Elektronik vollgestopft, die es ihnen ermöglicht, einige Bewegungen auszuführen", gab Craigh einen kleinen Teil seiner Informationen preis. „Allerdings sagte er auch, es würde sich nur um ein paar ganz einfache Standardbewegungen handeln und die Modelle wären außerdem noch nicht programmiert, also völlig unfähig, sich zu bewegen. Gestern bin ich fast bei der Explosion eines Sauriermodells gestorben, das auf eine mir unbekannte Art zu der Duschbaracke gelangt ist. Und Charles behauptet, vorgestern von einem fliegenden Drachen angegriffen worden zu sein, in derselben Nacht, in der das Pteranodon zerstört wurde, und zwar so stark, daß es fast aussieht, als wäre es abgestürzt."

„Meinen Sie damit, dieser Saurier könnte sich einfach in die Luft geschwungen und jemanden angegriffen haben? Das klingt mir nun doch ziemlich phantastisch."

„Ich weiß", bestätigte Craigh. „Außerdem behauptet Sondstrup, es wäre völlig unmöglich, daß sich die Modelle aus eigener Kraft bewegen könnten, und was er sagt, klingt ziemlich überzeugend. Im Augenblick habe ich keine Ahnung, was ich glauben soll."

„In gewisser Hinsicht geht es mir genauso." Leech seufzte. „Aber dafür habe ich ja nun Sie."

„Und was heißt das im Klartext?" Craigh ahnte zwar, in welche Richtung das Gespräch steuerte, aber er wollte, daß Leech ihm offen ins Gesicht sagte, was er verlangte.

Leech zögerte und ließ seinen Blick für einen Moment aus dem Fenster schweifen. „Ich möchte, daß Sie mich über alles auf dem laufenden halten, was im Inneren des Parks geschieht, solange Sie noch dort sind“, sagte er dann. „Dafür bin ich im Gegenzug bereit, Ihnen so weit wie möglich bei Ihren Recherchen zu helfen.“

Craigh überlegte ein paar Sekunden. „Es würde Professor Sondstrup nicht sonderlich gefallen, wenn er davon erführe.“

„Sondstrup“, schnaubte Leech. „Ich kann nicht behaupten, daß dieser Kerl mir sonderlich sympathisch ist. Und ich weiß, daß es Ihnen nicht viel anders geht. Ich habe Sie heute nacht beobachtet.“

„Sie waren heute nacht auch dabei?“ erkundigte sich Craigh überrascht. „Ich habe Sie überhaupt nicht bemerkt.“

„Kein Wunder. Ich halte mich ganz gerne zu Anfang meiner Ermittlungen im Hintergrund. Dort wird man nicht so beachtet, während man selbst alles in Ruhe beobachten kann. – Warum mußte man ausgerechnet mir diesen Fall übertragen? Und bei dieser Affenhitze? Was halten Sie davon, wenn wir uns ein gut klimatisiertes Café suchen?“

Craigh fürchtete, daß er dann den ganzen Vormittag in Perth bleiben würde. „Mir wäre es lieber, ich könnte möglichst bald fahren“, wandte er ein. „Meine Kollegin wird bereits auf mich warten. Ich glaube, alles Wichtige haben wir geklärt.“

„Noch nicht ganz. Da ist noch etwas, das Sie wissen sollten. Man hat mir gerade am Telefon mitgeteilt, daß es einen weiteren Toten gegeben hat. Einer der Rocker wurde vor ein paar Stunden in seinem Zelt umgebracht. Es soll sich um eine Art Tier gehandelt haben. Ein Mädchen war bei ihm. Sie wurde leicht verletzt und steht unter Schock. Man hat sie ins Krankenhaus gebracht.“

Craigh wurde hellhörig. „Eine Art Tier?“ hakte er nach. „Ich weiß ziemlich wenig über diese Gegend, aber ich kann mir kaum vorstellen, daß es mitten in der Wüste Raubtiere gibt. Abgesehen von ein paar giftigen Schlangen oder Spinnen vielleicht.“

„Gerade das macht die Sache mysteriös. Allerdings konnte die Kleine wenigstens gut zeichnen, und nachdem sie sich halbwegs beruhigt hatte, hat sie eine Skizze angefertigt. Einer unserer Fachleute hat festgestellt, daß das Tier einen . . ., Moment . . .“, Leech griff nach einem Blatt, auf dem er sich während des Telefonats ein paar Notizen gemacht hatte, „. . . einen Ornitholestes darstellen könnte. Jura, Mesozoikum. Etwa hundertfünfzig Millionen Jahre vor unserer Zeit . . . Ein solches Vieh soll also gestern nacht im Camp der Rocker aufgetaucht sein und diesen Dick getötet haben."

„Dick?"

„Sie kannten ihn?"

„Flüchtig. Ich habe einmal kurz mit ihm gesprochen."

„Und gestern nacht hat so ein Vieh wie in Sondstrups Park diesen Rocker umgebracht. Ihn zerfleischt, um genau zu sein. Der Leichnam soll einen ziemlich häßlichen Anblick geboten haben."

„Sie halten es also für möglich, daß es sich um eines der Modelle gehandelt haben könnte?" Craigh musterte den Inspektor aufmerksam. „Und Sie scheinen auch nicht völlig an Sondstrups Theorie zu glauben, daß die Rocker gestern die Sauriermodelle sprengen wollten und dabei selbst mit in die Luft geflogen sind."

Leech zögerte sichtlich. „Zum Teil", schränkte er ein. „Sicher, die Rocker sind auf dem Gelände gewesen, und sie haben auch die Sprengsätze gelegt. Ich glaube auch, daß mehr als die beiden Toten daran beteiligt waren, obwohl die übrigen das bei den Verhören abgestritten haben. Aber es bleiben eine Menge Fragen offen."

„Zum Beispiel die, wie sie die schweren Modelle ohne entsprechende Geräte transportieren konnten und warum sie es überhaupt getan haben", ergänzte Craigh. „Und über die Todesursachen. Zumindest der Tote, den ich gesehen habe, wurde nicht von der Bombe getötet."

„Sehen Sie, es geht hier um Geld, Mr. Ellison. Um sehr viel Geld. Eine Menge hoher Tiere interessieren sich für den Fall und schauen mir sehr aufmerksam über die Schulter. Wenn dieser Park wie geplant gebaut wird, würde das den Tourismus kräftig ankurbeln, und jedes Jahr würden zusätzliche Millionen in die Steuerkassen fließen. Man hat mir ziemlich deutlich zu verstehen gegeben, daß dies wichtiger als alles andere wäre. Das heißt, daß ich auf der einen Seite beide Augen zudrücken, auf der anderen aber mit aller Härte vorgehen soll. Verstehen Sie jetzt, in welchem Dilemma ich stecke?"

Craigh nickte beklommen.

„Das war es, was ich Ihnen sagen wollte. Ich kann meine Ermittlungen nicht so führen, wie ich gerne möchte, sonst bin ich diesen

Fall schneller los, als ich bis drei zählen kann, und deshalb brauche ich Ihre Hilfe. Kann ich mich auf Sie verlassen?"

„Können Sie", versicherte Craigh.

DER TYRANNOSAURUS REX thronte wie ein gestaltgewordener Alptraum in der Mitte der gigantischen Montagehalle. Jetzt, da die Stahlseile und Ketten, die das ungeheure Gewicht des aus Kunststoff und Metall bestehenden Körpers gehalten hatten, endgültig entfernt worden waren, wirkte er noch lebensechter, noch gewaltiger und bedrohlicher. Der riesige schuppige Kopf ragte fast bis zur Decke der acht Meter hohen Halle empor. Die kleinen plumpen Vorderpfoten mit den messerscharfen Krallen schienen mitten in der Bewegung erstarrt in der Luft zu hängen.

Clive Masters sog nachdenklich an seiner Zigarette. An seinem vorbestimmten Standort würde der Tyrannosaurus erst am Abend aufgestellt werden, wenn es etwas kühler geworden war. Masters sah auf die Uhr. Er trödelte schon viel zu lange hier herum. Die Aufputschmittel, die er seit einiger Zeit fast wie Smarties in sich hineinstopfte, sorgten dafür, daß er mit wenig Schlaf auskam und trotzdem keine Müdigkeit verspürte, aber sie machten auch träge. Ein paar kleine Pausen mußten sein, aber er mußte aufpassen, daß er mit dem Zeitplan nicht völlig durcheinanderkam. Er hatte ein ziemliches Arbeitspensum an diesem Tag zu bewältigen, und wenn er es nicht bis zur Mittagspause schaffte, würde er überziehen müssen, und das bedeutete, daß er wieder einmal nichts Warmes in den Magen bekommen würde.

Er warf dem reglosen Koloß einen letzten, nachdenklichen Blick zu, drehte sich um und ging auf den Ausgang zu. Ein lautes, kratzendes Geräusch ertönte hinter ihm und ließ ihn abrupt stehenbleiben. Masters drehte sich um, blinzelte und ließ den Blick aufmerksam durch die Halle schweifen, aber da war nichts zu entdecken. Gleich darauf wiederholte sich das Geräusch, diesmal lauter und länger anhaltend. Masters zuckte unwillkürlich zusammen. Das Geräusch wurde binnen Sekundenbruchteilen schriller und schriller, schnitt wie ein glühender Draht in seinen Kopf und schien seine Nervenenden in Flammen zu setzen. Gepeinigt preßte er die Hände auf die Ohren, bis das schrille Kreischen schließlich verstummte.

Vorsichtig nahm Clive Masters die Hände von den Ohren und drehte sich um. Er wußte bereits, woher das Geräusch stammte, noch bevor er die Drehung vollendete, hatte es die ganze Zeit über gewußt. Die Krallen des Sauriermodells hatten tiefe Rillen in den Boden der Halle gegraben.

Langsam, unendlich langsam, öffneten sich die Augen des Tyrannosaurus. Der ungeheure, schuppenbedeckte Kopf bewegte sich, drehte sich lautlos in Masters' Richtung, so daß die großen, wie von einem inneren Feuer glühenden Augen direkt auf ihn gerichtet waren. Die gewaltige Maschine trat einen Schritt nach vorne, der die gesamte Halle erbeben ließ.

Clive Masters war viel zu entsetzt, um an Flucht zu denken. Das letzte, was er in seinem Leben wahrnahm, waren die weit aufgerissenen Kiefer des Ungeheuers, die sich auf ihn herabsenkten, als das gesamte Modell umstürzte, ihn unter sich begrub und dabei noch einen Teil der Hallenwand mit sich riß.

Der Anfall kam plötzlich und ohne Vorwarnung.

Bereits während der ganzen Fahrt von Perth zurück zum Park hatte sich Craigh unbehaglich gefühlt. Es gefiel ihm nicht, für die Polizei spionieren zu sollen. Trotz seines Einverständnisses hatte Craigh gezögert, das Funkgerät anzunehmen. Es war ein weitreichendes Gerät, das nur auf eine einzige Frequenz eingestellt war, auf der er Leech sofort erreichen würde, und es stand, unter einer Decke verborgen, auf dem Boden des Wagens zwischen Vorder- und Rücksitz.

Craigh wäre sogar froh gewesen, endlich aus dieser kochenden, hitzeübersättigten Einöde verschwinden zu können. Natürlich interessierte ihn, was die Vorfälle im Park zu bedeuten hatten, aber andererseits auch wiederum nicht so sehr, daß er dafür noch sein Leben aufs Spiel gesetzt hätte. Es war ein reiner Glücksfall, daß Betty und er sich nicht bereits ebenfalls unter den Toten befanden.

Dennoch hatte er beschlossen, weiterhin zu bleiben, weil er herausfinden wollte, was er selbst damit zu tun hatte. Irgend etwas geschah in den letzten beiden Tagen mit ihm, etwas, was er sich nicht erklären konnte.

Die Geschehnisse hatten eine bislang unbekannte Saite in ihm zum Klingen gebracht. Die Alpträume, die ihn in der Nacht kaum hatten schlafen lassen, das Gefühl der Beunruhigung, vor allem aber die unerklärliche Vision von etwas, was ein anderer tatsächlich erlebt hatte, fügten sich zu Teilen eines noch längst nicht vollständigen Mosaiks zusammen, und dieses mußte er entschlüsseln. Vor sich selbst konnte er nicht davonlaufen.

Er war so in seine Grübeleien vertieft, daß er sich des neuerlichen Anfalls erst bewußt wurde, als es schon fast zu spät war. Die Straße verschwamm plötzlich vor seinen Augen. Irgend etwas Fremdes, Unbegreifliches schien in seine Gedanken, sein Bewußtsein einzudringen. Wo gerade noch nichts als Wüste gewesen war, erhoben sich nun Bäume und Büsche einer längst vergangenen Flora, wie sie im Park rekonstruiert worden war. Nur schemenhaft, wie in einer fotografischen Doppelbelichtung, war dazwischen noch die Straße zu erkennen. Craigh trat hart auf die Bremse. Kurz bevor die Straße vollends verblaßte, schaffte er es, den Wagen zum Stehen zu bringen, unmittelbar vor einem der mächtigen Urwaldbäume.

Craigh stöhnte. Der Druck in seinem Kopf wurde stärker. Seltsamerweise spürte er weder Schmerzen noch Angst, eher . . . Er versuchte, das Gefühl einzuordnen, aber es gelang ihm nicht.

Dann sah er den Eingeborenen.

Der Aborigine hatte graues langes Haar und einen wild wuchernden, ebenfalls grauen Bart. Sein von tiefen Falten durchfurchtes Gesicht kam Craigh vage bekannt vor, und gleich darauf erinnerte er sich auch: Es war der alte Mann, der bereits bei seiner und Bettys Ankunft im Park bei den Streitigkeiten am Tor dabeigewesen war und von dem er sich so sonderbar angestarrt gefühlt hatte.

Nun stand der Ureinwohner kaum ein Dutzend Schritte vor dem Wagen zwischen den farnartigen Büschen und Bäumen und sah ihn erneut an, auf die gleiche seltsame Art, die Craigh weniger unheimlich als vielmehr beunruhigend und zugleich auf eine unerklärliche Art vertraut vorkam. Craigh fühlte sich unfähig, sich zu bewegen, stierte einfach nur reglos zurück. Es war schwer, dem Blick des Mannes standzuhalten, er hatte das Gefühl, von den dunklen Augen aufgesogen zu werden, aber er war nicht imstande, den Kopf zu senken oder auch nur den Blick abzuwenden.

Er beobachtete, wie der Mann halb hinter einem der Bäume verschwand, sich dann noch einmal umdrehte, die Hand hob und ihm zuwinkte.

„Komm!" sagte er mit dumpfer Stimme, und obwohl er sich ein gutes Stück entfernt befand und die Fenster des Wagens geschlossen waren, konnte Craigh die Worte so deutlich hören, als stünde der Mann unmittelbar neben ihm. „Komm zu mir, wenn du den Namen deiner Träume erfahren willst. Ich warte auf dich." Dann war er weg.

Craigh blieb einige Sekunden lang starr sitzen, dann öffnete er die Autotür und stieg aus. Er ging auf den Baum zu und umrundete ihn zur Hälfte, ohne den Mann zu finden. Er preßte seine Hand gegen den Baumstamm. Deutlich konnte er das Holz unter seinen Fingern spüren. Der Baum war real, keine Einbildung.

„Nicht hier", drang noch einmal die Stimme des Alten an sein Ohr, ohne daß er ihre Herkunft erkennen konnte. „Ich erwarte dich in meinen Träumen."

Die Stimme verstummte, und im selben Moment begannen die Urzeitgewächse um Craigh herum zu verblassen, und Sekunden später war die Landschaft wieder so eintönig, wie Craigh sie kannte. Es war wie das Erwachen aus einem leichten Schlaf, aber er hatte nicht geschlafen, und es war auch kein reiner Traum gewesen. Das bewies die Tatsache, daß er aus dem Wagen ausgestiegen war und ein Stück davon entfernt stand. In erster Linie aber beschäftigte ihn die Erinnerung an den alten Mann. Craigh ahnte, daß der Eingeborene der Schlüssel zu seinen Visionen war, wenn nicht sogar zu allem, was sich in den letzten Tagen zugetragen hatte.

Craigh kehrte zu seinem Wagen zurück und stieg wieder ein. Das seltsame Erlebnis bestärkte ihn in seinem Entschluß, daß er nicht einfach abreisen konnte, ohne mehr herausgefunden zu haben. Mit einem Mal hatte er es sehr eilig, zum Park zurückzukommen.

„ICH VERSTEHE das einfach nicht", sagte Sondstrup leise. „Ich . . ., ich begreife es nicht." Er suchte nervös nach Zigaretten, brach hintereinander drei Streichhölzer ab und griff schließlich dankbar nach dem Feuerzeug, das Dearks ihm hinhielt.

„Was verstehen Sie nicht?“ fragte der Manager zynisch. „Daß sie zum drittenmal zugeschlagen haben? Und diesmal direkt vor unserer Nase – trotz Ihrer Sicherheitsvorkehrungen?“ Er sprach das letzte Wort wie eine Beleidigung aus.

Sondstrup sog gierig an seiner Zigarette. „Wer – sie?“

„Die gleichen, die uns in den letzten beiden Nächten besucht haben.“

Sondstrup lachte trocken. „Das glauben Sie doch selbst nicht, Dearks. Gestern und vorgestern – okay, das könnte Sabotage gewesen sein. Wir sind unter uns, und da kann ich offen reden. Irgend etwas stimmt mit den Modellen nicht.“

„Unsinn“, sagte Dearks abfällig. „Sie wissen so gut wie ich, daß es sich nur um Maschinen handelt. Sie haben kein Programm. Also hören Sie auf mit dem Blödsinn.“

„Es ist kein Blödsinn“, beharrte Sondstrup. „Die Rocker können die Modelle nicht bewegt haben, das wissen Sie wiederum so gut wie ich. Der Öffentlichkeit gegenüber behaupte ich es zwar, aber die Hälfte von dem, was ich mittlerweile erzählen muß, sauge ich mir aus den Fingern, und ich weiß nicht, wie lange das noch gutgeht.“

„Vielleicht geht das alles hier einfach über Ihre Kräfte, und Sie brauchen ein paar Wochen Urlaub, um sich zu entspannen.“

„Urlaub!“ Sondstrup schnaubte verächtlich. „Ist das alles, was Ihnen dazu einfällt? Machen Sie doch die Augen auf, und sehen Sie sich um!“ Er deutete mit einer Kopfbewegung auf die halb eingestürzte Wand der Montagehalle. Zwei Polizeiwagen standen vor der zerborstenen Nordwand; das polierte Wellblech warf die zuckenden Blau- und Rotlichter als verzerrte Lichtreflexe zurück. „Das war keine Protestaktion und kein Anschlag“, sagte Sondstrup wütend. „Masters ist tot, und ich will verdammt noch mal wissen, wie das passiert ist und was dahintersteckt.“

Dearks antwortete nicht sofort. „Selbstverständlich. Und auf jeden Fall müssen wir verhindern, daß es weitere solcher Zwischenfälle gibt, allein schon im Interesse unseres Projektes. Sonst können wir –“

„Hören Sie doch endlich mit Ihrem Projekt auf!“ fuhr ihn Sondstrup an. „Dort drüben ist einer meiner Freunde gestorben, Dearks, und es ist nicht der erste Tote, aber alles, was Sie im Kopf haben, sind die Auswirkungen auf die Besucherzahlen! Der Park interessiert mich im Moment nicht, zum Teufel! Ich will endlich herausfinden, was sich hier abspielt."

„Das wollen wir alle, aber –"

„Kein Aber! Ich will wissen, wer für Clives Tod verantwortlich ist, und vor allem, wie er es gemacht hat." Sondstrup wußte, was dem Manager durch den Kopf ging. Zurück in Amerika, würde er erklären, daß die Leitung eines solchen Projektes in den Händen eines Paläontologieprofessors wohl doch falsch aufgehoben wäre, und er würde eine vorübergehende Zwangsbeurlaubung vorschlagen, wenn nicht gleich einen vollständigen Wechsel auf dem Posten. Aber zunächst waren noch Aussagen vor der Polizei zu machen, und die Presse interessierte sich für die Zwischenfälle, und da konnten ein paar beiläufige Bemerkungen eines offensichtlich überforderten Projektleiters verheerende Folgen haben. Also sprach Dearks nichts davon offen aus, um sich seine Loyalität zumindest vorläufig noch zu erhalten.

Sondstrup schüttelte den Kopf, sah den Manager ein paar Sekunden lang nachdenklich an und zuckte mit den Schultern. Er sah ein, daß es im Moment sinnlos war, mit Dearks zu reden. „Wir müssen hinüber", sagte er. „Die Polizei . . ."

Dearks nickte ergeben und folgte ihm.

Die Menge der Bauarbeiter teilte sich vor ihnen, als sie sich der Halle näherten. Sondstrup spürte die Blicke der Männer wie schmerzhafte Stiche. Die Leute waren verwirrt, ratlos, und vor allem erwarteten sie von ihm etwas, das er ihnen nicht geben konnte. Eine Erklärung, wenigstens ein paar aufmunternde Worte, aber seine Kehle war wie zugeschnürt. Stumm folgte er Dearks zu einer Gruppe Polizisten, die neben der riesigen Öffnung in der Hallenwand standen. Die zertrümmerten Überreste des Tyrannosaurus überragten die Männer selbst im Liegen noch um fast einen Meter. Sondstrup bemerkte, daß die Beamten fast instinktiv vor dem Koloß zurückgewichen waren. Und als sein Blick auf die dunklen Flecken im Sand zu ihren Füßen fiel, verstand er die Gefühle der Männer sogar.

„Mr. Sondstrup? Ich bin Officer Cleveland und leite die Untersuchung, bis Inspektor Leech eintrifft", sagte einer der Beamten. „Sie sind der Projektleiter hier?"

„Ja." Sondstrup nickte. „Und ich kann Ihnen Ihre nächste Frage gleich beantworten. Ich weiß nicht, wie es passiert ist. Auch nicht, wie es passiert sein könnte."

„Mr. Dearks tippt auf Sabotage", sagte Cleveland vorsichtig.

Sondstrup hob die Schultern. „Haben Sie eine Ahnung, was das Ding wiegt?"

Cleveland verneinte.

„Über zehn Tonnen", sagte Sondstrup. „Der läßt sich nicht eben mal so umkippen, wenn ein paar Leute kräftig gegen ihn drücken."

Cleveland nickte, kritzelte etwas auf seinen Block und trat dann dicht an die ausgezackte Öffnung in der Hallenwand heran. Der Saurier war einem Panzer gleich durch die Wand gebrochen und hatte das Wellblech wie Papier zerfetzt.

„Vielleicht", murmelte er nachdenklich, „damit?" Er deutete auf den Kran unter der Hallendecke.

Sondstrup konnte die Maske vorgetäuschter Ruhe, die er in den vergangenen Tagen präsentiert hatte, nicht mehr länger ertragen. Eine innere Stimme warnte ihn, daß er auf dem besten Weg war, sich selbst um Kopf und Kragen zu reden, aber er konnte nicht aufhören. „Nachdem sie vorher ungefähr zwei Meilen Ketten und Stahlseile um die Figur gedreht haben, haben sie ihn hochgehoben, quer durch die Halle transportiert und dann wieder hier abgesetzt. Dann haben sie die Einrichtung kurz und klein geschlagen, die zehn Tonnen schwere Figur so umgeschmissen, daß sie Masters erwischt hat, und sind in aller Ruhe weggefahren, ohne von jemandem bemerkt zu werden. Und das alles in knapp zehn Minuten, wie?" Er funkelte Cleveland und Dearks gleichermaßen wütend an. „Denken Sie sich eine bessere Geschichte aus."

Er fuhr wütend herum, bahnte sich eine Gasse durch die herumstehenden Arbeiter und stapfte auf seinen Pavillon zu. In seinem Inneren tobte es. Wahrscheinlich würde Dearks ihn nach einer Rücksprache mit den Geldgebern in Amerika noch innerhalb der nächsten Stunde von seinen Aufgaben entbinden, aber selbst das war ihm egal.

Er wußte, daß es eine einzige Möglichkeit gab, wie es passiert sein konnte, wie soviel Zerstörung in so kurzer Zeit angerichtet werden konnte. Aber der Gedanke war einfach zu irrsinnig, um ihn auszusprechen. Und Sondstrup war zu sehr Wissenschaftler, um sich nicht selbst zu sagen, daß es unmöglich war.

Als er in den Pavillon ging, streifte sein Blick den Kopf des Gorgosauriers, der über die Wipfel des Urzeitdschungels emporragte. Plötzlich hatte er Angst.

Im Gegensatz zum vergangenen Tag wurde diesmal auch das äußere Tor bewacht, aber der Wachposten erkannte Craigh und winkte ihn durch. Auch das zweite Tor konnte er ungehindert passieren, aber irgend etwas stimmte nicht. Eine Atmosphäre hektischer Aktivität lag über der provisorischen Barackensiedlung. Überall hasteten Männer in blauen verschwitzten Arbeitsmonturen umher; Lastwagen rumpelten über die staubigen Straßen, und von der nahen Baustelle drang das dumpfe Wummern schwerer Maschinen herüber.

Ursprünglich hatte er vorgehabt, zunächst nach Betty zu sehen, aber statt dessen fuhr er in unvermindertem Tempo durch die kleine Siedlung und hielt am Ende der Straße vor der großen Fertigungshalle an. Ein paar Arbeiter blieben stehen und musterten ihn neugierig, aber niemand sprach ihn an. Er zog den Zündschlüssel ab und nahm in einer automatischen Bewegung die Kamera vom Beifahrersitz, ehe er aus dem Wagen stieg und mit energischen Schritten zu der Halle hinüberging. Das Gefühl, daß etwas nicht stimmte, verdichtete sich zur Gewißheit, als er das gewaltige Loch in der Seitenwand der Halle erblickte.

Sondstrup stand mit einigen Arbeitern und einem elegant gekleideten Mann davor und diskutierte sichtlich aufgeregt mit ihnen. Craigh blieb überrascht stehen. Diesmal war er sich ziemlich sicher, daß er tatsächlich den Tyrannosaurus vor sich hatte, und es war unschwer zu erkennen, daß das Modell beim Umstürzen die Wand eingerissen hatte.

Er zückte seine Kamera, stellte Belichtung und Entfernung ein und schoß ein paar Bilder, ehe er näher trat und sich zu der Gruppe gesellte. Sondstrup fuhr überrascht herum. Der vornehm gekleidete Mann wandte sich mit offenkundigem Unwillen an den Professor: „Wer ist das? Und was hat der Kerl hier verloren?" Der Unbekannte war um die dreißig Jahre alt, schätzte Craigh, schlank und sportlich. Sein eleganter Anzug wirkte angesichts der Hitze ganz und gar unpassend.

„Mr. Ellison vom TIME-LIFE-Magazin", stellte Sondstrup vor. „Und das ist Mr. Dearks. Mein Vorgesetzter." So, wie er die Worte aussprach, klangen sie nicht sonderlich respektvoll. Überhaupt schien es zwischen ihm und Dearks Spannungen zu geben. Sondstrups Abneigung gegenüber seinem geschniegelten, arroganten Chef machte ihn Craigh schlagartig um eine gehörige Portion sympathischer.

Er ging an Dearks vorbei, suchte sich eine günstige Position und versuchte, eine weitere Aufnahme des zerstörten Modells zu machen, doch Dearks schob sich mit einem Satz zwischen ihn und den Saurier. „Hier wird nicht fotografiert!" zischte er. „Sie befinden sich hier auf Privatgelände, und wenn Sie nicht augenblicklich verschwinden, lasse ich Sie hinauswerfen."

Craigh grinste. „Meine Kollegin und ich befinden uns schon seit gestern auf persönliche Einladung des Professors hier."

Dearks starrte Sondstrup an. „Stimmt das?"

„Die Einladung erfolgte nach Rücksprache mit dem Konsortium", antwortete Sondstrup kühl. „Der Vorabbericht im TIME-LIFE-Magazin sollte das Interesse der amerikanischen Touristen wecken. Einige Reiseveranstalter bestanden auf einer Vorabkampagne, damit anhand erster Anfragen und Reservierungen das Interesse an dem Projekt abgeschätzt werden kann."

„Und wie es aussieht, werden Sie eine positive Presse ziemlich dringend brauchen", ergänzte Craigh fast fröhlich.

„Und diese positive Einstellung wollen Sie erzeugen, indem Sie Fotos von Arbeitsunfällen und beschädigten Sauriermodellen schießen?" Dearks' Gesichtsausdruck verfinsterte sich noch mehr. „Ich kenne genügend Leute Ihres Schlages. Störenfriede wie Sie können wir nicht brauchen." Er drehte sich abrupt zu Sondstrup um. „Die Einladung ist hiermit widerrufen. Sorgen Sie dafür, daß der Mann verschwindet." Er stapfte davon, als einer der Arbeiter auf sie zugeeilt kam. „Am Tor zwei ist einer der Aborigines und möchte unbedingt mit Mr. Ellison sprechen", berichtete er.

„In Ordnung, ich komme hin."

„Bevor Sie zum Tor fahren, können Sie von meinem Büro aus mit ihm sprechen", bot Sondstrup an. „Sonst machen Sie den Weg unter Umständen umsonst." Er schaute sich nach Dearks um, der nicht weit entfernt stand. „Außerdem muß ich mit Ihnen reden. Allein", fügte er leiser hinzu.

Craigh nickte. „In Ordnung."

Sie gingen zu dem Pavillon hinüber. Als sie das Büro betraten, fiel Craigh auf, daß sämtliche Fotografien der Sauriermodelle von den Wänden entfernt worden waren. Er kam jedoch nicht dazu, eine entsprechende Frage zu stellen, da Sondstrup sofort nach dem Telefon griff und mit zwei Tasten eine interne Direktleitung zum Tor wählte.

„Hier Sondstrup", meldete er sich knapp. „Holen Sie den Aborigine an den Apparat, der Mr. Ellison sprechen möchte."

Er reichte den Hörer weiter. Craigh wartete, bis er eine Stimme am anderen Ende hörte.

„Mr. Ellison?"

„Am Apparat."

„Mein Name ist Nipper. Erinnern Sie sich noch? Sie haben gestern mit mir und James gesprochen."

Craigh hatte zwar den Namen des Aborigine vergessen, erinnerte sich aber an dessen Gesicht. „Mit Ihnen und Dick, meinen Sie wohl", korrigierte er.

„Natürlich. Bitte entschuldigen Sie den Test. Ich wollte nur sichergehen, daß wirklich Sie es sind. Dick ist tot."

„Ich weiß", erwiderte Craigh und hätte sich im gleichen Moment am liebsten auf die Zunge gebissen. Da es keine direkten Kontakte zwischen den Männern im Park und den Rockern gab, hatte er sich selbst verdächtig gemacht, daß er diese Informationen vermutlich von der Polizei hatte, was ja auch stimmte. „Worüber wollen Sie mit mir sprechen?"

„Sie haben gestern abend von einem sonderbaren Traum erzählt, den Sie hatten. Ich finde nicht, daß das nur Spinnerei oder eine Erfindung von Ihnen war."

„Und?" hakte Craigh nach, darum bemüht, sich seine Aufregung nicht anmerken zu lassen.

„Möglicherweise kann ich Ihnen mehr über Ihren Traum sagen. Über diesen und andere. Aber dazu müßte ich persönlich mit Ihnen sprechen."

„Ich komme sofort", sagte Craigh. Dann fiel ihm ein, daß er

noch nach Betty sehen mußte und auch Sondstrup noch mit ihm reden wollte. Außerdem war nicht anzunehmen, daß sich an Dearks' Entscheidung etwas ändern würde, sie mußten also ihre Sachen packen und das Gelände verlassen. „Nein, warten Sie, ich kann nicht sofort. Sagen wir in einer halben Stunde."

„Ich werde hier am Tor auf Sie warten."

Craigh gab den Hörer an Sondstrup zurück, der ihn auflegte. „Sie wollten mit mir reden?"

„Ja." Der Professor nickte betrübt. „Wahrscheinlich ist es die letzte Gelegenheit. Es tut mir leid, daß Dearks Sie rausgeworfen hat, aber daran läßt sich nichts ändern. Jedenfalls nicht von meiner Position aus. Ich rechne sogar damit, daß ich meinen Posten in Kürze los sein werde. Ich weiß nicht einmal, ob ich so unglücklich darüber sein soll. Vielleicht halten Sie mich jetzt für verrückt, aber dieser Park macht mir plötzlich angst."

„Mir geht es genauso", sagte Craigh ernst und überrascht zugleich. „Was hat diesen Sinneswandel ausgelöst?"

Der Professor zuckte mit den Achseln. „Diese Sabotageakte und Todesfälle . . . Ich weiß so gut wie Sie, daß meine Theorie, die ich Ihnen letzte Nacht erzählt habe, nicht stimmen kann. Verstehen Sie mich nicht falsch, alles, was ich Ihnen über die Modelle und die Programmierung erzählt habe, stimmt, aber gerade das machte die ganze Angelegenheit so mysteriös. Ich begreife einfach nicht, was hier vorgeht, verstehen Sie? Und wie soll ich in einer solchen Situation noch die richtigen Entscheidungen treffen? Insofern hat Dearks sogar recht, wenn er mich ablösen läßt, weil er glaubt, die Situation würde mir über den Kopf wachsen. Es ist sogar mehr als das. Ich habe schlicht und einfach das Gefühl, als würde mir alles zwischen den Händen zerrinnen."

„Der Tyrannosaurus in der Montagehalle – es war doch der Tyrannosaurus, nicht wahr? Was ist vorhin passiert?"

„Wir hatten ihn abgeladen und die letzten Feinarbeiten beendet", berichtete Sondstrup. „Masters war noch in der Halle. Er war mein Assistent, Sie haben ihn ein paarmal gesehen. Ich weiß nur, daß der Tyrannosaurus ein ziemliches Stück von seinem ursprünglichen Standort entfernt umgestürzt ist. Dabei hat er Masters unter sich zerquetscht und das Loch in die Hallenwand gerissen. Diesmal scheidet Sabotage eindeutig aus."

Craigh rang einen Moment mit sich. „Halten Sie es für möglich, daß wir es mit übernatürlichen Kräften zu tun haben?" fragte er dann zögernd.

Sondstrup stand auf, trat an die Bar und goß sich einen Whisky ein. „Ich trinke zuviel, ich weiß", murmelte er. „Was Ihre Frage betrifft: Ich bin Wissenschaftler. Ich glaube nicht an irgendwelchen Spuk. Und ganz bestimmt nicht an einen, der künstliche Saurier zum Leben erweckt oder leere Datenspeicher mit Programmen füllt. Letztlich gibt es mit Sicherheit für alles eine natürliche Erklärung."

„Als übernatürlich hat der Mensch immer das bezeichnet, was er sich nicht erklären konnte", wandte Craigh ein. Ungeachtet der seltsamen Visionen glaubte er selbst nicht an Spuk und Magie, vertrat eine ähnliche Meinung wie sein Gegenüber. Zumindest war es bislang so gewesen. „Irgendwann hat man eine Erklärung gefunden, hat die vermeintliche Magie wissenschaftlich erfassen und begründen können, und fortan galt das neue Wissen als völlig normal."

„Jetzt werden Sie philosophisch." Sondstrup rang sich ein mattes Lächeln ab. „Ist nicht gerade mein Spezialgebiet. Und was Magie und geheimnisvolle Kräfte betrifft, so sollten Sie sich besser mit den Aborigines darüber unterhalten. Viele von ihnen glauben noch an alte Stammesriten, magische Steine und dergleichen mehr. Haben Sie schon einmal von der Traumzeit gehört?"

„Traumzeit?" Craigh runzelte die Stirn. Der Begriff brachte etwas in ihm zum Klingen, gerade im Zusammenhang mit seinen Visionen. „Nicht, daß ich wüßte."

„Ist eine komplizierte Sache. Keine Religion in unserem Sinne, aber ein Glaube, der für die Ureinwohner sehr wichtig ist. Eine Art zweiter Wirklichkeit, eine Ebene neben unserer Realität. Genaueres kann ich Ihnen auch nicht sagen. Ich habe das Ganze nie richtig begriffen. Der Glaube an die Traumzeit und Traumpfade ist untrennbar mit der Mythologie der Aborigines verbunden, die möglicherweise eine der ältesten Kulturen der Erde haben. Es gibt Vermutungen, daß die Aborigines bereits seit fast fünfzigtausend Jahren in Australien auf demselben kulturellen Niveau leben."

„Mag sein." Craigh blickte auf seine Uhr. Seine Verabredung

mit Nipper rückte näher. „Ich glaube, ich sollte jetzt wohl besser gehen. Betty wird sicher schon auf mich warten."

„Eine Bitte habe ich noch", sagte Sondstrup. „Sehen Sie, ich war so lange maßgeblich an diesem Projekt beteiligt, daß es mir ziemlich ans Herz gewachsen ist, trotz allem. Tun Sie mir einen Gefallen, und wirken Sie auf Miß Sanders ein, daß der Artikel nicht allzu vernichtend ausfällt."

„Das kann ich Ihnen nicht versprechen. Betty hat ihren eigenen Kopf, und auch ich bin mir nicht sicher, ob der Bau dieses Parks wirklich das richtige ist."

„SAUER ist vielleicht nicht ganz der richtige Ausdruck." Betty richtete sich im Bett auf und funkelte Craigh zornig an. „Stinksauer trifft die Sache schon eher." Sie ließ Craigh erst gar nicht zu Wort kommen. „Wie Dr. Wenderworth mir erzählt hat, hätte nicht viel gefehlt, und ich wäre gestern nacht umgekommen. Aber dir scheint das ja völlig egal zu sein. Du läßt mich einfach hier liegen und verschwindest, ohne dich drum zu kümmern, wie es mir geht."

Craigh wechselte einen hilflosen Blick mit Dr. Wenderworth. Der Arzt beendete gerade seine Visite bei Betty, als er ihre Unterkunft betrat.

„Er hat gesagt, ich solle dich schlafen lassen, bis du von selbst aufwachst", verteidigte er sich. „Und wie geht es dir?"

„Ich habe mich schon mal besser gefühlt. Aber in Anbetracht der Umstände bin ich wohl noch mal glimpflich davongekommen. Er hat mir erzählt, was passiert ist."

„Ziemlich glimpflich sogar", ergriff Wenderworth das Wort. „Die Verbrennungen sind schmerzhaft, aber nicht weiter schlimm, und auch die übrigen Verletzungen werden bald heilen."

„Wo bist du denn überhaupt gewesen?" wollte Betty wissen.

„In Perth. Ich wollte mit dem überlebenden Motorradfahrer sprechen. Die Polizei hat Posten vor seiner Tür aufgestellt, die mich nicht durchlassen wollten. Aber ich habe trotzdem einiges erfahren. Wir können später darüber reden. Hast du schon von Dearks gehört? Der Kerl ist Sondstrups Vorgesetzter. Ein geschniegelter Yuppie, der sich für den Größten hält und hier jetzt richtig aufräumen will. Wir sollen unsere Sachen packen und abhauen."

„Das kommt gar nicht in Frage“, widersprach Wenderworth. „Als Arzt kann ich es nicht verantworten, Miß Sanders wegzuschicken. Sie werden noch mindestens ein oder zwei Tage hierbleiben, bis Ihre Verletzungen einigermaßen auskuriert sind, Miß Sanders.“

„Und was nutzt es mir, wenn ich nur untätig hier herumliege?“ wandte Betty ein. „Das bringt den Artikel auch nicht voran. Da kann ich sogar außerhalb des Parks besser recherchieren.“

„Es ist Ihre Entscheidung“, sagte Wenderworth. „Gesundheitlich wäre es in jedem Fall besser, wenn Sie noch eine Weile liegenblieben.“

„Ich finde, er hat recht“, mischte sich Craigh ein. „Solange du hier bist, habe ich einen Grund, das Gelände ebenfalls zu betreten, und im Augenblick könntest du sowieso nicht viel machen. Ich bin gleich mit dem Aborigine verabredet, mit dem wir gestern schon gesprochen haben. Falls er mir etwas Interessantes zu erzählen hat, können wir immer noch sehen, wie wir weiter vorgehen. Vielen Dank übrigens, Doktor.“

„Keine Ursache. Aber ich muß weiter, es warten noch ein paar andere Verletzte auf mich. Ich sehe später noch einmal nach Ihnen, Miß Sanders.“

Craigh setzte sich auf die Kante der Pritsche, nachdem Wenderworth die Baracke verlassen hatte. Ein paar Sekunden herrschte ein unbehagliches Schweigen.

„Was gestern abend passiert ist . . .“, begann Craigh zögernd.

„Es ist nun einmal passiert.“ Betty strich sanft mit der Hand über seinen Arm. „Ich weiß nicht, wie es dazu gekommen ist. Die Stimmung, die Tanzerei, ich hatte etwas getrunken . . ., es kam alles zusammen. Aber ich bereue es nicht. Es war schön.“ Sie lächelte etwas verunglückt. „Jedenfalls, bis uns der Himmel auf den Kopf gefallen ist. Ein Orgasmus wie ein Erdbeben. Auch eine interessante Erfahrung.“

„Ich wollte dir noch sagen –“

Ein weiteres Mal fiel sie ihm ins Wort. „Sag es nicht“, bat sie. „Man kann alles zerreden, und das möchte ich nicht.“

„Du hast recht.“ Craigh nickte, stand wieder auf und ging unruhig in dem kleinen Raum auf und ab. „Und du willst wirklich das Angebot von Wenderworth annehmen? Vielleicht wäre es doch das beste, von hier zu verschwinden. Was gestern nacht passiert ist, war möglicherweise erst ein Anfang. Ich habe erfahren, daß es im Camp der Demonstranten heute nacht einen weiteren Toten gegeben hat. Ein Tier war dafür verantwortlich, das nach der Beschreibung einer Zeugin eine verblüffende Ähnlichkeit mit einem der kleinen Sauriermodelle hatte. Außerdem ist Sondstrups Assistent tot, erschlagen unter dem Modell des Tyrannosaurus, der zuvor auf noch ungeklärte Art die halbe Montagehalle durchquert hat, um schließlich aus ebenfalls ungeklärter Ursache umzustürzen."

„Soll das heißen, daß du ernsthaft daran glaubst, daß sich die Modelle selbständig bewegen?"

„Ich weiß nicht." Craigh zuckte mit den Schultern. „Auf jeden Fall sind mehrere der Modelle in direktem Zusammenhang mit den Todesfällen von ihrem Platz bewegt worden, ohne daß jemand weiß, wie das geschehen konnte. Und solange ich nicht weiß, was dahintersteckt, fühle ich mich nicht besonders wohl bei dem Gedanken, dich allein hier zurückzulassen. Aber es ist deine Entscheidung. Ich werde mich jetzt mit diesem Nipper treffen. Vielleicht hat er mir wirklich etwas Wichtiges zu erzählen, danach können wir immer noch überlegen, was wir machen."

Er verabschiedete sich von Betty und verließ die Unterkunft. Mit dem Wagen fuhr er zum Tor, wo Nipper bereits auf ihn wartete. „Wie sind Sie hergekommen?" erkundigte er sich, nachdem der junge Mann bei ihm eingestiegen war.

„Man hat mich gebracht, aber ich wollte mit Ihnen zurückfahren." Nippers Gesicht war ernst. „Nach allem, was passiert ist, bin ich mehr denn je davon überzeugt, daß dieser Park nicht weitergebaut werden sollte. Wie stehen Sie dazu?"

„Was ich denke, spielt keine Rolle", wich Craigh aus. „Und warum wehren Sie sich so gegen den Bau? Professor Sondstrup hat recht blumig etwas von Berufsdemonstranten erzählt, die prinzipiell gegen alles wären, und die Motorradgangs sind seiner Meinung nach nur hergekommen, um ein bißchen auf den Putz zu hauen. Was ist an dem Protest wirklich dran?"

Nipper schwieg ein paar Sekunden lang. „Ich fürchte, Sondstrup hat nicht völlig unrecht", sagte er dann. „Ich habe mitgeholfen, die Umweltschützer zu mobilisieren, und ich habe auch

Charles und seine Gang hergeholt. Roderick und seine Leute haben dann nachgezogen. Für sie ging es zu Anfang wirklich nur um ein bißchen Randale."

„Aber warum das alles?" wollte Craigh wissen.

„Es gibt . . . Gründe", sagte Nipper zögernd und auf eine Art, die Craigh unwillkürlich aufhorchen ließ. „Aber ich kann Ihnen nichts darüber sagen."

„Religiöse Gründe?" hakte Craigh nach. „Sondstrup behauptet, selbst die Organisationen zur Vertretung der Aborigines hätten keine Einwände gegen das Projekt erhoben. Dies ist weder heiliger Boden, noch hat dieser Landstrich eine andere besondere Bedeutung."

Nipper schüttelte den Kopf. „Sehen Sie, für die Weißen stellen wir *ein* Volk dar und noch dazu ein recht primitives. Unsere Kultur ist anders entwickelt. Die Aborigines lebten Jahrtausende in Stammesgemeinschaften, und viele der Stämme haben sich so vollständig anders entwickelt und sind teilweise sogar untereinander verfeindet, daß man sie nicht einfach als ein Volk bezeichnen kann. Jede Stammesgemeinschaft hat ihre eigenen Mythen und Legenden, ihren eigenen Glauben, ihre eigenen Geheimnisse."

„Wenn ich Sie richtig verstehe, dann wollen Sie damit sagen, daß dieses Land Ihrem Stamm doch heilig ist und andere nur nichts darüber wissen?"

„Ich möchte Ihnen etwas zeigen, Mr. Ellison", sagte Nipper anstelle einer Antwort. „Bitte lassen Sie uns zum Camp fahren."

Craigh ließ den Motor an und fuhr los. „Ist der Boden nun heilig?" bohrte er nach.

„Ich kann Ihnen die Frage nicht beantworten", entgegnete Nipper. „Ich gehöre zwar einem Stamm an, aber ich lebe lange schon nicht mehr in der Stammesgemeinschaft. Ich weiß nur, daß Ihre Kultur ein sehr gefräßiger Moloch ist, der nichts neben sich duldet."

„Das stimmt nicht", protestierte Craigh halbherzig. „Es hat schlimme Zeiten gegeben, aber der Imperialismus ist vorbei. Wir versuchen auch Minderheiten alle nur möglichen Rechte einzuräumen."

Nipper schnitt eine Grimasse. „Ich spreche nicht von ein paar

Reservaten, wo Wilde zur Belustigung der Touristen Tänze aufführen dürfen", sagte er grimmig. „Ich spreche von der Kultur, dem Weltbild. Die ganze abendländische Kultur klammert sich an ein rein materielles Weltbild. Sie glaubt an das Fleisch, nicht an den Geist. Für sie existiert nur das Sichtbare, das sich konkret erfassen und nach ihren Regeln beweisen läßt."

„Und was ist falsch daran?"

„Der Denkansatz. Deshalb können Sie stets nur Teilaspekte der Welt wahrnehmen. Es gibt etwas, das außerhalb Ihres Weltbildes liegt, weshalb Sie es nicht verstehen können."

„Falls Sie darauf hinauswollen, daß es um etwas Übernatürliches geht, dann hat das mit meiner Kultur nichts zu tun. Bei uns gibt es ebenfalls Spuk und Magie. Ich glaube nur nicht daran."

Nipper lächelte schwach. „Auch ich kann kaum noch an Kräfte glauben, die man nicht im Labor analysieren, messen und mit Worten eindeutig festlegen kann. Kräfte, die Ihrem Denken noch fremd sind. Nicht einfach nur bislang unerklärt, sondern wirklich fremd. Möglicherweise etwas, das der ganzen Art Ihres Denkens, Ihrer Logik zuwiderläuft."

Craigh war froh, als sie das Camp erreichten und das Gespräch dadurch vorübergehend unterbrochen wurde.

„Fahren Sie noch ein Stück weiter", bat ihn Nipper. „Einfach der Straße nach."

Verwundert kam Craigh der Aufforderung nach. Während sie an dem Camp vorbeifuhren, fiel ihm auf, daß es wesentlich weniger Zelte waren als bei seinem Besuch am Vortag, und es waren auch kaum Menschen zu sehen. „Wo sind die anderen?" erkundigte er sich.

„Weggefahren. Als erste die Umweltschützer. Sie wollten wegen der Gewaltaktionen nicht mehr mitmachen. Und auch die meisten von Rodericks Leuten sind abgehauen. Sehen Sie die Hütten dahinten? Halten Sie dort an."

Während sie sich der Siedlung näherten, mußte Craigh wieder an seinen Traum denken, die Vision. Der Traum ging über sein nach den drei definierten Dimensionen ausgerichtetes Wahrnehmungsvermögen hinaus. Es konnte nicht sein, daß er irgendeine Art von gedanklichem Kontakt mit dem Bewußtsein eines anderen

Menschen gehabt hatte, da der Pilot zu diesem Zeitpunkt längst tot gewesen war. Also waren sowohl Zeit als auch Ort durcheinandergeraten.

„Ich glaube, Sie beginnen zu verstehen", sagte Nipper lächelnd. „Sie denken gerade an den Traum, von dem Sie gestern erzählt haben, nicht wahr?"

Craigh konnte nur stumm nicken.

„Im Gegensatz zu Dick habe ich keinen Moment daran gezweifelt, daß Sie die Wahrheit gesagt haben. Träume sind etwas Besonderes", sagte Nipper vieldeutig und starrte auf seine auf den Oberschenkeln ruhenden Hände hinab. „Im Traum streifen wir die Fesseln unseres Verstandes und unseres Körpers ab. Aber viele haben ihre Träume verloren. Und wenn sie zurückkehren, wissen wir nicht mehr, was sie bedeuten."

„Die Traumzeit", murmelte Craigh.

Nipper blickte überrascht auf. „Bitte halten Sie hier an, Mr. Ellison."

Sie hatten die ersten Häuser erreicht, armselige Hütten in einem erbärmlichen Zustand. Einige Aborigines warfen dem Wagen neugierige und mißtrauische Blicke zu. Die Blicke zeigten Craigh überdeutlich, daß er ein Fremder war und hier im Grunde nichts verloren hatte. Er stellte den Motor ab und sah Nipper an.

„Sie haben am Telefon behauptet, daß Sie mit mir über den Traum sprechen wollen", erinnerte er ihn. „Bitte sagen Sie mir, was Sie wissen. Was hat diese seltsame Vision mit dem zu tun, was Sie als Traumzeit bezeichnen? Was ist die Traumzeit?"

Nipper zögerte ein paar Sekunden. „Sehen Sie, im Weltbild der schamanischen Kultur gibt es zwei verschiedene Zeitperioden, die parallel zueinander existieren. In gewisser Hinsicht könnte man es als zwei Welten bezeichnen, die sich jedoch ununterbrochen gegenseitig beeinflussen. Die eine ist unsere Welt, das, was Sie als objektive Realität bezeichnen würden. Für einen Schamanen aber ist diese Welt nur ein Ausschnitt der Wirklichkeit, der in einen unbegrenzten geistigen Kreis eingebettet ist, eben die Traumzeit. Gewissermaßen ein höheres Kontinuum. Ganz entfernt könnte man es als eine weitere Dimension zu den uns bekannten drei bezeichnen. So wie ein zweidimensionaler Schatten nur ein unvollkommenes Abbild eines dreidimensionalen Gegenstandes ist, so ist auch das, was wir von unserer Welt sehen, nur ein Teil der vollständigen Wirklichkeit. Auch ein Schatten, obwohl selbst nur zweidimensional, bewegt sich durch einen dreidimensionalen Raum, der durch die zusätzliche Dimension der Tiefe gekrümmt ist, so wie der unsere durch die Traumzeit. Unsere Schamanen stehen durch ihre überlegenen geistigen Fähigkeiten mit der Traumzeit und ihren Schutzgeistern in Verbindung. Mittels Riten, bei denen heilige Gegenstände verwendet werden, können sie durch gezielte Träume in diesen höheren Kreis eindringen. Stellen Sie sich die Traumzeit einfach als eine höhere Ebene der Realität vor, in der die Grenzen zwischen Zeit und Raum aufgehoben sind und in die unsere Schamanen eindringen können. Zum Teil können sie sogar über weite Entfernungen hinweg miteinander kommunizieren, wenn sich beider Bewußtsein in der Traumzeit begegnet. Mehr kann ich Ihnen auch nicht darüber sagen, aber vielleicht reicht es aus, damit Sie dem Weltbild unserer Kultur nicht mehr ganz so hilflos gegenüberstehen."

Craigh blickte sich um, als er hörte, wie jemand gegen das Seitenfenster des Wagens klopfte. Sein Herzschlag beschleunigte sich unwillkürlich, als er den alten Aborigine erkannte, der ihm bereits während der Fahrt von Perth zum Park auf so sonderbare Weise begegnet war. Auffordernd winkte der Ureinwohner ihm zu.

„Wer ist das?" erkundigte sich Craigh.

„Wer?"

„Der alte Mann hier neben dem Wagen."

Nipper runzelte die Stirn. „Ich weiß nicht, von wem Sie sprechen."

„Aber Sie müssen ihn doch sehen! Er hat gerade an die Scheibe geklopft und uns auffordernd zugewinkt!" Als er sich umblickte, war der alte Mann verschwunden. Craigh schluckte. „Sie müssen ihn doch auch gesehen haben! Er stand doch direkt neben der Tür!"

„Möglicherweise hatten Sie einen Traum", sagte Nipper.

„Aber ich habe nicht geschlafen, ich habe den Mann –"

„Für diese besondere Art von Träumen brauchen Sie nicht zu schlafen", unterbrach ihn Nipper. „Wie sah der Mann aus?"

„Er war ein Aborigine und bereits ziemlich alt. Graues, fast weißes Haar und ein struppiger, ebenfalls grauer Bart. Das Gesicht war faltig, das Kinn stand ein wenig vor."

„Morweyn", sagte Nipper. „Zu ihm wollte ich Sie bringen. Er ist ein mächtiger Schamane. Was hat er getan?"

„Er hat mir zugewinkt, als ob ich ihm folgen sollte. Es ist bereits das zweite Mal, daß ich den Mann gesehen habe. Heute morgen stand er plötzlich mitten auf der Straße, und die Umgebung begann sich zu verändern. Er sagte, ich solle zu ihm kommen. Ich habe es für Einbildung gehalten."

„Glauben Sie mir, Mr. Ellison, was Sie gesehen haben, war auf seine Art so real wie Sie selbst oder dieses Auto. Ich werde Sie zu Morweyn bringen. Sehen Sie die Hütte dahinten am Ende der Straße, etwas abseits von den anderen? Dort wohnt er."

Craigh ließ den Motor wieder an und fuhr los. Sein inneres Gleichgewicht war erschüttert. Vor der Hütte, die Nipper ihm genannt hatte, hielt er an. Er wollte aussteigen, doch Nipper hielt ihn zurück.

„Einen Moment noch", bat er. „Auf Bitten von Morweyn hin habe ich den Widerstand gegen den Bau des Parks zu organisieren versucht. Er will mir aber nicht sagen, warum der Park nicht gebaut werden soll. Er sprach nur von Unheil, das dadurch ausgelöst werden würde."

„Sie haben nur auf eine vage Bitte hin gehandelt?"

„Morweyn ist nicht irgend jemand, sondern ein Schamane, vergessen Sie das nicht. Und Unheil hat der Park bereits jetzt genug gebracht. Mindestens sechs Opfer."

„Sieben", korrigierte Craigh. „Heute morgen hat es im Park einen weiteren Toten gegeben."

„Ich fürchte, es wird noch mehr geben. Aber da ist etwas, was möglicherweise wichtig ist. In unserer Kultur wird das Leben in Kreisen gesehen, die keine bestimmte Dauer haben und sich oft überschneiden. Aber irgendwann endet jeder Kreis mit einer Apokalypse. Was besteht, muß untergehen, um etwas Neuem Platz zu machen."

„Und was sind das für Apokalypsen?"

„Nun, für den Kreis eines Menschen ist es der Tod. Ansonsten gibt es viele Formen. Zum Beispiel Naturkatastrophen. Möglicherweise steht das mit dem Park in irgendeinem Zusammenhang. Es ist nur eine vage Assoziation von mir, aber ich wollte sie Ihnen wenigstens erzählen. Kommen Sie."

Bevor Craigh Gelegenheit zu weiteren Fragen fand, hatte der Aborigine die Tür bereits geöffnet, stieg aus und ging auf die Hütte zu. Craigh folgte ihm.

„Sie sind erledigt, Sondstrup, glauben Sie mir." Stephen J. Dearks sagte es kühl, fast teilnahmslos. Nicht einmal jetzt leistete er sich den Luxus von Triumph in der Stimme. Das, was er sagte, reichte bereits aus und wurde durch den sachlichen Tonfall eher noch bekräftigt. „Die Vorsitzenden des Konsortiums sind von den Vorfällen hier unterrichtet worden und haben meinen Vorschlägen zugestimmt. Sie sind Ihres Postens enthoben und werden noch heute mittag zurück in die Staaten fliegen zu einem Rechenschaftsbericht über Ihr Versagen. Ich habe bereits eine objektive Beschreibung des Chaos durchgegeben, das ich hier angetroffen habe. Mit viel Glück können Sie wieder an irgendeine Provinzuniversität zurückkehren."

„Warum langweilen Sie nicht jemand anders?" Sondstrup gab sich kaum weniger teilnahmslos als sein Gegenüber, obwohl es in seinem Inneren brodelte. Aber das lag nicht an Dearks. Er sah ihn nicht einmal an, sondern schenkte sich in aller Ruhe einen weiteren Whisky ein. Der wievielte es im Verlauf der letzten Stunden war, wußte er schon nicht mehr. Die Dinge waren ihm aus der Hand geglitten, das stimmte, aber er wußte weder wieso noch in welche Richtung.

Seit der Zerstörung des Pteranodons glaubte er längst nicht mehr daran, daß es sich nur um Sabotageakte handelte. Die einzige Erklärung, so verrückt sie auch anmutete, war tatsächlich, daß sich die Modelle selbst bewegt hatten. An übernatürliche Kräfte zu glauben, weigerte sich Sondstrup mit aller Beharrlichkeit.

Irgend jemand mußte einen anderen Weg gefunden haben, sie zu gezielten Bewegungen zu veranlassen. Irgend etwas Wesentliches hatte er bislang nicht bedacht, aber er kam einfach nicht darauf, was es war. Wenn sich die Folge der Vorfälle mit der bisherigen Schwere und besorgniserregenden Steigerung des Tempos

fortsetzte, würde dieses als Freizeitparadies geplante Projekt in einer Katastrophe untergehen.

„Wann startet das Flugzeug?" erkundigte sich Sondstrup gleichgültig.

„Leider erst heute abend um halb sechs."

„Dann lassen Sie mich solange in Ruhe. Noch ist das mein Büro. Also verschwinden Sie." Er wedelte mit der Hand, als wollte er eine lästige Fliege verscheuchen.

Dearks musterte ihn herablassend. „Es verbessert Ihre Situation nicht gerade, daß Sie sich in einer Lage wie dieser in den Alkohol flüchten." Er ging zur Tür, öffnete sie und erstarrte.

Draußen erklangen Schreie. Vereinzelt fielen Schüsse. Mit einem Satz war Sondstrup auf den Beinen, schob Dearks kurzerhand zur Seite und drängte sich an ihm vorbei. Entsetzt prallte er zurück. Für einen kurzen, schrecklichen Moment glaubte er, nun endgültig den Verstand verloren zu haben.

Die Giganten der Vorzeit waren zum Leben erwacht. Alle.

Ein Alptraum war Realität geworden. Der sorgsam aufgebaute Zykadeenwald in der Talsohle war kaum noch mehr als ein Trümmerfeld. Riesige schuppige Leiber schoben sich zwischen den künstlichen Pflanzen hindurch, die größten von ihnen walzten die Kunststoffbäume und -büsche einfach nieder. Die meisten der Arbeiter flohen in heller Panik. Ein paar Wachmänner schossen in schrecklicher Hilflosigkeit auf die heranstampfenden Modelle, ohne den Giganten etwas anhaben zu können.

Einige der Bauarbeiter bewiesen sogar die Kaltblütigkeit, sich den Sauriern mit ihren Fahrzeugen entgegenzustellen. Sondstrup sah, wie der Fahrer einer Planierraupe einen gut zwei Meter langen Ornitholestes, der auf seinen dünnen, absurd lang erscheinenden Beinen auf ihn zugestelzt kam, mit dem Schaufelblatt hochhob und aus der Höhe zu Boden stürzen ließ. Das Monster landete seitlich auf seinem Leib und bemühte sich, wieder auf die Beine zu kommen. Wuchtig ließ der Fahrer der Raupe das schwere Schaufelblatt auf den Ornitholestes niedersausen. Er wand sich und schlug mit den Armen und Beinen um sich, aber die Elektronik in seinem Inneren war wohl zu stark beschädigt.

Es konnte sich nicht um die Elektronik handeln, schoß es Sondstrup durch den Kopf. Eine Reaktion erforderte eigenständiges

Handeln, und die Grundvoraussetzung dafür war Intelligenz. Aber wie konnte eine Maschine Intelligenz entwickeln?

„Was . . ., was ist das?“ keuchte Dearks.

Sondstrup beachtete ihn nicht. Er sah, wie ein über fünf Meter langer Panoplosaurus, ein Panzersaurier aus der Familie der Nodosauriden, wie ein Rammbock auf die Planierraupe zustürmte, sich dabei sehr viel schneller bewegte als die einst lebenden Vorbilder des Modells. Er prallte seitlich gegen die Planierraupe und ließ das schwere Fahrzeug halb zur Seite kippen, bevor es in seine ursprüngliche Position zurückfiel. Der Fahrer wurde von seinem Sitz heruntergeschleudert. Er war entweder verletzt oder zu benommen, um sich vor dem Panoplosaurus in Sicherheit zu bringen. Der Saurier stampfte über den hilflos am Boden Liegenden hinweg.

„Sie . . . kommen auf uns zu!“ stieß Dearks hervor.

Auch Sondstrup erkannte es zu seinem Entsetzen. Die Sauriermodelle tobten wie wild umher, aber es war dennoch erkennbar, daß sie sich alle in der gleichen Richtung bewegten, auf die Barackensiedlung zu. Schwerfällig kamen bereits die ersten von ihnen den Hang heraufgestampft. Ein Triceratops, ein neun Meter großes Ungeheuer, das nur aus Panzerplatten und Hörnern zu bestehen schien; die scheinbar endlose Masse eines Phosbosuchus, des größten Krokodils, das jemals auf der Erde gelebt hatte, immer mehr und mehr hüpfender, kriechender und stapfender, in unvorstellbarer Wut brüllender Ungeheuer, die allen Naturgesetzen zum Trotz plötzlich zum Leben erwacht waren.

Die ersten der aus dem Urzeitwald fliehenden Arbeiter erreichten die Siedlung. Auch viele der Menschen, die gerade frei hatten, waren inzwischen von dem infernalischen Lärm ins Freie gelockt worden und starrten ungläubig und entsetzt auf das sich bietende Bild.

Hinter der Masse der Fliehenden wälzte sich wie ein apokalyptisches Bestiarium der Hölle die Flut der Saurier heran, beinahe hundert Ungeheuer in unterschiedlichsten Größen und Gestalten.

DIE STILLE in der kleinen Hütte war für Craigh nicht unangenehm, sondern vermittelte ihm ein Gefühl von Geborgenheit, von Ruhe. Unverwandt starrte er Morweyn an, und der greise

Aborigine erwiderte seinen Blick. Wie Craigh kaum anders vermutet hatte, handelte es sich um den alten Mann, den er bereits in seinen Visionen gesehen hatte. Beim Betreten der armseligen Hütte hatte er etwas sagen wollen, wenigstens einen Gruß, doch Nipper hatte ihm mit einer knappen Geste zu schweigen bedeutet.

Seither mochten mehrere Minuten vergangen sein, in denen sie Morweyn stumm gegenübersaßen. Eine Vielzahl von Fragen brannte Craigh auf der Zunge, aber er spürte, wie sich seine Ungeduld mit jedem Moment ein wenig mehr legte. Beim schwachen Schein der beiden Kerzen hatte er sich bislang kaum im Inneren des Raumes umgesehen. Craigh wußte, daß er hypnotisch beeinflußt wurde, doch er versuchte keinen Augenblick lang, sich dagegen zu wehren, sondern genoß das Gefühl der Ruhe, das ihn durchströmte.

Schließlich sagte Morweyn einige Worte in der Sprache der Aborigines.

„Er freut sich, daß Sie seinen Wunsch erfüllt haben und zu ihm gekommen sind", übersetzte Nipper. „Leider spricht er Ihre Sprache nicht, aber ich werde zwischen Ihnen vermitteln."

„Bitte sagen Sie ihm, wer ich bin und daß ich ein paar dringende Fragen an ihn –"

„Er weiß, wer Sie sind", unterbrach ihn Nipper. „Er sagt, er hätte Ihnen Träume geschickt. Sie wären zwar ein Weißer, aber Sie wären erstaunlich empfänglich für Botschaften der zweiten Welt."

Der greise Aborigine stand umständlich auf. Er trat an ein Regalbrett, auf dem eine Vielzahl von Töpfchen, Krügen und anderen Gefäßen aus Ton stand. Er nahm einen der kleinen Krüge und ein Schälchen und setzte sich wieder. Dann griff er nach einigen mit seltsamen Symbolen bemalten Steinen und legte sie zwischen sich und Craigh nieder. Er schloß die Augen bis auf einen winzigen Spalt. Nach einigen Sekunden begann er leise zu summen.

„Was soll das?" raunte Craigh seinem Begleiter zu. Ein Teil seiner Ruhe war verflogen, er begann sich unwohl zu fühlen.

„Seien Sie still", zischte Nipper ihm ebenso leise zu. „Versuchen Sie Ihren Verstand zu leeren, und hören und sehen Sie einfach."

Morweyn griff nach einem ebenfalls mit Symbolen verzierten

Stock, an dessen Ende weitere Hölzer befestigt waren. Er drehte ihn, so daß die Hölzer zu schwirren begannen und dabei einen seltsamen, an- und abschwellenden Ton erzeugten. Der Laut war durchdringend, erzeugte eine fremdartige Melodie. Ebenso wie die Kerzenflammen übte auch sie eine hypnotische Wirkung auf Craigh aus. Er merkte, wie seine Augenlider schwer wurden. Auch als Morweyn das Schwirrholz schließlich wieder zur Seite legte, glaubte Craigh, die Geräusche immer noch zu hören. Er wußte nicht mehr, wieviel Zeit verstrich. Sekunden und Minuten schienen jede Gültigkeit verloren zu haben.

Der greise Schamane öffnete das Gefäß, goß eine zähfließende, ölige Flüssigkeit in das Schälchen und reichte es Craigh. Der Reporter nahm es zögernd entgegen und betrachtete es. Er meinte Bewegungen wie von kleinen Tieren unter der öligen Oberfläche wahrzunehmen. Angeekelt wollte er das Schälchen auf den Boden stellen, doch Nipper ergriff seinen Arm und hinderte ihn daran, die Bewegung zu Ende zu führen

„Trinken Sie!“ sagte er scharf.

„Ich . . ., ich kann nicht“, preßte Craigh hervor. Sein Ekelgefühl verstärkte sich.

„Sie müssen! Es ist eine unglaubliche Ehre, die Morweyn Ihnen damit erweist. Sie wollen doch mehr über Ihre Träume erfahren. Der Trank wird Ihnen dabei helfen. Trinken Sie! Es ist völlig ungefährlich. Eine Mixtur aus Kräutern, die es Ihnen ermöglichen wird, an die Quelle Ihrer Träume zu gelangen.“

„Eine . . . Droge?“

„Zum Teil. Aber sie läßt sich nicht mit Ihren Drogen vergleichen. Trinken Sie jetzt endlich, oder Sie werden niemals etwas erfahren.“

Craigh rang mit sich. Widerwillig hob er das Gefäß und setzte es an seine Lippen. Mit einem entschlossenen Schluck leerte er das Schälchen. Die Flüssigkeit brannte in seinem Mund und seinem Hals, doch sie schmeckte nicht so widerlich, wie er befürchtet hatte, sondern erinnerte ein wenig an Kräutertee.

Craigh stellte das Schälchen auf den Boden zurück. Langsam veränderte sich sein Gefühl für den Raum. Die Perspektiven innerhalb der Hütte schienen zu verschwimmen; der kleine Raum erschien größer, die meisten Farben wurden allmählich intensiver.

Morweyn hörte auf zu summen und öffnete die Augen. „Sie brauchen keine Angst zu haben“, drang seine Stimme an Craighs Ohr. „Ihnen wird nichts geschehen.“

„Nipper hat doch gesagt, Sie sprechen unsere Sprache nicht.“

„Manchmal spreche ich sie und manchmal nicht. Und manchmal sprechen Sie die unsere. Ich wünschte, Sie wären bereits früher gekommen. Es ist fast schon zu spät.“

„Zu spät wofür?“

„Die Kreise überschneiden sich und löschen sich aus. Traum und Realität verschwimmen ineinander, und nur die stärkere Welt, die wahre, wird unbeschadet daraus hervorgehen. Die Welt der Träume.“

„Die Traumzeit.“ Es war keine Frage, sondern eine Feststellung, die Craigh traf. Er hatte das Gefühl, seine Umgebung klarer als jemals zuvor zu erkennen, als würde er sie nicht mit den Augen, sondern direkt mit seinem Bewußtsein in reiner, unverfälschter Form wahrnehmen. Er spürte eine Beziehung zwischen sich und allem um sich herum, empfand sich selbst als einen Teil der Welt und begann zu verstehen, was Nipper gemeint hatte, als er über die Unvollkommenheit der Sprache gesprochen hatte, die Welt allumfassend in Worte zu kleiden.

„Die Traumzeit“, bestätigte Morweyn. „Wenigstens eine ihrer ersten Stufen. Nur wenige Weiße haben bislang eine solche Erfahrung gemacht.“

„Was hat mein Traum zu bedeuten?“ wollte Craigh wissen.

„Sie sind es, der die alte Ordnung zerstört.“ Morweyn verrückte langsam einen der Steine vor sich. „Als dieser Park gebaut wurde, wußte ich, daß Sie kommen würden. Es war nur eine Frage der Zeit. Sie sind stärker in alles verstrickt, was hier vorgeht, als Ihnen bewußt ist. Ihre Vorfahren waren Engländer, nicht wahr? Ebenso wie die Ahnen von Nippers Freund Charles aus England stammen. Auch er trägt etwas von Ihrem Blut in sich, aber in wesentlich schwächerer Form. Sein Erscheinen hier reichte jedoch aus, die Wirklichkeit Ihrer Welt erstmals zu erschüttern, aber es war nur eine leichte Erschütterung.“

„Der Pterodaktylus“, sagte Craigh. „Es war Wirklichkeit, was ich geträumt habe, nicht wahr?“

„Nein.“ Morweyn schüttelte leicht den Kopf. „Etwas aus der

Traumzeit hat von Ihrer Welt Besitz ergriffen. Am stärksten überschnitten sich diese Kreise, wenn Ihr bewußtes Denken eingeschränkt war. Entweder, wenn Sie geschlafen haben, oder wenn Ihre Gefühle stärker als Ihr Verstand waren."

Craigh erinnerte sich, daß er die Vision im Schlaf gehabt hatte und der bislang schwerste Angriff der Saurier stattgefunden hatte, während er sich mit Betty in der Duschbaracke geliebt hatte, wobei er sich zweifellos in einer starken emotionalen Erregung befunden hatte. Er zögerte ein paar Sekunden lang. „Nach dem, was ich bislang über Ihre Traumzeit gehört habe, scheint sie doch keine böse Welt zu sein. Warum also bringen diese Träume gerade Tod und Vernichtung? Warum sind es gerade diese Träume anstelle von Träumen einer Idylle? Die wären doch ebensogut möglich."

Diesmal war es Morweyn, der sich mit der Antwort Zeit ließ. „Sie haben recht", sagte er schließlich. „Träume könnten etwas zum Schönen wie zum Zerstörerischen hin verändern, und es gibt einen Grund, warum es nur die Träume von Zerstörung sind, die über Ihre Welt hereinbrechen. Aber es hätte wenig Sinn, es Ihnen mit Worten zu erklären. Doch wenn Sie es wirklich wollen, dann folgen Sie mir."

Craigh wurde sich bewußt, daß er wieder in der Lage war, sich zu bewegen. Er stand auf. Als er sich umblickte, sah er seinen eigenen Körper immer noch auf dem Boden sitzen, doch erschreckte ihn der Anblick nicht. Er folgte Morweyn, der bereits aus der Hütte ging.

Professor Sondstrup überwand seine Erstarrung, kurz bevor die ersten Saurier die kleine Arbeitersiedlung erreichten. Er zog den immer noch wie gelähmt starrenden Dearks kurzerhand mit sich.

Die Menschen rannten in wilder Panik schreiend durcheinander. Die Schreie gingen im Schnauben und Brüllen der Giganten fast unter. Die Erde zitterte unter den Fußtritten der heranstürmenden Kolosse.

Metall zerriß kreischend, und Holz barst, als der riesige Brachiosaurus, der mit seinen gut zwanzig Meter Länge und über zehn Meter Höhe vermutlich das größte Landtier war, das es je gegeben hatte, seinem Namen alle Ehre machte und mit brachialer Gewalt an der Spitze der grauenhaften Schar in das Dorf stürmte. Unter seinen riesigen trampelnden Füßen verwandelte sich eine der Wellblechhütten in einen Haufen formlosen Schrott. Er blieb stehen, trat nach den zerfetzten Blechteilen zwischen seinen säulenartigen Beinen und stieß ein ungeheures Brüllen aus. Flammen leckten zwischen den Trümmern hervor, schlugen nach seinen gepanzerten Beinen und fanden irgendwo in den zermalmten Überresten des Gebäudes neue Nahrung. Für ein, zwei Sekunden war der Unterleib der Echse in hoch auflodernde Stichflammen gehüllt. Aber die Hitze schien den Giganten nur zu neuer Wut anzustacheln. Er machte einen plumpen, tapsenden Schritt, der ihn fast fünf Meter weit vorantrug, und zermalmte mit einem wütenden Schwanzhieb ein weiteres Gebäude.

Als wäre dies ein allgemeines Angriffssignal gewesen, stürzte sich gleich darauf die gesamte Horde der Urzeitbestien auf die Siedlung.

Betty war von dem Lärm aus einem leichten Schlummer gerissen worden und aus dem Bett gesprungen. Für einige Sekunden war auch sie von dem grauenhaften Anblick wie gelähmt gewesen, aber sie gewann ihre Fassung rasch wieder. So schnell sie konnte, schlüpfte sie in eine Hose und streifte ihre Sandalen über, dann stürmte sie aus der Hütte – geradewegs hinein in die Hölle.

Das Brüllen und Fauchen der Bestien hallte über die Siedlung, und überall loderten Brände auf. Während die großen Echsen einfach über die Baracken hinwegtrampelten und das Stahlblech wie Papier zermalmten, brach die Mehrzahl der kleineren Monster wie eine Horde leibhaftiger Teufel über die Siedlung und ihre Bewohner herein. Ein paar beherzte Männer versuchten sich den Bestien entgegenzuwerfen, aber gegen die stählernen, unverwundbaren Leiber der Saurier hatten sie keine Chance. Zwei, drei Männer stürzten sich in einem verzweifelten Versuch, das Grauen aufzuhalten, auf einen anderthalb Meter großen Saurier. Die Klauen des Ungeheuers zischten durch die Luft und hinterließen eine Spur des Todes. Ein Wagen stürzte wie ein Spielzeug um und explodierte, als ihn der Schwanzhieb eines der großen Reptilien traf.

Betty entdeckte Sondstrup ein Stück entfernt. Zusammen mit einer Gruppe von Wachmännern versuchte er, die blindlings durcheinanderrennenden Menschen aufzuhalten und einen wenigstens in Ansätzen geordneten Rückzug zu organisieren. Er brüllte Befehle und gestikulierte wild mit den Armen. Betty rannte zu der Gruppe um Sondstrup hinüber. Der Professor hatte inzwischen die Hilflosigkeit seiner Bemühungen erkannt, die Saurier aufzuhalten. „Wir müssen fliehen!" brüllte er und deutete auf die Rohbauten der Hotels, die hinter der Siedlung in die Höhe wuchsen. „Wenn wir es bis dahin schaffen, haben wir eine kleine Chance!"

Es wurde zu einem Wettlauf mit dem Tod, und nicht alle gewannen ihn.

Es war anders als alles, was Craigh jemals erlebt hatte, und so sehr ihn die Fremdartigkeit auf der einen Seite faszinierte, so sehr erfüllte sie ihn auf der anderen auch mit Angst. Und er begriff, warum ihn Morweyn gewarnt hatte.

Diesmal handelte er bewußt innerhalb eines Traumes. Daran, daß es sich um einen Traum handelte, gab es keinen Zweifel. Craigh hatte sich ein paarmal kräftig gekniffen, ohne davon aufzuwachen, obwohl er den Schmerz deutlich gespürt hatte. Er wußte, daß sein Körper immer noch in der Hütte saß, aber er merkte den Unterschied nicht. Innerhalb dieser Traumumgebung war seine gegenwärtige Erscheinungsform völlig real, und das war eine so neuartige Erfahrung, daß er sie nur mit Mühe verkraften konnte.

Die kleine Siedlung der Aborigines war verschwunden gewesen, als er hinter Morweyn aus der Hütte getreten war, und als er nach einigen Schritten zurückgeblickt hatte, war auch die Hütte selbst nicht mehr zu entdecken gewesen. Um ihn und Morweyn herum erstreckte sich nur Wüste, so weit das Auge reichte. Sie stiegen Sandhügel hinauf und durchquerten Dünentäler, und obwohl der Boden unter ihren Füßen weich und nachgiebig war und sie bei jedem Schritt bis fast zu den Knöcheln im Sand einsanken, bereitete das Gehen Craigh keine Mühe.

In der Ferne entdeckte er schließlich eine Vielzahl dunkler Punkte, womöglich Reiter. Ohne nachzudenken, wollte er sich in diese Richtung wenden, aber Morweyn hielt ihn zurück. „Wir werden ihnen begegnen“, sagte er. „Aber unser Ziel liegt woanders.“ Ohne sich um seinen Begleiter zu kümmern, ging er in der entgegengesetzten Richtung weiter. Craigh folgte ihm.

Er konnte nicht sagen, wie lange sie unterwegs gewesen waren, bis sie schließlich eine Felsgruppe erreichten, die ihm vage bekannt vorkam. Morweyn trat durch einen Spalt zwischen den Felsen. Dahinter erstreckte sich ein schmaler, niedriger Stollen. Grob behauene Stufen führten in die Tiefe.

„Wohin bringen Sie mich?“ fragte Craigh beklommen.

„An einen geheimen Ort“, erwiderte Morweyn. „Einen heiligen Ort.“

„Ich habe diese Felsen schon einmal gesehen. Wir befinden uns auf dem Gelände des Parks.“

„Eines Tages wird hier der Park errichtet werden“, verbesserte Morweyn.

„Wollen Sie sagen, daß wir uns in der Vergangenheit befinden?“

„Gestern und heute spielen im Traum keine Rolle“, erklärte der Aborigine. „Im Traum ist die Zeit bedeutungslos. Sie werden erleben, was vor langer Zeit geschah. Heute. Jetzt. Sie werden der erste weiße Mann sein, der diesen Ort betritt, wenn auch nur in dieser besonderen Form.“

„Die Droge“, murmelte Craigh. „Es liegt alles an dem Gebräu, das Sie mir zu trinken gegeben haben, nicht wahr? All das passiert nicht wirklich, ich bilde es mir nur ein. Es ist –“

„Ein Traum“, fiel ihm Morweyn ins Wort. „Und der Trank hat Ihnen geholfen, den Zugang dazu zu finden, mehr nicht. Die Vergangenheit ist nicht weniger real als die Gegenwart. Hier liegt der Schlüssel für alles, was Ihnen unverständlich erscheint. Wenn Sie gesehen haben, was ich Ihnen zeigen werde, werden Sie begreifen, was in Ihrer Zeit geschieht und warum Sie der Auslöser dafür sind. Kommen Sie jetzt.“

Craigh folgte ihm die Stufen hinunter, und sie gelangten in eine von Fackeln erleuchtete Höhle, deren Ausmaße er nur schwer schätzen konnte, da sich vor seinen Augen immer noch die Perspektiven verschoben. Fast zweihundert Aborigines hielten sich in der Höhle auf, Frauen und Männer aller Altersgruppen, auch

Kinder und Greise. Die meisten der erwachsenen Männer hatten komplizierte Muster und Symbole mit weißer Farbe auf ihre Gesichter gemalt, so daß ihre Züge kaum noch zu erkennen waren.

Craigh ließ seinen Blick über die Menschen gleiten, während sie ihn nicht beachteten. „Wer sind diese Leute?" fragte er. „Ihr Stamm?"

Morweyn schüttelte den Kopf. „Schatten der Vergangenheit", antwortete er. „Die Menschen sind seit langem tot. Sie sind einst hierher geflohen, um hier Schutz zu finden."

„Schutz wovor?"

„Vergessen Sie nicht, Sie werden Zeuge von etwas sein, das sich vor langer Zeit ereignete", erinnerte Morweyn anstelle einer Antwort. „Niemand hier kann uns sehen oder hören, und es gibt keine Möglichkeit, in das Geschehen einzugreifen. Wir sind nur unbeteiligte Beobachter, was auch immer geschieht."

„Zweihundert Jahre", murmelte Craigh. „Damals fanden gerade die heftigsten Kämpfe der Briten gegen die Aborigines statt. Meine Familie stammt aus England. Einer meiner Vorfahren hat damals an den Kämpfen teilgenommen und sich durch besondere Tapferkeit ausgezeichnet. Wahrscheinlich der einzige Held, den meine Familie je hervorgebracht hat. Mein Großvater erzählte mir oft von ihm, als ich noch ein Kind war. Er hoffte wohl, daß ich mir ein Beispiel daran nehmen würde."

Morweyn führte ihn durch die Höhle. Einige der Aborigines waren ihm so nahe, daß Craigh nur den Arm auszustrecken brauchte, um sie zu berühren, doch er schreckte instinktiv davor zurück.

Zusammen mit seinem Begleiter näherte er sich einer Gruppe von Männern, in deren Mitte ein alter Mann saß, der ihn vage an Morweyn erinnerte und der wie dieser ein Schamane zu sein schien. Der Greis hantierte mit Steinen, auf die ähnliche Symbole gemalt waren, wie Craigh sie auf den Steinen in Morweyns Hütte gesehen hatte. Der Schamane strich mit den Fingern darüber und legte sie in immer neuer Anordnung vor sich hin, bis er plötzlich aufschaute und Craigh anblickte. Der Schamane starrte ihn direkt an, und für einen Moment hatte Craigh das fast sichere Gefühl, daß der alte Mann ihn im Gegensatz zu den anderen sehen konnte. Mehrere Sekunden lang kreuzten sich ihre Blicke, dann wandte Craigh den Kopf zur Seite. Er wollte Morweyn fragen, wer der Mann war, doch er kam nicht mehr dazu.

Vom Eingang her ertönten plötzlich Geräusche. Gebrüllte Befehle waren zu hören, dann der Lärm von harten Stiefelabsätzen auf der Treppe. Ein ängstliches Raunen ging durch die Reihen der versammelten Aborigines. Furchtsam klammerten sich einige der Menschen aneinander.

„Sie kommen", sagte Morweyn leise. Craigh wußte, daß es sich um die Reiter handelte, die sie vorhin gesehen hatten.

„Wie haben sie dieses Versteck gefunden?" fragte er.

„Sie haben Gefangene gemacht. Einer von ihnen hat es ihnen als Preis für sein Leben verraten."

Die ersten britischen Soldaten, gekleidet in rote Uniformjacken, weiße Hosen und bis über die Knie reichende Lederstiefel, erschienen im Eingang der Höhle. Sie hielten Gewehre in den Händen, die sie auf die Eingeborenen richteten. Die vordersten Aborigines wichen furchterfüllt vor ihnen zurück. Mehr und mehr Soldaten drangen in die Höhle ein, bis es schließlich fast drei Dutzend waren. Befehligt wurden sie von einem schnauzbärtigen, nicht einmal unsympathisch wirkenden Mann, dessen Aussehen Craigh vage bekannt vorkam.

Totenstille hatte sich in der Höhle ausgebreitet. Die Sekunden schienen sich zu Ewigkeiten zu dehnen. Der bärtige Offizier ließ seinen Blick über die Aborigines wandern. Auch er selbst hielt ein Gewehr in den Händen. Einige der Soldaten warfen ihm bereits nervöse und zum Teil ungeduldige Blicke zu. „Sie müssen den Befehl geben", raunte ein rangniedrigerer Offizier ihm zu. Er bekam keine Antwort. „Sir? Hören Sie, was ich sage, Colonel Ellison?"

Mit einemmal wußte Craigh, woher ihm das Gesicht bekannt vorkam. Colonel Robert Ellison war der Vorfahr, von dem sein Großvater ihm früher erzählt hatte, der in Australien so hoch dekorierte Kriegsheld. Nun mußte Craigh miterleben, daß ihm die Auszeichnungen für das Abschlachten wehrloser Menschen verliehen worden waren. Nur langsam sickerte die ganze schreckliche Wahrheit in sein Bewußtsein.

„Feuer!" befahl Colonel Ellison. Er legte selbst auf einen Mann an und drückte ab. Auch die anderen Soldaten begannen zu schießen. Die Schüsse dröhnten in der Felshöhle wie Kanonendonner. Zahlreiche Aborigines brachen tot zusammen. Schreie ertönten. Ungerührt luden die Soldaten nach und schossen erneut.

Craigh wandte den Blick ab. Er spürte, wie Übelkeit in ihm aufstieg, und ihm wurde schwindelig. Fast blindlings taumelte er in Richtung des Ausgangs. Der Pulverrauch brannte in seinen Augen und seiner Lunge. Er war fast taub vom Donnern der Schüsse.

Irgendwie schaffte er es, die Treppe zu erreichen und die Stufen hinaufzuwanken. Die frische Luft half ihm, seine Übelkeit niederzuringen, und er atmete ein paarmal tief durch.

Um ihn herum befanden sich weitere Soldaten. Es mußten Hunderte sein. Die meisten waren aus den Sätteln ihrer Pferde gestiegen, saßen oder standen in Gruppen beieinander, unterhielten sich und scherzten. Das Massaker, das sich in der Höhle abspielte, schien sie völlig unberührt zu lassen; vielleicht nur, weil sie es nicht selbst sahen, vielleicht aber auch, weil sie schon so abgestumpft waren. Keiner von ihnen nahm Craigh wahr.

Morweyn kam ebenfalls aus der Höhle heraus und legte Craigh mitfühlend die Hand auf die Schulter.

„Ihr Befehlshaber . . ., er war mein Vorfahr", preßte Craigh hervor.

Morweyn nickte. „Und durch ihn wurde dieser heilige Ort entweiht", erklärte er. „Dadurch, daß ihr Blut gerade hier vergossen wurde, sind die Mauern zwischen Ihrer Welt und der Traumzeit brüchig geworden, und in unserer Zeit brechen sie nun vollends. Die Träume von Leid und Schmerz und Tod werden real." Das Schießen in der Höhle hatte aufgehört, die Soldaten kamen nacheinander heraus. Manche waren blaß im Gesicht, offensichtlich waren sie doch nicht völlig abgestumpft.

„Verschließt den Eingang!" befahl Colonel Ellison.

Einige Soldaten wuchteten einen gut mannsgroßen Felsbrocken vor den Zugang. Er paßte so genau vor die Öffnung und verschloß sie so vollständig, daß Craigh vermutete, daß er auch vorher schon von den Aborigines dazu benutzt worden war, ihr Heiligtum vor einer zufälligen Entdeckung zu schützen.

„Ganze Abteilung aufsitzen!"

Die Soldaten kehrten zu ihren Pferden zurück und stiegen in die Sättel. In leichtem Trab ritten sie davon, als ob nichts gewesen wäre.

Craigh sah ihnen nach, bis nur noch eine Wolke von aufgewirbeltem Sand und Staub von ihnen zu erkennen war, dann ließ er seinen Blick zu dem verschlossenen Höhleneingang wandern.

Er wußte, daß er die Bilder dieses Massakers für den Rest seines Lebens nicht mehr vergessen würde. „Niemand weiß bis heute, was hier geschehen ist. Und mein Vorfahr, der große Held, von dem man mir als Kind immer vorgeschwärmt hat, trägt für alles die Verantwortung!“ Craigh konnte es einfach nicht fassen.

Morweyn blickte ihn einige Sekunden lang stumm an, dann senkte er den Kopf. „Sie sind nicht der einzige, der eine schwere Last zu tragen hat, die seine Ahnen ihm aufgebürdet haben“, sagte er mit brüchiger Stimme. „Ich habe schon erwähnt, daß es einen Verräter gegeben hat, der den Soldaten erzählt hat, wo sich diese Höhle befindet. Er war eines der ganz wenigen Stammesmitglieder, die das Massaker überlebt haben. Die Geister der Traumzeit vergaben ihm, und später wurde er von einem anderen Stamm aufgenommen. Um von seiner Schuld geläutert zu werden, wurde er zu einem Schamanen, so wie sein Sohn und dessen Sohn. So wie Colonel Ellison ein Vorfahr von Ihnen war, so stamme ich von diesem Verräter ab.“

Rasch wandte er sich um und stapfte mit weit ausholenden Schritten davon. Craigh mußte sich beeilen, um mit ihm mitzuhalten. Nach einer Zeit, die ebensogut Minuten wie auch Stunden gedauert haben konnte, erreichten sie wieder die armselige Hütte des Schamanen. Ihre Traumreise hatte ein Ende gefunden.

Sie hatten fast eine halbe Stunde gebraucht, das Hotel zu erreichen. Sechs von ihnen waren während der Flucht von den Bestien eingeholt und getötet worden, und daß überhaupt so vielen die Flucht gelungen war, lag nur daran, daß die Saurier es nicht in erster Linie auf sie abgesehen zu haben schienen, sondern einen blindwütigen Vernichtungstrieb auslebten, statt sie gezielt zu verfolgen. Die Ungeheuer zerstörten, was immer sie fanden; ob es sich um Unterkünfte, Maschinen oder Menschen handelte, schien ihnen gleichgültig zu sein. Die Barackensiedlung war praktisch dem Erdboden gleichgemacht oder ein Raub der Flammen geworden. Und auf dem übrigen Gelände des Parks sah es nicht viel besser aus.

„Gibt es denn absolut keine Möglichkeit, Hilfe herbeizurufen?" erkundigte sich Betty bei Sondstrup.

Er zuckte resignierend mit den Schultern. „Glauben Sie mir, seit Stunden denke ich über kaum etwas anderes nach. Aber die Telefonstation wurde vernichtet. Für Notfälle befand sich dort auch noch ein Funkgerät mit großer Reichweite, doch es dürfte mit Sicherheit ebenfalls zerstört sein. Und außerdem", er warf einen Blick in Richtung der glaslosen Fensteröffnungen, „wollen Sie hingehen und nachsehen?"

Betty schwieg. Natürlich hatte Sondstrup recht, aber das machte es nicht weniger bedrückend. Es wäre Selbstmord gewesen, das Hotel zu verlassen. Wenn sie hierblieben, hatten sie wenigstens noch eine kleine Chance. Craigh war nun schon seit Stunden weg. Sobald er bemerkte, was hier los war, konnte er die Polizei benachrichtigen. Betty weigerte sich, die Möglichkeit ins Auge zu fassen, daß Craigh möglicherweise ebenfalls schon ein Opfer der Bestien geworden war.

Sie hatten sich in einem Seitenflügel im sechsten Stock des Rohbaus verschanzt, hoch genug, daß nicht einmal die großen Saurier ihnen hier etwas anhaben konnten. Im Gegensatz zu den provisorischen Baracken der kleinen Siedlung war der gewaltige Hotelkomplex auch massiv genug, um selbst dem Ansturm der Giganten trotzen zu können. Einige der Ungeheuer hatten es versucht, es aber bald wieder aufgegeben. Dabei waren die künstliche Haut des gewaltigen Triceratops, der einige Male wie ein Rammbock gegen die Grundmauern gerannt war, aufgeplatzt, seine Hörner abgebrochen und seine Nackengelenke offenbar aus den Halterungen gesprungen, denn sein Schädel stand im falschen Winkel vom übrigen Körper ab. Ziellos stapfte das riesige Ungeheuer hin und her, hatte offenbar jede Orientierung verloren. Immer wieder prallte es gegen ein Hindernis, und einige der kleinen Sauriermodelle waren unter seinen säulenartigen Beinen zerquetscht worden. Schließlich stürzte die Bestie zur Seite. Funken sprühten aus gerissenen Kabeln in ihrem Nacken, dann blieb der Triceratops reglos liegen.

„Ich glaube nicht, daß Wellers die Nacht überlebt, wenn er nicht schnellstens in ein Krankenhaus gebracht wird", sagte Dr. Wenderworth, der neben Sondstrup getreten war. Wellers war einer der Bauarbeiter. Ein kleinerer Saurier hatte ihn kurz vor dem rettenden Eingang des Hotels erwischt und ihm mit seinen Klauen schlimme Verletzungen zugefügt. „Ich habe die Blutungen stoppen können, aber die Wunden sind zu schlimm, und er hat bereits zuviel Blut verloren."

„Versuchen Sie, was Sie können."

Betty trat an eines der Fenster. In der hereinbrechenden Dämmerung sah die Schar der Monster, die das Hotel belagerten, noch bedrohlicher aus als zuvor. Sie wußte, daß die Sicherheit, die ihnen das Hotel bot, nur relativ war. Die Eingänge waren zu klein für die großen Saurier, aber es gab noch keine Türen in dem Rohbau, und zumindest die kleinen Modelle konnten mühelos eindringen. Es war nur eine Frage der Zeit, bis sie den Weg zu ihnen fanden.

Der Brachiosaurus trat mit einem mächtigen Schritt näher an das Gebäude heran, stieß ein durchdringendes Brüllen aus und schnappte nach ihr. Obwohl selbst die gigantische Bestie nicht zu ihr heraufreichte, zuckte Betty unwillkürlich zurück.

Einer der Wachmänner gab von einem benachbarten Fenster aus einen Schuß ab. Er hatte auf eines der Augen des Brachiosaurus gezielt, doch er verfehlte sein Ziel um eine Winzigkeit. Ein direkter Treffer ins Auge konnte die Elektronik der Modelle im günstigsten Falle lahmlegen. Bei einigen der Saurier war ihnen dies bereits gelungen, doch sie besaßen zuwenig Munition, um sämtliche Angreifer auf diese Art ausschalten zu können.

„Verdammt, was soll das?" blaffte Sondstrup den Mann an. „Ich habe Befehl gegeben, nicht zu schießen. Jede einzelne Kugel kann noch wichtig sein! Der Brachiosaurus stellt für uns zur Zeit keine Gefahr dar."

„Jetzt nicht, aber falls wir aus dem Hotel fliehen müssen, wird –"

„Halten Sie den Mund!" befahl Sondstrup scharf. „Wir werden hier die Stellung halten, bis Hilfe eintrifft. Mit solchem Gerede machen Sie nur die Leute verrückt."

„Lassen Sie ihn doch in Ruhe", mischte sich Dearks ein. Der Manager kauerte fast apathisch in einer Ecke des Raumes und hatte seit ihrer Flucht kaum ein Wort gesagt. Seine Hände zitterten, und in seinen Augen glitzerte eine Spur beginnenden Wahnsinns. Von ihnen allen verkraftete er das Geschehen am schlechtesten. „Wir sollten diese . . ., diese Dinger abknallen. Alle!“

Sondstrup ignorierte Dearks einfach, und nach einigen Sekunden ließ dieser den Kopf wieder nach vorne sinken und fuhr fort, erfolglos darüber nachzugrübeln, wie das Unmögliche möglich geworden sein konnte.

In den vergangenen Stunden hatte Sondstrup mit größter Selbstverständlichkeit wieder das Kommando übernommen. Der Schock schien ihn schlagartig ernüchtert zu haben, und er bewies ein beachtliches Organisationstalent. Um ihre Panik niederzuringen, brauchten die meisten Menschen in Situationen wie dieser jemanden, der ihnen klipp und klar sagte, was sie zu tun hatten. Sondstrup hatte diese Karte meisterhaft ausgespielt. Er hatte dafür gesorgt, daß ihre Verteidigung so optimal war, wie es unter den gegebenen Umständen zu schaffen war.

Es gab nur zwei Zugänge zu diesem Flügel des Hotels, einen breiten Korridor und eine schmale Feuertreppe. Die Feuertreppe hatte Sondstrup zumauern lassen. Es würde mindestens bis zum nächsten Morgen dauern, bis der Fertigzement vollends gehärtet sein würde, so daß die Mauer momentan keinen völligen Schutz bot, aber Sondstrup hoffte darauf, daß sie zumindest die Modelle, die klein genug waren, die enge Feuertreppe heraufzuklettern, aufhalten würde.

Der andere Korridor war zu breit, um ihn ebenfalls einfach zuzumauern. Statt dessen hatten sie diesen Weg durch mehrere Barrikaden aus Schutt, Steinen, Balken und anderen Baumaterialien blockiert. Die erste und stabilste dieser Blockaden hatten sie bereits ein Stockwerk tiefer im Treppenhaus errichtet, um dort die Saurier aufzuhalten. Mehrere der Ungeheuer waren bereits dagegen angerannt, ohne sie wegräumen zu können, und daraufhin weitergezogen.

Die nächste, nicht ganz mannshohe Barrikade befand sich in ihrem Stockwerk im Durchgang vom Treppenhaus zum Korridor. Sollten die Bestien die Treppe heraufkommen, würden die Wachmänner sie hier unter Beschuß nehmen. Die letzte, vorläufig noch nicht ganz geschlossene Barrikade schließlich hatten sie unmittelbar im Türdurchgang des großen Aufenthaltsraumes, in dem sich die meisten von ihnen befanden, errichtet. Sollte auch diese fallen . . .

Betty führte den Gedanken nicht zu Ende. Sie blickte sich in dem Raum um. Im flackernden Licht von Fackeln sah sie in den Gesichtern der Menschen Angst, Entsetzen und zum Teil kaum noch zu bändigende Panik, nur in ganz wenigen noch Hoffnung.

Das Poltern von Steinen ertönte aus dem Korridor, gleich darauf drang ein Bersten an ihre Ohren.

„Sie haben die Sperre durchbrochen!" vernahm sie den entsetzten Ruf eines Mannes.

Die Zeit des Wartens war vorbei. Der Kampf ums Überleben trat in die letzte und entscheidende Phase.

DAS ERWACHEN hatte nichts mit dem Aufwachen aus einem normalen Schlaf zu tun. So einfach, wie Craigh mit seinem Traumkörper aufgestanden und weggegangen war, so einfach setzte er sich nun wieder hin und wurde erneut eins mit seinem Körper. Neben ihm saß Nipper noch immer bewegungslos im Schneidersitz auf dem Boden. Es war nur ein Traum gewesen, und dennoch zweifelte Craigh nicht daran, daß sich alles genauso zugetragen hatte, so wenig, wie er noch daran zweifelte, daß dem Piloten genau das zugestoßen war, was er in seiner Vision vom Vortag miterlebt hatte.

„Sie wissen nun, was geschehen ist", sagte Morweyn und zeigte damit, daß der Traum immer noch nicht ganz vorüber war, sonst hätte ihn Craigh nicht verstehen können. „Ihr Vorfahr hat einen heiligen Ort mit Blut entweiht und damit das Gefüge von Zeit und Raum erschüttert. Sie dürfen sich keine Vorwürfe machen. Es war unausweichlich. Richten Sie Ihr Denken nicht in die Vergangenheit, sondern auf die Gegenwart und in die Zukunft. Sie müssen die Schuld einlösen, die Ihr Vorfahr auf sich geladen hat. Das ist der einzige Weg."

„Dann sagen Sie mir, was ich zu tun habe", verlangte Craigh, doch Morweyn schüttelte nur den Kopf.

„Der Weg liegt vor Ihnen", behauptete er. „Aber Sie müssen ihn allein finden und gehen. Meine Aufgabe ist damit erfüllt. Alles

Weitere betrifft nur noch Sie allein. Der Kreis muß geschlossen werden."

Nipper, der bislang regungslos neben ihm gesessen hatte, blickte auf und musterte Craigh fragend. „Nun? Haben Sie die Antworten gefunden, die Sie gesucht haben?"

Craigh nickte geistesabwesend. „Ich . . . erzähle es Ihnen später", antwortete er ausweichend.

Morweyn sagte etwas in seiner Heimatsprache. „Er möchte, daß Sie jetzt gehen", übersetzte Nipper. „Sie müßten sich beeilen. Ihnen bleibe nicht mehr viel Zeit, um das zu tun, was getan werden müsse."

Craigh stand abrupt auf, als er begriff, daß er von Morweyn nichts mehr erfahren würde. „Ich fahre zurück zum Park", sagte er. „Kommen Sie mit?"

Nipper nickte. Craigh warf dem Schamanen einen letzten Blick zu und schlug das Tuch vor der Türöffnung zurück. Was immer Morweyn mit ihm getan hatte, es hatte lange gedauert. Die Dämmerung war bereits hereingebrochen.

Craigh stieg ins Auto ein und ließ den Motor an. Er wartete, bis Nipper eingestiegen war, dann gab er Gas. Instinktiv spürte er, daß Eile geboten war. Fast der ganze Tag war vergangen, ohne daß er wußte, was in der Zwischenzeit im Park vorgegangen war. Düstere Vorahnungen plagten ihn. Wenn Morweyn mit seinen Andeutungen recht behielt, stand eine Katastrophe unmittelbar bevor, aber er hatte keine Ahnung, was er dagegen unternehmen konnte. Er zündete sich eine Zigarette an und erzählte Nipper mit knappen Worten, was er in der Vision gesehen hatte.

„Das also war es", murmelte der junge Aborigine. „Niemand aus unserer Sippe wußte, was damals geschah. Einst waren wir ein mächtiger Stamm. Nicht groß, aber wir hatten mächtige Schutzgeister. Übriggeblieben ist davon nur die kleine Sippe. Die Nachkommen des Verräters, der die Weißen damals an den heiligen Ort führte und die unseren Stamm ausgelöscht haben – Sie sagten, Sie hätten die Felsen, unter denen die Höhle lag, im Park gesehen?"

„Ja. Jedenfalls bin ich mir ziemlich sicher. Und ich vermute, daß ich dorthin gehen soll. Aber ich habe keine Ahnung, was ich dort tun soll!"

„Ich bin sicher, Sie werden es wissen, wenn Sie erst einmal dort sind", sagte Nipper. „Morweyn hätte Ihnen geholfen, wenn es in seiner Macht stünde. Wenn er sagt, daß Sie Ihren Weg allein gehen müssen, dann hat er gute Gründe dafür."

Craigh antwortete nicht. Er hatte den äußeren Zaun erreicht und mußte bremsen. Das Tor war verschlossen, aber von einem Wachposten war weit und breit nichts zu entdecken, was ihm sehr merkwürdig erschien. Sein ungutes Gefühl verstärkte sich, als er ausstieg, um das Tor zu öffnen, und er bemerkte, daß es nur angelehnt war. Er öffnete es hastig ganz, stieg wieder in den Wagen und fuhr weiter.

Auch am zweiten Tor gab es keinen Wachposten. Der Öffnungsmechanismus jedoch ließ sich nur elektrisch betätigen. Craigh schwang sich über den Zaun und betrat das kleine Pförtnerhäuschen. Die Deckenlampe ging nicht an. Craigh leuchtete mit seinem Feuerzeug und drückte den Knopf für den Öffnungsmechanismus, doch es passierte nichts. Offenbar war der Strom ausgefallen. Craigh griff nach dem Telefonhörer. Die Leitung war tot.

Er kehrte zum Wagen zurück, ließ sich schwer auf den Fahrersitz fallen und legte die Hände auf das Lenkrad. „Strom und Telefon sind ausgefallen. Es muß etwas passiert sein." Nipper antwortete nicht, und nach einigen Sekunden schloß Craigh die Tür und legte den Sicherheitsgurt an. Er setzte mit dem Wagen ein Stück zurück. „Schnallen Sie sich ebenfalls an, und halten Sie sich gut fest", sagte er.

„Was haben Sie vor?"

„Irgendwie müssen wir ja schließlich durch das Tor kommen." Er gab Gas. Die Reifen drehten für einen Moment durch, dann schoß der Wagen mit einem Satz vorwärts. Craigh reizte den Motor zur äußersten Drehzahl aus und versuchte, seine Furcht zu unterdrücken. Das Tor sah nicht übermäßig massiv aus, doch im Unterschied zum Blech des Wagens bestand es aus Stahl.

Ein furchtbarer Schlag erschütterte den Wagen, als er das Tor rammte. Metall kreischte. Craigh wurde nach vorne geschleudert, und der Sicherheitsgurt schnitt in seine Brust, daß ihm die Luft aus den Lungen gepreßt wurde und er glaubte, seine Rippen würden zerquetscht. Aber seine Rechnung ging auf. Die Verriegelung des Tores zerbarst unter dem Aufprall mit lautem Knall, und die beiden

Flügel flogen auf; einer wurde sogar halb aus seiner Verankerung gerissen.

„O Mann, Sie müssen den Verstand verloren haben", stöhnte Nipper. Er betastete seine Brust, als wollte er sich vergewissern, daß nichts gebrochen war.

Wie durch ein Wunder brannte der linke Scheinwerfer noch. Craigh beschleunigte wieder, mußte jedoch gleich darauf bremsen, als er ein Hindernis auf der Straße entdeckte. Es schien sich um eine verkrümmte menschliche Gestalt zu handeln. Er stieg aus, näherte sich der Gestalt vorsichtig und umrundete sie.

Es handelte sich um einen Mann in mittlerem Alter, tot, sein Körper war schrecklich zugerichtet. Der Boden neben der Straße war aufgewühlt, aber deutlich waren die Spuren eines gewaltigen Tieres zu entdecken. Er brauchte sie nicht näher zu untersuchen, um zu sehen, von welchem Tier, zumindest welcher Art von Tier sie stammten. Der Ausfall von Strom und Telefon, die Tatsache, daß sich niemand um den Toten kümmerte, daß überhaupt nirgendwo ein Mensch zu sehen war – anscheinend hatte die Apokalypse bereits begonnen.

Und irgendwo hier im Park befand sich Betty . . .

Craigh fuhr an dem Leichnam vorbei und raste auf die Siedlung zu, vorbei an umgeworfenen oder sogar vollständig zerstörten Baufahrzeugen. Nirgendwo war Licht zu entdecken.

Die Siedlung sah aus, als hätte ein erbitterter Krieg getobt. Craigh sprang ins Freie. Fassungslos angesichts des Ausmaßes der Zerstörung blickte er sich um. Zahlreiche Tote lagen zwischen den Trümmern, die meisten genauso entsetzlich zugerichtet wie der Mann, den er zuvor gefunden hatte.

Craigh rannte auf die Baracke zu, die er sich mit Betty geteilt hatte. Angst und nacktes Entsetzen hatten sich wie ein stählerner Reif um seine Brust gelegt und schienen ihm die Luft abzuschnüren. In blinder Raserei packte er die Trümmerstücke, schleuderte sie zur Seite, schuftete wie ein Besessener. Splitter bohrten sich in seine Haut, und scharfe Kanten zerschnitten ihm die Hände, doch er bemerkte es nicht einmal. Erst als Nipper ihn schließlich von hinten umklammerte und ihm die Arme an den Körper preßte, kam er langsam wieder zur Besinnung. Sein Atem ging keuchend, und sein Puls raste.

„Ihre Begleiterin ist nicht hier", sagte Nipper eindringlich und ließ ihn los. „Wir müssen klaren Verstand bewahren. Es ist nicht gesagt, daß alle tot sind."

„Aber . . . wo können sie sein?" preßte Craigh keuchend hervor.

„Vielleicht konnten sie fliehen." Nipper blickte sich um, gleich darauf packte er Craigh aufgeregt am Arm. „Sehen Sie! Das Hochhaus dahinten!"

Craigh richtete seinen Blick auf den Rohbau, der sich wie ein zyklopischer Schatten etwa einen Kilometer entfernt gegen den Nachthimmel abhob. Irgendwo in den oberen Stockwerken brannte ein flackerndes Licht wie von Fackeln – ein deutliches Lebenszeichen! Neue Hoffnung durchpulste Craigh. Wenn es im ganzen Park einen Ort gab, der Schutz vor den offenbar in größerer Zahl zum Leben erwachten Ungeheuern bieten konnte, dann war es das riesige, noch im Bau befindliche Hotel.

„Wir müssen hin!" stieß er hervor. „Vielleicht ist auch Betty dort."

Er wollte zum Wagen zurücklaufen, doch Nipper verstellte ihm den Weg. „Verdammt, benutzen Sie endlich Ihren Kopf", blaffte er Craigh an. „Wollen Sie sich umbringen? Sehen Sie doch genauer hin!"

Craigh drehte sich widerwillig um und betrachtete das Hotel noch einmal genauer. Diesmal sah er auch die Bewegungen vor dem Hochhaus. Die gigantischen, sich bewegenden Umrisse vor dem Gebäude waren unverkennbar. Und es mußten viele sein.

„Sie . . ., sie belagern das Haus!" stieß er hervor, und im selben Moment begriff er, daß die Menschen dort vermutlich keine Möglichkeit mehr hatten, mit der Außenwelt Kontakt aufzunehmen.

„Ich muß Hilfe anfordern." Das Funkgerät war gegenwärtig die einzige Verbindung zur Außenwelt. Er nahm es aus dem Wagen, stellte es auf die Motorhaube und zog die Antenne an der Seite des Kastens heraus. Die Bedienung war denkbar einfach, da das Gerät nur auf einer Frequenz sendete und empfing. Er schaltete es ein, griff nach dem Mikrofon und drückte auf einen Knopf, der ein Sendesignal abstrahlte.

Es dauerte nur ein paar Sekunden, bis er Antwort bekam. Leech selbst war sofort am Apparat. „Sind Sie das endlich, Ellison? Ich warte schon seit Stunden auf eine Nachricht von Ihnen."

„Ich habe keine Zeit für Erklärungen", sprudelte Craigh hervor, ohne seine Gedanken vorher zu ordnen. „Hier im Park ist die Hölle los. Sie müssen sofort kommen! Und bringen Sie Verstärkung mit, am besten Hubschrauber. Wahrscheinlich müssen Sie die Menschen evakuieren. Es hat bereits zahlreiche Tote gegeben. Die Überlebenden haben sich offenbar in den Rohbau des Hotels geflüchtet."

„Verdammt, Ellison, wovon sprechen Sie überhaupt? Was ist geschehen?"

„Die Saurier. Sie sind zum Leben erwacht! Viele von ihnen, vielleicht sogar alle. Ich habe keine Ahnung, was genau passiert ist. Ich bin selbst gerade erst hier angekommen. Das Gelände ist völlig verwüstet. Es ist unmöglich, das zu beschreiben. Die Saurier belagern das Hotel, ich kann sie von hier aus sehen. Kommen Sie her, so schnell Sie können. Sie müssen die Leute aus dem Hotel holen."

„Wo genau sind Sie im Augenblick?"

Craigh kam nicht mehr zum Antworten. Neben ihm stieß Nipper einen erschrockenen Schrei aus. Craigh fuhr herum.

Voller Entsetzen starrte er auf die schwarzen, scherenschnittartigen Silhouetten von fünf, sechs der gigantischen Ungeheuer, die vom Hotel aus rasend schnell auf sie zugestapft kamen.

SONDSTRUP stürmte auf den Korridor, als die Hiobsbotschaft aus dem Treppenhaus ertönte. Betty folgte ihm. Einer der Wachmänner an der Türöffnung versuchte sie aufzuhalten, aber sie tauchte geschmeidig unter seinen Armen hindurch. Die Verbände, die sie noch immer trug, behinderten sie, und die hastige Bewegung ließ einen feurigen Schmerz durch ihre Brust zucken. Sie taumelte mehr durch die Türöffnung, als daß sie lief, aber sie erreichte den Korridor und hastete weiter zur ersten Barrikade. Acht Wachmänner waren mit angelegten Gewehren und Pistolen dahinter in Deckung gegangen.

Betty konnte einen Blick über die Barrikade werfen. Die Sperre im Treppenhaus war von den Sauriern inzwischen fast zur Hälfte niedergerissen worden. Mit ihren Klauen fetzten sie Balken und Steine zur Seite und vergrößerten rasend schnell die Öffnung.

„Zum Teufel, Sie haben hier nichts verloren!" rief Sondstrup.

Aber er kam nicht dazu, sich weiter um sie zu kümmern. Sie wußte, daß sie sich unvernünftig verhielt, aber immerhin ging es auch um ihr Leben. Es wäre ihr unmöglich gewesen, untätig in dem Aufenthaltsraum abzuwarten.

Einige der kleineren Saurier zwängten sich bereits durch den Durchbruch. Mit ungelenk wirkenden Bewegungen kamen sie die Treppe heraufgekrochen. Einige hoppelten fast wie Känguruhs. Ohne ihre Klauen und Reißzähne hätten sie fast possierlich aussehen können.

„Nicht schießen!" befahl Sondstrup. „Sie sind zu klein, um uns wirklich gefährlich werden zu können, und wir werden die Munition noch dringender brauchen. Treibt sie einfach so zurück!"

Die Wachmänner drehten ihre Gewehre um und schlugen mit den Kolben auf die Bestien ein. Die meisten von ihnen kippten nach hinten und stürzten die Treppe wieder hinab, wobei sie andere mit sich rissen. Bei einigen wurde die empfindliche Elektronik dabei so stark beschädigt, daß sie nicht wieder in die Höhe kamen.

Der Vormarsch der Ungeheuer geriet ins Stocken, aber eine kaum überschaubare Masse geschuppter oder stachelbewehrter, mit messerscharfen Klauen und Reißzähnen versehener Urzeitbestien drängte nach. Einige Minuten lang wogte der ungleiche Kampf hin und her. Immer häufiger gelang es jedoch den Sauriern, bis unmittelbar an die Barriere heranzukommen, bevor sie zurückgetrieben werden konnten, und oftmals klammerten sie sich dann an Steinen fest und rissen diese bei ihrem Sturz aus der Barriere heraus.

Einige der Bestien schafften es sogar, bis auf oder sogar über die Barriere zu springen. Sondstrup streckte eines der Ungeheuer, das Betty anspringen wollte, mit einem gezielten Schuß ins Auge nieder. Einer der Wachmänner hatte nicht soviel Glück wie sie. Eine fast nur aus langen Beinen bestehende Bestie wich einem Kolbenstoß aus und setzte mit einem Sprung über die Barriere. Mit ihren kleinen, wie verkümmert aussehenden Armen schlug sie nach dem Wachmann. Ihre Krallen rissen seine Uniform auf und fügten ihm schreckliche Wunden an der Brust zu. Gleich zwei der anderen Männer schlugen mit ihren Gewehren nach dem Saurier. Einer der Hiebe war so wuchtig, daß er die

Halsgelenke des Ungeheuers brechen ließ. Der Kopf baumelte haltlos am Rumpf herab. Reglos blieb der Saurier liegen.

Sondstrup sprang auf den verletzten Mann zu. „Fassen Sie mit an!" herrschte er Betty an. Gemeinsam trugen sie den Verletzten in den Aufenthaltsraum zurück. Wenderworth kam herbeigeeilt. „Und Sie bleiben jetzt hier, Miß Sanders!"

Er hastete zu der Barrikade zurück. Diesmal machte Betty gar nicht erst den Versuch, ihm zu folgen. Ehe sie nach dem Verletzten gegriffen hatte, hatte sie noch einen Blick über die Barrikade geworfen und gesehen, daß die Sperre ein Stockwerk tiefer inzwischen fast völlig von den Sauriern beiseite geräumt worden war. Auch größere Ungeheuer, manche mehr als mannshoch, kamen nun die Treppe heraufgestürmt und rannten gegen die Barriere an. Sie mit Schlägen und Stößen zurückdrängen zu wollen war aussichtslos. Schüsse donnerten durch das Treppenhaus. Der Pulverdampf war bis in den Aufenthaltsraum zu riechen.

Betty sah einige Sekunden lang zu, wie Wenderworth sich bemühte, die Blutungen des Verletzten mit Tüchern zu stillen, dann konnte sie den Anblick der gräßlichen Wunden und des vielen Blutes nicht mehr ertragen. Sie hatte das Gefühl, kaum noch Luft zu bekommen, und trat an eine der Fensteröffnungen. Immer noch hielten sich vor dem Hotel zahlreiche der großen Saurier auf, die zu unförmig waren, in das Gebäude selbst einzudringen, aber nun kam Unruhe in die Bewegungen der Bestien. Mehrere der Giganten, an ihrer Spitze der gewaltige Brachiosaurus, wandten sich um und stapften davon. Noch schienen sie unentschlossen zu sein, blickten immer wieder zum Hotel zurück, aber zumindest die größten von ihnen entfernten sich immer weiter.

„Sie ziehen sich zurück!" brüllte einer der Wachmänner neben Betty. Wilde Hoffnung flackerte in ihr auf. Mehrere der besonders großen Kolosse waren tatsächlich davongestampft und inzwischen von der Dunkelheit verschluckt worden, aber die übrigen trafen keine Anstalten, es ihnen gleichzutun. Unbeirrt setzten sie ihre Belagerung des Hotels fort, und die Schüsse aus dem Korridor zeigten Betty, daß auch dort der Kampf mit unverminderter Härte weitertobte. Dennoch keimte weiterhin Hoffnung in ihr. Ganz ohne Grund waren die Giganten sicherlich nicht verschwunden.

Es gab zahlreiche mögliche Erklärungen bis hin zu der Aussicht, daß endlich Hilfe eingetroffen war.

Sie zwängte sich zwischen den Männern hindurch und warf einen Blick in den Korridor. Ein beträchtlicher Teil der Barriere war inzwischen von den Sauriern niedergerissen worden.

„Schließt endlich die zweite Barriere!“ brüllte Sondstrup.

In fieberhafter Eile wurde die Lücke im Türdurchgang verrammelt. Die übrigen Wachmänner bezogen dahinter Posten. Sie feuerten auf die heranstürmenden Bestien und trieben sie durch gezielte Schüsse in die Augen zurück. Erschöpft kletterten die Männer über die Barriere in den Aufenthaltsraum zurück, als letzter von ihnen Sondstrup. Keiner war ohne Blessuren davongekommen, doch handelte es sich nur um mehr oder weniger harmlose Fleischwunden.

Hinter ihnen quollen mehr und mehr Ungeheuer in den Korridor. Nur die letzte Barriere trennte sie jetzt noch von den Menschen im Aufenthaltsraum.

SELBST Craigh, der auf diesen Anblick vorbereitet gewesen war, brauchte einen Augenblick, um seinen Schrecken zu überwinden. Die Front der Ungeheuer rückte mit unglaublicher Geschwindigkeit näher, an ihrer Spitze der riesige, wütend brüllende Brachiosaurus, den er von einigen Fotos wiederzuerkennen glaubte. Dahinter brachen acht, neun weitere Alptraumgestalten aus der Dunkelheit hervor, jede noch wilder und bizarrer als die andere.

Craigh kümmerte sich nicht weiter um das Funkgerät. Er setzte mit einem kraftvollen Sprung über die Motorhaube des Wagens und warf sich auf den Fahrersitz. Nipper hatte bereits neben ihm Platz genommen. In seinem Gürtel steckte ein Revolver, den er einem der Toten abgenommen hatte. Craigh trat das Gaspedal durch. Der Wagen machte einen Satz nach vorne und gewann, eingehüllt in eine Staubwolke, an Geschwindigkeit, doch sie kamen nicht weit.

Ein Iguanodon, ein Koloß von fast neun Meter Länge, löste sich plötzlich mit einer Geschwindigkeit, die seinem scheinbar plumpen Körper Hohn sprach, aus der näherrückenden Phalanx der Giganten. Drei, vier mächtige Sätze brachten es an die Straße heran. Die mächtigen, muskelbepackten Arme des Sauriers griffen nach dem Fahrzeug und verfehlten es nur knapp. Gleich darauf schien das Iguanodon mitten in der Bewegung zu erstarren, als das grelle Lichtbündel des voll aufgeblendeten Scheinwerfers es erfaßte. Zwei, drei Sekunden lang stand es reglos inmitten der blendenden Lichtflut und blinzelte.

Craigh bremste ab. Nipper zog seine Waffe und zielte mit fast unmenschlicher Kaltblütigkeit. Der Revolver bellte auf, aber die Kugel prallte als harmloser Querschläger von der Schnauze des Monstrums ab. Der zweite Schuß war besser gezielt: Das Auge der Bestie zerbarst mit leisem Klirren. Das Ungeheuer schrie auf und tastete mit plumpen, ungeschickt wirkenden Bewegungen nach der verletzten Stelle, als wäre es wirklich fähig, Schmerzen zu empfinden. Nipper grinste, zielte noch einmal und schoß der Bestie auch noch das andere Auge aus.

Die Arme des Sauriers schlugen in sinnlosen, unkontrollierten Bewegungen durch die Luft, und unter seinen trampelnden Füßen zerbarst der Asphaltbelag der Straße. Die Schwanzspitze peitschte in wilder Agonie durch die Luft und streifte den Wagen. Selbst die flüchtige Bewegung reichte aus, das Blech einzubeulen und das Fahrzeug zum Schaukeln zu bringen.

Craigh gab Gas und wich dem Iguanodon in weitem Bogen aus. Da sah er eine verschwommene Bewegung im Rückspiegel. Eine gigantische Masse aus grünen Schuppen katapultierte den Wagen regelrecht in die Luft. Craigh schrie auf, riß in einer instinktiven Bewegung die Arme über den Kopf und wartete auf den Aufprall. Er hörte das Knirschen von Metall, den entsetzten Schrei Nippers und das wütende Fauchen des Ungeheuers. Craigh hatte das Gefühl, als würde ihm jeder Knochen im Leib gebrochen. Er schlug mit dem Kopf gegen das Seitenfenster, und ein scharfer, stechender Schmerz fuhr durch seinen Rücken, aber er blieb wie durch ein Wunder bei Bewußtsein. Neben ihm sackte Nipper zwischen die Sitze. Craigh stöhnte und tastete nach dem Türgriff. Plötzlich sah er die ungeheure Masse des Brachiosaurus neben dem Wagen. Der Saurier knurrte wütend; ein dumpfes, vibrierendes Grollen, das sich bis in Craighs Körper fortpflanzte.

Er stieß die Wagentür auf, ließ sich ins Freie fallen und rollte sich zur Seite. Direkt über ihm ragte die gigantische Bestie im

Mondlicht auf. Für die Dauer eines Herzschlages bohrte sich der Blick ihrer Augen in den Craighs. Augen, in denen eine unbeschreibliche Bosheit zu schimmern schien. Craigh wälzte sich zur Seite und entkam um Haaresbreite dem zuschnappenden Maul. Er rollte sich unter dem Auto hindurch, richtete sich auf der anderen Seite auf und begann zu rennen. Als er gerade die ersten Schritte zurückgelegt hatte, stieß das Ungeheuer hinter ihm den Kombi fast spielerisch mit seinen Vorderbeinen um. Es hatte sich so auf den Wagen konzentriert, den es mit kraftvollen Tritten in einen Haufen unbrauchbaren Schrott verwandelte, daß es seine Flucht offenbar nicht bemerkt hatte. Anscheinend hatten die Ungeheuer Schwierigkeiten, in der Dunkelheit richtig zu sehen. Von unbändigem Zorn erfüllt, stapfte der Brachiosaurus auf der Suche nach ihm umher, wobei er und der zu ihm gestoßene Brontosaurier sich gegenseitig behinderten.

Craigh rannte weiter. Unbeschadet erreichte er eine zusammengestürzte Lagerhalle und duckte sich hinter die Trümmer. Kaum drei Meter von ihm entfernt stapfte einer der anderen Saurier vorbei, ohne ihn zu entdecken. Die Ungeheuer schienen zwar seine Gegenwart zu spüren, waren jedoch offenbar nicht in der Lage, seine genaue Position auf diese Weise zu wittern.

Nicht weit von sich entfernt nahm Craigh eine Bewegung wahr. Nipper hatte hinter den Trümmern einer umgestürzten Mauer Deckung gesucht und winkte ihm zu. Craigh hastete zu ihm hinüber und kauerte sich neben ihm nieder.

„Solange diese Monster hier herumlaufen, schaffen wir es niemals bis zu den Felsen“, stöhnte Craigh.

„So dürfen Sie erst gar nicht denken“, widersprach Nipper heftig. „Negatives Denken lähmt Sie.“

„Warum erzählen Sie nicht diesen verdammten . . . Dingern da ein paar von Ihren Weisheiten?“ keuchte Craigh. „Vielleicht lassen die sich damit aufhalten.“ Er war unfair, doch seine Nerven waren so aufgeputscht, daß er ein Ventil für seine aufgestauten Emotionen brauchte.

„Keine Weisheiten“, korrigierte Nipper. „Wahrheiten. Die Saurier spüren Ihre Aufregung und Angst, und das macht sie noch wilder. Sie müssen sich zur Ruhe zwingen. Glauben Sie, daß Sie den Weg zu den Felsen finden?“ fragte er ruhig.

„Ich weiß nicht . . . Wir sollten hier warten, bis Leech und seine Leute eintreffen. Dann dürften wir eine größere Chance haben."

„Die Menschen im Hotel sind bis dahin vielleicht schon tot", entgegnete der Aborigine. „Bis die Polizei hier ist, kann es noch gut eine halbe Stunde dauern. Ist Ihnen nicht aufgefallen, daß wir es hier nur mit einigen der ganz großen Saurier zu tun haben?"

„Sie glauben, sie werden von den anderen Sauriern angegriffen?"

„Oder zumindest belagert. Wir können nicht einfach tatenlos abwarten, bis die Polizei eintrifft."

Craigh schüttelte den Kopf. „Ich darf kein unnötiges Risiko eingehen. Falls ich sterben sollte, kann niemand sonst den Riß zwischen Wirklichkeit und Traum schließen, es sei denn, irgendein weitläufiger Verwandter, der wie ich von Robert Ellison abstammt, kommt zufällig her, um es an meiner Stelle zu tun. Wir müssen warten, bis wir uns den Felsen halbwegs sicher nähern können."

Nipper schwieg ein paar Sekunden und starrte zu den Giganten hinüber, die auf der Suche nach ihnen durch die Überreste der Siedlung stapften und alles zerstörten, was ihnen bei ihrem ersten Angriff versehentlich entgangen war.

„Vielleicht haben Sie recht", murmelte er schließlich. „Vielleicht ist genau das die große Gewissensentscheidung, die Sie treffen müssen. Aber denken Sie auch daran, was möglicherweise gerade im Hotel geschieht und daß sich Ihre Kollegin möglicherweise dort befindet."

Craigh ballte die Fäuste. Der Gedanke, daß Betty dort möglicherweise gerade um ihr Leben kämpfte und starb, während er untätig hier herumsaß und auf die Polizei wartete, war unerträglich. Trotz des Streits am Morgen wußte er seit der vergangenen Nacht zweifelsfrei, daß er sie liebte.

„Entscheiden Sie sich", drängte Nipper. „Jede Sekunde kann kostbar sein."

Craigh nickte widerwillig. „Versuchen wir es", murmelte er.

DER UNGLEICHE Kampf wurde mit aller Verbissenheit geführt, und dennoch konnte es keinen Zweifel daran geben, wie er enden würde, wenn keine Hilfe von außen eintraf. Sondstrups Wachmänner wußten, daß es allein auf sie ankam. Sie bewiesen eine unglaubliche Kaltblütigkeit und Nervenstärke. Dicht an dicht kauerten sie hinter der Barriere und schossen mit fast mechanischer Präzision auf die Saurier draußen im Korridor. Gerade bei den kleinen und mittelgroßen Modellen erzielten sie beachtliche Erfolge. Die zerstörten Modelle blockierten den Korridor für die anderen, doch auch hier bewiesen diese methodisches Vorgehen, indem sie die Hindernisse zurückzerrten und den Weg auf diese Art wieder freiräumten. Das Brüllen und Toben der Bestien erfüllte das Hotel.

Immer noch wußte Betty nicht, warum die Sauriergiganten so plötzlich verschwunden waren. Weder hatten die anderen ihren Angriff eingestellt, noch war etwas von eintreffender Hilfe zu entdecken. Immer wieder starrte Betty aus den Fenstern in die Nacht hinaus. Sie hatte vor allem auf Craigh gehofft. Etwas tief in ihr sagte ihr, daß er nicht tot war.

Vielleicht war es ein Fehler gewesen hierherzukommen. Nach dem Schock, den das Erwachen der Saurier bedeutet hatte, und nachdem die Ungeheuer innerhalb kürzester Zeit die Siedlung so vollständig zerstört hatten, war es verlockend gewesen, an einen Ort zu flüchten, der wenigstens für eine gewisse Zeit etwas Schutz versprach. Jetzt wußte sie, daß es nur eine Illusion gewesen war, höchstwahrscheinlich eine tödliche. Zumindest einige von ihnen hätten vermutlich eine größere Überlebenschance gehabt, wenn sie einzeln und in verschiedene Richtungen geflohen wären. Das riesige Gelände des Parks bot genügend Verstecke. Aber statt diese Chance zu nutzen, hatten sie Schutz in der Masse gesucht, und nun würden sie gemeinsam sterben.

Betty wandte sich wieder vom Fenster ab. Ihre Ohren waren beinahe taub von den fast ununterbrochenen, wie Kanonendonner innerhalb des Betonbaus widerhallenden Schüssen. Sobald einer der Wachmänner sein Magazin leer geschossen hatte, sprang er zurück, so daß ein anderer mit einer geladenen Waffe seinen Platz einnehmen konnte. Der Vorrat an Munition jedoch ging nun rasch zu Ende. Zwei der Wachmänner unmittelbar an der Barriere mußten sich bereits darauf beschränken, ihre Gewehre als Kolben zu benutzen und auf die heranstürmenden Saurier einzuschlagen.

Ein vielfacher Aufschrei ging durch den Raum, als es dem ersten Ungeheuer gelang, die Barriere zu überwinden. Es handelte sich um einen der mannshohen, mit seinen langen Beinen fast känguruhartig aussehenden Saurier, der mit einem gewaltigen Sprung über das Hindernis hinwegsetzte. Mit einem seiner Hinterläufe blieb er an einem Balken hängen und stürzte nach vorne, direkt auf einen der Wachmänner, den er unter sich begrub. Mit einem einzigen Hieb ihrer Klauen riß die Bestie ihm den Hals auf.

Sondstrup warf sich von hinten auf den Rücken des Sauriers und umklammerte dessen Hals. Seinen Revolver hatte er fallen gelassen, dafür hielt er nun ein Messer in der Hand. Der Saurier bog den Kopf mit einem zornigen Fauchen zurück und versuchte nach ihm zu schnappen. Sondstrup stieß ihm das Messer bis zum Heft ins linke Auge. Die Klinge durchdrang das Glas. Etwas knisterte. Sondstrup riß das Messer heraus und rammte es ins zweite Auge des Ungeheuers. Einige Funken blitzten auf, dann brach der Saurier zusammen und blieb reglos liegen. Sondstrup rappelte sich auf und schlenkerte seine rechte Hand. „Zum Glück nur Schwachstrom", stieß er hervor. „Aber weh tut es trotzdem."

Wenderworth eilte herbei und kniete neben dem verletzten Wachmann nieder, konnte jedoch nichts mehr tun. Der Mann war bereits tot.

Eine weitere Echse erklomm die Barrikade und drang in den Aufenthaltsraum ein. Zwei der in zweiter Reihe bereitstehenden Wachmänner zertrümmerten ihr mit den Kolben ihrer leer geschossenen Gewehre den Schädel, doch ein zweites Ungeheuer folgte ihr sofort.

Die Barrikade erbebte, als sich von außen gleich drei der Bestien dagegen warfen. Einige Steine rutschten aus ihrer Verankerung, und gleich darauf brach die Barriere vollständig in sich zusammen, als mehrere Saurier zugleich darüber hinwegkrochen. Die Wachmänner wichen zurück. Mehr und mehr der Bestien drangen in den Aufenthaltsraum ein. Einige der Bauarbeiter hatten sich mit Stöcken und Werkzeugen bewaffnet und leisteten zusammen mit den Wachmännern ebenso erbitterte wie erfolglose Gegenwehr.

Betty sah einen gelblich-grün gefleckten Saurier mit muskulösen Beinen, einem langen Schwanz und einem fast leguanartigen Kopf auf sich zukommen. Sie erinnerte sich, wie Sondstrup ihr am Vortag eines der Modelle voller Stolz als Deinonychus vorgestellt hatte.

Sie wich zurück, bückte sich nach dem Gewehr eines toten Wachmannes und schwang es wie eine Keule. „Zurück, du verdammtes Mistvieh, oder ich schlage dir den Schädel ein!“ zischte sie, und obwohl sie genau wußte, daß der Saurier sie nicht verstehen, sie sogar nicht einmal hören konnte, da die Modelle kein Gehör besaßen, schien ihre Entschlossenheit das Ungeheuer zu warnen. Sie schlug mit dem Gewehr zu und traf den Saurier seitlich am Kopf. Unwillig schüttelte er den Schädel und stieß ein wütendes Fauchen aus.

Ein fremdes Geräusch drang plötzlich an ihre Ohren. Es kam näher und wurde dabei lauter, und nach einigen Sekunden konnte sie es als das Knattern von Rotorblättern eines Hubschraubers identifizieren. Zu spät! dachte sie in ohnmächtiger Verzweiflung. Die Polizei kam um wenige Minuten zu spät. Sie würden alle tot sein, bis es den Polizisten gelingen würde, sich bis zu ihnen vorzukämpfen.

Sie war für Bruchteile von Sekunden abgelenkt, und dieser Augenblick reichte dem Ungeheuer vor ihr. Es schnappte zu, bekam den Gewehrkolben mit seinen Zähnen zu fassen und riß ihr die Waffe aus der Hand.

Betty stieß einen Schrei aus. Sie taumelte zurück, stolperte über die Beine eines reglos daliegenden Mannes und stürzte zu Boden. Verzweifelt versuchte sie zur Seite zu kriechen, doch ihre Beine versagten ihr den Dienst.

Langsam, wie in Zeitlupe, senkte sich das weit aufgerissene Maul der Bestie auf sie nieder. Betty schloß die Augen.

ATEMLOS preßte sich Craigh mit dem Rücken gegen einen der täuschend echten Kunststoffbäume. Fest hielt er den Griff des Revolvers umklammert, den er genau wie Nipper einem Toten abgenommen hatte. Gegen die gigantischen Saurier kam ihm die Waffe fast wie ein Spielzeug vor, und dennoch vermittelte sie ihm das Gefühl, nicht ganz hilflos zu sein. Schließlich hatte Nipper bei dem Iguanodon bewiesen, daß auch Kugeln den Sauriern etwas anzuhaben vermochten, wenn es gelang, ihre Augen zu treffen.

Er blickte zu dem jungen Aborigine hinüber, der ein paar Schritte entfernt hinter einigen Farnnachbildungen Deckung gesucht hatte. Nur wenige Meter entfernt stapfte einer der Giganten auf der Suche nach ihnen vorbei.

Craigh wußte nicht mehr, wie sie es geschafft hatten, den künstlichen Urwald zu erreichen. Es grenzte an ein Wunder. Um den Dschungel zu erreichen, hatten sie mehrmals große, freie Flächen überqueren müssen, manchmal nur wenige Dutzend Schritte von den Giganten entfernt. Natürlich waren sie nicht unbemerkt geblieben. Mochten die Bestien sie auch nicht deutlich sehen, so nahmen sie doch Bewegungen wahr. In dem weitgeschwungenen Talkessel ging es etwas besser. Die Bäume, Büsche und Farngewächse boten ihnen einen recht guten Schutz. Dennoch verloren die Giganten ihre Spur nicht.

Es schien tatsächlich so zu sein, wie Craigh zuvor schon vermutet hatte: daß die Saurier auf irgendeine Art spüren konnten, wo ungefähr sie sich befanden. Und er ahnte, wieso dies so war. Er war derjenige, der das alles ausgelöst hatte, der den Riß zwischen der realen Welt und der Welt der Träume geöffnet hatte. Deshalb gab es eine besonders enge Verbindung zwischen ihm und den Alptraumkreaturen.

Nipper kam geduckt zu ihm herübergehuscht. „Das war knapp", sagte er leise. „In welche Richtung müssen wir?"

Craigh blickte sich um und zuckte hilflos mit den Schultern. Er hatte geglaubt, sich halbwegs orientieren zu können, doch das hatte sich rasch als Illusion entpuppt. Nicht nur sah in der Dunkelheit alles völlig anders aus als im hellen Sonnenlicht, der Park war zudem so schlimm verwüstet, daß keine Wege mehr zu erkennen waren.

„Ich weiß es nicht", gestand Craigh niedergeschlagen. „Es sieht alles gleich aus. Ich habe nicht einmal mehr eine Ahnung, wo wir uns befinden."

Nipper schwieg ein paar Sekunden lang und dachte nach. „Sie haben vorhin davon gesprochen, daß die Saurier uns vermutlich deshalb immer wieder aufspüren, weil sie die Verbindung zwischen Ihnen und dem Durchbruch zur Welt der Traumzeit wahrnehmen können", sagte er dann mit mühsam erzwungener Ruhe. „Wir sollten es einmal umgekehrt versuchen. Wenn es eine solche Verbindung gibt, können Sie sich vielleicht ebenfalls daran orientieren."

„Aber ich spüre nichts", widersprach Craigh.

„Sie müssen Ihren Verstand, so gut es geht, ausschalten. Schließen Sie die Augen."

Craigh kam der Aufforderung nach.

„Jetzt versuchen Sie, an überhaupt nichts zu denken. Lauschen Sie einfach nur in sich hinein."

Craigh bemühte sich, jeden bewußten Gedanken aus seinem Bewußtsein zu verbannen, aber die panische Angst, die er verspürte, überdeckte alle anderen Empfindungen. „Es . . ., es geht nicht", stieß er hervor.

„Kämpfen Sie nicht gegen Ihre Angst", drängte Nipper. „Nehmen Sie sie bewußt wahr, und versuchen Sie, ihre Herkunft zu erkennen."

Craigh drehte sich mit geschlossenen Augen einmal im Kreis. „Diese Richtung", sagte er und deutete nach vorne. Die angegebene Richtung erfüllte ihn instinktiv mit der größten Furcht.

„Also gut", sagte Nipper. „Versuchen wir es dort."

Sie hasteten weiter, mußten allerdings nach kaum hundert Metern bereits eine weitere Zwangspause einlegen. In der Dunkelheit hätten sie um ein Haar die gewaltige Gestalt des Brontosauriers zu spät bemerkt. Das Ungeheuer stand regungslos vor ihnen und schien nur darauf zu warten, daß sie sich ihm näherten.

Craigh warf sich zu Boden und zerrte dabei auch Nipper mit sich in den Schutz einiger Farne. Der Kopf des Brontosaurus zuckte herum. Anscheinend hatte die Bestie sie doch bemerkt, zumindest eine Bewegung wahrgenommen. Zwischen den Farnblättern hindurch meinte Craigh, ihren Blick direkt auf sich gerichtet zu sehen. Schwerfällig drehte sich das Ungeheuer herum. Mit einem Schlag seines Schwanzes knickte es zwei Bäume und trampelte einen weiteren nieder, anscheinend ohne es überhaupt zu bemerken. Es machte einen Schritt vorwärts. Eines der monströsen Beine senkte sich kaum eine Armlänge von Craigh entfernt nieder und erschütterte den Boden. Es kostete ihn alle Kraft, nicht aufzuspringen und in blinder Panik davonzustürzen, aber genau dazu wollte ihn der Saurier treiben.

Der Brontosaurus senkte den Kopf und schnüffelte fast wie ein Hund herum, obwohl er keine künstliche Nase hatte. Er entfernte sich einen Schritt.

„Wir müssen weg hier", raunte Nipper. Auch wenn der Saurier sie nicht hören konnte, sprach er dennoch instinktiv leise.

Craigh nickte. Sie wagten nicht, sich aufzurichten. Dicht an den Boden gepreßt, robbten sie unter den Farngewächsen hindurch. Erst als sie sich ein paar Dutzend Schritte weit entfernt hatten, setzte sich Craigh auf. Seine Arme zitterten von der ungewohnten Anstrengung. „O Mann, lange halte ich das nicht mehr durch. Wie bin ich bloß in diesen ganzen Mist hineingeraten?"

„Niemand von uns kann seinem Schicksal entfliehen", gab Nipper zurück. „Wir –"

Craigh starrte ihn finster an. „Keine weiteren klugen Sprüche über Vorsehung und dergleichen!" sagte er drohend. „Die sind nun wirklich das letzte, was ich ertragen kann." Gleich darauf mußte er grinsen, und auch Nipper fiel in das Grinsen ein. Ab einer gewissen Intensität entwickelte selbst der größte Schrecken komische Züge. „Wissen Sie, was ich statt dessen jetzt dringend brauchen könnte?" fügte Craigh hinzu. „Einen großen Schluck verdammt guten amerikanischen Bourbon."

Bevor der Aborigine Gelegenheit zu einer Antwort fand, stand Craigh mit einer hastigen Bewegung vollends auf und eilte weiter. Sie umrundeten den Brontosaurus in weitem Bogen.

Craigh war inzwischen sicher, daß er die Richtung, in der sie gehen mußten, um ihr Ziel zu erreichen, tatsächlich spüren konnte. Es war wie ein Ziehen in seinem Inneren, das ihn mit Furcht erfüllte, das gleichzeitig aber auch ein Locken darstellte.

Nach einigen Minuten schließlich erreichten sie eine kleine Lichtung. Eine Felsgruppe erhob sich darauf. Craigh brauchte es erst gar nicht zu sagen, auch Nipper schien von sich aus zu spüren, daß sie ihr Ziel erreicht hatten.

Sie traten auf die Felsen zu. Der Felsbrocken, der vor zweihundert Jahren vor den Eingang zur Höhle gerollt worden war, befand sich noch in derselben Position, in der ihn Craigh während seiner Traumzeitreise gesehen hatte. Sondstrups Leute schienen die Felsgruppe erst gar nicht genauer untersucht zu haben, sondern hatten sie einfach wie einige andere große Felsen in den Park integriert. Die Oberfläche des Gesteins war mit trockenen Flechten und einem dürren gelblichen Moos überzogen. Hätte Craigh es nicht besser gewußt, wäre auch er gar nicht auf den Gedanken gekommen, daß sich dahinter der Eingang zu einer Höhle befinden könnte.

Er stemmte sich gegen den Felsbrocken, der den Zugang verschloß, konnte ihn jedoch nicht einmal ins Wanken bringen.

„So hat das keinen Sinn“, keuchte er. „Wir müssen etwas finden, das wir als Hebel benutzen können. Nachdem wir es bis hierher geschafft haben, werden wir wohl doch noch diesen Stein aus dem Weg bekommen.“

Die beiden Männer schauten sich nach geeigneten Hilfsmitteln um. Nipper hob ein gut zwei Meter langes und fast beindickes Stück des gehärteten Spezialkunststoffes auf, aus dem die künstlichen Pflanzen angefertigt worden waren. Es stammte vom Stamm eines Baumes, den einer der Giganten niedergetrampelt hatte.

Craigh rollte währenddessen einen kleineren Steinbrocken heran, der ihm gerade bis zum Knie reichte. Nipper schob ein Ende des Kunststoffstückes so unter den großen Felsen, daß es etwa zwei Fuß entfernt auf dem kleineren Brocken auflag.

„Helfen Sie mir!“ verlangte er und zerrte an dem entgegengesetzten Ende. Auch Craigh packte zu. Gemeinsam zogen die Männer mit aller Kraft an dem schräg in die Höhe gerichteten Hebel, der ihre Kraft vervielfacht auf den Felsblock übertrug.

Der Kunststoff knirschte bedrohlich, doch er hielt. Das Schaben von Gestein war zu hören. Die beiden Männer setzten noch einmal alle Kraft ein. Langsam, fast wie in Zeitlupe, neigte sich der Felsbrocken zur Seite, bekam Übergewicht und gab den Eingang zu der Höhle frei. Erschöpft atmeten die Männer auf und ließen den Kunststoffhebel los.

Craigh starrte in die Tiefe. Nur die obersten Stufen der Treppe waren im Mondlicht schwach zu erkennen. „Ich fürchte, hier müssen wir uns nun trennen“, sagte er mit belegter Stimme. „Alles Weitere ist jetzt allein meine Sache, genau wie Morweyn es gesagt hat.“ Er schlug Nipper freundschaftlich auf die Schulter. „Ich glaube, ohne Sie hätte ich es nicht bis hierher geschafft.“

„Ich und meine Leute sind genauso davon betroffen“, erinnerte Nipper. „Ich habe also nicht nur im eigenen Interesse gehandelt.“ Er legte den Kopf in den Nacken. „Hören Sie das?“

Craigh nickte. Deutlich war aus der Ferne ein nahender Hubschrauber zu hören. „Leech hat schnell geschaltet. Ich hoffe, daß es nicht schon zu spät ist." Er zögerte einen Moment. „Falls ich nicht zurückkommen sollte, hätte ich noch eine Bitte an Sie. Versuchen Sie Betty zu finden, und sagen Sie ihr, daß ich sie liebe. Erklären Sie ihr, was geschehen ist. Tun Sie das für mich?"

„Ich verspreche es", erwiderte Nipper. „Und ich hoffe, daß Sie Erfolg haben werden bei dem, was Sie dort unten erwartet. Mögen Morweyns Geister Sie auch weiterhin beschützen."

„Ich glaube nicht, daß das jetzt noch nötig ist", entgegnete Craigh leise. Er lächelte Nipper noch einmal flüchtig zu, drehte sich dann abrupt um und begann die Treppe hinunterzusteigen.

Nach einigen Stufen meinte er in der Tiefe flackerndes Licht zu entdecken wie von Fackeln. Es wurde heller mit jeder Stufe, die er tiefer hinabstieg. Einige Sekunden verharrte er am Ende der Treppe. Der Anblick überraschte ihn nicht wirklich. Tief in seinem Inneren hatte er die ganze Zeit über gewußt, was geschehen würde, was seine Aufgabe war.

Der Kreis muß geschlossen werden, hatte Morweyn gesagt, und jetzt begriff Craigh, was mit diesen Worten gemeint gewesen war. Nach dem schamanischen Weltbild verlief die Entwicklung der Welt in Kreisen. Gegenwart und Vergangenheit hatten sich hier überschnitten, Realität und Traumwelt, und er war das Verbindungsglied zwischen diesen Kreisen.

Er ließ seinen Blick über die ängstlich zusammengekauerten Aborigines in der Höhle schweifen. Anders als in seiner Vision nahmen sie diesmal auch ihn wahr, starrten ihn an. Sie rückten stumm ein Stück zur Seite, schufen eine schmale Gasse. Wie in Trance ging Craigh auf den Schamanen zu und ließ sich schweigend neben ihm nieder. Einige der anderen Aborigines traten auf ihn zu. Widerstandslos ließ er es geschehen, daß sie ihm die Kleidung auszogen. Sie trugen eine weiße Paste auf seinen Körper auf, malten Symbole auf seine Haut und wichen schließlich immer noch stumm wieder auf ihre Plätze zurück.

Von der Treppe her konnte er Lärm hören, den gleichen Lärm wie schon einmal, dann erschienen die ersten englischen Soldaten im Eingang. Noch einmal blickte er in das Gesicht Colonel Ellisons, hörte er den verhängnisvollen Befehl zum Feuern, und noch einmal begann das Massaker.

Ellison selbst legte auf ihn an und schoß. Als Craigh den

Schmerz spürte, mit dem die Kugel in seine Brust einschlug, begriff er, daß sich Gegenwart und Vergangenheit endgültig miteinander vereint hatten, daß er selbst durch sein Opfer die Schuld seines Vorfahren auslöschte. Während er zusammenbrach und spürte, wie das Leben aus ihm herausfloß, mußte er noch einmal an Morweyns Worte denken.

Der Kreis hatte sich geschlossen.

Betty hatte einmal gehört, daß die Zeit im Augenblick des Todes stillzustehen scheint. Sie hatte nie daran geglaubt, doch jetzt erlebte sie es am eigenen Leib. Die Sekunden dehnten sich endlos, aber der tödliche, alles vernichtende Schmerz, auf den sie wartete, kam nicht. Schließlich wagte sie, die Augen wieder zu öffnen.

Die Kiefer des Deinonychus klafften dicht über ihr auf; ein mit Doppelreihen nadelspitzer Zähne besetzter Rachen, die ihr vermutlich mühelos mit einem einzigen Biß den Kopf abtrennen konnten. Aber der Saurier bewegte sich nicht. Starr und unbeweglich wie eine Statue stand er über sie gebeugt, Schädel und Arme in einer grotesken Position erstarrt, als wäre die Zeit von einem Augenblick zum anderen stehengeblieben. Langsam, beinahe widerstrebend, dämmerte Betty die Erkenntnis, daß das Ungeheuer sie nicht töten würde. Nicht mehr.

Plötzlich fiel ihr auf, wie still es war. Nur das Geräusch des über dem Hotel kreisenden Hubschraubers war zu hören, und der Wind trug das entfernte Heulen einer Polizeisirene heran, aber der Kampfeslärm war verstummt.

Betty drehte mühsam den Kopf und starrte ungläubig auf das phantastische Bild, das sich ihr bot. Die Armee der Saurier war erstarrt. Sie waren wieder zu dem geworden, was sie gewesen waren: totes Metall und Kunststoff, leblose Statuen, die nicht mehr als ins Riesenhafte vergrößerte Spielzeuge darstellten. Auch die Menschen rührten sich kaum, schienen ebenso wie sie noch kaum an ihre Rettung im letzten Moment glauben zu können.

Mühsam richtete sich Betty auf Hände und Knie auf und kroch unter dem Deinonychus hervor. Ihr Rücken schmerzte höllisch, und ihr Herz hämmerte zum Zerspringen.

Auch in die anderen Menschen kam nun wieder Bewegung.

Vereinzelte Jubelschreie klangen auf, schließlich immer mehr. Die Menschen fielen einander in die Arme, riefen alle wild durcheinander. Einige sanken sogar auf die Knie und beteten.

Aber auch in den letzten Sekunden hatte es noch Tote gegeben. Dearks war einer von ihnen. Der Manager saß noch genauso wie zuvor an die Wand gekauert, doch sein Kopf war von dem Hieb eines Sauriers in eine blutige Masse verwandelt worden.

Professor Sondstrup kam auf Betty zu, reichte ihr die Hand und half ihr beim Aufstehen. Auch auf seinem Gesicht zeigte sich ein halb ungläubiger, halb euphorischer Ausdruck. Sie war nie besonders gläubig gewesen, aber selbst sie ertappte sich dabei, daß ihr ein Dankgebet für das Wunder ihrer Rettung über die Lippen quoll.

Das alles lag nun gut ein halbes Jahr zurück, und mittlerweile wußte sie, daß es kein göttliches Eingreifen gewesen war, das sie in jener schrecklichen Nacht rettete, sondern daß es irgend etwas mit Craigh zu tun hatte. Craigh hatte sich damals geopfert, um ihr und den anderen das Leben zu retten.

Was genau passiert war, wußte sie bis auf den heutigen Tag nicht, wollte es im Grunde genommen auch nicht wissen. Die Polizisten waren in das Hotel gestürmt, aber an alles, was danach geschehen war, besaß sie nur noch eine undeutliche Erinnerung. Sie konnte sich nicht einmal mehr erinnern, ob es noch in dieser Nacht oder erst am folgenden Tag gewesen war, daß sie sich mit Nipper unterhalten hatte. Der Aborigine hatte lange mit ihr gesprochen, hatte ihr erzählt, was Craigh getan hatte, doch sie hatte kaum etwas davon verstanden. Woran sie sich immer erinnern würde, war Craighs Abschiedsgruß, den Nipper ihr übermittelt hatte.

Die Medien in aller Welt hatten sich auf Berichte über die Katastrophe gestürzt. Es gab wilde Spekulationen, wie es zu dem Amoklauf der computergesteuerten Sauriermodelle hatte kommen können, ohne daß irgend jemand bis jetzt eine plausible Erklärung gefunden hatte. Fest stand nur, daß der Park nie zu Ende gebaut werden würde. Die schreckliche Bilanz, die er hinterlassen hatte, waren fast hundertfünfzig Tote gewesen. Anfangs hatte man sogar befürchtet, daß die Zahl noch wesentlich höher läge, doch viele

Menschen waren dem Wüten der Saurier entkommen und blindlings in die Wüste hinaus geflohen. Die meisten von ihnen waren von der Polizei gefunden worden, gut zwei Dutzend jedoch blieben vermißt.

Einer der Männer, die in den Akten offiziell als vermißt geführt wurden, war Craigh Ellison.

Nipper hatte die Polizisten zu einer unterirdischen Felsenhöhle geführt, in die Craigh hinabgestiegen sein sollte. Was anschließend mit ihm passiert war, darüber wußte auch er nichts. Im Inneren der riesigen Höhle, die einst ein Heiligtum der Aborigines gewesen war, hatte man fast zweihundert zu Skeletten verfallene Tote gefunden, Angehörige eines Stammes der Ureinwohner, die dort einst abgeschlachtet worden waren. Eines der zwei Jahrhunderte alten Skelette hatte Craighs Armbanduhr getragen. Untersuchungen hatten ergeben, daß es sich um das Skelett eines Weißen handelte. Einige Zähne wiesen Plomben auf, wie es sie zur damaligen Zeit noch gar nicht gegeben hatte und die mit Füllungen übereinstimmten, die Craigh im Laufe der letzten Jahre von einem amerikanischen Zahnarzt gemacht bekommen hatte.

Diese Informationen waren den Medien nicht mitgeteilt worden. Niemand konnte sich einen Reim auf diese unglaubliche Entdeckung machen, doch in Anbetracht der übrigen, weitaus spektakuläreren Ereignisse kümmerte sich auch kaum jemand intensiv darum. Selbst Betty bemühte sich, jeden Gedanken daran zu verdrängen, wie sie überhaupt seit damals versuchte, alles zu vergessen, was mit dem Park im Zusammenhang stand.

Alles – bis auf eins. Sanft strich sie über ihren Bauch.

Bredham war einem Nervenzusammenbruch nahe gewesen, als sie es rundheraus abgelehnt hatte, eine Story über die Ereignisse zu schreiben, aber schließlich war ihm nichts anderes übriggeblieben, als es zu akzeptieren. Betty hatte eine fast zweimonatige Kur gemacht, und in den nächsten Wochen würde sie ihren Schwangerschaftsurlaub antreten. Das Kind war von Craigh, das Ergebnis der einen Nacht, in der sie ihn geliebt hatte, und sie hatte sich entschlossen, es auszutragen. Sie fühlte sich nicht nur Craighs Andenken gegenüber dazu verpflichtet, sondern sie wollte das Kind auch aus tiefstem Herzen. Craigh und sie hatten keine gemeinsame Zukunft gehabt, und wahrscheinlich wäre es mit ihnen auch nicht gutgegangen, aber auf diese Art lebte wenigstens etwas von ihm in ihr weiter.

Eine Sprechstundenhilfe öffnete die Tür des Wartezimmers. „Miß Sanders, bitte."

Betty stand auf und folgte ihr ins Sprechzimmer. Dr. Osmond stand bei ihrem Eintreten auf und reichte ihr die Hand. Betty mochte den jungen Arzt, und sie fühlte sich bei ihm geborgen.

„Setzen Sie sich doch", sagte er, nachdem er sie begrüßt hatte, und deutete auf einen Stuhl. „Gibt es irgendwelche Komplikationen, oder sind Sie nur zu einer Routineuntersuchung gekommen?"

Betty nahm Platz, zögerte aber mit der Antwort und kaute nervös auf ihrer Unterlippe herum. „Beides", sagte sie schließlich. „Ich glaube nicht, daß man es Komplikationen nennen könnte. Körperlich scheint alles in Ordnung zu sein, nur . . ."

Sie brach ab und schwieg ein paar Sekunden lang. „In letzter Zeit schlafe ich ziemlich schlecht", fügte sie dann hinzu. „Ich habe immer häufiger sehr seltsame Träume . . ."

Wolfgang Hohlbein und Frank Rehfeld

Wolfgang Hohlbein, Jahrgang 1953, ist zweifellos einer der produktivsten deutschen Autoren überhaupt. Nach seiner Ausbildung zum Industriekaufmann begann Hohlbein seine schriftstellerische Laufbahn Anfang der achtziger Jahre mit SF-Storys und Heftromanen. Später wandte er sich dem Kinderbuch, der Fantasy und dem historischen Roman zu. Sein bislang größter Erfolg ist das Buch „Märchenmond", das der Autor mit seiner Frau Heike schrieb und für das er mit mehreren Preisen ausgezeichnet wurde. Hohlbein ließ diesem Roman zahlreiche weitere folgen (etwa „Elfentanz", „Midgard", „Der Thron der Libelle", „Drachenfeuer"), doch verleugnet er nicht unbedingt seine Anfänge: Von ihm stammt die unter Pseudonym veröffentlichte „Hexer"-Heftserie ebenso wie die Reihe „Dämonenland". Seit einiger Zeit beschäftigt sich der Schriftsteller, der mit seiner Frau und sechs Kindern in einem Haus in der Nähe von Neuss lebt, auch mit dem Erfinden von Fantasy-Spielen.

Hohlbeins Neigung zum Phantastischen teilt Koautor Frank Rehfeld, der 1962 in Viersen geboren wurde, wo er auch heute noch lebt. Rehfeld begann schon als Gymnasiast mit dem Schreiben, wobei er sich zunächst auf Gruselromane verlegte. Später entdeckte er die Science-fiction- und Fantasy-Literatur. Als das ambitionierteste Werk des Autors gilt der „Arcana"-Zyklus um den jungen Magier Aylon, der gemeinsam mit einem Gaukler und einer Hexe Abenteuer besteht und um das Erbe seines unbekannt gebliebenen Vaters kämpft. Ähnlich wie Wolfgang Hohlbein erweist sich Rehfeld als ungemein vielseitiger Autor: Neben Heimat- und Fernfahrerromanen schrieb er beispielsweise auch Romanvorlagen für die Fernsehserie „Knight Rider".

Ins Deutsche übertragen von Wulf H. Bergner

Die Heimat der
ASTRONAUTEN
VON EDMOND HAMILTON

1

DIES war nicht der richtige Platz für Menschen.

Menschen bestehen aus Gewebe, Blut, Knochen, Nerven. Hier hatten sie nichts zu suchen. Hier gab es nur Feuer, Kraftfelder und Strahlung. Geht nach Hause, Menschen!

Aber ich kann nicht, dachte Jay Birrel. Noch nicht. Meine Füße tun mir weh, und ich habe schlecht geschlafen. Ich möchte meine Frau wiedersehen, aber ich kann nicht, ich muß weiter in diese Hölle vordringen, in der ein Mensch wie eine Fliege in einem Hochofen wirkt.

Solche Gedanken bereiteten Birrel Unbehagen. Er hatte eine Abneigung gegen Männer mit Phantasie und hielt sich selbst für besonders nüchtern und sachlich. Sie hatten ihre Befehle auszuführen, daran gab es nichts zu ändern; und deshalb war es sinnlos, sich Gedanken darüber zu machen. Er richtete sich auf und nahm die Schultern zurück. Das tat er jedesmal, wenn er einen Befehl geben wollte. Er wußte, daß es eigentlich fast lächerlich war, aber er konnte es nicht verwinden, daß er nur durchschnittlich groß war. „Hast du schon etwas auf dem Radar geortet?" fragte er knapp.

Joe Garstang, der neben ihm stand, antwortete, ohne sich dabei nach ihm umzudrehen. „Bis jetzt noch nichts. *Noch* nicht."

Garstang war wesentlich jünger als Birrel, aber er war so riesig und breitschultrig, daß man ihn unwillkürlich mit einem Felsbrocken verglich. Aber selbst dieser Fels konnte besorgt sein. Birrel spürte deutlich, daß der andere sich Sorgen machte. Wegen dieses Auftrags, dachte Birrel . . ., und außerdem hat er mich nicht gern an Bord. Kein Kommandant mag es, wenn er an Bord seines eigenen Kreuzers Befehle annehmen muß – besonders nicht, wenn es sich um einen Spezialauftrag handelt. Nun, das ist sein persönliches Pech, ich bin auch nicht davon begeistert, aber wir müssen trotzdem weiter ins Ungewisse vorstoßen.

Birrel ließ sich nicht anmerken, daß ihn jeder Blick hinaus ins All mit tiefem Unbehagen erfüllte. Hier auf der Kommandobrücke war es verhältnismäßig ruhig, nur aus dem Rechenraum klang das Klicken der zahllosen Relais und das Summen der vier Elektronenrechner herüber. Die Zentrale des Kreuzers wirkte fast wie ein Tempel aus Stahl, Glas und Plastik, in dem fünf Priester – Birrel, Garstang, Venner und zwei Techniker – ihren geheimnisvollen Götzendienst zelebrierten.

Die Bildschirme waren natürlich keine richtigen Fenster. Sie stellten das letzte Glied einer Kette von unglaublich komplizierten Mechanismen dar, die die Aufgabe hatten, die Messungen des mit Überlichtgeschwindigkeit arbeitenden Radars auszuwerten und sie sichtbar zu machen. Aber sie wirkten wie Fenster – Fenster, durch die das Licht von Millionen von Sonnen hereindrang.

Im Augenblick befanden sie sich in dem Sternhaufen, der im Standardatlas unter der Nummer N-356-44 verzeichnet war – ein Chaos aus verschiedenfarbigen Sonnen. Blaßgrüne, violette, weiße und dunkelrote strahlten so hell, daß sie kaum noch voneinander zu unterscheiden waren und sich gegenseitig zu verdrängen schienen. Vor dem nachtschwarzen Hintergrund des Weltraums verglühten sie und sandten dabei Energieströme aus, die sich mit ihrer radioaktiven Strahlung zu einem höllischen Mahlstrom vereinigten. Jedes Handelsschiff hätte einen weiten Bogen um die Gefahren gemacht. Unglücklicherweise befanden sie sich jedoch nicht auf einem Schiff dieser Art.

An einer Stelle schienen die Sterne weniger dicht nebeneinander zu stehen. Diese geringere Konzentration ließ darauf schließen, daß sich dort eine Möglichkeit bot, in das Innere des Haufens vorzudringen. Dies schien die einzige Passage zu sein. Hatten andere sie vor ihnen benützt? Befanden sie sich noch im Innern des Haufens? Das festzustellen war die Aufgabe, die vor ihnen lag.

Er sah auf die unheildrohenden Lichtpunkte, denen sie sich mit rasender Geschwindigkeit näherten – hochaufragende Klippen, die bis zu dem fahlgelben Nebel reichten, der die Passage nach oben hin abschloß und unten auf einem Meer von feurigen Sonnen zu schwimmen schien. Er dachte an Lyllin, die zu Hause auf

Wega auf ihn wartete. Er überlegte sich, daß er eigentlich gar keine Frau haben dürfte. „Radar?" fragte er wieder.

Garstang sah auf die Instrumente und warf ihm einen kurzen Blick zu. „Immer noch nichts", sagte er dann verbissen und zog die Augenbrauen zusammen. „Ich bin nach wie vor der Meinung, daß wir mit dem gesamten Geschwader hätten kommen sollen, falls wirklich Aussicht besteht, daß sie noch dort sind."

Birrel schüttelte den Kopf. Er hatte selbst einige Zweifel, aber in seiner Position konnte er es sich nicht leisten, sie Untergebenen gegenüber zu zeigen, ohne dabei an Autorität zu verlieren. Er hatte seine Entscheidung getroffen und sie den anderen mitgeteilt, jetzt mußte er den Eindruck erwecken, als ob er sie für richtig halte, obwohl ihm dabei äußerst unbehaglich zumute war. „Solleremos könnte sich gar nichts Besseres wünschen. Wenn seine Leute eine einigermaßen gute Stellung gefunden haben, könnten sie von dort aus unser gesamtes Geschwader mit einem Schlag vernichten. Dann wäre Lyra völlig schutzlos. Nein, ein Raumschiff genügt völlig – selbst damit riskieren wir mehr als genug."

„Jawohl, Sir", antwortete Garstang.

„Der Teufel soll dich holen, Joe", meinte Birrel. „Ich will wissen, was du davon hältst."

„Ich finde, daß ich ausgesprochen Pech gehabt habe, weil du dir die *Starsong* als Flaggschiff ausgesucht hast. Das ist eigentlich alles."

Das Raumschiff raste weiter durch die Passage auf die beiden roten Riesen zu, die den Ausgang zu bewachen schienen. Das Doppelsternpaar schien kaum größer zu werden, und die anderen Sterne wichen nur unendlich langsam hinter der *Starsong* zurück, obwohl das Schiff mit mehrfacher Lichtgeschwindigkeit durch den Raum raste. Früher hätte man derartige Geschwindigkeiten für unerreichbar gehalten, dachte Birrel. Erst der Ultraantrieb hatte diese natürliche Grenze überwunden. Bei diesem Verfahren wurde das Verhältnis zwischen Masse und Geschwindigkeit so geändert, daß sich die Masse während des Beschleunigungsvorgangs in Energie verwandelte, die dann später mit abnehmender Geschwindigkeit wieder zu Masse wurde. Birrel war sich darüber im klaren, daß es angesichts solcher Geschwindigkeiten unsinnig und lächerlich war, sich über das Schneckentempo der *Starsong* zu ärgern. Er wußte es ganz genau und war jedesmal wieder wütend darüber.

Er sah nachdenklich zu dem Bildschirm an der Decke hinauf, der die Unterseite des feurigen Nebels zeigte, unter dem sie im Augenblick hindurchflogen, und wandte sich dann wieder an Garstang. „Hast du nicht auch das Gefühl, als ob sich in letzter Zeit alles zuzuspitzen beginnt? Der Machtkampf zwischen den Sektoren ist zwar schon alt – seit die Erde ihre Vorrangstellung eingebüßt hat –, aber jetzt scheint er heftiger geworden zu sein. Jeden Tag werden neue Zusammenstöße gemeldet, während früher Wochen und Monate ohne derartige Zwischenfälle vergehen konnten. Ich habe manchmal das Gefühl, als führten wir alle einen großangelegten Plan aus, ohne die Absichten zu kennen, die dahinter stehen mögen. Ich nehme an, daß du weißt, was ich damit sagen will?"

Garstang nickte. „Ja, ich verstehe dich völlig."

Die Datenverarbeitungsmaschinen im Rechenraum hinter ihnen klickten und summten. Relais sprachen an, Lampen glühten auf und erloschen wieder, während die Elektronenrechner den Kurs der *Starsong* festlegten, um zu vermeiden, daß das Raumschiff in Kraftfelder geriet, die es wie ein Stück morsches Holz zersplittern konnten. Die roten Doppelsterne leuchteten noch einmal drohend, dann waren sie verschwunden. Sie hatten die Passage durchflogen.

Vor ihnen lag ein grünblauer Stern.

„Das ist der nächste Stern mit Planeten vom Typ E, Sir", meldete Venner, der junge Wachoffizier, neben Garstang. „Wir haben außerdem noch fünf andere im Inneren des Sternhaufens festgestellt."

Garstang warf Birrel einen fragenden Blick zu.

Birrel zuckte mit den Schultern. „Wenn sie überhaupt hier sind, dann bestimmt auf einem Planeten vom Typ I. Wir müssen einen nach dem anderen anfliegen."

Garstang gab einige kurze Befehle. Birrel starrte auf die Bildschirme, die jetzt auf den Stern eingestellt waren. Kein Überfall in der Passage – und was jetzt? Auf dem Planeten des grünblauen Sterns? Oder nichts? Zeit und Geld vergeudet, und vielleicht war es nur ein Täuschungsmanöver von Solleremos gewesen, der das

Fünfte Geschwader fortgelockt hatte, um anderswo freie Bahn zu haben.

Plötzlich kam Birrel sich alt und verbraucht vor. Er gehörte dem Geschwader jetzt schon fast zwanzig Jahre lang an – seit seinem siebzehnten Lebensjahr –, und die nervliche Belastung und die Anstrengungen waren nie geringer geworden.

Früher muß es besser gewesen sein, dachte Birrel, in der guten alten Zeit vor einigen Jahrhunderten, als die Weltenunion noch wirklich von der Erde aus regiert wurde. Damals waren die Geschwader der einzelnen Sterne noch Bestandteile einer gemeinsamen Flotte gewesen, deren einzige Feinde die Gefahren des Weltraums gewesen waren. Aber dieser Idealzustand hatte nicht lange angehalten.

Schuld daran war die Entdeckung unzähliger Planeten vom Typ E, auf denen sich ebenfalls Lebensformen entwickelt hatten, die den Menschen in jeder Beziehung glichen. Einige Rassen standen noch auf der Kulturstufe der Steinzeitmenschen, aber andere hatten beinahe den Stand der menschlichen Zivilisation erreicht. Diese Tatsache war der Grund dafür, daß aus der vorgesehenen schrittweisen Kolonisierung anderer Welten ein Wettrennen zu den Sternen geworden war.

Die damals gegründete Weltenunion, kurz WU genannt, hatte sich zu schnell vergrößert und war bald nicht mehr imstande gewesen, diese ständig wachsende Anzahl von Sternen von der Erde aus zu regieren. Statt dessen waren Sektoren festgesetzt worden, die Unterabteilungen der WU. Und dann, dachte Birrel, war die Entwicklung in anderen Bahnen verlaufen als ursprünglich vorgesehen.

Insgesamt gab es fünf Sektoren und folglich auch fünf Gouverneure, die in der Ratsversammlung ihres Sektors den Vorsitz innehatten. Solleremos auf Orion, Vorn auf Cepheus, Gianea auf Leo, Strowe auf Perseus, Ferdias auf Lyra – und jeder beneidete den anderen. Fünf große Prokonsuln, die der ohnmächtigen WU nur noch *de jure* unterstellt waren, während sie alle auf neue Eroberungen aus waren – je größer der Sektor, desto größer der Hunger nach mehr Macht. Ja, sogar Ferdias bildete keine Ausnahme, dachte Birrel. Ferdias war der Mann, dem er diente, den er respektierte, den er sogar in gewisser Weise verehrte. Aber auch

Ferdias beteiligte sich eifrig an diesem gigantischen Schachspiel, dessen Steine aus Männern und Sonnen bestanden. Immer wieder schickte er seine Geheimagenten und seine Geschwader aus, um vielleicht hier oder dort einen Gebietszuwachs zu erzielen – ein kleines Sternsystem oder einen Sternhaufen.

Die Partie ging immer weiter, und der Auftrag, den die *Starsong* zu erfüllen hatte, war ein Teil davon. Ferdias wollte wissen, ob sich in diesem Raum Schiffe vom Orion befanden, die dazu nicht berechtigt waren. Dieser Sternhaufen war eine Art Niemandsland, ein Teil jener Pufferzonen, die dazu dienen sollten, Berührungen zwischen den Systemen zu vermeiden. Tatsächlich waren aber gerade diese Gebiete Schauplätze verbissen geführter Kämpfe, die niemals offiziell bekanntgegeben wurden. Birrel hoffte, daß ihre Anwesenheit nicht zu einem neuen führen würde, glaubte aber selbst nicht allzusehr daran.

„Wir sind bereits ziemlich nahe", bemerkte Garstang.

Birrel gab sich einen Ruck und beschäftigte sich wieder mit näherliegenden Problemen. Nach einigen hektischen Minuten, während derer die *Starsong* auf eine Kreisbahn um den Planeten einschwenkte, erzitterte das Schiff in allen Fugen, als die Masse-Rekonverter zu arbeiten begannen. Dann schienen sie auf eine Welt hinunterzustürzen, die ohnehin schon gefährlich nahe war. Bis jetzt hatten sich noch keine Anzeichen dafür ergeben, daß feindliche Schiffe in der Nähe waren, und die Radarschirme zeigten keine Veränderungen.

Eine Stunde Schiffszeit später hatten sie den einen Raumhafen gefunden, der in den Handbüchern über den Planeten verzeichnet war. Kurze Zeit darauf setzte die *Starsong* mitten auf der Oberfläche eines ausgetrockneten Salzsees auf, der für die wenigen Raumschiffe, die sich je hierher verirrten, als Landeplatz diente.

Im Augenblick befanden sie sich auf der Nachtseite des Planeten, der keinen Mond zu besitzen schien. Außerdem ist ein solcher Trabant auf einem Stern inmitten eines Sternhaufens nur überflüssiger Luxus. Der Nachthimmel war von unzähligen Sternen beleuchtet, und das Tageslicht war durch eine andere Art von Helligkeit ersetzt worden, die voller seltsamer und unheimlicher Lichter und zerfließender Schatten war. Nachdem die Blenden von den Bullaugen entfernt worden waren, war in diesem ungewissen

Halbdunkel in einiger Entfernung eine seltsame Stadt sichtbar geworden.

Sonst nichts. Keine Schiffe, kein Stützpunkt, keine Legionen aus dem Sektor Orion.

„Vielleicht haben sie die Schiffe irgendwo versteckt“, warf Garstang pessimistisch ein. „Vielleicht liegen sie auf der anderen Seite des Planeten startbereit, um uns zu überfallen, sowie sie den Befehl dazu erhalten haben.“

Birrel gab zu, daß das durchaus möglich sei. Er hatte seine blausilberne Paradeuniform angelegt und steckte jetzt gerade ein winziges Sprechfunkgerät in die Tasche. Garstang beobachtete ihn mürrisch.

„Wie viele Männer willst du mitnehmen?“ fragte er.

„Keinen. Ich gehe besser allein.“

Garstangs Augen wurden einen Augenblick größer. „Ich sage es nicht gern, aber ich glaube, du bist übergeschnappt!“

„Ich weiß genau, was ich zu tun habe“, gab Birrel ungeduldig zurück. „Ich war schon einmal vor einigen Jahren hier – als der alte Volland noch das Fünfte Geschwader kommandierte –, und ich kenne die Leute genau. Sie sind zwar arm, aber äußerst stolz. Sie trauern immer noch längst vergangenen Zeiten nach, in denen ihre Könige angeblich über den ganzen Sternhaufen geherrscht haben sollen. Sie stehen allen Fremden feindlich gegenüber und lassen nie mehr als einen in ihre Stadt.“

„Schön“, meinte Garstang, „aber was ist, wenn du dort in Schwierigkeiten geraten solltest?“

„Deswegen nehme ich das Funkgerät mit.“ Birrel runzelte nachdenklich die Stirn. „Ich werde mich genau dreißig Minuten nach Betreten der Stadt melden und dann weiterhin in halbstündlichen Abständen. Wenn ich mich auch nur zehn Sekunden verspäte, startet ihr sofort und verschwindet so schnell wie möglich. Dann kann ich wenigstens damit drohen, daß ihr die anderen alarmieren werdet.“

Garstang begleitete ihn zur Luftschleuse hinunter, die jetzt offenstand. Birrel blieb stehen und kniff die Augen zusammen, um sie vor dem Staub zu schützen, den der Wind in die Schleuse trieb. Sie starrten zu der Stadt hinüber. Hier und dort schimmerte ein Lichtschein, aber irgendwie schienen die Lichter unheimlich und drohend.

„In dreißig Minuten kann eine Menge passieren“, sagte Garstang. „Was soll ich tun, wenn sie dich festhalten?“

„Dann mußt du selbständig handeln. Aber sieh dich vor – wenn es hoffnungslos aussieht, mußt du starten.“

Garstang machte eine abwehrende Handbewegung. „Glaubst du, ich hätte Lust, Ferdias zu melden, daß ich dich hier zurückgelassen habe?“

„Mach dir keine Illusionen“, sagte Birrel rauh. „Ferdias würde lieber einen Kommandanten als ein Schiff verlieren! Das mußt du dir immer vor Augen halten.“ Birrel stieg langsam die Leiter hinunter, bis er den Sand erreicht hatte. Dann ging er auf die Stadt zu.

Er sah zu dem unwirklich strahlenden Himmel hinauf und dachte daran, wie schön ihm dieser Anblick erschienen war, als er zum erstenmal hier gewesen war. Aber das war schon lange her, damals war er noch jung und übereifrig gewesen, voller Stolz, daß er dem Fünften Geschwader angehören durfte, und irgendwie der Überzeugung, daß der Weltraum und alle Sterne sein ganz persönliches Eigentum seien.

Was mag mich nur so verändert haben? fragte sich Birrel. Ich bin älter geworden, ich bin ein bißchen erschöpft, aber es ist mehr als das, jetzt sehe ich alles anders. Vielleicht liegt das an meiner verantwortungsvollen Aufgabe als Kommandeur des Fünften? Oder daran, daß ich geheiratet habe? Es könnte auch sein, daß es mir wie vielen anderen Männern vor mir ergeht – man hat schon so viel erlebt, daß man sich über nichts mehr aufregen kann und gleichzeitig das Herannahen einer möglichen Katastrophe ahnt, bevor sie wirklich eintritt. Blödes Zeug, dachte er dann, du solltest dich lieber auf die nächsten Stunden konzentrieren, anstatt hier Trübsal zu blasen.

Die Stadt war bereits deutlich zu erkennen. Die runden oder auch achteckigen Steinhäuser lagen planlos verstreut und schienen nur aus Zufall nebeneinander zu stehen. Unter den roten, goldfarbenen und blauweißen Sternen, die über ihnen funkelten, wirkten sie wie unheimliche Fabelwesen mit spitzen Hüten, die mit glühenden Augen böse in die Wüste hinausstarrten. Der trockene Wind trug fremdartige Gerüche zu Birrel hinüber. Das Brausen des Windes war das einzige Geräusch – sonst war kein Laut zu hören.

2

BIRREL hatte diese Totenstille erwartet und war keineswegs überrascht. In der ganzen Stadt konnte es keine Seele geben, die nicht bemerkt hatte, daß die *Starsong* gelandet war, aber die Stadtbewohner hatten in ihrer Feindseligkeit allen Fremden gegenüber beschlossen, die Ankunft der Eindringlinge nicht zur Kenntnis zu nehmen. Niemand kam ihm entgegen, nicht ein Schatten hob sich von den Lichtern vor ihm ab. Birrel ging langsam weiter und fragte sich dabei, wie viele Augen ihn aus der Dunkelheit heraus beobachten mochten . . .

Am Stadtrand erwarteten ihn drei Männer. Sie trugen weiße Umhänge und hielten lange Stäbe in den Händen, die ein Zeichen ihrer Amtswürde zu sein schienen. Birrel wirkte neben ihnen wie ein Zwerg, denn die Männer waren über zwei Meter groß. Ihre Haare waren hoch aufgesteckt und betonten dadurch noch die Größe der Männer. Sie waren schlank und bewegten sich leicht und graziös. Aber ihre Gesichter waren streng und verschlossen, ihre Augen glichen glitzernden Glassplittern.

„Was wünscht der Mann aus der Außenwelt hier?" fragte einer der Männer in Basic, der allgemeinen Umgangssprache der Weltenunion.

„Er wünscht, mit dem Herrscher dieser Stadt über die anderen zu sprechen, die ebenfalls von außen gekommen sind", erwiderte Birrel.

Aber die Männer machten es ihm nicht so leicht. Ihre Gesichter blieben unbeweglich, und ihr Anführer sah Birrel fragend an.

„Die anderen?"

Birrel beherrschte sich und blieb weiterhin geduldig. Innerhalb des Sektors gab es eine Vielzahl von Welten, deren Bewohner sich weitgehend voneinander unterschieden, und jeder, der mit ihnen zu tun hatte, mußte sich darauf einrichten, daß er nur mit Geduld etwas ausrichten konnte. Das traf selbstverständlich in besonderem Maße auf diesen Planeten zu, der inmitten eines Niemandslandes lag. „Ja, die anderen", wiederholte er deswegen und blieb wartend stehen.

Schließlich zuckte der andere leicht mit den Schultern und winkte Birrel zu. „Unser Herrscher ist in allen Dingen weise. Vielleicht versteht er Ihre Worte."

Sie umringten Birrel und führten ihn auf den weiten Platz, der zwischen den planlos errichteten Gebäuden lag. Sein Magen schien sich zu verkrampfen, und er fühlte, daß ihm der kalte Schweiß auf der Stirn stand. Er sah vorsichtig auf den Chronometer, den er am Handgelenk trug. Garstang beobachtete ihn bestimmt noch durch das Teleskop der *Starsong,* aber Birrel wußte, daß er bald zwischen den Häusern verschwunden sein würde.

Das war schon nach wenigen Minuten der Fall. Die drei Männer bewegten sich so schnell weiter, daß Birrel sich in einen leichten Trab setzen mußte, um mit ihnen Schritt halten zu können. Dann waren sie mitten zwischen den Steinhäusern. Zu beiden Seiten erhoben sich düstere Mauern, zwischen denen einige sandige Gäßchen verliefen, die von staubigen, blattlosen Sträuchern eingesäumt wurden. Birrel hatte davon gehört, daß die Bewohner dieser Stadt in unterirdischen Höhlen riesige Felder und Gärten angelegt hatten, aber er hatte sie nie selbst gesehen.

Er überlegte sich, wie schlecht diese düstere, schmutzige, halbzerfallene Stadt zu den Überlieferungen paßte, in denen berichtet wurde, daß von hier aus einmal der ganze Sternhaufen beherrscht worden sei. Andererseits existierten auf sämtlichen bewohnten Planeten ähnliche Sagen. Für die Wissenschaftler war das ein Beweis dafür, daß alle menschlichen Rassen der Galaxis, die sich so ähnlich waren, daß ihre Mitglieder untereinander Ehen eingehen konnten, von einem Volk abstammten, das in längst vergangenen Zeiten den Weltraum beherrscht haben mußte.

Große Gestalten beobachteten Birrel aus dem Schatten der Häuser heraus. Sie sagten kein Wort, aber selbst ihr Schweigen wirkte wie eine Drohung. Dann hatten sie die Mitte der Stadt erreicht, und Birrels Begleiter blieben vor einem runden Gebäude von imponierenden Ausmaßen stehen. Das Tor öffnete sich, und ein schmaler Lichtstrahl drang ins Freie.

„Der Mann aus der Außenwelt möge die Residenz unseres weisen Herrschers betreten!"

Birrel atmete erleichtert auf, als er durch die Tür ging. Offenbar hatte er sich doch geirrt und . . .

Er blieb stehen. Er hatte sich durchaus nicht geirrt.

Der kahle Innenraum wurde von den wenigen Lampen nur ungenügend erhellt. Auch das Sternenlicht, das durch die hohen Fenster hereindrang, beleuchtete ihn nicht sehr viel heller. Aber selbst das genügte, um ihm die vier Männer deutlich zu zeigen. Sie gehörten nicht zu den großgewachsenen Bewohnern dieses Planeten. Sie trugen Uniformen, die der Birrels ähnelten, und drei von ihnen hatten Schockpistolen im Gürtel stecken. Diese drei trugen auf der Schulter das Abzeichen des Sektors Orion.

Der Uniformierte ohne Rangabzeichen stand genau vor Birrel. Ein schlanker Mann mit dunkelbrauner Gesichtsfarbe, zu der die wachsamen, hellen Augen des Mannes in einem merkwürdigen Gegensatz standen. Er hatte die gelassene und gleichzeitig äußerst gefährliche Miene eines Mannes, dem seine Arbeit Freude bereitet, weil er so hervorragend dafür geeignet ist – wie eine Katze für das Mäusefangen. Er lächelte Birrel an und sagte dabei: „Darf ich mich vorstellen? Mein Name ist Tauncer."

Birrel hatte den Mann noch nie gesehen, aber der Name allein genügte, um ihn das Ausmaß der Katastrophe erkennen zu lassen, die über ihn hereingebrochen war. Er hatte diesen Namen bereits auf zahlreichen Planeten gehört und hatte die Spuren dieses Mannes oft genug gesehen. Tauncer war Solleremos' bester Geheimagent. „Eigentlich müßte ich mich jetzt geschmeichelt fühlen, nicht wahr?" fragte er ironisch.

Tauncer zuckte mit den Schultern. „Wir geben uns immer die größte Mühe, Kommandeur. Stets zu Ihren Diensten. Nehmen Sie doch bitte Platz."

Birrel ließ sich auf einem der aus Stein gehauenen Sessel nieder. Seine Füße berührten kaum den Fußboden, so daß er sich wie ein Kind vorkam, das in einem Stuhl sitzt, der für Erwachsene bestimmt ist. Er warf einen Blick auf die Tür, aber die drei Eingeborenen waren draußen geblieben, nachdem sie ihn in diese Falle geführt hatten.

Er wollte auf sein Chronometer sehen, wagte es aber dann doch nicht. Tauncer beobachtete ihn scharf, und Birrel konnte sich nicht vorstellen, daß diese unverschämten, belustigten, hellen Augen viel übersahen. Die anderen drei Männer standen gelangweilt um ihn herum, starrten auf den Boden oder auf die Wände und schienen ihn gar nicht zu sehen, aber Birrel wußte genau, daß sie blitzschnell ihre Waffen in der Hand haben würden, wenn er es wagen sollte, nach seinem Funkgerät zu greifen. Er mußte versuchen, möglichst viel Zeit zu gewinnen. „Entschuldigen Sie meine Neugierde", sagte er zu Tauncer, „aber ich möchte gern wissen, wie Sie es fertiggebracht haben, diese Leute auf Ihre Seite zu bringen? Sonst sind sie doch für ihre Feindseligkeit geradezu berühmt!"

Tauncer nickte. „Stimmt. Aber nur Fremden gegenüber – und mich sehen sie nicht als Fremden an. Heutzutage stammt jeder von allen möglichen Welten ab – Sie, ich, alle. Nun, ich habe ein bißchen von dem Blut dieser Leute in den Adern. Nicht übermäßig viel, aber es reicht." Tauncer lächelte. „Sie dürfen übrigens ruhig einen Blick auf Ihr Chronometer werfen, Kommandeur. Ich sehe deutlich, daß Sie das gern tun möchten."

Weiße Zähne blitzten, und Birrel fühlte, wie er wütend wurde. Tauncer amüsierte sich offensichtlich. Er schien fest entschlossen, sich über den ehrsamen Trottel, den er da erwischt hatte, lustig zu machen. Vielleicht konnte das verhindert werden.

Birrel sah auf sein Chronometer. „Sie können sich natürlich vorstellen, daß ich mich nicht ohne weiteres in die Höhle des Löwen begeben habe", sagte er dann ruhig. „Meine Leute haben ihre Befehle."

Tauncers Stimme klang beinahe beruhigend. „Ja, bestimmt haben sie die. Ich bin überzeugt davon. Sie brauchen sich nicht zu ärgern, Kommandeur, wir haben Ihren bisherigen Werdegang und Ihre Psychologie genau studiert. Sie hätten gar nicht anders handeln können, als Sie es bisher getan haben! Wir mußten nur noch auf Sie warten."

Das war der Beweis dafür, daß Birrel recht gehabt hatte. Das Gerücht über die Anwesenheit von Raumschiffen aus dem Sektor Orion in diesem Sternhaufen war absichtlich verbreitet worden, damit er in Tauncers Falle gehen sollte. Er fluchte auf sich selbst, weil er die Situation falsch eingeschätzt hatte. Garstang hatte recht gehabt, er hätte mit dem gesamten Geschwader kommen sollen.

„Ich nehme an“, sagte Birrel, „daß das alles einen bestimmten Zweck verfolgt.“

„Selbstverständlich“, gab Tauncer zurück. „Ich möchte, daß Sie mir eine ganz einfache Frage beantworten.“

Er baute sich vor Birrel auf und starrte ihm ins Gesicht, während er seine Frage stellte. „Was hat Ferdias mit der Erde vor?“

Einen Augenblick lang herrschte tiefes Schweigen, während Birrel den Mann vor ihm verständnislos anstarrte, der ihn mit seinem Blick zu durchbohren schien.

Birrel war völlig überrascht. Keine andere Frage hätte unerwarteter kommen können. Er hatte sich schon darauf eingestellt, daß man ihn über Militärgeheimnisse, Soll-Stärken, Stützpunkte, Ausrüstung und Bewaffnung der Einheiten ausfragen würde. Alle diese Dinge mußten für die Männer vom Orion höchst interessant sein. Aber diese Frage . . .

Sie war vor allem völlig sinnlos. Die Erde lag weit außerhalb der Gebiete, in denen jetzt der Kampf um die Vorherrschaft im All ausgefochten wurde. Der alte Planet, der so weit entfernt lag, daß Birrel noch nicht einmal in seiner Nähe gewesen war, stellte eine Art Denkmal dar – sonst nichts. Früher einmal war die Erde wichtig gewesen, aber heutzutage schenkten ihr die Gouverneure der einzelnen Sektoren nicht mehr die geringste Beachtung. Nein, entschied Birrel schnell, diese Frage war nur eine Täuschung, Tauncer wollte ihn damit von seinen eigentlichen Absichten ablenken.

„Ich wiederhole“, sagte Tauncer eindringlich, „was hat Ferdias mit der Erde vor?“

„Ich habe nicht die geringste Ahnung, wovon Sie eigentlich reden“, antwortete Birrel.

„Kann sein“, meinte Tauncer. „Aber ich habe den Auftrag, Sie darüber zu verhören, und brauche mehr als nur Ihr Ehrenwort und einen unschuldigen Gesichtsausdruck.“ Er schwieg eine Sekunde lang. „Wo ist Karsh?“ wollte er dann wissen.

Er hatte die Frage so plötzlich gestellt, daß Birrel sich fast hätte überraschen lassen, aber dann beherrschte er sich noch rechtzeitig und verzog keine Miene. „Karsh?“

Tauncer seufzte. „Dieser Unsinn hält uns nur unnötig auf. Dow!“

Einer der anderen Männer trat einen Schritt vor. Tauncer flüsterte ihm etwas zu, und der Mann nickte und ging in den Nebenraum. Birrels Herz schlug schneller. Er war jetzt kaum mehr als fünfzehn Minuten in der Stadt. In der verbleibenden Viertelstunde konnte noch viel geschehen. Trotzdem wandte er sich an Tauncer. „Sie sind sich doch darüber im klaren, daß Sie nicht sehr viel Zeit haben?"

„Soviel ich möchte, Kommandeur. Ihre Leute werden bei Ihrem Schiff bleiben und die Stadt nicht betreten."

„Sie sind Ihrer Sache ziemlich sicher."

„Ja, das bin ich auch. He, Dow, geht das nicht ein bißchen schneller?"

„Schon fertig." Dow kam aus dem Nebenraum und trug ein leichtes Stativ vor sich her, auf dem ein Projektor montiert war. Birrels Herz schien bleischwer zu werden. Er kannte diese Art von Projektoren. Das Gerät trug den Namen *Vera-Sonde* und strahlte elektrische Impulse auf einer genau kontrollierbaren Frequenz aus, die den Willen und die Entschlußkraft eines Menschen völlig lähmten – und es ihm dadurch unmöglich machten, zu lügen oder die Aussage zu verweigern.

Birrel konnte nichts über die Erde aussagen und hatte nicht die geringste Ahnung, wo sich Karsh im Augenblick befinden mochte. Karsh war Ferdias' rechte Hand im Kampf um die Sterne. Aber Birrel wußte eine Menge anderer Dinge, die für Lyra zu wichtig waren, als daß Solleremos sie hätte erfahren dürfen.

Wie lange noch? Noch zehn Minuten? Zu lange. Selbst fünf Minuten waren zu lange, wenn die Sonde erst einmal in Betrieb war. Er mußte etwas tun, um Zeit zu gewinnen, und sah nur eine Möglichkeit dazu.

Er sprang plötzlich aus dem Steinsessel auf, in dem er gesessen hatte. Er wußte ziemlich sicher, daß die anderen ihn noch nicht umbringen oder auch nur betäuben wollten, und hatte damit recht, denn keiner der anderen zog seine Waffe. Birrel bewegte sich auf den Projektor zu, der nur zwei Meter von ihm entfernt aufgebaut worden war.

Dow und die anderen warfen sich sofort auf ihn, kamen aber um Bruchteile von Sekunden zu spät. Birrel hatte dem Stativ bereits einen Fußtritt versetzt, bevor sie ihn zu Boden reißen konnten. Das Stativ stürzte um. Er konnte nicht hoffen, daß die Sonde zerstört sein würde, aber wenigstens hatte er etwas Zeit gewonnen, bis der Apparat wieder aufgebaut war.

Er wollte sie so lange hinhalten wie nur irgend möglich, aber Tauncer hatte ihn bereits durchschaut. Seine Leute hoben Birrel wieder auf den Stuhl, und zwei von ihnen hielten ihn darauf fest, während Dow die Sonde wieder betriebsbereit machte. Tauncer wandte sich unterdessen mit ruhiger Stimme an Birrel und lächelte dabei geduldig. „Das können Sie sich ruhig sparen, Kommandeur. Ich habe Ihnen doch gesagt, daß Ihre Männer nicht hierherkommen werden. Sie würden hier ein Hornissennest aufstören, wenn sie es versuchen sollten, und außerdem haben sie sowieso nicht mehr sehr lange Zeit dazu."

„Warum nicht?"

Tauncer lächelte leicht. „Ich habe meinen Auftrag, und das Militär hat seinen. Wir haben drei Kreuzer in der Nähe, die dort ständig Wache halten und im Radar nicht zu erkennen sind. Wir haben sie sofort benachrichtigt, nachdem Sie gelandet waren, und sie sind bereits hierher unterwegs. Ihre Leute werden bald genug mit ihren eigenen Sorgen zu tun haben."

Genau das hatte Birrel befürchtet. Er wollte es sich nicht anmerken lassen, aber Tauncer schien doch erraten zu haben, was er dachte, denn sein Lächeln vertiefte sich.

„Das ist eben der Preis der Berühmtheit, Kommandeur. Wir haben Sie ausgesucht, um Sie zu verhören, weil das Fünfte Ferdias' Elitegeschwader ist und niemand dort Kommandeur wird, zu dem Ferdias nicht besonders viel Vertrauen hat – und den er begünstigt."

„Freundschaft ist eine Sache", antwortete Birrel wütend, „und Begünstigung eine andere. Mir gefällt die Art nicht, in der Sie Ihre Worte wählen!"

Er plapperte vor sich hin, Wörter, Geräusche ohne Bedeutung. Er mußte immer wieder an Garstang und die *Starsong* denken, die von der Vernichtung durch die feindlichen Kreuzer bedroht waren, die sich im Radarschatten des Planeten näherten. Und er hatte sie in diese Lage gebracht.

Birrel sah zu Tauncer hinüber und begann dieses lächelnde Gesicht zu hassen, aus dem so viel Selbstvertrauen sprach, das sich mit einem Überlegenheitsgefühl paarte. Überlegen oder nicht, dachte Birrel dann, jedenfalls hatte Tauncer sich in bezug auf die Befehle geirrt, die er seinen Männern zurückgelassen hatte. Die einzige Chance, die er noch hatte, war weiterzureden und soviel Zeit wie möglich zu gewinnen. „Ferdias wird Sie dafür umbringen", sagte er.

„Vielleicht", antwortete Tauncer gleichmütig. „Aber vermutlich hat er bis dahin andere Sorgen."

„Wegen der Erde? Die ist ihm völlig gleichgültig. Schließlich ist das nur ein Name – und dazu noch ein halb vergessener. Warum sollte Ferdias sich ausgerechnet damit abgeben? Können Sie mir das erklären, Tauncer?"

Wie lange dauern dreißig Minuten? Wie lange brauchen drei Kreuzer, um von einem Punkt X aus ein befohlenes Ziel zu erreichen? Wie lange braucht ein Mann, um zu erkennen, daß er schließlich doch verspielt hat?

Tauncer schien seine Gedanken erraten zu haben. „Die Frist ist wohl schon bald verstrichen, Kommandeur? Ich fürchte allerdings, daß Ihnen das nicht viel helfen wird. Fertig, Dow?"

„Alles in Ordnung", meldete Dow.

Tauncer nickte. Dow legte einen Schalter um.

In diesem Augenblick dröhnte von der Wüste ein dumpfes und bedrohlich klingendes Grollen herüber – als sei es durch die Betätigung des Schalters ausgelöst worden: das mächtige Dröhnen eines startenden Kreuzers.

Die Männer sahen überrascht zu der offenstehenden Tür hinüber. Birrel riß sich verzweifelt aus ihren Händen los und entkam noch einmal den unsichtbaren Kräften, die bereits begonnen hatten, seinen Willen zu lähmen.

„He, ihr dort draußen!" rief er ins Freie. „Die Männer aus der Außenwelt werden euch zerstören, wenn ich nicht freigelassen werde! Ruft euren Herrscher, damit ich . . ."

Dann waren Tauncers Männer wieder neben ihm, und einer von ihnen versetzte ihm einen Faustschlag ins Gesicht. Birrel hielt den Mund und versuchte vor allem, bei Bewußtsein zu bleiben. Aus Zufall hatte er jetzt eine Chance. Er würde keine zweite mehr bekommen.

Der Kreuzer schwebte im Tiefflug über die Stadt. Aus den Ritzen der Mauern wehte feiner Staub. Die Männer warfen sich zu

Boden und bedeckten dabei ihre Köpfe mit den Armen. Der Fußboden unter ihnen schwankte heftig, als die Schallwellen aus den gigantischen Düsen des Raumkreuzers das massive Gebäude erschütterten.

3

DER OHRENBETÄUBENDE Donner dauerte etwa zwei Minuten an, dann trat Stille ein.

Die Männer wollten wieder aufstehen. Aber Birrel blieb am Boden und rührte sich nicht von der Stelle.

Dann kam der Kreuzer wieder zurück. Diesmal flog er sogar noch tiefer als vorher. Seine Unterseite mußte beinahe die spitzen Giebel berühren. Großer Gott, dachte Birrel, Garstang übertreibt jetzt wirklich. Diesmal fiel der Putz von den Wänden, und einige Steine brachen aus der Mauer, als die ganze Stadt unter dem Düsenstrahl des Kreuzers erzitterte.

Als es vorüber war, kam eine hohe, schlanke Gestalt durch die offenstehende Tür herein. Es war der Anführer der drei großen Eingeborenen, die Birrel hierhergeführt hatten. Jetzt gab er sich nicht mehr überlegen und geheimnisvoll. Sein Gesicht war vor Angst und Wut verzerrt, als er sich heftig an Tauncer wandte. „Sie haben gesagt, daß Sie alle anderen vertreiben würden, wenn wir Ihnen helfen!"

„Das werden wir auch", sagte Tauncer beruhigend. „Hören Sie . . ."

„Ja, hören Sie gut hin", spottete Birrel. „Hören Sie, wie der Kreuzer zurückkommt. Er wird immer wieder zurückkommen, bis ich wieder frei bin, bis . . ."

Dow schlug ihm ins Gesicht, um ihn zum Schweigen zu bringen. Der große Mann zögerte. Dann röhrte die *Starsong* wieder über die Stadt, und dieses Mal schien sich das Dach zu heben, als wolle es davonfliegen. Als der Donner verklungen war, zögerte der Eingeborene nicht mehr. Mit verzweifelter Hast faßte er Birrel am Ärmel und zog ihn auf die Tür zu.

„Nein", protestierte Tauncer und wollte sich ihm in den Weg stellen, „das können Sie nicht tun!"

Der große Mann warf sich herum. „Sollen die Kinder unserer Könige vernichtet werden, um Emporkömmlingen wie euch einen Dienst zu erweisen? Soll ich unsere Männer hereinrufen?"

Birrel, der unterdessen die Tür erreicht hatte, sah auf dem weiten Platz vor dem Gebäude eine Anzahl von großen Männern in hellen Umhängen stehen. Tauncer sah sie ebenfalls und blieb unbeweglich stehen. Sein Gesicht verdüsterte sich, er schien plötzlich müde zu sein.

Birrel hatte es immer noch nicht ganz überwunden, daß er sich so leicht hatte in die Falle locken lassen, deshalb konnte er es sich auch nicht verkneifen, sich den Staub von der Schulter zu wischen, bevor er durch die Tür ging. In Tauncers hellen Augen zeigte sich ein amüsierter Schimmer, als er diese Geste sah, aber Dow geriet dadurch in Wut. „Sollen wir einfach hier stehen und ihn fortgehen lassen?" rief er heftig.

Tauncer zuckte mit den Schultern. „Ja, natürlich. Es gibt Situationen, in denen man einfach dasteht und nichts tut. Das ist eine davon."

Birrel ging zur Tür hinaus und durch die verängstigte, aber auch wütende Menschenmenge hindurch. Ihre Blicke zeigten deutlich, wie sehr sie ihn haßten, aber niemand hielt ihn auf, und niemand folgte ihm. Er riß das Funksprechgerät aus der Tasche und sprach hastig mit Garstang. Dann nahm er die Beine in die Hand und rannte so schnell wie möglich in die Wüste hinaus, ohne sich Mühe zu geben, einen würdevollen Abgang vorzuführen, wie er es eigentlich vorgehabt hatte.

Vor ihm senkte sich der Kreuzer zu Boden und wirkte dabei im ungewissen Licht der Sterne so schwarz und riesig wie ein fallender Planet. Die Luftschleuse öffnete sich zischend, und Garstang wartete drinnen auf ihn. Er wollte fragen, was in der Stadt geschehen sei, aber Birrel stieß ihn zur Seite und rannte auf die Kommandobrücke zu. „Los, Joe, zeig, was du kannst! Drei Kreuzer vom Orion kommen im Radarschatten des Planeten auf uns zu, und ich weiß nicht, wie nahe sie uns bereits sind."

Garstangs Gesicht wurde düster, aber er lief schneller und gab kurze Kommandos, während sie durch den Radarraum zur Brücke eilten. Aus den Lautsprechern drang ein Stimmengewirr, und die Besatzung raste auf die Alarmstationen. Das letzte, was Birrel hörte, bevor das Dröhnen der Düsen jegliche Verständigung unmöglich machte, war Garstangs klagende Stimme, als er feststellte, daß dergleichen Manöver schlecht für das Schiff seien.

Die *Starsong* stieg steil in die Höhe und ließ den Planeten hinter sich zurück. Garstang hatte einen Kurs befohlen, der den Kreuzer genau auf Gegenkurs zu ihren Angreifern bringen mußte. Genauso wie die anderen den Radarschatten des Planeten benutzten, um sich unbeobachtet zu nähern, machte die *Starsong* von diesem natürlichen Phänomen Gebrauch, um ihrerseits zu entkommen. Aber der Bereich, innerhalb dessen sie vor dem feindlichen Radar sicher war, wurde rasch kleiner.

„Höchstens noch eine halbe Stunde", stellte Garstang fest, während er durch ein Bullauge auf den Planeten zurücksah, der stetig kleiner wurde. Dann rasten sie an der blaugrünen Sonne vorbei. „Eigentlich sind wir noch zu nahe daran, aber ich glaube, wir sollten lieber auf maximale Geschwindigkeit gehen, um einen Vorsprung zu haben, wenn sie uns orten – mit drei Kreuzern auf einmal können wir es unmöglich aufnehmen."

Birrel nickte zustimmend. Die allgemein gebräuchlichen Super-Lichtgeschwindigkeit-Raketen, kurz SLR, waren mit einem hochempfindlichen Radargerät ausgerüstet, das automatisch ein geortetes Ziel ansteuerte.

Die Kreuzer waren nicht dagegen gepanzert, denn das hätte angesichts der ungeheuren Sprengkraft der Raketenköpfe keinen Sinn gehabt. Ihre Abwehrmaßnahme bestand dafür aus scharfgebündelten Strahlen, mit denen sie die Radargeräte der feindlichen Raketen störten, so daß die Raketen abgelenkt wurden. Man konnte das Feuer eines Kreuzers auf diese Weise wirkungslos machen, wenn man Glück hatte, sogar das von zwei feindlichen Schiffen. Aber gegen drei hatte man nicht die geringste Chance, ihr Feuer war zu konzentriert, um abgewehrt werden zu können.

Überall im Schiff heulten jetzt die Warnsirenen, um anzuzeigen, daß äußerste Kraft voraus befohlen worden war. Die *Starsong* schien einen Satz nach vorn zu machen. Die Männer an Bord merkten zwar nichts von der ungeheuren Beschleunigung, der ihre Körper ausgesetzt waren, denn die unsichtbaren Kraftfelder, die sie umgaben, glichen den Andruck aus, aber trotzdem spürten sie einen tiefreichenden Schmerz in ihren Gehirnen, der jedoch schnell wieder nachließ.

Mit schnell steigender Geschwindigkeit raste die *Starsong* auf die roten Doppelriesen zu, die den Beginn der Passage zu bewachen schienen. Die Fernsehkameras und das Ultraradar begannen zu arbeiten. Sie ersetzten die Beobachtung durch menschliche Augen und schufen wieder eine geniale Illusion. Birrel beobachtete die beiden roten Sterne mit abschätzenden Blicken. Dann meldete sich einer der Techniker aus dem Radarraum über den Bordlautsprecher mit einer niederschmetternden Nachricht. „Wir haben sie jetzt auf den Schirmen, Sir. Drei Kreuzer vom Typ N-16. Sie sind jetzt auf gleichen Kurs gegangen, Sir. Ihre Geschwindigkeit verhält sich im Augenblick zu der unseren wie fünf zu drei Komma sechs."

Birrel warf Garstang einen kurzen Blick zu. „Kann ich mir lebhaft vorstellen. Tauncer hat ihnen natürlich sofort befohlen, die Verfolgung aufzunehmen, anstatt erst zu landen und wieder zu starten."

Garstang nickte stumm. Die *Starsong* passierte gerade die beiden roten Riesen am Beginn der Passage und begann in die dichteren Sternansammlungen einzudringen, die dahinter lagen. Er warf einen Blick auf die Instrumente und befahl dann, die Geschwindigkeit auf halbe Kraft zu drosseln. Die Passage vor ihnen führte nicht geradlinig durch den Sternhaufen durch, deshalb konnte man es nicht riskieren, sie zu schnell zu durchfliegen – in diesem Schwarm von Sonnen konnte es nur zu leicht geschehen, daß ein Schiff förmlich zerbrach, wenn es mit hoher Geschwindigkeit in ein Kraftfeld eindrang. Allerdings hatten sie immer noch die drei feindlichen Kreuzer hinter sich.

Birrel verlor trotzdem kein Wort. Dies war Garstangs Aufgabe, und Birrel hatte nicht die Absicht, sich einzumischen, wenn es nicht unbedingt erforderlich war. Die roten Doppelriesen glitten schnell an ihnen vorbei, dann waren sie plötzlich verschwunden – sie befanden sich in der Passage. Birrel fühlte deutlich, wie die *Starsong* unter seinen Füßen erbebte, wenn sie wieder in ein anderes Kraftfeld geriet, von dem sie hin und her geworfen wurde. Rechts und links rasten die Sterne vorbei, während gleichzeitig immer wieder neue auf den Kreuzer zuschossen. Er warf einen Blick nach oben und betrachtete nachdenklich den glühenden Nebel, der die Passage nach oben hin abschloß, dann einen nach unten, wo unendlich viele Sonnen aller Gattungen strahlten.

„Wir sind nicht schnell genug gewesen", stellte Garstang nüchtern fest. „Die anderen werden weiterhin zu uns aufschließen und uns in Reichweite haben, bevor wir aus der Passage heraus sind."

„Soweit ich die Sache beurteilen kann", warf Birrel ein, „gibt es aus diesem Dilemma nur einen Ausweg." Er hob den Kopf und sah wieder zu den glühenden Gasmassen auf, die über ihnen lagen.

Garstang schwieg einen Augenblick, bevor er antwortete. „Ich hatte schon gehofft, daß du nicht auf diese Idee kommen würdest, aber . . ."

Birrel zuckte mit den Schultern. „Weißt du etwas Besseres? Das war übrigens kein Befehl – die *Starsong* ist dein Schiff."

„Ach, wirklich?" gab Garstang mürrisch zurück. „Wenn das so wäre, dann wären wir vermutlich nicht hier. Gut, dann eben." Er drehte sich um und nahm das Mikrophon in die Hand. „Neuer Kurs – Norden und Zenit drei-acht Grad, ich wiederhole, Norden und Zenit drei-acht Grad. Autopilot einschalten!"

Venner, der junge Offizier, der vor dem Kontrollpult stand, konnte seine Überraschung nicht ganz verbergen. Ich weiß genau, wie dir jetzt zumute ist, dachte Birrel. Wir alle haben Angst, du bist nicht der einzige.

Die *Starsong* schoß nach oben und drang in ein Gebiet ein, in dem sich so viele Sterne, Gasschwaden, Meteore, Staub und Strahlung befanden, daß die Passage im Vergleich dazu wie ein sternloser Raum erscheinen mußte. Die Schaltpulte wurden dunkel, als die Instrumentenbeleuchtungen ausgingen und die Zeiger auf Null zurückfielen. Aus dem Rechenraum hinter der Brücke drang jetzt ein neues Geräusch, das sich völlig von dem bisher gewohnten unterschied. Die Datenverarbeitungsmaschinen liefen auf Hochtouren, und ihr Summen und Klicken war die mechanische Stimme der *Starsong*. Sie flog sich jetzt selbst. Die Männer an Bord – der Kommandeur, der Kapitän und die Besatzung – sie alle waren von ihr abhängig. Sie mußten sich auf ihre kalte Intelligenz, ihre Voraussicht und ihre Stärke verlassen. Die Maschinen schienen zu wissen, was man von ihnen erwartete, und den Menschen blieb nichts anderes übrig, als geduldig zu verharren.

Die *Starsong* schraubte sich allmählich höher, während das Radarsystem ihr einen Schlängelkurs durch diesen Wirrwarr von Sonnen wies. Dann sah Birrel einen glühenden Rand über die Bildschirme wandern, die plötzlich eine riesige Ansammlung von Sternen zeigten.

Aus dem Radarraum kam die Meldung, daß die drei feindlichen Kreuzer in die Passage eingeflogen waren. Aber die *Starsong* hatte bereits die ersten glühenden Massen hinter sich, die wie nebelhafte Fangarme um sich griffen, als wollten sie noch mehr Sterne in ihren Bann ziehen. Wenn der Kreuzer sich erst einmal inmitten dieser Wolken befand, dann hatte er den wirksamsten Störsender, den man sich denken konnte, zwischen sich und seinen Verfolgern – die Milliarden feinverteilter Atome innerhalb des Nebels.

Wirksam. Ja. Aber gleichzeitig genauso gefährlich wie die Sprengköpfe feindlicher Raketen. In dieser Umgebung arbeiteten die Radargeräte nämlich nur auf äußerst kurze Entfernungen, und man konnte plötzlich einen Meteoriten vor sich haben, ehe die Rechenmaschinen die entsprechende Information aus dem Radarraum verarbeitet hatten. In einem Nebel dieser Art hatte man bestenfalls eine Chance – und nicht einmal die war übermäßig groß. Aber gegen drei feindliche Kreuzer hatte man nicht einmal das.

Birrel ging zu seinem Konturbett in der anderen Ecke hinüber und schnallte sich darauf fest. Garstang und die anderen lagen bereits neben ihm. In dem Schiff herrschte völlige Ruhe. Die schwächlichen, zerbrechlichen Wesen aus Blut, Nerven und Knochen hatten auf ihre Kontrollfunktion verzichtet. Dies war die große Stunde des Schiffes, die Stunde des Stahls, der Flamme und des rasenden Elektrons – stärker als Menschen, weit schneller als sie.

Die *Starsong* beriet noch einmal mit sich selbst im Rechenraum, dann stürzte sie sich in die Wolke.

Das Universum verschwand hinter einem Vorhang aus diffusem Licht, aus gewaltigen Staubströmen, die gespensterhaft beleuchtet wurden. Wie eines jener Schiffe, die in längst vergangenen Zeiten die Tiefen der Meere durchpflügt hatten, raste jetzt die *Starsong* mit glühenden Strömungen um die Wette und durchquerte dunklere Stellen, wo die Sterne schwach und weit entfernt leuchteten, nur um dann wieder in helleren Zonen aufzutauchen, wo die vom Staub verdeckten Sonnen Fackeln glichen, die im dichten Nebel glühen. Und die metallischen Stimmen im Rechenraum schwollen zu einem unglaublichen Crescendo an, als die Datenverarbeitungsmaschinen auf Hochtouren liefen, um den Strom von Messungen aufzunehmen, die von den Radargeräten geliefert wurden, sie zu analysieren, und dann die entsprechenden Befehle an den Steuerungsmechanismus des Kreuzers zu geben.

Die *Starsong* schien nach dem Rhythmus dieser Stimmen zu tanzen, sie bewegte sich im Zickzackkurs durch eine Ansammlung von Hindernissen, von denen jedes einzelne ihr Verderben sein konnte, wenn sie nur den winzigen Bruchteil einer Sekunde lang in ihren Leistungen nachließ. Birrel hatte das im Laufe seiner Dienstzeit bereits dreimal durchgemacht, aber trotzdem umklammerte er auch diesmal wieder den Rand seiner Liege und hielt gespannt den Atem an. Mächtige Strömungen schienen das Schiff vorwärts zu reißen, überall waren Lichtwirbel, rasende Stürme trieben sie endlos lange durch die Unendlichkeit, während Raum und Zeit aufgehoben zu sein schienen. Einen Augenblick lang fragte er sich, ob die feindlichen Kreuzer ihnen in dieses Inferno gefolgt sein mochten, aber dann vergaß er sie wieder und starrte weiter nach draußen . . .

Dann lag plötzlich wieder freier Raum vor ihnen. Sie hatten die Ausläufer des Sternhaufens erreicht. Wie Verzauberte, die aus einem schweren Traum erwachen, standen Birrel und Garstang auf, und die Stimme der *Starsong* schwieg, als menschliche Laute durch die Stille drangen.

Birrel ging in den Funkraum hinüber und ließ sich mit dem Geschwader verbinden, das weit vor ihnen lag. Er gab einige Befehle und kam dann wieder zu Garstang auf die Kommandobrücke zurück. „Brescnik ist bereits zu uns unterwegs", sagte er. „Kannst du uns die anderen vom Leib halten?"

„Aber sicher", antwortete Garstang und befahl „äußerste Kraft voraus". Sie passierten die letzten Ausläufer des Sternhaufens, und dann befand sich zwischen ihnen und den Plejaden nichts mehr außer Lichtjahre freien Raums. Garstang nützte diese Möglichkeit gründlich aus.

Nach einem Zeitraum, der Birrel übermäßig lang erschien, meldete der Techniker aus dem Radarraum, daß die feindlichen Kreuzer am Ende der Passage aufgetaucht seien. Dann hatten sie eine Kehrtwendung gemacht und waren wieder in dem Sternhaufen verschwunden – offensichtlich mit höchster Fahrt.

Garstang sah Birrel an. „Sie haben Angst vor dem Nebel gehabt, und jetzt haben sie auch noch die anderen Kreuzer des Fünften gesehen. Das hat ihnen wahrscheinlich den Rest gegeben."

Birrel dachte an Tauncer und grinste zufrieden.

Das Geschwader näherte sich ihnen. Auf den Radarschirmen der *Starsong* war allerdings nur eine Ansammlung von winzigen, metallisch glänzenden Flecken zu sehen, die im Vergleich zu den dahinterstehenden Plejaden mikroskopisch klein erschienen. Aber Birrel sah diese Armada vor sich, wie sie wirklich war – vierundvierzig Schiffe, die in ihrer Größe beinahe erschreckend wirkten, Tausende von Männern und vernichtende Waffen – all das gehörte zu dem mächtigen Fünften Geschwader. Und wie immer war er stolz darauf, diese Eliteformation kommandieren zu dürfen, während er sich gleichzeitig fragte, ob er oder irgendein anderer Mann überhaupt fähig genug sei, um diese Aufgabe zufriedenstellend zu erfüllen.

Als die Schiffe zu der *Starsong* aufgeschlossen hatten, kam die harte Stimme von Brescnik, dem stellvertretenden Kommandeur, aus dem Lautsprecher. „Dann haben die Kerle also doch einen Stützpunkt eingerichtet! Na, den Spaß werden wir ihnen bald . . ."

„Nein", unterbrach ihn Birrel. „Dort befindet sich kein Stützpunkt. Sie hatten mir eine Falle gestellt – aber ich weiß immer noch nicht recht, warum sie das getan haben. Warten Sie, bis ich weitere Befehle gebe." Er setzte sich in seiner Kabine an die Kodemaschine und verschlüsselte einen Funkspruch. Streng geheim, in dem Kode, den nur der Gouverneur und die Kommandeure der fünf Geschwader kannten, an Ferdias auf Wega. Er berichtete von seinem Zusammentreffen mit Tauncer:

> . . . bin nicht in der Lage, dieses plötzliche Interesse für die Erde zu erklären. Verwundert über angebliche Pläne von Deiner Seite. Vermute einen Versuch, von anderen Zielen abzulenken. Warte auf weitere Befehle. Birrel

Nach bemerkenswert kurzer Zeit hielt er den Antwortfunkspruch in den Händen:

> Geschwader sofort nach Wega zurückführen. Anschließend Berichterstattung bei mir.

Dann folgte ein Nachsatz:

> Leider kein Ablenkungsmanöver. Ferdias

Birrel saß noch lange Zeit in seinem Sessel und starrte auf den rätselhaften Funkspruch, nachdem er die entsprechenden Befehle zur Rückkehr nach Wega gegeben hatte. Er verstand den Inhalt einfach nicht, konnte keine logische Erklärung dafür finden. Aber trotzdem hatte er das bestimmte Gefühl – diesmal stärker als je zuvor –, daß das Rennen um die Sterne wieder einmal schneller geworden war, und das war schlecht, sehr schlecht sogar. Er schüttelte den Kopf und verbrannte die schmalen Papierstreifen, die den entschlüsselten Spruch darstellten.

4

BIRREL war immer wieder von neuem überrascht, wie sehr er sich freute, wenn er nach Wega zurückkehrte. Das lag nicht nur an dem Planeten selbst, obwohl es dort sehr schön war und nette Menschen da beheimatet waren. Zwar gab es noch eine ganze Anzahl anderer schöner Planeten, doch Birrel hatte noch nie das Gefühl gehabt, zu einem von ihnen zu gehören. Er hatte nie lange genug auf einer dieser Welten gelebt, um sich mit ihr verbunden zu fühlen, denn sein Vater hatte ebenfalls in der Flotte des Sektors Lyra gedient. Birrels Kindheit bestand aus Erinnerungen an häufig wechselnde Stützpunkte auf fremden Planeten.

Aber jetzt stand er vor einem der Bullaugen und sah nach vorn, wo sich eine purpurfarbene Kugel in dem weißblauen Licht der Wega drehte. Er betrachtete den vierten Planeten und vergaß darüber sogar einen Augenblick lang, sich über den unverständlichen Befehl des Gouverneurs zu sorgen.

Birrel hatte erst vor drei Jahren geheiratet und wunderte sich im stillen nach wie vor darüber, daß er sich je dazu hatte bringen lassen. Schließlich hatte er zeit seines Lebens ein tiefempfundenes Vorurteil gegenüber Ehefrauen und Familien gehegt. Sein Vater war bei einem Zusammenstoß im All ums Leben gekommen, und die Erinnerung an die langen traurigen Jahre, die seine Mutter später allein verbracht hatte, waren an diesem Vorurteil schuld. Frauen waren zweifelsohne ganz nette Wesen – aber nicht als Ehefrauen. Er war immer dieser Auffassung gewesen und wußte ziemlich genau, daß er Lyllin nie gebeten hätte, seine Frau zu werden, obwohl er sie aufrichtig verehrte. Aber Lyllin stammte von Wega, und ihr Volk hatte bestimmte Ansichten in dieser Beziehung. Sie hatte ihm eines Tages ruhig den Vorschlag gemacht, daß sie möglichst bald heiraten sollten, und er hatte begeistert zugestimmt. Er war immer noch froh darüber – und immer noch überrascht.

Er beobachtete, wie der purpurne Ball vor ihm ständig an Größe zunahm, bis er schließlich zu dem wurde, an das er sich so gut erinnern konnte – eine Welt aus blauen Bergen und weißen Wüsten, der Mittelpunkt eines Sektors, der in Wirklichkeit ein Sternenreich war. Als das Fünfte Geschwader in die Atmosphäre des Planeten eintauchte, nachdem alle anderen in der Luft befindlichen Schiffe Landeverbot erhalten hatten, und tief über den Gebirgsketten auf Wega City zudonnerte, dachte er daran, daß Lyllin jetzt auf der Terrasse ihres Hauses stehen und zum Himmel hinaufsehen würde, um die Giganten zu beobachten.

Sie flogen tief über die Stadt hinweg auf ihren Landeplatz zu, der am Fuß der Hügel lag, hinter denen sich die dunklen Berge erhoben. Die Kreuzer landeten in Fünfergruppen, und die *Starsong* gehörte zu der ersten.

Als Birrel einige Minuten später den Laufsteg hinunterkam, wurde er bereits von Brescnik erwartet, der von seinem Schiff herübergekommen war. Der stellvertretende Kommandeur war untersetzt, grob und hervorragend befähigt. Außerdem war er etwas cholerisch, und sein dichtes sandfarbenes Haar schien sich zu sträuben, wenn er wütend war. „Was soll eigentlich der Blödsinn, Jay? Das Fünfte wird einfach zurückbeordert, als ob wir ein Vorpostengeschwader seien! Was hat Ferdias vor?"

„Ich habe keine Ahnung", antwortete Birrel wahrheitsgemäß, „aber ich hoffe, daß ich es herausbekomme."

„Politik", sagte Brescnik und spuckte das Wort förmlich aus. „Das ist es immer. Sie werden schon sehen."

Ein Hubschrauber, der von einem Adjutanten gesteuert wurde, nahm Birrel an Bord und brachte ihn zu der großen Stadt hinüber, die jetzt weit von ihnen entfernt lag. Unterwegs dachte Birrel über Brescniks Worte nach. Brescniks Haltung war typisch für die meisten Offiziere und Mannschaften – einschließlich Birrel. Sie teilten diese Auffassung allerdings mit sehr vielen anderen, und das war auch der Grund dafür, warum das Parlament es nicht mehr wagte, sich einem populären Gouverneur wie Ferdias in den Weg zu stellen. Wissenschaftler hatten dieses Phänomen „Raumfahrt-Psychose" genannt – ein allgemeines, stillschweigendes Übereinkommen, daß es zum Vorteil aller sei, wenn ein starker Mann die Führung übernehme. Dieser Theorie zufolge hatte sich der Posten eines Gouverneurs aus dem eines Schiffskommandanten entwickelt, der für die Sicherheit der an Bord Befindlichen verantwortlich war, und aus dieser Analogie heraus war die Zufriedenheit mit der gegenwärtigen Regierungsform zu erklären. Dieses weitverbreitete Gefühl wurde noch durch das abschreckende Beispiel der Weltenunion vertieft, deren Großer Rat, der ohne Vorsitzenden auszukommen versucht hatte, bald die Herrschaft über das All verloren hatte.

Birrel sah auf die Stadt hinunter. Im Augenblick überflogen sie die Altstadt, eine Ansammlung von hohen weißen Dächern und Kuppeln und goldgelben Bäumen und lärmenden, winkligen Gäßchen. Die Eingeborenen von Wega, Lyllins Volk, hatte sie errichtet und damit bewiesen, wie weit sie seit den mörderischen Stammesfehden fortgeschritten waren, die noch vor wenigen Jahrhunderten den Planeten in blutige Unruhen gestürzt hatten. Wahrscheinlich hätten sie es auch selbst noch weitergebracht, aber dann war das Universum förmlich über sie hereingebrochen, die Springflut, die auf der Erde ihren Ausgang genommen hatte. Sie war auch jetzt noch in Bewegung, bestand aber nicht mehr ausschließlich aus Erdmenschen, sondern aus Angehörigen zahlreicher anderer Welten, die ebenfalls an dieser ungeheuren Bevölkerungsexplosion Anteil hatten. Diese Neuankömmlinge hatten auch die Neue Stadt errichtet, deren kilometerlange Gebäudefronten aus Stahl und Glas die Altstadt winzig erscheinen ließen.

Sie hatten auch den riesigen Gebäudekomplex aus dem Boden gestampft, auf den Birrel jetzt zuflog. Vor ihm glänzte das Regierungsviertel in dem blauweißen Sonnenschein. Er bemerkte, daß der Koloß wieder einmal um ein weiteres Gebäude erweitert wurde, genauso wie der Sektor sich ebenfalls um neue Welten und Sonnen vergrößerte, wo es auch immer möglich war. Dann dachte er wieder an die unbehagliche Feststellung, die er vor kurzem gemacht hatte, daß die Rivalität zwischen den Sektoren gefährliche Ausmaße anzunehmen schien, und sein Gesichtsausdruck verdüsterte sich.

Der Pilot setzte ihn auf dem Dach eines Gebäudes ab. Birrel benützte einen Fahrstuhl, um einige Stockwerke tiefer zu fahren. Er ging durch endlose Korridore, bis er schließlich von einem Sekretär in den Raum geführt wurde, den nur sehr wenige Leute jemals betraten.

Birrel war immer der Meinung gewesen, dies sei ein sehr kleiner Raum, um der Mittelpunkt eines Reiches zu sein, das über so viele Sterne herrschte. Denn dieser Raum, nicht das Parlamentsgebäude, war der wirkliche Mittelpunkt, was allgemein bekannt war.

„Salutiere nicht, Jay", sagte Ferdias. „Du weißt doch, daß ich das nicht leiden kann." Ferdias kam hinter seinem Schreibtisch hervor. Er hinkte, seitdem er vor langer Zeit einmal mit einem Trainingsschiff der Klasse T-90 abgestürzt war. Dieser Absturz hatte sich entscheidend ausgewirkt. Ferdias war damals als dienstunfähig entlassen worden, wodurch seine Karriere vorzeitig beendet worden war. Er hatte sich nach einem neuen Betätigungsfeld umsehen müssen, auf dem er seine Energie und Willenskraft einsetzen konnte, und hatte sich der Politik zugewandt. Andere Männer waren der Meinung, daß ein Mann eine Frau, ein Heim, Freunde und ein bißchen Spaß brauchte, um ein menschenwürdiges Leben führen zu können, aber Ferdias hatte auf das alles verzichtet, um seinem Ziel näher zu kommen. Birrel bildete sich ein, ziemlich schnell Karriere gemacht zu haben, weil er mit siebenunddreißig bereits Geschwaderkommandeur war, aber Ferdias war nur sechs Jahre älter.

Er war ziemlich klein. Aber irgendwie fiel das nie auf, sein Hinken ebenfalls nicht. Man sah nur sein Gesicht und die durchbohrenden hellen Augen, und dann begriff man plötzlich, warum dieser Mann bereits mit dreiundvierzig Jahren einer der fünf großen Gouverneure war.

Er streckte lächelnd die Hand aus. Birrel hatte manchmal das Gefühl, als sei er einer der wenigen wirklichen Freunde, die Ferdias hatte, obwohl er sich nicht erklären konnte, wie er dazu gekommen war. Andererseits war er sich nicht ganz sicher, aber das war man bei Ferdias nie.

„So, jetzt möchte ich alles genau hören, Jay", sagte er.

Birrel berichtete ausführlich von seinen Erlebnissen. Und Ferdias' Gesicht verdüsterte sich kaum merkbar. „Du hättest dich nie allein in die Stadt wagen dürfen", meinte er schließlich, „aber nachdem du wieder heil herausgekommen bist, bin ich froh, daß du es getan hast. Jetzt weiß ich endlich sicher, was ich vorher nur vermutet habe. Solleremos wollte zu gern wissen, was ich erfahren habe, und dadurch hat er verraten, was ich wissen wollte."

Birrel starrte ihn verwirrt an. „Ich komme immer noch nicht ganz mit. Was sollst du denn mit der Erde vorhaben? Du brauchst nicht zu antworten, wenn ich zu neugierig gewesen sein sollte."

Ferdias reagierte nicht sofort. Er hinkte erst wieder hinter seinen Schreibtisch zurück und setzte sich nieder, bevor er aufsah und zu sprechen begann. „Jay, du stammst doch zu mehr als zur Hälfte von Erdmenschen ab, nicht wahr?"

Birrel nickte. „Sogar zu drei Vierteln. Mein Vater kam von der Erde, meine Mutter stammte zur Hälfte von Erdmenschen und zur anderen Hälfte von Kapellamenschen ab."

Und wieder einmal machte es ihn traurig, an sie zu denken, von ihr zu sprechen. Sein Vater war umgekommen, als Birrel noch ein Baby war, aber er wünschte sich, daß seine Mutter es erlebt hätte, daß er das Fünfte kommandierte. Irgendwie entwickelten sich die Dinge nie so, wie man sie erwartet hatte, selbst wenn man alles erreichte, was man gewollt hatte.

Ferdias' Stimme unterbrach Birrels Gedankengänge. „Sag mal, was hältst du von der Erde?"

Birrel starrte ihn an. „Was willst du damit sagen – was soll ich von ihr halten?"

„Genau das."

Birrel zuckte mit den Schultern. „Nun, ich bin selbst noch nie dort gewesen. Das weißt du doch auch – ich bin in einem Transporter in der Nähe von Arcturus geboren worden und bin seitdem nie wieder in diese Gegend gekommen."

„Ja, das weiß ich alles", sagte Ferdias ungeduldig, „aber ich möchte trotzdem wissen, was du über die Erde denkst. Was kommt dir in den Sinn, wenn du den Namen hörst?"

Birrel runzelte die Stirn und machte dann eine unsichere Handbewegung. „Vermutlich das, was jedem anderen auch einfallen würde. Früher war sie einmal sehr wichtig, denn die ersten Raumflüge wurden von dort ausgeführt. Viele von uns stammen wenigstens teilweise von dort. Aber das ist schon lange her. Seit der Große Rat der Weltenunion vergeblich versucht hat, die Galaxis allein zu regieren, ist die Erde allmählich immer unwichtiger geworden. Kein Wunder, daß die Sache schiefgegangen ist – es ist mühsam genug, einen Sektor zusammenzuhalten, der immerhin beträchtlich kleiner ist."

„Und was wäre, wenn einer der Sektoren die Erde annektieren würde?" fragte Ferdias.

Birrel sah ihn erstaunt an. „Aber das würde doch keiner der Sektoren tun, denn . . ." Er unterbrach sich und sah den Gouverneur unsicher an. „Oder etwa doch?"

„Solleremos würde es gern tun", sagte Ferdias.

Birrel war darüber so verblüfft, daß er einige Zeit in seinem Sessel saß und in die Luft starrte. „Willst du damit sagen, daß er die Erde seinem Sektor Orion einverleiben möchte?"

„Genau", antwortete Ferdias. „Hör gut zu, Jay. Solleremos hat uns in der letzten Zeit nur deshalb von seinen Leuten belästigen lassen, weil er uns ablenken wollte. In Wirklichkeit ist er hinter der Erde her."

„Aber warum denn? Sicher, früher mag sie recht bedeutend gewesen sein, aber jetzt ist sie nur noch ein unbedeutender Planet."

„Glaubst du das wirklich?" Birrel war von Ferdias' Augen geradezu fasziniert. „Vielleicht ist sie es, wenn man die Sache nur vom materiellen Standpunkt aus sieht – ein ausgelaugter, drittklassiger Planet. Aber psychologisch gesehen ist sie unendlich wichtig. Du brauchst nur an die Unmenge von Menschen auf allen Planeten zu denken, deren Vorfahren von dort gekommen sind. Und sie alle sind vermutlich der gleichen Meinung wie du über die Erde, selbst wenn sie sich darüber nicht ganz im klaren sein sollten. Sie wissen, daß sie nicht mehr von dort aus regiert werden, sie wissen, daß der Große Rat der Weltenunion und die dazugehörige Flotte nur noch eine Illusion sind – aber trotzdem ist es noch die Erde, der alte Mittelpunkt aller Dinge, das Herz des Weltalls. Was wäre, wenn einer der anderen Gouverneure die Erde annektieren und dann von ihr aus regieren würde?"

Birrel begriff jetzt endlich, was Ferdias meinte – und zur gleichen Zeit wurde ihm wieder einmal klar, daß seine Harmlosigkeit in politischen Dingen kaum noch zu übertreffen war. Sicher, jeder der rivalisierenden Gouverneure wäre psychologisch im Vorteil, wenn er die Erde zu seinem Regierungssitz machen konnte. Befehle, die von der Erde kamen, würden auf jeden Fall befolgt werden.

Er fand diesen Gedanken immer erschreckender, während er darüber nachdachte. Dann wandte er sich an Ferdias. „Ich nehme an, daß du nicht die Absicht hast, es Solleremos so leicht zu machen."

„Nein, ganz bestimmt nicht, Jay. Ich will die Erde nicht für mich. Aber ich werde sie auch keinem anderen lassen." Ferdias sprach schnell weiter, wie es seine Angewohnheit war. „Solleremos weiß genau, daß ich ihn daran hindern will. Deswegen hat er dir auch durch Tauncer eine Falle stellen lassen. Sie wissen, daß ich Vertrauen zu dir habe, und haben darauf gehofft, daß ich dich in meine Pläne eingeweiht hätte."

Aber er hatte es nicht, dachte Birrel unwillkürlich. Ferdias hatte eisern dichtgehalten, bis es jetzt notwendig geworden war, Birrel doch etwas davon zu erzählen. Er hatte ihn in die Falle gehen lassen, ohne ihn von dem zu unterrichten, was ihn dort erwartete – und das war klug gewesen, denn Birrel konnte nichts verraten, weil er nichts wußte. Andererseits war es für die Freundschaft zwischen den beiden Männern geradezu typisch. Er, Birrel, vertraute Ferdias vorbehaltlos. Aber Ferdias, der das genau wußte, hatte immer Geheimnisse vor ihm, die er nur zögernd preisgab.

Einen Augenblick lang ärgerte sich Birrel darüber, aber dann überlegte er sich, daß er seinerseits den Offizieren seines Geschwaders auch nicht anders entgegentrat. Er konnte und wollte ihnen nicht alles erzählen, was er vorhatte, aber trotzdem erwartete er, daß sie zu ihm hielten – genau wie Ferdias ihm gegenüber.

„Auf der Erde finden demnächst große Feierlichkeiten statt", fuhr Ferdias fort. „Das 200-Jahre-Jubiläum des ersten Sternenfluges wird festlich begangen. Die Weltenunion hat mich ersucht, ebenfalls eine offizielle Abordnung zu schicken, die den Sektor Lyra vertreten soll."

„Und?"

„Und deswegen werde ich dich schicken."

Birrel starrte ihn an. „Mich – auf die Erde? Aber was soll ich tun, wenn . . ."

Ferdias unterbrach ihn. „Das Fünfte Geschwader ist auch dabei, Jay. Um an der Flugvorführung teilzunehmen, die dort geplant ist."

Jetzt begann Birrel zu verstehen. „Das heißt also, daß wir dort sein werden, um aufzupassen, daß Solleremos keine krummen Touren versucht?"

„Genau." Ferdias' Antwort erfolgte schnell. „Ich kenne seine Absichten. Ich weiß, warum er die Erde in Besitz nehmen will. Die kleine Flotte der Weltenunion kann ihn nicht daran hindern. Aber wenn das Fünfte von Lyra sich zufällig dort befinden sollte, dann wird es nicht mehr ganz so einfach sein."

Birrel fühlte sich ein wenig verwirrt. Sicher, es war auch nicht einfach, die zahlreichen Grenzstreitigkeiten zwischen den einzelnen Sektoren auszufechten. Sie wurden im geheimen ausgetragen, und wenn ein Kreuzer nicht wieder in seinen Stützpunkt zurückkehrte, dann wurde er offiziell nur für vermißt erklärt. Aber ein offener Kampf zwischen den Sektoren, der auf der Erde ausbrechen könnte, war etwas ganz anderes. Er würde die Grundfesten der zivilisierten Galaxis erschüttern.

Ferdias sprach gelassen weiter. „Ihr startet in fünf Tagen. Mit sämtlichen Versorgungsschiffen und Transportern."

Birrel sah überrascht auf. Transporter bedeutete, daß die Familien der Besatzungsangehörigen mitfliegen würden, und das war noch nie der Fall gewesen, es sei denn, das Geschwader wurde routinemäßig zu einem anderen Stützpunkt verlegt.

Ferdias lächelte leicht. „Alles muß ganz friedlich wirken, Jay, eine freundliche Geste aus Anlaß der Festlichkeiten. Deshalb sind die Transporter mit dabei."

Birrel nickte verstehend. Falls jemand auf den Gedanken kommen sollte zu behaupten, daß das Fünfte aus militärischen Gründen zur Erde flog, dann würde man ihm entgegenhalten können, daß in diesem Fall wohl kaum Versorgungsschiffe und Transporter mitgenommen worden wären. Die Idee war ausgezeichnet. Aber trotzdem blieb die Tatsache bestehen, daß diese Schiffe das Geschwader behinderten, und Birrel konnte sich nicht mit dem Gedanken befreunden, Lyllin irgendwohin mitzunehmen, wo sie möglicherweise in Gefahr kommen konnte.

„Wenn wir die Erde erreicht haben, was soll ich dort tun – außer an den Feierlichkeiten teilzunehmen?" fragte Birrel.

„Sieh dir das Haus an, in dem früher deine Vorfahren gewohnt haben."

„Was soll ich?"

„Das Haus ansehen, in dem deine Familie gewohnt hat. Das Haus, das früher den Birrels gehört hat. Ich habe feststellen lassen, daß es immer noch steht – in Orville, einer Kleinstadt in der Nähe von New York. Es ist schließlich ganz natürlich, daß du es dir einmal ansiehst, wenn du schon auf der Erde bist."

Birrel verstand allmählich. „Und dort soll ich mich mit jemand in Verbindung setzen, von dem ich weitere Befehle erhalte?"

Ferdias nickte. „Karsh."

In diesem Augenblick änderte Birrel grundlegend seine Meinung über die Bedeutung seiner bevorstehenden Aufgabe. Er hatte Karsh erst einige Male getroffen, aber er wußte, wie bedeutend dieser grauhaarige, farblos erscheinende kleine Mann für Ferdias bei dessen Kampf zwischen den Sektoren war. Wie sein Gegenstück Tauncer war Karsh eine Art dunkler Gewitterwolke, deren Anwesenheit einen baldigen Sturm befürchten ließ.

„Karsh befindet sich bereits auf der Erde?"

„Stimmt, Jay. Schon seit einigen Monaten. Er hat das alte Haus erworben, von dem ich vorher gesprochen habe, und wartet dort auf dich. Von seiner Einschätzung der dortigen Lage hängen deine weiteren Anweisungen ab."

„Aber wenn Orion . . ."

„Mach dir deswegen keine Sorgen", unterbrach ihn Ferdias. „Du wirst rechtzeitig davon unterrichtet, wenn sich Solleremos auf den Weg zur Erde machen sollte." Ferdias machte eine nachdenkliche Pause, bevor er bedächtig weitersprach. „Noch etwas, Jay . . ."

„Ja?"

„Das Fünfte stattet der Erde einen offiziellen Höflichkeitsbesuch ab. Mehr als das darfst du niemandem erzählen. Niemandem!" Er wiederholte das letzte Wort, ohne es dabei besonders zu betonen, aber wenn Ferdias etwas wiederholte, dann war das Betonung genug.

Birrel sah kaum auf die glitzernde Stadt hinunter, während er wieder in einem Hubschrauber über sie hinwegflog. Er war von seiner neuen Aufgabe durchaus nicht übermäßig begeistert.

Er fragte sich, ob Ferdias daran gedacht hatte, daß das alles nur ein neues Täuschungsmanöver des Gouverneurs vom Orion sein könnte. Und wenn das Fünfte Geschwader weit entfernt auf der Erde eingesetzt war, dann war der Sektor Lyra und seine Hauptstadt ihres stärksten Schwertes und Schildes beraubt.

5

Die Strahlen der blauen Sonne erreichten gerade noch die höchsten Hügel hinter der Altstadt, und der Himmel stand voller purpurfarbener Wolken, als Birrel endlich nach Hause kam. Der leichte Hubschrauber setzte ihn hinter seinem Haus ab, und Birrel eilte durch die Räume, die nach Art der Eingeborenenhäuser in Wega City eingerichtet waren – fast keine Möbel, nur wenige Bilder, keine Blumen. Lyllin war nirgends zu sehen, weder in der Küche noch im Wohnzimmer.

Sie wartete draußen auf der weitläufigen Terrasse auf ihn, von der aus man einen schönen Blick auf die von Lichtern übersäte Stadt hatte. Sie kam auf ihn zu.

Lyllin stammte von Wega und sah auch danach aus; ihre Haut hatte den matten Schimmer frischgegossenen Goldes, während ihr Haar einige Töne dunkler war und kupfern glänzte. Sie war nach der Mode ihres Volkes gekleidet und trug einen leichten Umhang, der so anschmiegsam war, daß er sie wie Wasser umfloß.

Er hielt sie einige Zeit in den Armen, bevor er ihr die letzten Neuigkeiten berichtete. Er war überrascht, daß sie sich nicht darüber zu freuen schien.

„Auf die Erde?" murmelte sie unsicher und sah ihn zweifelnd

an. „Nur wegen eines Raumfahrtjubiläums? Das kommt mir wirklich seltsam vor."

„Aber dieses Mal bin ich wenigstens bei dir", tröstete er sie. „Allerdings nicht während des Fluges – du mußt selbstverständlich in einem der Transporter fliegen –, aber während des gesamten Aufenthalts auf der Erde."

„Wie lange werden wir dort bleiben, Jay?"

Er wußte es selbst nicht genau und konnte ihr deshalb keine Auskunft auf ihre Frage geben. Er hätte ihr gern mehr erzählt, aber andererseits kannte er Ferdias lange genug, um genau zu wissen, daß der Gouverneur auch Lyllin gemeint hatte, als er „niemandem" gesagt hatte.

Lyllins Gesichtsausdruck hatte sich eine Sekunde lang verdüstert, aber dann lächelte sie wieder fröhlich. „Ich werde dir einen Drink holen", sagte sie.

Sie saßen noch eine Weile auf der Terrasse und beobachteten, wie der Abend sich allmählich herabsenkte. Die unzähligen Lichter von Wega City schienen weiter und weiter zurückzuweichen, und am Horizont reckten sich zackige schwarze Gipfel den Sternen entgegen. Der Himmel war von dem Schwirren zahlreicher Kleinhubschrauber erfüllt.

Nach einer halben Stunde stand Birrel auf, entschuldigte sich bei Lyllin und rief seinen Stellvertreter an. Brescniks wütendes Gesicht zeigte sich auf dem Bildschirm des Visifons, und Birrel erkannte deutlich, daß der andere stark erregt war.

„Ja, der Befehl dazu ist vor einigen Minuten durchgekommen. Wir werden uns verdammt ranhalten müssen, um alles rechtzeitig zu schaffen. So ein Blödsinn, nur wegen dieser verdammten Feier!"

„Was ist denn in Sie gefahren?" fragte Birrel. „Haben Sie wirklich gar nichts für diesen feierlichen Anlaß übrig?"

Brescniks Antwort bestand aus einigen kräftigen einsilbigen Ausdrücken, und Birrel grinste.

„Schön, Sie haben sich durchaus klar und verständlich ausgedrückt. Die Schnapsidee stammt übrigens nicht von mir. Ich habe nur angerufen, um sicherzugehen, daß Sie sofort mit den entsprechenden Vorbereitungen beginnen, Brescnik. Ich werde morgen kommen und mich selbst davon überzeugen."

Er ging wieder auf die Terrasse hinaus, wo Lyllin immer noch in ihrem Sessel saß und zum Himmel hinaufstarrte. Sie war sehr schweigsam gewesen, aber das gehörte zu ihrer Art, und er hatte sich nicht darüber gewundert. „Brescnik ist wütend", sagte er zu ihr, „aber von mir aus soll er sich ruhig ärgern. Was soll schließlich ein militärischer Rang, wenn man ihn nicht einmal dazu benutzen kann, auch einmal jemand anderen für sich arbeiten zu lassen?"

Sie sah zu ihm auf. „Ich werde mich auf der Erde nicht wohl fühlen", sagte sie langsam.

Birrel war überrascht und erschreckt. Er war bereits drei Jahre mit ihr verheiratet, aber er hatte sich immer noch nicht an ihre Art gewöhnt, dergleichen unerwartete Dinge zu sagen. „Warum . . .", begann er. Dann machte er eine ungeduldige Handbewegung. „Lyllin, das ist geradezu lächerlich! Du bist nie dort gewesen, du weißt fast nichts darüber. Vielleicht gefällt es dir doch."

Sie sah wieder auf die Lichter zu ihren Füßen. „Nein."

„Und warum nicht?"

Sie schwieg einen Augenblick. Dann drehte sie sich um und sah ihm in die Augen. Ihr Gesicht erschien ihm wie ein blasser Schatten in diesem purpurnen Licht. „Es ist deine Welt, dort lebt dein Volk – nicht meines. Du wirst bestimmt gut mit den Leuten auskommen, aber was werden sie von mir halten?" Sie sah wieder von ihm weg und sprach mit leiser Stimme. „Was wirst du von mir halten, wenn du dort bei deinem Volk bist?"

Birrel war so wütend, daß er einen Augenblick nicht sprechen konnte. Dann faßte er sie mit beiden Händen an den Schultern und drehte sie zu sich herum. „Ich schäme mich für dich, Lyllin", sagte er heiser. „Wie kannst du nur auf solche Gedanken kommen. Das hätte ich nie von dir . . ." Er widerstand nur mühsam der Versuchung, sie grob zu schütteln. Bereits in den ersten Monaten seiner Ehe hatte er gelernt, daß es einen Ton gab, den man bei Lyllin auf keinen Fall anschlagen durfte, wenn man bei ihr etwas erreichen wollte. Deshalb sprach er geduldig weiter. „Lyllin, hör gut zu! Die Erde ist nur ein Name, ein Ort, an dem mein Großvater zufällig geboren wurde. Sonst nichts. Fast jeder hat schließlich Vorfahren, die auf der Erde gelebt haben, das weißt du genausogut wie ich."

„Du stammst überwiegend von Erdmenschen ab", wandte sie ein.

„Sicher", gab Birrel zu. „Mein Vater kam damals vom Sirius, um in die Dienste von Lyra zu treten, und der Vater meiner Mutter war zufällig ein Erdmensch. Gehöre ich deshalb zu einem Planeten, den ich noch nie mit eigenen Augen gesehen habe?"

Sie sah zu ihm auf, und er konnte ihren Gesichtsausdruck nicht deutlich erkennen, aber er dachte, daß sie überzeugt werden wollte. Er konnte sich nicht sehr gut mit Worten ausdrücken, deshalb nahm er sie in die Arme.

Sie schien noch nicht ganz überzeugt zu sein. Birrel mußte plötzlich daran denken, daß er nur wenig über die Erde wußte und keinesfalls vorhersagen konnte, wie man seine Frau dort behandeln würde. Sie hatte den Stolz ihres Volkes – und wenn sie dort wie eine Fremde, wie ein Eindringling behandelt und schief angesehen wurde . . .

Birrel machte sich deswegen immer noch Sorgen, als er am nächsten Tag zum Stützpunkt hinüberflog. Und dort sah er sich größeren Problemen gegenüber, als er zusammen mit seinem Stab die vorläufigen Flugpläne durchging.

Ewer, der dickliche und immer zu Scherzen aufgelegte Ingenieur, berichtete ihm die neuesten Entwicklungen, während sie auf dem Weg zum Kartenraum waren. „Das Erste und das Dritte Geschwader vom Orion sind unterwegs. Und wir haben ihre Spur verloren."

„Was soll das heißen – ihre Spur verloren?" wollte Birrel wissen.

„Hier, ich werde es Ihnen zeigen."

Sie hatten den riesigen, verdunkelten Raum betreten, der eine funkelnde Darstellung ihres Teils der Galaxis enthielt. Die Abbildung zeigte nur den verhältnismäßig kleinen Bereich, der bereits erforscht worden war, während jenseits dieses Gebietes die unerschlossenen Weiten lagen, deren Welten noch nicht erfaßt waren. Aber selbst dieser kleine Ausschnitt enthielt Tausende von Sonnen, Planeten und Nebeln, die maßstabgetreu projiziert wurden. Sie alle schienen in einem gewaltigen Spinnennetz gefangen zu sein, das aus hellen Längen- und Breitengraden bestand. Neben jedem Planeten leuchtete ein Symbol, das anzeigte, ob der betreffende

Planet eine Welt vom Typ E war, aber mit fremdartiger Bevölkerung, die nicht belästigt werden durfte; oder nicht vom Typ E; oder unbewohnbar; oder etwas anderes.

Ewer nahm einen Leuchtzeiger und wies damit auf ein Gebiet am äußersten Ostrand des Sektors Orion, das zwischen Wega und der Erde lag – allerdings reichlich nahe an der blauen Linie, die die Grenze des Sektors Lyra anzeigte. Der Lichtstrahl wanderte um ein dunkles Gebilde, das von roten Symbolen umgeben war.

„In diesem Gebiet treten besonders starke Radioemissionen auf", erklärte Ewer dabei.

Birrel nickte verständnisvoll. Das rote Symbol bedeutete sogenannte „heiße" Nebel, Ansammlungen von radioaktiven Gasen, deren Emissionen über das gesamte elektromagnetische Spektrum reichten und dadurch jegliche Aufklärung durch Fernradar verhinderten.

„Die beiden Geschwader vom Orion flogen in diese Richtung . . ." Ewer deutete einen Kurs an, der in südöstlicher Richtung an dem „heißen" Nebel vorbeiführte. „Unsere Radarstationen hier und hier und hier . . ." Er wies auf einen winzigen Mond, dann auf den Planeten einer dunkelroten Sonne, der das Symbol für „kein Sauerstoff, kein Leben" trug, und wieder auf einen Mond. Birrel dachte an das einsame Leben, das die Besatzungen der Stationen dort führen mußten. „. . . haben sie bis dorthin orten können", fuhr Ewer fort. „Aber dann verschwanden sie in diesem Gebiet – selbstverständlich, um unsere Aufklärung irrezuführen."

„Und wo befinden sie sich vermutlich jetzt?" fragte Birrel.

Ewer schüttelte den Kopf. „Das ist schwer zu erraten. Wahrscheinlich irgendwo in diesem Gebiet." Mit dem Leuchtzeiger wies er auf die Zone zwischen Wega und Erde, die in dieser verkleinerten Darstellung mit Sonnen förmlich vollgestopft zu sein schien. Der reinste Irrgarten, dachte Birrel, und das Fünfte würde dort hindurchmüssen.

„Sie stecken dort irgendwo, aber man müßte sehr starke Nahradargeräte einsetzen, um sie zu finden", sagte Ewer. „Falls sie wirklich dort sind, halten sie sich nicht sehr weit entfernt von Ihrem Kurs in Richtung Erde auf."

„Das habe ich bereits selbst gemerkt!" schnauzte Birrel.

„Entschuldigung", sagte Ewer.

Das Erste und das Dritte Geschwader vom Orion waren Solleremos' Eliteformationen. Diese Einheiten wurden bestimmt nicht grundlos verlegt. Birrel dachte besorgt an die Transporter, die sein Geschwader auf dem Flug zur Erde begleiten sollten – und an Lyllin, die mit einem von ihnen fliegen würde.

Er wies Ewer an, bis morgen einen Ausweichkurs zu berechnen, und flog in einem Hubschrauber zum Regierungsgebäude hinüber. Dort mußte er fast eine Stunde warten, bevor er zu Ferdias vorgelassen wurde.

„Ich weiß, daß die beiden Oriongeschwader unterwegs sind", sagte Ferdias sofort. „Und ich bin ganz sicher, daß Solleremos nur blufft, damit das Fünfte hierbleibt."

„Nehmen wir einmal an, es sei kein Bluff", meinte Birrel. „Vielleicht warten sie wirklich auf uns?"

Ferdias nickte. „Das ist natürlich möglich, aber ich glaube nicht daran."

„Die Transporter wären ziemlich hinderlich, falls es wirklich zu einem Kampf kommen sollte", gab Birrel zu bedenken.

„Das ist mir völlig klar, aber wir müssen es trotzdem riskieren." Ferdias machte eine ungeduldige Handbewegung. „Müssen wir alles noch einmal besprechen? Ich sage dir, die Weltenunion wird nie zulassen, daß das Fünfte in Kampfformation auf der Erde auftaucht! Sie waren sowieso nicht sehr davon begeistert, daß wir ein ganzes Geschwader schicken wollen. Sie sind zwar immer noch mißtrauisch, aber zur gleichen Zeit können sie sich nicht vorstellen, daß wir Böses im Schilde führen, wenn wir Frauen und Kinder mitbringen."

Dieser Gedankengang war Birrel neu. „Sie mißtrauen uns?"

„Selbstverständlich. Karsh hat berichtet, daß sich einige Agenten vom Orion an die führenden Männer der Weltenunion herangemacht haben. Sie versuchen das Gerücht unter die Leute zu bringen, daß ich die Erde annektieren wolle. Das wäre natürlich eine erstklassige Gelegenheit für Solleremos, der sich dann einmischen könnte, um meine angeblichen Absichten zu vereiteln."

„Ich werde auf jeden Fall mein Bestes tun", sagte Birrel.

„Das weiß ich, Jay."

„Aber ich möchte noch hinzufügen, daß ich nicht der richtige

Mann bin, wenn es sich um diplomatische Verwicklungen handeln sollte."

Ferdias lächelte. „Ich kann meine Leute beurteilen, deshalb bin ich anderer Meinung. Außerdem ist Karsh dort, der dir beistehen kann."

Birrel fühlte sich nicht gerade glücklich. Je mehr er über diesen Auftrag erfuhr, desto weniger kannte er sich damit aus – eine mißliche Lage für einen Mann, der zeit seines Lebens an klare Befehle gewohnt gewesen war.

6

DAS GESCHWADER startete, und Wega versank hinter ihm. Die Kreuzer, Schnellboote, Versorgungsschiffe und Transporter, zusammen dreiundachtzig Schiffe, waren plötzlich nur noch Lichtpunkte auf den Radarschirmen. Zwei Jahrhunderte lang strebte die Menschheit nun hinaus zu den Sternen, und jetzt waren Tausende von Männern, Frauen und Kindern wieder auf dem Weg zurück.

Zunächst hielten sie Kurs auf die Weißen Drei, drei helleuchtende Sterne, die zu den auffälligsten natürlichen Navigationshilfsmitteln des Sektors Lyra gehörten. Dann steuerte das Fünfte auf den erlöschenden roten Stern zu, der den Beginn der sogenannten Dunklen Passage markierte. Einige Zeit später war der Sektor Lyra nur noch ein schmaler Korridor zwischen den Sektoren Orion und Perseus. Als sie sich der ungewissen Grenze zwischen den Sektoren Lyra und Orion genähert hatten, lag zu ihrer Linken ein Friedhof aus erloschenen Sonnen und rechts von ihnen ein weitläufiger Nebel.

Birrel sah nachdenklich auf den Bildschirm des Großraumradars. Das Gebiet auf der Backbordseite war nur sehr undeutlich zu erkennen, denn winzige Staubpartikel lenkten die Strahlen des Radars ab. Auf der Steuerbordseite sah es noch schlechter aus, denn die starke elektromagnetische Ausstrahlung des Nebels verhinderte jegliche Aufklärung.

„Ich vermute", sagte Garstang vorsichtig und starrte auf den Schirm, „daß sie sich hier aufhalten." Er wies auf das Gebiet der toten Sonnen. „Innerhalb des Nebels wären ihre eigenen Nachrichtenverbindungen zu stark gestört.“

„Und wenn sie ganz dicht nebeneinander stehen?“ gab Birrel zu bedenken. „Die Raterei hat keinen Zweck. Wir müssen die Schnellboote vorschicken.“

Er ließ sich mit Grenard, dem Kommandeur des Schnellbootgeschwaders, verbinden. Die kleinen Boote umkreisten das Fünfte wie wachsame Hunde.

Grenard, ein verhältnismäßig junger Mann, war so rücksichtslos und unbekümmert, wie man es auf seinem Posten sein mußte, wenn man ihn zur Zufriedenheit seiner Vorgesetzten ausfüllen wollte.

„Ausgezeichnet“, sagte er sofort. „Ich werde mich mit dem Nebel beschäftigen und Nearing das andere Gebiet durchsuchen lassen. Wenn sie wirklich dort sind, dann finden wir sie bestimmt!“

„Halt, einen Augenblick“, warf Birrel hastig ein. „Es ist möglich, daß Sie sie entdecken und nicht in der Lage sind, uns benachrichtigen zu können, weil dort zu starke Störungen auftreten. Richten Sie eine Kette von Relaisstationen ein, damit Sie auf jeden Fall mit uns in Verbindung treten können.“

Grenard verstand sofort. „Glauben Sie, daß sie uns unter Umständen auf der Stelle erledigen werden?“

„Durchaus möglich“, antwortete Birrel kurz.

„Na, das klingt ja recht interessant“, gab Grenard fröhlich zurück. „Wir werden den Auftrag wie befohlen durchführen.“

Birrel sah Garstang an. „Sind wir auch einmal so gewesen? Immer auf Schwierigkeiten und Aufregungen aus, auch wenn es dabei um Kopf und Kragen ging?“

„Vermutlich waren wir nicht anders“, antwortete Garstang abgeklärt.

Das Geschwader formierte sich jetzt um, die mächtigen Kreuzer nahmen die verwundbaren Transporter in ihre Mitte, während die Versorgungsschiffe zurückblieben. Weit vor ihnen verschwanden die Schnellboote bereits in den ihnen zugewiesenen Aufklärungsgebieten.

Die Bildschirme in dem Radarraum der *Starsong* begannen zu flimmern. Über eine Relaiskette zeigten sie das, was Grenard und Nearing sahen.

„Vorläufig noch keine Feindberührung“, klang Grenards Stimme

Minuten treffen mußten. Es war ihm unmöglich erschienen, daß dieser Fall jemals eintreten könne, aber jetzt standen sie anscheinend tatsächlich vor einem Zusammenprall, der offenen Krieg bedeutete.

Es war immer noch Zeit genug, um die Transporter zurückzuschicken und einen schützenden Ring um sie zu bilden. Aber er wußte nur zu gut, was geschehen würde, wenn er das tat und nach Wega zurückkehrte. Er mußte weiterfliegen, weil Ferdias ihn aufs Spiel gesetzt hatte, genauso wie Birrel Grenard und Nearing.

„Kollisionskurs", wiederholte Grenard.

Die nächsten zehn Minuten schienen eine Ewigkeit zu dauern. Dann meldete Grenard sich wieder und sagte lakonisch: „Kollisionskurs."

Garstang starrte schweigend auf den Radarschirm. Er glaubt, daß ich unrecht habe, dachte Birrel. Und so sieht es auch aus. Ferdias scheint diesmal die Lage falsch eingeschätzt zu haben.

Noch dreiunddreißig Minuten, und wenn sie jetzt nicht bald auf einen anderen Kurs gehen, dann ist es doch kein Bluff, und wir müssen uns unserer Haut wehren. Zweiunddreißig. Einunddreißig. Los, Grenard, reden Sie, warum melden Sie sich nicht, schlaft ihr denn alle? Los.

„Kollisionskurs . . .", sagte Grenard, und Birrel fühlte sein Herz schneller schlagen, dann zuckte er zusammen, als Grenard fortfuhr: „. . . jetzt aufgegeben. Neuer Kurs der Oriongeschwader vierundsiebzig Grad West, fünf Grad Zenit. Soll ich weiter Fühlung halten?"

„Nein, das ist nicht nötig", sagte Birrel. „Aber verfolgen Sie ihren Kurs so lange wie möglich." Er drehte sich zu Garstang um.

„Na . . .", meinte Garstang und atmete erleichtert auf.

Birrel wartete, bis Grenard nach einiger Zeit meldete, daß die feindlichen Geschwader den Bereich seines Nahradars verlassen hätten – immer noch auf dem gleichen Kurs.

„Vorherige Positionen einnehmen!" befahl Birrel ihm. „Ausgezeichnet, Grenard."

„Sie haben sich abgesetzt", bemerkte er dann zu Garstang. „Ferdias hatte doch recht, sie wagen es nicht, uns in unserem eigenen Sektor anzugreifen."

Garstang warf einen prüfenden Blick auf den Bildschirm, der das Gebiet hinter ihnen zeigte.

„Jetzt haben sie uns zwar vorbeigelassen", sagte er dann nachdenklich, „aber sie sind immer noch da. Und was wird, wenn wir zurückkommen?"

Birrel schwieg. Er hatte sich ebenfalls darüber Gedanken gemacht und war keineswegs zufrieden, denn er hatte eine Vorahnung, daß man sie nur zur Erde fliegen ließ, weil sie dadurch in eine Falle gingen.

7

WEIT vor ihnen schien eine winzige gelbe Sonne, die in dieser großen Leere wie verloren aussah.

Kurz darauf ließen sich die Planeten bereits deutlich erkennen. Sie waren fast alle unbewohnbar, aber der dritte gehörte zum Typ E. Venner meldete diese Tatsache und sah eine Sekunde später erstaunt von seinen Instrumenten auf, als sei ihm gerade erst eingefallen, woher diese Bezeichnung „Typ E" stammte. Dann kamen die ersten Funksprüche von der Erde, zuerst eine offizielle Begrüßung, dann die Landegenehmigung. Das Geschwader gruppierte sich um und ging auf Landekurs.

Garstang berührte Birrels Arm und wies auf den winzigen blauen Planeten mit einem Mond, dem sie sich näherten. „Die Erde."

Das Geschwader raste darauf zu, die Kreuzer, Versorgungsschiffe und Transporter, die Männer, Frauen und Kinder – Fremde aus den Tiefen der Galaxis. Und doch nicht völlig fremd, denn viele von ihnen trugen Namen von Menschen, die einmal auf der Erde gelebt hatten, und manche hatten sogar noch das gleiche Blut in den Adern.

Auf der Brücke war es ruhig geworden. Birrel vermutete, daß es auf den anderen Schiffen ähnlich sein mußte, daß jeder aus den Bullaugen starrte und dabei seine eigenen Gedanken hatte. Er fragte sich, was Lyllin jetzt denken mochte, und wünschte, sie wäre hier bei ihm anstatt in einem der Transporter.

Die Erde kam näher. Er erkannte Wolken und eine schneeweiße

den Birrel nicht ausstehen konnte, weil er sich in Gegenwart dieser Leute immer wie ein ungehobelter Bauernjunge vorkam. Der Mann lächelte zwar verbindlich, aber Birrel hatte trotzdem das Gefühl, daß der andere ihm nicht wohlwollte.

Er entschuldigte sich und ging zu dem Transporter hinüber, in dem Lyllin auf ihn wartete. Zuerst dachte er, er habe sich in der Kabine geirrt, denn er hatte sie noch nie so gesehen. Sie trug ein Kleid, das in Zuschnitt und Material untadelig war und der letzten Mode auf der Erde entsprach. Sie sah allerdings nicht wie eine Frau von der Erde aus, denn ihre Hautfarbe, die Augen und das Haar wirkten zu fremdartig. Aber trotzdem war sie strahlend schön, und er sagte es ihr auch.

„Ich freue mich, daß ich zivilisiert genug aussehe, um deinem Volk zu gefallen", antwortete Lyllin sanft.

„Meinem Volk?" fragte Birrel wütend. „Denkst du immer noch an den Blödsinn? Ich stecke hier bis zum Hals in Schwierigkeiten, aber meine Frau muß sich wie eine Mimose benehmen und mir das Leben noch schwerer machen."

Lyllins Gesichtsausdruck veränderte sich. „Was für Schwierigkeiten meinst du?" Er schwieg. Sie sah ihn unverwandt an. „Es ist gefährlich, nicht wahr?"

„Ich hätte es dir bestimmt erzählt, wenn ich darüber sprechen dürfte", sagte er. „Das weißt du doch. Denke nicht mehr daran. Und vor allem nicht mehr daran, daß dieses Volk ausgerechnet mein Volk sein soll!"

Sie gingen zusammen den Laufsteg hinunter. Lyllin ließ sich ihre Unsicherheit nicht anmerken. Birrel bemerkte, daß Mallinson sie bewundernd ansah, aber das machte ihn in seinen Augen auch nicht sympathischer. Er entfernte sich einige Schritte von den anderen, um Brescnik die nötigen Befehle zu geben.

„Zwei Tage Urlaub für ein Drittel der Besatzungen, dann turnusmäßiger Wechsel", sagte er. „Ich möchte, daß die Schiffe weiterhin einsatzbereit bleiben."

Brescnik sah ihn überrascht an. „Die Männer werden schön fluchen."

„Sollen sie ruhig. Stellen Sie sofort fest, welche Reparaturen zu erledigen sind. Die Werfteinrichtungen hier dürften dafür genügen."

Brescnik zog ein schiefes Gesicht. „Ich habe schon fünftklassige Planeten gesehen, auf denen sie besser waren. Reichlich heruntergekommen! Aber wir werden es schon schaffen."

EINIGE Zeit später saßen sie in Charteris' Limousine und fuhren auf einer zwölfspurigen Autobahn nach Osten. Birrel hatte sich erklären lassen, daß man auf der Erde in dichtbesiedelten Gegenden Autos den Hubschraubern vorzog. Während Mallinson mit Lyllin eifrig Konversation machte, begnügte sich Charteris mit einigen Erklärungen über die vorbeihuschende Landschaft.

Birrel stellte fest, daß ihm die Erde keineswegs fremd erschien. Es war eine grüne Welt, aber das waren fast alle Planeten vom Typ E. Viele von ihnen wiesen ebenfalls einen blauen Himmel mit weißen Wolken auf. Die Sonne, die jetzt hinter ihnen unterging, schien ihre Farbe von Gold zu Rot zu ändern, und die langen Strahlen beleuchteten endlose Siedlungen von Reihenhäusern aus Metall und Plastik, wie man sie auf jeder anderen modernen Welt sehen konnte. Aber dann richtete Birrel sich plötzlich auf und starrte nach vorn. Weit vor ihnen erhob sich die erstaunlichste Stadt, die er je gesehen hatte.

Ihr Anblick war überwältigend und zur gleichen Zeit lächerlich. Die riesigen Türme wirkten unglaublich schlank und zerbrechlich. Auf keinem Planeten, den er bisher besucht hatte, war diese Senkrechtbauweise üblich. Aber Birrel wußte, daß diese Stadt alt war, und er nahm an, daß dieser Baustil, der schon seit Jahrhunderten überholt war, sich nicht einfach ändern ließ – schließlich konnte man nicht von einem Tag auf den anderen eine ganze Stadt niederreißen und von vorn anfangen. Trotzdem fand er diese grotesken Gebilde niederdrückend, als sie zwischen ihnen hindurchfuhren.

CHARTERIS' großes Apartment hoch über den unzähligen Lichtern, die jetzt bei Beginn der Abenddämmerung aufzuflammen begannen, war hübsch eingerichtet. Charteris zeigte ihm das riesige Gebäude der Weltenunion, das sich einen Kilometer von ihnen entfernt erhob. „Es steht an der gleichen Stelle, an der sich früher das Gebäude der Vereinten Nationen befand", erklärte er Birrel. „Das war ein großer Tag, als die UNO vor fast hundertfünfzig

damit abfinden müssen. Birrel wünschte ihnen eine gute Nacht und drehte sich dann noch einmal zu ihnen um, als sei ihm noch etwas eingefallen.

„Was ich noch sagen wollte", bemerkte er beiläufig, „ich möchte gern das Haus besichtigen, in dem meine Familie früher gelebt hat. Es soll nicht weit von hier liegen."

Charteris nickte verständnisvoll. „Selbstverständlich. Ich weiß, daß viele Besucher das gleiche wollen, wenn sie auf die Erde zurückkommen – eine gewisse Sentimentalität."

„Die Weltenunion braucht keine Sentimentalität, sondern etwas mehr Loyalität", warf Mallinson scharf ein.

Einige Sekunden herrschte betretenes Schweigen, dann rettete Charteris die Situation. „Keine Politik, Ross. Vor allem nicht mit einem Gast. Gute Nacht, Kommandeur."

Birrel ging in sein Zimmer und sah, daß Lyllin bereits schlief – oder zu schlafen vorgab. Er war froh darüber, denn er wollte hier nicht zu viel sprechen. Es konnte Abhöranlagen geben. Mallinson war alles zuzutrauen – seine Bemerkung hatte nur zu deutlich gezeigt, was er fühlte. Vermutlich teilte er diese Auffassung mit vielen anderen, die ebenfalls noch nicht verwinden konnten, daß die Erde ihre führende Rolle verloren hatte.

Birrel lag schlaflos im Bett und überlegte. Jetzt sah er ein, daß Ferdias' Agent ihn unmöglich hier treffen konnte, wo er im Blickpunkt der Öffentlichkeit stand. Er ärgerte sich darüber, daß er nicht sofort zu Karsh fahren konnte, sondern noch länger warten mußte, um nicht unhöflich zu erscheinen. Im stillen machte er sich bereits auf einen weiteren anstrengenden Tag gefaßt.

DER NÄCHSTE Tag war in der Tat reichlich anstrengend, aber nicht in der Art, wie Birrel es vermutet hatte. Mallinson erschien um zehn Uhr, um Birrel die Stadt zu zeigen. Charteris' Gattin, die Lyllin in ihr Herz geschlossen hatte, war bereits mit ihr unterwegs, deshalb war Birrel mit dem jungen Diplomaten allein.

„Zuerst natürlich das Gebäude der Weltenunion", schlug Mallinson vor, als sie zu seinem Wagen gingen. „Es ist wirklich sehr interessant."

Birrel sah unlustig aus dem Wagenfenster auf die belebten Straßen hinaus. Die hochaufragenden Gebäude, die „Wolkenkratzer" genannt wurden, der Lärm und die Betriebsamkeit der Menschen – alles das erschien ihm fremdartig und abstoßend. Er konnte sich gut vorstellen, daß ein Raumfahrer hier Platzangst bekam.

„Sie wollen doch bestimmt den Sitzungssaal sehen", meinte Mallinson, als sie vor dem Koloß aus Metall und Plastik angelangt waren, in dem der Große Rat der Weltenunion tagte. „Kommen Sie, wir gehen auf die Galerie."

Birrel fühlte Verwirrung in sich aufsteigen, als sie auf der Galerie standen.

Als dieses Gebäude vor hundertfünfzig Jahren errichtet worden war, hatten seine Erbauer großartige Ideen gehabt. Zu großartige. Das weite Rund des Plenarsaals faßte einige tausend Sitzreihen, die zu weniger als einem Fünftel besetzt waren. Über jeder hingen Schilder, auf denen stand, woher die betreffenden Abgeordneten kamen. Die Erde stellte das größte Kontingent, wozu allerdings auch die Delegierten aus den Industriesiedlungen auf anderen Planeten dieses Sonnensystems zählten. Einige der näher liegenden Systeme entsandten ebenfalls Abgeordnete – Tau Ceti, Alpha Centauri und zwei oder drei andere. Die Schilder über den leeren Sitzreihen waren unbeschriftet.

Birrel fühlte sich unbehaglich, während er auf sie hinunterblickte. Dort sollten ursprünglich die Abordnungen von Lyra, Orion, Cepheus, Leo und Perseus sitzen, um die fünf großen Sektoren der galaktischen Zivilisation zu vertreten – in der guten alten Zeit, als jedermann glaubte, daß dieser Raum einmal das Zentrum eines mächtigen Sternenreiches sein würde. Ich bin nicht schuld daran, dachte Birrel, daß alles so gekommen ist – das war schon lange, ehe ich auf die Welt kam, aber trotzdem war es kein schöner Anblick.

Charteris saß auf einem etwas erhöhten Sessel, wie es dem Vorsitzenden zukam, und hörte ernst zu, während ein älterer Abgeordneter sich langatmig über ein Gesetz ausließ, dessen Sinn Birrel nicht zu begreifen vermochte.

„Eindrucksvoll, nicht wahr?" fragte Mallinson.

Birrel warf noch einen Blick auf den Saal und einen zweiten auf die gähnende Leere auf der Zuschauergalerie, dann drehte er sich um und sah Mallinson direkt in die Augen. „Sie sind der Meinung,

sollte. Er stand mit einigen anderen Offizieren am offenen Tor des großen Schuppens und starrte neugierig ins Innere.

Brescnik grüßte, als er Birrel sah, dann drehte er sich wieder um und wies in den Hangar hinein. „Sehen Sie sich das an. Komisches Ding, was?"

Birrel sah genauer hin. Dort lag ein Schiff, das so winzig und seltsam war, daß er zuerst gar nicht merkte, daß es überhaupt ein Raumschiff war. Es war nicht größer als ein Vorpostenboot, es war klobig in der Form, und es sah aus, als sei es aus Zinn gegossen, anstatt aus modernen Legierungen hergestellt. Zwei Wartungsmannschaften der Weltenflotte kletterten auf dem merkwürdigen Apparat herum, zogen lockere Schrauben nach und polierten das ganze Schiff, das trotzdem noch scheußlich genug wirkte.

„Was soll denn das sein?" wollte Birrel wissen.

Brescnik grinste. „Das ist der Stolz der Erde", erklärte er dann. „*Trailblazer One,* das erste Sternenschiff, das jemals geflogen ist. Die Kerle hatten es die ganze Zeit in einem Museum versteckt – und da gehört es meiner Meinung nach auch hin – und es nur einmal vor hundert Jahren wieder herausgeholt, um es zum hundertjährigen Jubiläum fliegen zu lassen."

„Soll das etwa heißen, daß sie wieder damit fliegen wollen?" fragte Birrel erstaunt.

Brescnik nickte. „Sie behaupten es jedenfalls. Bei der Luftparade. Nur ein kleiner Vergnügungsflug, sagen sie."

Garstang schüttelte langsam den Kopf. „Lieber ohne Radar durch einen Sternhaufen als zehn Kilometer in diesem Schrotthaufen. Wie haben sie das Ding eigentlich jemals in die Luft gebracht?"

Das fragte Birrel sich auch gerade. Auf der Raumakademie hatten sie selbstverständlich auch Unterricht über die Geschichte des bemannten Raumflugs gehabt. Aber damals war nur die Rede von Namen, Daten und Antriebsmethoden gewesen, ausschließlich nüchterne Tatsachen, die man auswendig lernte, um nicht bei den Prüfungen durchzufallen. Er hatte sich nie richtig vorstellen können, wie unglaublich gefährlich diese ersten Flüge gewesen sein mußten – das wurde ihm erst jetzt klar. Bisher hatte er die Idee eines 200-Jahre-Jubiläums belächelt und war überzeugt gewesen, daß sie von einigen Leuten stammte, die darin eine gute Gelegenheit sahen, sich der staunenden Umwelt als Redner zu präsentieren. Aber nun sah er ein, daß es doch einen Grund dafür gab. Jetzt wußte er auch, warum dieses Jubiläum für die Leute hier so viel bedeutete.

„Übernehmen Sie jetzt wieder das Kommando?" fragte Brescnik hoffnungsvoll.

Birrel schüttelte den Kopf. „Nein, Sie müssen mich vorläufig weiterhin vertreten. Die Leute hier können nicht mehr ohne mich sein, alle sind völlig begeistert von meiner charmanten Art. Tut mir leid, Brescnik."

„Jawohl, Sir", antwortete Brescnik mit einem Gesicht, als habe er auf eine Zitrone gebissen.

Birrel grinste. „Sie sind doch den ganzen Tag hier herumgelaufen", sagte er dann ernst. „Sagen Sie, haben Sie gesehen, daß irgendwo Vorbereitungen umfangreicher Art getroffen wurden, aus denen man schließen kann, daß die Leute eine größere Anzahl von Schiffen erwarten?"

Brescnik runzelte die Stirn. „Dort drüben wurden eine Menge Docks geräumt."

„Genügend, um ein Geschwader aufzunehmen?"

„Das kann ich nicht sagen, ich bin nur zufällig vorbeigekommen", antwortete Brescnik. Er sah Birrel scharf an. „Wessen Geschwader?"

Birrel zögerte. „Sie wissen doch, daß Lyra nicht der einzige Sektor ist, der eine Abordnung schickt. Vielleicht kommen ein paar Schiffe von Leo oder Cepheus."

„Oder ein Geschwader vom Orion?" fragte Brescnik. Birrel schwieg. „Das eine kann ich Ihnen sagen, Kommandeur, wenn dieser Solleremos die Frechheit besitzt, sein Geschwader neben uns landen zu lassen, dann kann ich für nichts garantieren."

„Genau", pflichtete Garstang ihm bei. „Ich bezweifle, daß wir unsere Leute dann noch zurückhalten können – und diesmal wäre es bestimmt nicht nur eine Schlägerei!"

Nein, dachte Birrel nüchtern, es würde nicht bei einer Schlägerei bleiben. Vermutlich würde es zu einem erbitterten Zusammenstoß zwischen Orion und Lyra kommen, der sich dann durch die ganze Galaxis fortpflanzen würde.

Er zögerte. Er mußte eine Entscheidung treffen, ohne bisher einen triftigen Grund dafür zu haben, aber er mußte sie treffen.

Birrel fluchte. „Klar“, stimmte Garstang zu, „aber du mußt immerhin zugeben, daß das Ferdias ähnlich sähe. Ich bin jedenfalls froh, daß ich keine Familie habe, die ich hätte mitnehmen müssen.“

Birrel hatte auf der Fahrt nach New York nachgedacht. Karshs Bericht an Ferdias war also doch richtig gewesen – die Menschen hier brachten dem Geschwader tatsächlich Mißtrauen entgegen. Vielleicht traf es zu, daß Agenten vom Orion diese Stimmung bewußt zu erzeugen versucht hatten, aber andererseits war sie tatsächlich vorhanden. Karsh, der die augenblickliche Lage besser kannte, würde ihm einen Rat geben können, wie er sich am besten verhalten sollte. Vorausgesetzt, dachte Birrel wütend, daß ich jemals diesen stupiden gesellschaftlichen Verpflichtungen entkomme und mich mit Karsh in Verbindung setzen kann.

Mallinson hielt an und ließ alle aussteigen. Sie waren sofort in einer unübersehbaren Menge eingekeilt, die aus Menschen bestand, die wegen der bevorstehenden Feierlichkeiten nach New York geströmt waren. Jedermann schien bester Laune zu sein, alle lachten und lärmten auf den taghell erleuchteten Straßen. An jeder Straßenkreuzung standen Lautsprecher, aus denen ständig der eigens für diesen Anlaß komponierte „Jubiläumsmarsch“ erklang. Nur einmal wurde die Musik einen Augenblick lang von einem dumpfen Grollen übertönt, das aus dem dunklen Himmel über der Stadt kam. Birrel horchte aufmerksam und stellte schließlich erleichtert fest, daß es sich um ein kleines Raumschiff der Klasse F-9 gehandelt haben mußte.

Sie drängten sich in einen Nachtklub, der den merkwürdigen Namen „Birdland“ trug und in dem es fast ebenso laut herging wie auf den Straßen. Eine kleine Band erfüllte den Raum mit fremdartigen Rhythmen. Ein Teil des Publikums tanzte unter teilweise heftigen Körperverrenkungen. Viele der Gäste waren in Uniform erschienen, so daß Birrel und Garstang keineswegs auffielen – überall waren die schwarzen Uniformen der Weltenunion zu sehen, aber auch rote von Cepheus und grüne von Leo. Alle starrten Birrel an – und vor allem Lyllin, deren eindrucksvolle Schönheit selbst hier nicht ihresgleichen hatte.

„Merkwürdig, heute sind längst nicht so viele von Ihren Leuten in der Stadt, wie ich eigentlich erwartet hätte“, sagte Mallinson zu Birrel, als sie endlich einen Tisch für sich bekommen hatten. „Ich dachte, daß sie sich ein bißchen in New York umsehen würden."

Birrel zuckte mit den Schultern. „Wir haben noch ein paar dringende Reparaturarbeiten zu erledigen, deswegen haben sie keine Zeit."

„Ja, natürlich", pflichtete Mallinson ihm sofort lächelnd bei. „Ich kann mir gut vorstellen, daß Ihre Besatzungen eine Menge Arbeit haben, bis alle Vorbereitungen getroffen sind." Dann wandte er sich an Lyllin und hielt ihr einen Vortrag über die Unterschiede zwischen amerikanischem Bourbon und schottischem Whisky.

Du kannst ruhig weitersticheln, wenn es dir Spaß macht, dachte Birrel. Ich verrate euch trotzdem nichts. Und wo war Charteris eigentlich? Was hielt ihn davon ab, sich seinen Gästen zu widmen?

Die Musik und die laute Unterhaltung gingen Birrel auf die Nerven. Er sah sich um und stellte fest, daß er von allen Seiten neugierig angestarrt wurde. Das paßte ihm noch weniger. Er beobachtete zwei junge Offiziere der Weltenflotte, die ihn und Lyllin von der Bar aus abschätzend ansahen. Dann machte einer von ihnen eine Bemerkung, über die der andere lachte. Birrel wollte wütend aufspringen, aber in diesem Augenblick hörte er ein leises Summen in seiner Tasche.

„Entschuldigen Sie mich für einen Moment", sagte er zu Mallinson, dann stand er auf und ging durch die Vorhalle zu den Toiletten. Dort holte er sein Funksprechgerät aus der Jackentasche, drückte auf den Sprechknopf. „Ja?"

Er glaubte einen schwachen Seufzer gehört zu haben. Dann nichts mehr. Das winzige grüne Blinklicht auf der Vorderseite des Geräts arbeitete nicht mehr.

Birrel zog nachdenklich die Augenbrauen in die Höhe. Nur sehr wenige Leute kannten die Wellenlänge, auf der sein Privatfunkgerät arbeitete. Er konnte sich beim besten Willen nicht vorstellen, daß einer von ihnen nur aus Scherz mit ihm in Verbindung treten wollte.

Oder war es doch ein Scherz gewesen? Birrel glaubte es nicht. Was dann? Er konnte es sich nicht vorstellen, aber plötzlich

Jetzt mußte gleich der siebte kommen und dann der Rest des Geschwaders. Birrel wartete nervös.

Das Geräusch verklang, ohne daß noch etwas zu hören gewesen wäre. Die Band spielte einen langsamen Walzer. Mallinson setzte sich lächelnd.

„Das war bestimmt die offizielle Delegation von Perseus", erklärte er. „Mr. Charteris ist zum Raumflughafen hinausgefahren, um sie zu begrüßen."

Birrel sah ihn böse an, weil er sich vorstellen konnte, mit welchem Vergnügen Mallinson ihn beobachtet haben mußte. So ging es nicht mehr weiter, er mußte sich Rat holen. Birrel ergriff die Gelegenheit, die sich ihm bot. „Ich kann mir vorstellen, daß sich Mr. Charteris seinen Besuchern widmen muß", sagte Birrel schnell. „Vielleicht kann ich unterdessen den kleinen Ausflug unternehmen, den ich vorhatte."

„Ja, natürlich, Sie wollen das Haus besichtigen, in dem Ihre Familie gelebt hat. Ich werde Ihnen einen Hubschrauber bereitstellen lassen", sagte Mallinson bereitwillig.

„Ich hätte lieber einen Wagen, wenn es Ihnen nichts ausmacht", meinte Birrel.

Mallinson war sofort einverstanden. Er will mich von hier weghaben, dachte Birrel. Aber warum?

Vielleicht konnte Karsh ihm weiterhelfen. Birrel hoffte sehr, daß er nicht in Verlegenheit kommen würde, sich in diesem undurchschaubaren Dschungel selbst zurechtfinden zu müssen.

10

ALS BIRREL am nächsten Vormittag zusammen mit Lyllin New York verließ, um auf der breiten Autobahn nach Norden zu fahren, bedauerte er es beinahe, daß er den angebotenen Hubschrauber nicht akzeptiert hatte. Eigentlich war es geradezu lächerlich, daß ein Mann, der ein ganzes Geschwader durch den Weltraum führte, sich vor dem Verkehr auf der Erde fürchtete. Birrel stand jedoch Todesängste aus. Keiner der anderen Fahrer schien zu wissen, daß es hier eine Geschwindigkeitsbeschränkung von hundertfünfzig Stundenkilometern gab, sondern alle rasten wild hupend an Birrel vorbei. In regelmäßigen Abständen standen Streifenwagen der Polizei, deren Besatzungen allerdings lieber Zeitung lasen oder rauchend neben ihren Wagen standen, anstatt sich um die Einhaltung der Verkehrsvorschriften zu kümmern.

Lyllin, die die ganze Zeit über geschwiegen hatte, wandte sich erst an ihn, als sie auf eine weniger befahrene Straße abgebogen waren. „Wie weit ist es jetzt noch?"

Der Ton ihrer Stimme ließ ihn aufhorchen. „Ich muß dir noch den eigentlichen Grund unserer Fahrt erklären", begann Birrel vorsichtig. „Ich wollte nur gestern nicht darüber sprechen – nicht in Gegenwart der anderen."

Lyllin sah weiter aus dem Fenster. „Du mußt mir gar nichts erklären. Schließlich ist es ganz natürlich, daß du das Haus besichtigen willst, in dem deine Familie so lange gelebt hat."

„Kannst du mir vielleicht einen Augenblick lang zuhören?" fragte er wütend. „Schon wieder meine Familie! Was kümmert es mich, wo mein Urgroßvater gelebt hat? Ich fahre nur dorthin, weil Ferdias mir den Befehl dazu gegeben hat. Eigentlich hätte ich dir das gar nicht erzählen dürfen."

Lyllins Gesichtsausdruck hellte sich sichtlich auf, als sie sich zu ihm umdrehte. „Auf Befehl von Ferdias? Aber warum . . ." Sie schwieg und meinte dann langsam: „Du sollst dich dort mit jemand treffen, nicht wahr?"

„Ja, genau das."

„Und ich hätte nichts davon erfahren dürfen?"

Birrel nickte zustimmend.

Lyllin schien ein Stein vom Herzen gefallen zu sein. „Es macht mir nichts aus, du brauchst nicht darüber zu sprechen. Ich mache mir zwar Sorgen und möchte es gern wissen, aber es geht auch so."

Birrel wußte, daß sie so erleichtert war, weil sie erfahren hatte, daß er sich im Grunde genommen herzlich wenig aus dem Haus seiner Familie machte, sondern daß dieser Besuch nur ein Täuschungsmanöver war.

Sie verließen die breite Straße, die sie bisher benutzt hatten, und fuhren auf einer von Bäumen gesäumten Landstraße weiter, die sich durch die hügelige Landschaft wand. Birrel kannte einige der Bäume, die er bereits auf anderen Planeten gesehen hatte,

„Wir müssen einfach warten", sagte Birrel schließlich zu Lyllin. „Der Mann, den ich hier treffen sollte, muß bald zurückkommen, sonst hätte er nicht die Tür offengelassen."

„Meinst du, daß wir unter Umständen hier übernachten müssen?" fragte Lyllin. „Aber Essen . . . und Betten . . ."

„Wir müssen uns eben umsehen", meinte Birrel.

Sie fanden dicke Wolldecken auf einem der alten Betten. Und in der Küche standen einige Kartons mit Lebensmitteln in Plastikbehältern.

„Verhungern werden wir nicht", stellte Birrel fest, „aber ungemütlich ist es trotzdem."

Während Lyllin das Abendessen zubereitete, ging er nach draußen und untersuchte die alte Scheune. Sie stand leer bis auf einen verrosteten Mähdrescher. Er ging wieder ins Freie und sah auf die unbebauten Felder hinaus, die hinter dem Haus begannen.

Dann ging er wieder ins Haus und half Lyllin, die sich mit einem altmodischen Infrarotgrill abmühte. Selbst das rote Licht der untergehenden Sonne ließ die schäbige Kücheneinrichtung nicht gemütlicher erscheinen. Lyllin lächelte ihm aufmunternd zu, als er das sagte.

„Ganz so schlimm ist es nicht", tröstete sie ihn. „Wir werden auf der Veranda hinter dem Haus essen – dort ist es nicht so stickig wie hier drinnen."

Leider war die Veranda nicht mit Fliegengittern versehen, so daß sich unzählige blutdürstige Insekten auf sie stürzen konnten. Birrel schlug wild um sich und fluchte dabei. Der Abendhimmel erglühte dunkelrot, während sich im Westen rosa Wolken übereinandertürmten. Die düsteren Wälder am Horizont bildeten eine drohende Wand.

Ein kleines Tier schlich lautlos durch das hohe Gras bei der Scheune, kauerte sich lauernd zusammen und starrte sie aus grünen Augen an.

„Was ist das, Jay – ein wildes Tier?"

„Nein, nur eine Katze", beruhigte er sie. „Einer der Männer der *Stardream* hat sich einmal eine von einem anderen Planeten mitgebracht und sie überall mit sich herumgeschleppt. Sie hieß Tom." Er warf der Katze ein Stück Fleisch vor die Füße. „Hier, Tom."

Das schwarze Tier näherte sich vorsichtig einige Schritte, starrte die beiden mißtrauisch an und wandte sich dann dem Fleischbrocken zu. Einen Augenblick später drehte es sich plötzlich um und verschwand.

Es wurde dunkel. Birrel fühlte eine gelinde Verzweiflung in sich aufsteigen. Karsh war noch nicht gekommen. Was war, wenn er gar nicht kam? Wie lange konnte er mit dem Geschwader auf diesem Planeten bleiben, ohne zu wissen, was unterdessen im Raum vor sich ging, ob die Geschwader vom Orion noch auf der Lauer lagen oder ob sie sich näherten? Außerdem mußte er bald wieder zu seinen Leuten zurück.

„Wäre es nicht möglich, daß der Mann in Orville auf dich wartet?" fragte Lyllin. „Vielleicht weiß er gar nicht, daß wir gekommen sind?"

„Kann sein", gab Birrel zu und griff nach dem Strohhalm, der sich ihm damit bot. „Ich werde ins Dorf fahren. Wenn er wirklich dort ist, werde ich nicht lange zu suchen brauchen. Macht es dir etwas aus, hier zu warten – falls er doch hier auftaucht?"

Lyllin versicherte ihm, daß es ihr nichts ausmache. Aber Birrel nahm trotzdem seine Schockpistole aus der Tasche und legte sie vor sie auf den Tisch, bevor er nach Orville fuhr, um Karsh zu suchen.

11

BIRREL fuhr schnell auf das Dorf zu, das dunkel und verlassen vor ihm lag. Die Straßen waren schlecht beleuchtet und wenig belebt. Nur das Quaken der Frösche am Fluß unterbrach die schläfrige Stille des Sommerabends.

Er sah ein Gasthaus an der Straße und ging darauf zu, nachdem er den Wagen geparkt hatte. Es war zwar ziemlich unwahrscheinlich, daß Karsh ausgerechnet dort zu finden sein würde, aber sonst war kaum noch ein Haus beleuchtet, und Birrel hatte das Gefühl, als habe er dringend einen Schluck Bier nötig. Das Dutzend Männer in dem niedrigen, verräucherten Raum verfiel in Schweigen, als er hereinkam. Birrel ging an die Bar, wobei die anderen Gäste ihm neugierig nachstarrten. Der Wirt, ein kleiner, geschäftiger Mann mit grüner Schürze, trocknete sich rasch die Hände ab,

unseren Sheriff, der nie zu arbeiten braucht, weil wir alle so brav sind, hahaha . . ." – „Leslie Owen, der die kleine Tankstelle um die Ecke hat . . ." – „John Dine . . . Ed Cahoon . . . Fred MacCall . . ." Birrel erfuhr, daß die drei Letztgenannten bereits einige Raumfahrten hinter sich hatten. Die Erde sah so heruntergekommen und altmodisch aus, daß man zu leicht vergaß, daß sie immer noch den größten Teil aller Raumfahrer stellte.

Schließlich brachte Birrel es doch fertig, sich zu verabschieden und sich bei allen zu bedanken. Dann drängte er sich zur Tür durch.

„Ich muß jetzt unbedingt gehen", sagte er entschuldigend, „meine Frau wartet auf mich." Die anderen riefen ihm fröhlich „Gute Nacht" nach. „Vielleicht können Sie mich ein Stück mitnehmen", schlug Vinson vor. „Ich wohne an derselben Straße wie Sie – nur ein paar hundert Meter vorher."

Birrel schwitzte, als er im Wagen saß. Das hatte ja wunderbar geklappt! Er hatte einen geheimen Auftrag, und jetzt kannte ihn das ganze Nest. Wenn er wenigstens etwas erreicht hätte.

Vinsons Farm, die aus einem gutgepflegten Wohnhaus und ein paar Nebengebäuden bestand, lag unmittelbar an der Straße. „Na, das war aber eine Überraschung", meinte er, als er ausstieg. „Ich hätte nie gedacht, daß ich eines Tages erleben würde, wie der Nachkomme eines Auswanderers wieder auf die Erde zurückkommt. Da sieht man wieder, wie klein das Universum doch eigentlich ist."

„Das Universum ist klein", sagte Birrel ernst, und Vinson nickte.

„Stimmt. Na, dann auf Wiedersehen. Besuchen Sie und Ihre Frau uns doch einmal. Gute Nacht."

Als Birrel weiterfuhr, sah er plötzlich, daß die Bäume vor ihm von einem gelblichen Licht hell angestrahlt wurden. Dann tauchte eine riesige Kugel hinter einem Hügel auf. Erst in diesem Augenblick wußte er, woher das Licht kam – die Kugel war der Mond, an dem sie vorbeigeflogen waren, bevor sie auf die Erde kamen.

Der Mond der Erde. Der Mond, der in den alten Gedichten besungen wurde, die immer noch gelesen wurden. Nicht übermäßig eindrucksvoll, aber ganz hübsch. Seltsam, daß beinahe alles, was man in der Schule gelernt hatte, sich irgendwie auf diesen alten Planeten zurückführen ließ. Birrel vermutete, daß einige der Blumen, die in dieser lauen Nacht ihren Duft verströmten, Rosen waren. Eigentlich wußte er doch eine Menge über die Erde, obwohl er noch nie zuvor hier gewesen war.

Die alte Straße schien im Mondschein vor sich hin zu träumen. Birrel sah zu dem sternenübersäten Himmel auf. Ob sein Urgroßvater wohl ebenfalls den Blick zu den Sternen erhoben hatte, wenn er nachts auf dieser Straße gegangen war? Er mußte hinaufgesehen haben. Er hatte es immer wieder getan, und eines Tages war er zu diesen Sternen hingeflogen und nie wieder zurückgekehrt.

Das Haus war dunkel, als er davor hielt. Lyllin saß auf den Stufen vor der Tür.

„Nichts. Hier ist niemand gewesen", sagte sie, als er sich neben ihr niederließ.

„Und in dem Dorf war Karsh ebenfalls nicht zu sehen", erzählte er ihr. „Jetzt sitzen wir schön in der Tinte! Aber wir müssen trotzdem warten."

Sie saßen eine Weile schweigend nebeneinander auf der Treppe und genossen den kühlen Ostwind. Überall waren leise Geräusche zu hören, vor ihnen summte, zirpte und krabbelte es unaufhörlich in dem hohen Gras. Birrel fühlte sich immer unbehaglicher. Brescnik war zwar ein ausgezeichneter Offizier, aber Birrel war für das Geschwader selbst verantwortlich und konnte nicht unbegrenzt lange von seinen Leuten fernbleiben.

Seltsame, glühende Punkte schwirrten an ihnen vorbei, und Birrel bemerkte plötzlich, daß die Luft von ihnen erfüllt war. Die winzigen Lichtpunkte tanzten auf und ab, glühten auf und verloschen wieder, schwebten unter den Bäumen und über dem hohen Gras.

„Was für Tiere sind denn das?" fragte Lyllin erstaunt.

„Glühwürmchen?" meinte Birrel zweifelnd. „Von meiner Schulzeit her kann ich mich vage an diesen Namen erinnern."

Dann erschrak er, denn aus der Dunkelheit tauchte unvermittelt ein kleines Tier auf und sprang auf seinen Schoß. Zwei grüne Augen leuchteten und schienen ihn spöttisch anzusehen. Es war die schwarze Katze.

„Sie ist sehr zutraulich", meinte Lyllin. „Sie scheint an Menschen gewöhnt zu sein."

„Wahrscheinlich hat sie den Leuten gehört, die vorher hier

gelebt haben", sagte Birrel. „Du hast recht, sie ist wirklich ausgesprochen anlehnungsbedürftig." Er kraulte sie hinter den Ohren. Die Katze schloß die Augen und schnurrte leise. „Das gefällt dir wohl, was, Tom?"

„Tom" rollte sich auf Birrels Schoß zusammen, als sei eine Antwort überflüssig. Lyllin lachte und streckte die Hand aus, um das Tier zu streicheln.

Wie der Blitz war die Katze wieder auf den Beinen und machte fauchend einen Buckel. Dann sprang sie auf den Boden, starrte die beiden noch einmal wütend an und schlich langsam davon.

Birrel drehte sich lachend um. „Verrücktes Vieh." Er schwieg betroffen. „Lyllin, was hast du denn?"

Sie weinte, was sie sonst nie tat. „Hat das Tier dich gekratzt, Liebling?"

„Nein, aber es hat Angst vor mir gehabt", schluchzte sie. „Es haßt mich, weil es spürt, daß ich nicht hierher gehöre."

„Ach, Quatsch", sagte Birrel. „Das verfluchte Biest kann nur keine Fremden ausstehen."

„Vor dir hat es sich nicht gefürchtet. Aber es hat gleich gemerkt, daß ich anders bin."

Er legte ihr tröstend den Arm um die Schultern und ärgerte sich im stillen über die Katze. Er sah ihr nach und erstarrte plötzlich.

Tom war zuerst auf eine Buschgruppe zugelaufen, die neben der Einfahrt stand. Aber dann war das Tier unbeweglich stehengeblieben. Während Birrel es beobachtete, wich es einige Schritte zurück und verschwand dann mit einigen langen Sätzen hinter dem Haus.

Birrel überlegte blitzschnell. Die Katze war vor der Buschgruppe ebenso wie vor Lyllin zurückgewichen. Aus demselben Grund? Weil sich dahinter jemand verbarg, der wie sie von einem fremden Planeten kam?

Er konnte trotz größter Anstrengung kein verdächtiges Geräusch wahrnehmen, aber trotzdem verkrampften sich seine Muskeln unwillkürlich. Karsh würde bestimmt nicht auf Schleichwegen zu einem vereinbarten Treffen kommen. Falls sich wirklich Fremde hinter den Büschen verbargen, dann konnte das nur eine Bedeutung haben.

Birrel erhob sich und streckte sich gähnend. „Komm, gehen wir hinein, Lyllin", sagte er dabei. „Ich könnte ganz gut noch einen Drink vertragen, bevor ich ins Bett gehe."

Sie ging schweigend hinter ihm her. Aber sowie sie die Tür hinter sich geschlossen hatte, legte Birrel seine gelassene Art ab. Er stürzte ins Schlafzimmer und riß die Decken von den Betten. Dann rannte er ins Wohnzimmer und warf Lyllin eine von ihnen zu, während sie ihn verwundert ansah.

„Um den Kopf wickeln – schnell!"

Sie war nicht dumm, aber sie war nicht daran gewöhnt, Befehle sofort und ohne zu fragen auszuführen. Sie wollte etwas sagen, aber dazu war jetzt keine Zeit mehr, wenn sein Verdacht begründet war. Er nahm ihr die Wolldecke aus der Hand und erklärte ihr kurz die Gründe für sein seltsames Verhalten, während er sie ihr um den Kopf wickelte. „Dort draußen hält sich jemand versteckt. Wenn es ohne Lärm abgehen soll, werden sie unter Garantie einen schweren Schocker benutzen."

Er zog sie auf den Fußboden zu sich herunter. Die Decke umhüllte ihren Kopf vollständig. Birrel wickelte sich die andere um seinen eigenen. Sie lagen unbeweglich und warteten gespannt, während das Blut in ihren Ohren dröhnte.

Nichts geschah.

Trotzdem bewegte sich Birrel nicht. Er wartete.

Dann klangen von der Rückseite des Gebäudes leise Geräusche herüber, die kaum durch die Decken hindurch vernehmbar waren. Die Fenster klirrten leise, der Fußboden schwankte ein wenig, die Teller und Tassen im Kühlschrank fielen durcheinander.

Die Geräusche kamen langsam näher. *Kling, klang* – ganz langsam und bedächtig. Die Ultraschallwellen waren natürlich selbst nicht hörbar, aber Birrel erkannte aus den anderen Anzeichen, daß das Haus damit bestrichen wurde.

Dann hatte der Strahl sie erreicht. Lyllin bewegte sich unvermittelt, wobei sie einen Schmerzensschrei nur mühsam unterdrückte. Birrel umklammerte ihren Arm und zog sie wieder zu Boden. Er wußte, daß sie das gleiche wie er fühlte – eine plötzlich auftretende nachtschwarze Leere und dazu das Kreischen einer Kreissäge, die unmittelbar neben den Ohren zu arbeiten schien. Der scharfgebündelte Hochfrequenzstrahl war unhörbar, wirkte aber trotzdem über die Gehörnerven, die so überreizt wurden, daß das Opfer das Bewußtsein verlor. Selbst durch die dicke Wolldecke hindurch war dieser Effekt zu spüren. Ohne diese Schutzmaßnahme wären Birrel und Lyllin längst bewußtlos gewesen.

Der Strahl wanderte langsam weiter und erreichte jetzt die Vorderseite des Hauses. Birrel blieb auf dem Fußboden liegen und hielt Lyllin fest, so daß sie nicht aufstehen konnte. Er hatte selbst schon mit Schockern gearbeitet und konnte sich gut vorstellen, wie dieser angewandt werden würde.

Er hatte recht gehabt. Nach etwa einer Minute kam das leise Geräusch wieder zu ihnen zurück, als der Strahl noch einmal die Rückseite des Hauses abtastete.

Kling – klang. Kling – klang.

Birrel biß die Zähne zusammen und wehrte sich mit aller Kraft gegen die unhörbaren Schallwellen, die ihm das Bewußtsein zu rauben drohten. Dann wanderte der Strahl weiter, bis das Geschirr wieder klirrte.

Birrel dachte plötzlich an die Bewohner der benachbarten Farmhäuser, harmlose Leute wie Vinson und die anderen, die friedlich in ihren alten Häusern schliefen, ohne die geringste Vorstellung davon, was sich in dieser idyllischen Gegend abspielte. Wie sollten sie denn auch ahnen können, daß sich mitten unter ihnen die Bewohner zweier Planeten einen stillen, aber trotzdem erbitterten Kampf lieferten?

12

DAS KLIRRENDE Geräusch brach abrupt ab. Birrel wickelte sich sofort die Wolldecke vom Kopf und zog Lyllin am Ärmel, bis sie es ebenfalls tat. Dann machte er eine warnende Handbewegung, um sie am Aufstehen zu hindern, und kroch selbst in den Flur, der hinter der Haustür lag. Er hatte ihr seine Schockpistole wieder abgenommen und hielt sie jetzt umklammert.

Am Ende des Ganges stand ein alter Tisch. Birrel schob ihn einen Meter nach vorn und kroch dahinter. Dann wartete er geduldig. Draußen war alles still.

Dann hörte er ein schwaches Geräusch, das rasch an Stärke

zunahm. Schritte, die schnell und zuversichtlich auf die Haustür zukamen.

Ein Mann kam herein. Er trug eine dunkle Jacke und eine leichte Hose, er hielt eine Schockpistole in der Rechten und bewegte sich mit katzenhafter Geschmeidigkeit. Birrel erkannte ihn sofort. Es war Tauncer.

Hinter Tauncer ging ein älterer Mann, der so rauh und verwittert wie ein Granitbrocken wirkte. Er sah wie ein Erdmensch aus. Er trug ein Funkgerät und einige andere Apparate in einer Tasche, die über seiner Schulter hing.

Birrel war fest entschlossen, nichts zu riskieren. Er zielte sorgfältig und zog den Abzugsbügel nach hinten.

Tauncer schien doch etwas gehört zu haben – vielleicht hatte ihn auch sein Jägerinstinkt gewarnt –, denn er drehte sich in diesem Augenblick halb zu Birrel um. Der Strahl traf ihn, bevor er die Bewegung ausführen konnte. Tauncer stolperte noch einen Schritt und knallte auf den Fußboden.

Sein Begleiter war langsamer. Er stand mit offenem Mund da und hatte die Hand an der Tasche, als Birrel seinen Schocker auf ihn richtete und abdrückte. Der Mann sank lautlos in sich zusammen.

Birrel stand auf und stellte überrascht fest, daß er vor Aufregung zu zittern begonnen hatte. Er stand über Tauncer gebeugt und überlegte sich, wie leicht es doch war, einen Menschen umzubringen.

Plötzlich stand Lyllin neben ihm. „Du solltest doch im Zimmer bleiben!“ fuhr er sie an.

Sie sah auf die beiden Männer hinunter. „Sind sie tot, Jay?“ fragte sie leise.

„Wir sind hier nicht an der Grenze zwischen den Sektoren“, sagte Birrel. „Leider nicht. Sie sind beide noch am Leben.“

„Kennst du sie?“

„Geheimdienstler vom Orion“, erklärte er ihr. „Das hier ist der Mann, der mir die Falle in dem Sternhaufen gestellt hatte.“ Er sah sie nachdenklich an. „Lyllin, ich hätte dich lieber doch in New York lassen sollen.“

Er durchsuchte das Haus, bis er schließlich eine Rolle festen Draht gefunden hatte, mit dem er den beiden Männern die

Handgelenke hinter dem Rücken zusammenband. Dann leerte er ihre Taschen. Sie hatten keinerlei schriftliche Aufzeichnungen bei sich, was Birrel allerdings nicht überraschte. Er zog Tauncers Begleiter die Schockpistole aus der Tasche und legte sie neben die Gerätetasche, die er im Nebenraum abgestellt hatte.

Die Tasche enthielt eine Vera-Sonde und ein zusammengelegtes Stativ. Wahrscheinlich war es sogar das gleiche Gerät, mit dem Tauncer ihn schon einmal hatte aushorchen wollen. Tauncer hatte vermutlich diese teuflische Erfindung immer bei sich.

Birrel gab Lyllin den Schocker, den Tauncer hatte fallen lassen. „Paß gut auf sie auf. Ich bin sofort zurück."

Dann rannte er nach draußen und durchsuchte die Umgebung des alten Farmhauses. Er fand den schweren Schocker, der hinter einem Busch versteckt war, und blieb einige Minuten daneben stehen, um zu horchen. Die Bäume rauschten leise, und die Insekten summten, sonst war kein Laut zu hören. Birrel runzelte die Stirn und überlegte. Nirgendwo war ein Hubschrauber zu sehen. Die beiden Männer mußten an einer anderen Stelle gelandet sein, um sich nicht durch den Lärm zu verraten – wahrscheinlich in den Wäldern, die hinter der Farm lagen. Aber nachts war die Suche zwecklos.

Er ging ins Haus zurück.

„Sie wachen langsam wieder auf", sagte Lyllin. Sie saß in dem seltsamen Stuhl vor den beiden Männern und bewachte sie. „Sieh nur", sagte sie und schaukelte leicht, wobei die Dielen knarrten, „Ich habe endlich herausgebracht, wozu dieser Stuhl dient. Er ist wirklich hübsch."

„Da bin ich anderer Meinung", meinte Tauncer plötzlich. „Das verfluchte Knarren geht mir auf die Nerven." Er öffnete die Augen, und Birrel hatte das Gefühl, als sei Tauncer schon seit einiger Zeit wieder bei vollem Bewußtsein und habe sich nur verstellt, um in Ruhe über seine Lage nachdenken zu können.

„Diesmal haben Sie mich hereingelegt", stellte Tauncer gelassen fest, „obwohl ich geradezu als Spezialist für die Anwendung von Schockern bekannt bin. Wollen Sie mir eine Frage von Fachmann zu Fachmann beantworten – wie haben Sie das fertiggebracht, Birrel?"

„Wir sind gewarnt worden", antwortete Birrel. „Von einem meiner Freunde namens Tom."

Tauncer sah ihn erstaunt an, schwieg aber. Er betrachtete Birrel mit einem Blick, der bewies, daß er wenig Angst vor ihm hatte.

„Woher wußten Sie, daß ich hier war?" fragte Birrel.

„Wir haben Sie nicht aus den Augen gelassen", antwortete Tauncer. „Es war ganz leicht."

Birrel schüttelte den Kopf. „Nein, das stimmt nicht. Wenn es so gewesen wäre, hätten Sie nicht die halbe Nacht gewartet, um uns zu überfallen. Woher haben Sie es erfahren?"

Tauncer grinste.

Birrel überlegte mit rasender Eile. Nur er, Ferdias und Karsh hatten gewußt, daß dieses Haus der vereinbarte Treffpunkt war – sonst niemand. Und diese einfache Gleichung ließ nur eine Lösung zu. Karsh war nicht erschienen. Und der geheimnisvolle Versuch, Birrel über Funk zu erreichen, dieser Seufzer und das darauffolgende Schweigen – alles das schloß jede andere Möglichkeit aus.

Birrel fühlte Zorn in sich aufsteigen. Er hatte Karsh nicht sehr häufig getroffen. Sie waren nicht miteinander befreundet, denn Ferdias' Chefagent konnte es sich nicht leisten, Freunde zu haben. Aber Birrel hatte den grauhaarigen, ruhigen, klugen Mann gern gemocht.

Er sah auf Tauncer hinunter und beherrschte sich mühsam. Ein Wutausbruch war jetzt völlig fehl am Platz, damit kam er bei einem Mann wie Tauncer keinen Schritt weiter. Unterdessen war Tauncers Begleiter ebenfalls wieder bei Bewußtsein. Er sah ängstlich zu Birrel auf und wirkte dabei so verschlagen wie ein Fuchs, der nach einem Mittel sucht, um sich aus der Falle zu befreien, in die er geraten ist. „Sie können mich doch nicht einfach überfallen!" protestierte er laut. „Ich bin ein Bürger dieses Planeten, und Sie sind hier nur als Gast."

„Halten Sie den Mund, Harper!" sagte Tauncer. Harper warf ihm einen bösen Blick zu, schwieg aber gehorsam.

„Sie haben Karsh gestern erwischt, stimmt's?" fragte Birrel plötzlich.

Tauncer kannte dergleichen Tricks schon zu lange, um sich aus der Fassung bringen zu lassen. „Ach, wirklich?" meinte er ruhig. Aber Harper konnte sich weniger gut beherrschen. Sein Gesichtsausdruck veränderte sich den Bruchteil einer Sekunde lang, und für Birrel war das Beweis genug.

Er war fest davon überzeugt, daß Karsh tot war. Tauncer, der schon auf der Erde gewesen sein mußte, bevor das Fünfte Geschwader landete, hatte sein jahrelanges Duell mit Ferdias' Agenten gewonnen. Karsh hatte sein ganzes Wissen unter der Vera-Sonde preisgegeben – warum hätte man ihn dann noch am Leben lassen sollen?

Birrel dachte über die verhängnisvollen Folgen dieser Tat nach. Er hatte sich völlig darauf verlassen, daß Karsh ihm die Anweisungen geben würde, die er brauchte, um sich in seiner gefährlichen und unendlich komplizierten Lage zurechtzufinden. Jetzt konnte ihm niemand mehr einen Rat geben. Es hatte auch keinen Sinn, etwa mit Ferdias in Verbindung zu treten, denn Ferdias konnte ihm auch nicht helfen, dazu war er viel zu weit von der Erde entfernt. Birrel mußte seine Entscheidungen selbständig treffen – und zwar so schnell wie möglich. Die Tatsache, daß Tauncer diesen Überfall inszeniert hatte, bewies, daß sich die Krise rasch zuspitzte. Vielleicht blieb nur noch sehr wenig Zeit, bis es zur Explosion kam.

Tauncer sah aufmerksam zu Birrel auf. Der gerissene, mit allen Wassern gewaschene Schuft berechnet seine Aussichten, dem ehrsamen Trottel wieder eine Niederlage beizubringen, dachte Birrel unwillkürlich. „So, jetzt möchte ich einige Fragen beantwortet haben", sagte er zu Tauncer.

„Machen Sie sich keine Illusionen, Birrel", antwortete der andere ruhig, „aus mir bekommen Sie nichts heraus."

„Ich habe es eilig", fuhr Birrel fort. „Ich werde es aus Ihnen herausquetschen, wenn es sein muß!"

„Mit der Vera-Sonde? Die können Sie gar nicht bedienen, Birrel!"

„Stimmt", gab Birrel zu, „aber es gibt auch andere Methoden ..." Er nahm Lyllin die Schockpistole aus der Hand und gab ihr einen Wink. „Geh ins andere Zimmer, Liebling. Das hier ist nichts für dich."

Sie warf ihm einen Blick zu, als sei er ein völlig Fremder.

„Bitte, versuche mich zu verstehen", sagte er entschuldigend. „Ich tue es bestimmt nicht gern."

„Ja, natürlich", antwortete sie. Sie ging hinaus, und Birrel schloß die Tür hinter ihr. Dann kam er zu den beiden Männern zurück.

Tauncer lachte. „Alles nur Bluff, mein Junge."

„Wissen Sie das so bestimmt?"

„Ganz sicher. Sie sind ein guter Soldat, aber für diese Art von Arbeit haben Sie einfach nicht die Nerven. Allein der Blick, den Ihre Frau Ihnen eben zugeworfen hat, würde schon genügen, um Sie davon abzuhalten."

Birrel nickte. „Ich halte viel von ihr. Aber ich halte auch eine Menge von etwas anderem – dem Fünften Geschwader. Los, antworten Sie, Tauncer. Wo stehen das Erste und das Dritte Geschwader vom Orion im Augenblick, und was haben Sie in nächster Zeit vor?"

„So geht es nicht", sagte Tauncer. „Ich möchte mich nicht selbst loben, aber auf meine Art bin ich ganz schön zäh. Um mich zum Reden zu bringen, müßten Sie Mittel anwenden, die sich ein anständiger, aufrechter Kerl wie Sie nicht einmal ausdenken könnte. Ich habe keine Angst vor Ihnen."

Birrel zeigte auf Harper und lächelte böse. „Der da sieht nicht so zäh aus wie Sie."

Tauncer grinste. „Oh, Harper ist nur ein kleiner Spitzel, wie man sie auf jedem Planeten für wenig Geld anwerben kann. Er weiß überhaupt nichts. Sie können ihn ruhig ein bißchen auszuquetschen versuchen, wenn Sie das Gefühl haben, ich hätte Sie angelogen."

„Das ist eine Gemeinheit, Tauncer", protestierte Harper wütend.

Birrel wurde immer verwirrter. Tauncer lag gefesselt und völlig hilflos vor ihm, aber trotzdem strahlte der Mann ein so überlegenes Selbstvertrauen aus, als hielte er alle Trümpfe in der Hand. Warum war er so zuversichtlich? Und warum war er hier erschienen, nachdem er von Karsh erfahren hatte, daß Birrel kommen würde? Um Birrel umzubringen, nachdem er ihn mit der Vera-Sonde verhört hatte – um das Geschwader zu demoralisieren, indem er ihm seinen Kommandeur nahm, während gleichzeitig die Geschwader vom Orion zuschlugen?

Birrel mußte unbedingt erfahren, wo sich diese Geschwader im Augenblick befanden, wie ihre Befehle lauteten, wann sie sich in Bewegung setzen würden. Tauncer wußte alles und mußte so schnell wie möglich zum Sprechen gebracht werden. Dazu gab es nur ein Mittel.

Birrel ging in das andere Zimmer hinüber und schloß die Tür hinter sich. Lyllin warf ihm einen fragenden Blick zu.

„Ich habe nur geblufft", sagte Birrel. „Leider ohne Erfolg."

Er nahm sein Funksprechgerät aus der Tasche, stellte Brescniks Frequenz ein und drückte auf den Sprechknopf. Brescnik meldete sich bereits nach wenigen Sekunden.

„Die Lage hat sich verändert", sagte Birrel vorsichtig. „Ich glaube nicht, daß wir noch sehr viel Zeit haben."

„Soll ich Alarmstufe eins befehlen?"

Birrel zögerte einen Augenblick. Am liebsten hätte er den Befehl dazu erteilt, damit jeder Mann des Fünften Geschwaders auf seinem Posten war. Aber er konnte es nicht wagen, ohne Beweise für Solleremos' Absichten zu besitzen, die er Charteris und Mallinson zeigen konnte. Wenn er nichts in den Händen hatte, würden sie nur ihren Verdacht bestätigt finden, daß Ferdias wirklich die Erde überfallen wollte.

„Nein", entschied er deshalb. „Nein, noch nicht. Ich brauche einen Mann, der eine Vera-Sonde bedienen kann."

Brescniks kurzes Schweigen zeigte, wie überrascht er war, aber er beherrschte sich geradezu heroisch und stellte keine Frage.

„Einer von den Technikern ist bestimmt darin ausgebildet", meinte er. „Ich werde schon einen auftreiben."

„Schicken Sie ihn auf dem schnellsten Weg hierher!" befahl Birrel und erklärte ihm den Weg nach Orville. „Sonst bleibt alles, wie es jetzt ist."

Birrel schaltete das Funksprechgerät aus und wandte sich an Lyllin. „Ich muß noch länger hierbleiben, deshalb möchte ich, daß du nach New York zurückfährst."

„Nein", antwortete sie ruhig.

Er wollte wütend werden, aber dann beherrschte er sich. Auf Lyllins Gesicht zeigte sich ein Ausdruck, den er nur zu gut kannte.

„Schön, dann bleibst du eben hier, aber damit machst du es mir nur schwerer", knurrte er und ging zu Tauncer und Harper zurück.

Die beiden Männer lagen immer noch an der gleichen Stelle. Harper sah Birrel ängstlich entgegen, aber Tauncer wirkte so zuversichtlich und selbstsicher wie zuvor.

„Na, haben Sie Brescnik befohlen, Ihnen einen Mann zu schikken, der eine Vera-Sonde bedienen kann?" fragte Tauncer.

Birrel war zunächst völlig verblüfft und fragte sich, wie Tauncer seine Unterhaltung mit Brescnik belauscht haben konnte. Tauncer lachte über seinen verwirrten Gesichtsausdruck. Erst dann fiel Birrel ein, daß Tauncers Frage das Ergebnis einer logischen Überlegung darstellte.

„Hm, ganz intelligent", stellte Birrel fest. Er lächelte grimmig. „Danke schön, daß Sie mich noch einmal daran erinnert haben, wie gerissen Sie sind."

Birrel verließ den Raum und sah sich die beiden Zimmer an, die an der Rückseite des Hauses lagen. Eins war früher als Schlafzimmer benutzt worden und enthielt noch zwei Betten mit altmodischen Eisengestellen. Birrel rüttelte daran, dann ging er zurück, packte Tauncer unter den Armen und schleifte ihn in das andere Zimmer. Dort hob er ihn auf eins der Betten und ging wieder, um Draht zu holen.

„Wie rührend Sie um mein Wohlergehen besorgt sind", begann Tauncer spöttisch, schwieg aber dann, als Birrel ihn an das eiserne Bettgestell fesselte. Dann zerrte Birrel Harper herein und band ihn am zweiten Bett fest.

„So, das sollte eigentlich genügen, um selbst einen so gerissenen Kerl wie Sie an einer Flucht zu hindern", sagte Birrel zufrieden und betrachtete Tauncer dabei.

In Tauncers Augen zeigte sich den Bruchteil einer Sekunde lang heftiger Zorn. Zum erstenmal war es Birrel gelungen, das Selbstvertrauen dieses Mannes zu erschüttern.

Birrel ging zu Lyllin zurück.

„Wie lange wird es noch dauern?" fragte sie.

„Bestimmt noch ein paar Stunden", antwortete er. „Brescnik beeilt sich zwar, aber die Fahrt dauert doch einige Zeit." Er schwieg nachdenklich. „Viel zu lange", fügte er dann hinzu, „aber wir müssen eben warten."

Draußen wurde es langsam hell. Birrel schickte Lyllin in den ersten Stock des Hauses, damit sie dort etwas schlafen konnte, während er die beiden Männer bewachte. Harper war noch wach, aber Tauncer schlief fest – oder stellte sich jedenfalls so. Birrel glaubte, daß er wirklich schlief, und machte sich über Tauncers Gleichgültigkeit Sorgen.

Warum war Tauncer so zuversichtlich – weil er auf Hilfe von außen rechnete? Hatte er noch andere Helfer außer Harper? Wo mochten sie sein? Birrel ging unruhig von einem Fenster zum anderen und sah nach draußen.

Einige Stunden später kam Lyllin wieder herunter. „Du hast keine Sekunde geschlafen“, sagte Birrel vorwurfsvoll.

Sie lächelte. „Nein. Ich werde jetzt Frühstück machen.“

Die Sonne stand bereits hoch am Himmel, deshalb aßen sie wieder auf der Veranda. Einige Minuten später tauchte die schwarze Katze hinter einem Busch auf, als habe sie dort auf sie gewartet, und ging langsam auf den Tisch zu.

„Verschwinde!“ sagte Birrel.

„Nein, gib ihr etwas“, drängte Lyllin. „Schließlich hat sie dich vor dem Überfall gewarnt.“

Birrel nickte verdrossen und warf ein Stück Wurst ins Gras. Er wollte gerade aufstehen und nach Tauncer und Harper sehen, als er ein Auto vor dem Haus halten hörte.

„Ist das der Mann, auf den du gewartet hast?“ fragte Lyllin. Birrel schüttelte heftig den Kopf.

„Nein, so schnell kann er nicht gekommen sein. Warte hier auf mich.“

Er riß die Schockpistole aus der Tasche und rannte zu einem Fenster, von dem aus man die Einfahrt beobachten konnte.

13

DER WAGEN stand nur wenige Meter von der Haustür entfernt. Birrel beobachtete, wie der Fahrer ausstieg, und faßte den Schocker fester. Aber dann öffnete sich die zweite Tür, und eine rundliche Frau mittleren Alters erschien. Birrel warf einen zweiten Blick auf den Mann und erkannte ihn endlich. Das war doch der freundliche Farmer, der nur wenige hundert Meter von ihnen entfernt wohnte und der sich gestern so um ihn bemüht hatte. Vinton. Nein – Vinson. Er und seine Frau kamen auf die Haustür zu.

„Gefährlich?“ fragte Lyllin dicht hinter ihm.

„Nein, nur Leute, die in der Nähe wohnen. Du mußt sie begrüßen. Ich bin gleich wieder da.“

Er eilte in den Raum, in dem er Tauncer und Harper an die Betten gebunden hatte. Tauncer war wach. Birrel untersuchte schnell die Drähte, um sicher zu sein, daß die beiden nicht entkommen konnten. Dann verließ er das Zimmer wieder und zog die Tür hinter sich ins Schloß. Jetzt befand er sich in dem Nebenzimmer, durch das der einzige Weg in den Hausflur führte, und schloß auch diese Tür fest. Er glaubte nicht, daß man die beiden im Wohnzimmer hören konnte, selbst wenn sie schreien sollten. Sollten sie sich tatsächlich bemerkbar machen, konnte er immer noch behaupten, dort hinten sei ein Freund von ihm untergebracht, der einen zuviel getrunken habe und deswegen randaliere – und dann zu ihnen gehen, um sie mit der Schockpistole zum Schweigen zu bringen. Andererseits mußte der Mann für die Vera-Sonde bald eintreffen, und Birrel wollte es tunlichst vermeiden, die beiden Männer jetzt außer Gefecht zu setzen.

Als Birrel ins Wohnzimmer zurückkehrte, wurde er jovial von Vinson begrüßt, der ihn bereits als einen alten Freund zu betrachten schien. „Ein bißchen früh für einen Besuch, Kommandeur, aber wir fuhren zufällig vorbei, und meine Frau wollte Sie gern kennenlernen. Hoffentlich stören wir nicht."

Doch, ihr stört mich sehr, dachte Birrel wütend. Sie hätten sich gar keinen unpassenderen Zeitpunkt aussuchen können, aber Birrel mußte gute Miene zum bösen Spiel machen, um nicht unhöflich zu wirken. Mrs. Vinson unterhielt sich mit Lyllin darüber, wie erstaunlich es doch sei, ausgerechnet hier Menschen zu treffen, die von einem anderen Planeten kamen, und ihr Mann hielt Birrel einen gutgemeinten, aber völlig unverständlichen Vortrag über die hohen Unterhaltskosten eines automatischen Traktors und ähnlicher Arbeitsmaschinen, für die Birrel nicht das geringste Interesse aufbrachte.

Birrel hatte das Gefühl, als säße er in einem riesigen Netz gefangen, aus dem er sich nicht mehr selbst befreien konnte, während die Katastrophe unaufhörlich näher rückte.

Dann merkte er, daß Vinson zu sprechen aufgehört hatte und ihn ansah, als erwarte er eine Antwort.

„Entschuldigung, aber ich habe gerade über etwas anderes nachgedacht", sagte Birrel verlegen.

„Ich habe gerade erzählt, daß der Mann, der das Haus gekauft hat, mir gesagt hat, daß er es im Auftrag eines anderen erworben habe", fuhr Vinson fort. „Aber ich hätte nie vermutet, daß er es für einen Birrel gekauft haben könnte!"

Birrel starrte ihn an. Karsh hatte natürlich etwas in dieser

Richtung verlauten lassen – und jetzt glaubte das ganze Dorf, daß Karsh das Haus in Birrels Auftrag gekauft hatte. Und Birrel konnte nicht das Gegenteil behaupten, ohne sich damit in Verlegenheit zu bringen.

„Was Ihr Land betrifft", sprach Vinson weiter, „muß man bedauerlicherweise feststellen, daß die Felder reichlich verunkrautet sind, aber das läßt sich ändern. Ich bin Ihnen gern dabei behilflich."

„Oh, vielen Dank", stotterte Birrel, „aber sehen Sie, wir müssen bald wieder fort, wir fliegen bald wieder nach Wega zurück."

„Ja, natürlich, das weiß ich", sagte Vinson herzlich. „Aber Sie wollen doch zurückkommen, sonst hätten Sie die Farm nicht gekauft. Warum soll sie in der Zwischenzeit noch weiter herunterkommen, wenn es sich vermeiden läßt? Wir müssen uns gelegentlich einmal länger darüber unterhalten."

Der Farmer erhob sich, und Birrel fühlte sich unendlich erleichtert, als er seine beiden Besucher zur Tür begleitete.

„Sie und Ihre Frau sind in aller Munde", warf seine Frau ein. „Die Leute in Orville überlegen bereits, ob sie Ihnen zu Ehren nicht eine Feier veranstalten sollen."

Als die beiden das Haus verlassen hatten, drehte Birrel sich zu Lyllin um und sah sie müde an. „Ein Fest, hat sie gesagt. Mein Gott, das kann ich jetzt gerade noch brauchen!"

Birrel ging rasch in das Zimmer zurück, in dem die Gefangenen lagen. Tauncer lag ruhig auf seinem Bett und starrte an die Decke, Harper warf sich hin und her.

Tauncer lächelte. „Sie scheinen Sorgen zu haben, Kommandeur. Geht etwas nicht nach Wunsch? Sie haben sich ein bißchen übernommen, fürchte ich."

Birrel sah ihn nachdenklich an. „Auf wen warten Sie eigentlich, Tauncer?"

Tauncers Lächeln erstarb und machte einem resignierten Gesichtsausdruck Platz. „Was wollen Sie damit sagen?"

„Sie erwarten jemanden, sonst wären Sie nicht so unverschämt", stellte Birrel fest. „Wen?"

Tauncer schwieg und schloß die Augen.

Birrel, der seinen Verdacht für bestätigt hielt, stand vor dem Haus Wache. Der Nachmittag verging unendlich langsam. Die weißen Wolken im Westen nahmen allmählich eine dunklere Farbe an, bis der Himmel bleifarben und düster wirkte. Birrel vermutete, daß bald ein Gewitter losbrechen würde, und diese Tatsache erhöhte seine Besorgnis.

Lyllin erschien an der Tür. „Noch niemand?"

„Noch niemand", bestätigte er mürrisch. „Was ist mit Brescnik los? Wenn der Sturm losbricht, wird der Hubschrauber das Haus nicht mehr finden und . . ."

Ein Blitz und der darauffolgende Donner unterbrachen ihn. Birrel fluchte. „Das fehlt gerade noch", stellte er dann fest.

Dann folgte Blitz auf Blitz, während der Regen gegen die Fenster prasselte. Etwa eine halbe Stunde später bildete Birrel sich ein, das Motorengeräusch eines Hubschraubers zu hören, der in der Nähe kreisen mußte. Er rannte hinter das Haus und sah ihn vor der Scheune aufsetzen.

Birrel wartete auf den nächsten Blitz. Dann sah er zwei Männer aussteigen und umklammerte seinen Schocker.

Die beiden rannten auf ihn zu, aber draußen war es zu dunkel, um ihre Gesichter zu erkennen. Warum blitzte es ausgerechnet jetzt nicht? Dann erkannte er sie – einer der Männer war Garstang, der andere ein junger Offizier.

„He, was machst du denn hier?" fragte Birrel erstaunt, als Garstang vor ihm stand und sich schüttelte. „Warum bist du nicht bei der *Starsong* geblieben?"

„Befehl von Brescnik. Das hier ist übrigens der Mann, der die Vera-Sonde bedienen kann – Leutnant Vathis."

„Warum hat Brescnik dich mitgeschickt? Ist etwas nicht in Ordnung?"

„Wir wissen es selbst nicht genau", antwortete Garstang unsicher. „Aber Brescnik macht sich Sorgen. Der Verkehr auf dem Raumhafen hat sich auffällig verringert. Heute sind zwar wieder eine Menge Schiffe gestartet, aber seit gestern ist keines mehr gelandet."

Garstang machte eine Pause. „Brescnik vermutet, daß die Raumfahrtbehörde der Weltenunion den Flughafen heimlich zu räumen versucht."

„Habt ihr schon herausbekommen, warum sie das tut?" fragte Birrel besorgt.

Garstang schüttelte den Kopf. „Keine Ahnung. Wir können nur Vermutungen anstellen. Du weißt selbst am besten, zu welchem Schluß wir dadurch gekommen sind."

Birrel wußte es. Wenn Charteris und Mallinson erfahren hatten, daß der Angriff der Geschwader vom Orion unmittelbar bevorstand, würden sie ihre Schiffe starten lassen. Und wenn das zutraf, mußte das Fünfte ebenfalls so schnell wie möglich den Raumhafen verlassen, bevor es am Boden zerstört wurde.

Aber zuerst mußte er erfahren, was Tauncer über die Absichten der feindlichen Geschwader wußte. Er berichtete Garstang über sein Zusammentreffen mit Tauncer und wandte sich dann an den jungen Offizier. „Kommen Sie mit, Vathis. Ich wünsche, daß die Sonde so schnell wie möglich betriebsbereit gemacht wird."

Der Techniker betrachtete das Gerät prüfend. „Scheint eine ganz normale Konstruktion zu sein, Sir. Ich nehme an, daß ich es in einer Viertelstunde schaffen kann."

„Höchstens zehn Minuten", sagte Birrel bestimmt. „Am liebsten nicht mehr als fünf."

Das Gewitter hatte unterdessen etwas nachgelassen, so daß deutlich zu hören war, daß draußen jemand klingelte.

„Erwartest du noch jemand?" fragte Garstang überrascht.

„Mein Gott", sagte Birrel, „das ist bestimmt Vinson, er hat versprochen, daß er wieder zurückkommen würde. Einer der Nachbarn. Los, baut die Sonde auf, ich werde schon mit ihm fertig."

Er ging zur Tür und öffnete sie. Aber der Mann davor war nicht Vinson.

Draußen stand Mallinson. Der junge Diplomat wirkte so elegant wie immer, obwohl er diesmal anstatt eines Maßanzuges einen völlig durchnäßten Regenmantel trug. Er drängte sich an dem verblüfften Birrel vorbei, verbeugte sich vor Lyllin und wandte sich dann an Birrel. „So, das ist also Ferdias' kleiner Vorposten auf der Erde? Ausgezeichnete Idee, Kommandeur."

Birrel stellte fest, daß es sinnlos war, etwas leugnen zu wollen. Mallinson hatte bereits einen Blick in den Nebenraum geworfen, wo Joe Garstang und der junge Offizier die Vera-Sonde aufbauten. Birrel konnte nichts mehr sagen – aber vielleicht konnte er etwas tun?

Er griff in die Tasche, um seine Schockpistole herauszuholen.

Mallinson, der sich gerade den Regenmantel auszog, sagte über die Schulter hinweg: „Ich möchte übrigens noch erwähnen, daß ich draußen ein paar Leute stehen habe."

14

BIRREL zog die Hand wieder aus der Tasche. Er wußte, daß er sich in einer peinlichen Situation befand, in der mit Gewalt nichts zu erreichen war. Er mußte sich darauf verlassen, daß der andere ihm Glauben schenkte, wenn er seine Argumente mit genügend Überzeugungskraft vortrug.

Mallinson betrachtete den Raum und die alten Möbel. „Das Haus der Familie Birrel", sagte er spöttisch. „Wie verständlich, daß Sie es besichtigen wollten. Sie haben wirklich Sinn für Tradition!" Seine Stimme klang scharf. „Ich habe es nie geglaubt, Kommandeur, nicht eine Minute lang! Und als ich den Bericht bekam, daß sich Ihre Offiziere hier versammelt hätten, wußte ich, daß ich recht gehabt hatte – daß Ihre Reise in die Vergangenheit nur ein Vorwand war, während Sie in Wirklichkeit Pläne für den Überfall auf die Erde schmiedeten."

Birrel wurde wütend. „Kein Mensch will die Erde überfallen. Wenigstens keiner von uns."

„Ach, das hätte ich beinahe vergessen", sagte Mallinson ironisch. „Lyra ist selbstverständlich völlig unschuldig. Orion hat Angriffspläne, und Sie wollen uns davor schützen. Das ist doch Ihre Ausrede, nicht wahr?"

Birrel riß sich zusammen. „Das ist keine Ausrede, sondern die Wahrheit. Ich wollte es gerade beweisen, als Sie kamen, und hätte Sie sofort angerufen, nachdem wir den Beweis dafür in Händen hatten."

„Den Beweis wofür?"

„Für die Pläne des Gouverneurs vom Orion. Wir haben Tauncer, seinen besten Agenten, gefangengenommen. Wir wollten ihn gerade verhören – mit der Vera-Sonde."

„Das werden wir selbst in New York erledigen", warf Mallinson ein. „Nachdem wir mit Ihnen und Ihrem Geschwader fertig sind."

Birrel fühlte sein Herz schneller schlagen. „Was soll das heißen? Was haben Sie mit dem Geschwader vor?"

„Ihre Einheit wird entwaffnet werden", erklärte Mallinson kühl. „Sie werden keine Gelegenheit mehr haben, den Auftrag auszuführen, den Sie von Ferdias erhalten haben. Wir haben rings um den Flughafen Raketenwerfer in Stellung gebracht und unsere eigenen Schiffe verlegt. In wenigen Stunden werden Ihre Offiziere eine Frist von zehn Minuten bekommen, um die Kreuzer zu räumen – o ja, wir wissen, daß Ihre Leute Alarmbereitschaft haben –, und wenn sie dieser Anordnung nicht Folge leisten, werden die Werferbatterien den Feuerbefehl erhalten."

„Geschwätz", stieß Birrel zwischen den Zähnen hervor. „Das werden Sie nie wagen! Sie wissen genau, daß Ferdias der Erde sofort den Krieg erklären würde!"

„Wollen Sie den jetzigen Zustand vielleicht als Frieden bezeichnen?" fragte Mallinson böse. „Was halten Sie davon, wenn eine starke Kampfgruppe unter dem Vorwand eines Freundschaftsbesuches auf die Erde kommt und dabei nur das Ziel verfolgt, die Erde zu erobern?"

„Verdammt noch mal, wir haben nichts dergleichen vor! Solleremos ist der einzige, der solche Absichten hat!" rief Birrel aufgebracht. „Wenn das Fünfte entwaffnet wird, können die Geschwader vom Orion ungehindert . . ."

„Wir gehen keinerlei Risiko ein", unterbrach Mallinson ihn ungerührt. „Das Geschwader wird auf jeden Fall entwaffnet. Sie und alle anderen in diesem Haus stehen ab jetzt unter Arrest."

„Sie gehen kein Risiko ein", spottete Birrel wütend. „Sie werfen nur Ihren Planeten fort. Denken Sie doch ein bißchen nach! Wenn ich recht habe, wenn Solleremos wirklich einen Überfall auf die Erde plant, dann setzen Sie die einzige Waffe außer Gefecht, die ihn vielleicht aufhalten könnte!"

„Immerhin haben wir auch eine Flotte . . .", begann Mallinson, aber Birrel unterbrach ihn und machte eine wegwerfende Handbewegung.

„Keinerlei Hindernis für Solleremos! Selbst wenn Sie noch so loyal zu der Erde stehen, müssen Sie zugeben, daß die Weltenflotte den beiden Geschwadern vom Orion nicht einmal zehn Minuten standhalten kann."

Mallinson schien besorgt zu sein, aber trotzdem beharrte er auf seinem Standpunkt. „Wir müssen unser Bestes tun. Wir werden unseren Feinden in der Reihenfolge gegenübertreten, in der sie kommen, aber zuerst müssen wir ganz sicher sein, daß wir den Rücken frei haben." Er ging zur Tür. „Ich rufe jetzt meine Leute herein. Sie werden nur dann Gewalt anwenden, wenn sie auf Widerstand stoßen."

Birrel lief verzweifelt hinter ihm her und hielt ihn am Ärmel fest. „Mallinson, hören Sie zu! Vergessen Sie, was Sie von mir halten. Denken Sie darüber nach: Können Sie es sich leisten zu warten, bis Sie wieder nach New York zurückgefahren sind, falls Orion einen Angriff plant? Ein paar Stunden können alles entscheiden!"

Mallinson sah ihn scharf an. „Worauf wollen Sie hinaus?"

„Tauncer ist hier. Wir haben eine Vera-Sonde und einen Mann, der sie bedienen kann. Wollen Sie nicht wissen, was Solleremos vorhat? Oder riskieren Sie lieber, daß die Erde heimtückisch überfallen wird?"

Mallinson zögerte und schien zum erstenmal unsicher zu werden. „Was haben Sie schon zu verlieren?" fragte Birrel drängend.

„Gut, wir werden diesen angeblichen Agenten vom Orion hier verhören", entschied Mallinson. „Aber einer von meinen Leuten wird die Bedienung der Sonde übernehmen."

Er ging an die Tür und rief einen kurzen Befehl hinaus. Dann drehte er sich um und sagte: „Zeigen Sie mir den Mann."

Als sie das Zimmer an der Rückseite des Hauses betraten, sah Tauncer sie überrascht an. Wider Willen mußte Birrel die blitzschnelle Reaktion dieses Mannes bewundern.

„Oh, Mr. Mallinson!" rief Tauncer erleichtert aus. „Gott sei Dank, daß Sie gekommen sind! Dieser Kerl hier muß völlig übergeschnappt sein – er hat uns überfallen, uns hier festgebunden und ..."

„Er behauptet, daß Sie ein Spion vom Orion seien", unterbrach Mallinson ihn.

„Spion?" Tauncer machte ein erstauntes Gesicht. „Ich kann mir gar nicht erklären, was das alles soll."

„Ich bin ein Bürger der Weltenunion!" rief Harper beleidigt. „Wollen Sie etwa zulassen, daß man so mit einem Mitbürger verfährt?"

Birrel war darauf gefaßt, daß Mallinson schwanken würde, aber der junge Diplomat war aus härterem Holz geschnitzt, als es den Anschein haben mochte.

„Wenn Sie wirklich unschuldig sind, werden Sie bald entlassen“, sagte er zu den beiden Männern. „Aber zunächst muß ich Sie mit der Vera-Sonde verhören.“ Er nickte dem Mann zu, der von draußen hereinkam, und wies auf Tauncer. „Den zuerst.“

„Ich protestiere!“ wehrte Tauncer sich empört. „Es verstößt gegen die auf allen Planeten geltenden Gesetze, wenn man einen Menschen dazu zwingt, sich einer Befragung unter dem Einfluß der Vera-Sonde zu unterwerfen.“

„Eine ganze Menge Dinge verstoßen gegen die Gesetze“, gab Mallinson kalt zurück. „Los, Kane, fangen Sie an!“

Tauncer konnte sich kaum bewegen, aber er warf den Kopf von einer Seite auf die andere, um dem unsichtbaren Strahl zu entgehen. Der Mann, der die Sonde bediente, ließ sich jedoch nicht verblüffen und folgte Tauncers Bewegungen, bis dessen Gesicht plötzlich völlig gelöst aussah und die Augen in weite Fernen zu blicken schienen.

„Unter Kontrolle, Sir“, meldete Kane.

„Tauncer“, sagte Mallinson scharf, „verstehen Sie mich?“

„Ja.“

„Hat Solleremos die Absicht, die Erde seinem Sektor einzuverleiben?“

Tauncer zögerte einen Augenblick, aber als Mallinson die Frage laut wiederholte, antwortete er sofort. „Ja.“

„Seit wann hat er diesen Plan gefaßt?“

„Seit Jahren.“

„Aber jetzt will er ihn ausführen?“

„Ja.“

„Warum gerade jetzt?“

„Wenn er es nicht tut, wird Ferdias ihm die Erde vor der Nase wegschnappen“, antwortete Tauncer.

Mallinson schwieg und drehte sich langsam zu Birrel um, dann warf er ihm einen bedeutungsvollen Blick zu.

„Er lügt!“ rief Birrel aufgebracht. „Die Sonde arbeitet nicht ganz richtig.“

Kane, der Mann hinter der Sonde, sah kurz auf. „Das Gerät funktioniert hundertprozentig“, erklärte er.

Mallinson zog die Augenbrauen hoch und wandte sich wieder an den Mann auf dem Bett.

„Was hat er vor?"

„Direktangriff mit zwei Geschwadern. Die Flotte der Weltenunion ist kein gleichwertiger Gegner. Das Fünfte Geschwader von Lyra kann einem Überraschungsangriff keinen organisierten Widerstand entgegensetzen, wenn sein Kommandeur ausgeschaltet ist."

„Wenn sein Kommandeur ausgeschaltet ist", wiederholte Mallinson nachdenklich. „War das Ihr Auftrag?"

„Ja."

„Sie wollten Birrel mit der Vera-Sonde verhören und ihn dann umbringen?"

„Ja."

Mallinson beugte sich vor, als er die nächste Frage stellte. Seine Stimme klang hart und eindringlich. „Wie sieht der Angriffsplan aus? Aus welcher Richtung werden die beiden Geschwader angreifen?"

„Darüber weiß ich nichts", antwortete Tauncer mit monotoner Stimme.

„Er lügt!" rief Birrel wieder dazwischen. „Ich habe Ihnen doch gleich gesagt, daß er nicht völlig unter Kontrolle steht. Er muß es wissen."

„Ich weiß, wie man eine Sonde bedient", sagte Kane aufgebracht. „Seine Antworten sind korrekt."

„Aber . . .", begann Birrel.

Mallinson machte eine ungeduldige Handbewegung. „Lassen Sie mich die Fragen stellen, Birrel. Ich dulde keine Einmischung mehr!" Er wandte sich wieder an Tauncer. „Warum kennen Sie den Angriffsplan nicht, obwohl Sie als Vorausagent auf die Erde geschickt wurden?"

„Das wäre zu gefährlich gewesen", antwortete Tauncer bereitwillig. „Wenn man mich gefangengenommen und mit einer Vera-Sonde verhört hätte, wäre alles verraten worden."

„Schön, dann weiß er es also nicht", gab Birrel zu. „Aber trotzdem muß er seine Leute davon unterrichten, daß mein Geschwader entwaffnet werden soll. Und wie soll er mit ihnen in Verbindung treten, wenn er nicht weiß, wo sie im Augenblick sind? Fragen Sie ihn das."

Mallinson fragte. Und Tauncer antwortete. „Das Schnellboot, das mich auf die Erde gebracht hat, wartet nicht weit von hier im Weltraum, um mich wieder aufzunehmen . . ."

Mallinson unterbrach ihn. „Warum ist es unentdeckt geblieben? Wieso hat unsere Radaraufklärung es nicht entdeckt?"

„Ganz einfach. Es hat sich im Radarschatten des Asteroiden Hermes versteckt gehalten. Es . . ., es . . ." Tauncer stotterte und schwieg.

Kane wandte sich aufgebracht an Mallinson. „Ich kann keinesfalls für korrekte Resultate garantieren, wenn Sie die Antworten des Mediums unterbrechen, Sir."

„Entschuldigung", murmelte Mallinson. Er wartete noch einige Sekunden, bevor er weiterfragte. „Tauncer, auf welche Weise sollten Sie mit Ihren Leuten in Verbindung treten?"

Tauncer wiederholte zunächst völlig mechanisch den ersten Teil seiner vorigen Antwort. „Das Schnellboot, das mich auf die Erde gebracht hat, wartet nicht weit von hier im Weltraum, um mich wieder aufzunehmen. Nachdem ich dieses Haus mit dem Schocker bestrichen hatte, setzte ich mich mit dem Kommandanten über Funk in Verbindung. Das Schnellboot soll heute nacht kommen und mich abholen, um mich zu den beiden Geschwadern zu bringen."

Das war es also, dachte Birrel. Darauf hatte Tauncer gehofft und gewartet. Aber . . .

Birrel drängte sich an Mallinson vorbei und stellte Tauncer eine Frage, bevor der junge Diplomat ihn daran hindern konnte. „Wie kann das Schnellboot Sie hier finden – woher soll der Kommandant wissen, wo er landen muß, Tauncer?"

„Er muß nur den Sender unseres Hubschraubers anpeilen. Ich sollte . . . ihn . . . heute nacht . . . in Betrieb setzen . . ."

„Wo steht der Hubschrauber?"

„Er . . ., er ist unter Bäumen versteckt . . ., in der Nähe der Lichtung, wo wir . . ., wo wir gelandet . . ." Tauncers monotone Stimme war immer schwächer geworden. Sein Kopf sank zur Seite.

„Tauncer!"

„Es hat keinen Sinn", sagte Kane enttäuscht und stellte die Sonde ab. „Erst Unterbrechungen, dann stellt ein anderer die Fragen – das genügt, um den normalen Ablauf völlig zu unterbrechen. Im Augenblick ist nichts mehr aus ihm herauszuholen. Er ist für mindestens zwei Stunden bewußtlos."

„Das genügt", sagte Birrel hastig. „Die Offiziere dieses Schnellbootes – sie müssen die genaue Position und den Kurs der Oriongeschwader kennen. Wenn wir sie gefangennehmen, können wir sie mit der Sonde verhören – und dann wissen wir genau, aus welcher Richtung wir den Angriff zu erwarten haben."

„Lassen Sie das ‚wir', Birrel", warf Mallinson ein. „Sie werden keine Gelegenheit haben, diese Krise zwischen der Erde und Orion für Ihre eigenen Zwecke auszunützen. Die Entscheidung wird nicht umgestoßen. Entweder läßt das Geschwader sich freiwillig entwaffnen – oder es wird ohne Rücksicht auf Verluste zerstört."

Der Zorn, den Birrel vorher nur mühsam unterdrückt hatte, begann jetzt zum Ausbruch zu kommen. Er dachte daran, an wie vielen vermeidbaren Katastrophen seit Beginn der Geschichte die menschliche Dummheit schuld gewesen war – und jetzt hatte er mit der gleichen Dummheit zu kämpfen. „Sie führen sich wie ein Trottel auf", warf er Mallinson vor. „Sie . . ."

Garstang legte ihm die Hand auf die Schulter. Er sagte kein Wort, aber Birrel begriff, was er damit ausdrücken wollte. Wenn er jetzt die Beherrschung verlor, dann hatte er völlig verspielt.

„Ich bitte um Verzeihung", sagte er zu Mallinson. „Bitte hören Sie mir einen Augenblick zu. Werden Sie das Fünfte Geschwader starten lassen, wenn ich Sie davon überzeugen kann, daß ich den Befehl habe, die Erde zu verteidigen?"

„Selbst wenn Sie die ganze Nacht auf mich einreden würden, würde ich mich nicht überzeugen lassen", antwortete Mallinson verächtlich. „Wir würden nur Zeit verschwenden."

Birrel zögerte, bevor er sagte, was er sagen mußte. Das würde bedeuten, daß er einige Stunden lang keine Entscheidungen treffen konnte, während der Angriff bereits unmittelbar bevorstehen konnte. Aber es war sein einziger Trumpf, und er mußte ihn ausspielen. „Würden Sie mir glauben, wenn ich mich einer Behandlung mit der Vera-Sonde unterziehen würde?" fragte er langsam.

Mallinson sah ihn erstaunt an. „Sie wollen sich tatsächlich freiwillig unter die Sonde setzen?"

„Wie soll ich Sie sonst überzeugen?“ sagte Birrel heiser. „Ja, ich bin dazu bereit.“

„Gut“, stimmte Mallinson nach kurzem Zögern zu. „Setzen Sie sich auf diesen Stuhl hier. Fangen Sie an, Kane.“

Birrel setzte sich auf den Stuhl, während Kane die Sonde einschaltete, und überlegte dabei fieberhaft. Stunden – wahrscheinlich bin ich stundenlang bewußtlos, vielleicht geht alles schief, und der Angriff ist vorüber, bis ich wieder bei Bewußtsein bin, vielleicht ist es jetzt schon zu spät, der Teufel soll Mallinson holen, warum sind die Kerle nur so stur?

Die Vera-Sonde summte leise, dann erreichte ihn ihr Strahl. Ein Sturmwind schien durch Birrels Gehirn zu fahren und es in die Dunkelheit davonzutragen. Er hatte sich freiwillig dazu erboten, aber trotzdem wehrte er sich jetzt instinktiv dagegen, wollte sich nicht willenlos ergeben.

Er sah wie durch einen roten Nebel. Lyllin hatte den Raum betreten, obwohl er sie nicht hatte hereinkommen sehen. Sie schrie auf und wollte zu Mallinson und dem Mann hinter der Sonde, aber Garstang hielt sie zurück. Dann nichts mehr. Nur nachtschwarze, sturmgepeitschte Finsternis ohne Ufer.

15

ER VERSPÜRTE Schmerzen, als habe ihm jemand unzählige Nadeln in den Schädel gerammt. Er hörte ein leises Schluchzen, aber gleichzeitig schüttelten ihn rauhe Hände.

„Los, Jay, wach auf!“ Das war Garstangs Stimme, die beinahe verzweifelt klang.

„Die Wirkung läßt bereits nach“, stellte jemand fest.

„Das kann jeder sagen“, murmelte Birrel undeutlich. „Schließlich ist es ja mein Kopf.“ Dann ärgerte er sich selbst über den weinerlichen Ton in seiner Stimme und gab sich große Mühe, die Augen zu öffnen. Es gelang ihm auch.

Er lag auf der Couch im Wohnzimmer. Draußen war es dunkel geworden, die Stehlampe neben ihm brannte. Lyllin saß auf einem Stuhl vor ihm und hatte Tränenspuren auf dem Gesicht. Er vermutete, daß sie aus Zorn geweint hatte. Garstang kniete auf dem Fußboden und hatte seine Hand auf Birrels Schulter, als ob er ihn nochmals schütteln wollte.

Kane, der die Vera-Sonde bedient hatte, stand am Fußende der Couch und sah Birrel verlegen an. „Ich habe ihnen gesagt, daß sie Sie in Ruhe lassen sollen“, sagte er entschuldigend. „Ich habe ihnen erklärt, daß Sie ziemliche Kopfschmerzen haben würden, wenn Sie zu früh aufgeweckt würden.“

„Es ist jetzt schon über eine Stunde her, er wird die Kopfschmerzen eben aushalten müssen“, erwiderte Garstang und rüttelte wieder an Birrels Schulter. „Komm, wach auf!“

Birrel haßte diesen Mann förmlich, seinen harten Griff, seine eintönige Stimme. Dann wurde ihm erst klar, was er eben gehört hatte. Länger als eine Stunde her? Dann durfte er auf keinen Fall wie ein nasser Sack auf der Couch liegen – jetzt konnte jede Minute entscheidend sein!

Birrel richtete sich mühsam auf. „Ich wußte, daß du uns nicht im Stich lassen würdest“, versicherte Garstang ihm, während er Birrel stützte.

„Um Gottes willen, laß mich mit salbungsvollen Sprüchen in Ruhe“, wehrte Birrel ab, dann fügte er hinzu: „Tut mir leid, Joe. Danke.“

Kane hatte den Raum verlassen. Einige Sekunden später kam Mallinson bereits herein. Er ging zu Birrel hinüber, der auf der Couch saß, und sah feindselig zu ihm hinunter.

Birrel hob den Kopf. „Nun? Haben Sie erfahren, was Sie wissen wollten?“

„Ja.“

„Dann wissen Sie also, daß wir nicht gekommen sind, um die Erde zu überfallen, sondern um sie vor den Oriongeschwadern zu verteidigen.“

„Ich muß zugeben“, sagte Mallinson langsam, „daß Sie im Augenblick derartige Anweisungen zu haben scheinen.“

„Was soll das heißen?“

„Wenn die Geschwader vom Orion erst einmal vernichtet sind, kann Ferdias Ihnen jederzeit anderslautende Befehle geben. Ich bin immer noch der Überzeugung, daß man weder Ferdias noch Solleremos über den Weg trauen darf.“

„Großer Gott!“ rief Garstang entsetzt. „Soll das heißen, daß unser Geschwader nach wie vor entwaffnet werden soll? Nachdem Sie das alles erfahren haben?“

Birrel sah Mallinson an, der nachdenklich die Stirn hochgezogen hatte. „Sie müssen doch allmählich wissen, daß ich bereit bin, zusammen mit der Flotte der Weltenunion gegen die Geschwader vom Orion zu kämpfen“, stellte Birrel fest. „Ist Ihnen das klar, Mallinson?“

„Ja, ich weiß“, antwortete Mallinson verbissen, „aber ich überlege mir gerade, was später geschehen wird.“

„Darüber brauchen Sie sich keine Sorgen mehr zu machen, wenn Ihre Flotte allein gegen zwei schwerbewaffnete Geschwader vom Orion antreten muß“, sagte Birrel lakonisch. „Das wissen Sie genau, Mallinson.“

„Ich kann auf keinen Fall darüber entscheiden“, sagte Mallinson nach einer kurzen Pause. „Das Problem muß Mr. Charteris vorgelegt werden, wenn wir wieder in New York sind. Wir müssen uns beeilen.“

Birrel starrte ihn an. „Was soll das heißen – ‚wir müssen uns beeilen‘? Wir können hier nicht weg! Haben Sie das Schnellboot vergessen, das in ein paar Stunden kommen wird, um Tauncer abzuholen?“

„Ich habe bereits alles arrangiert“, antwortete Mallinson selbstzufrieden. „Ich habe Admiral Laney unterrichtet. Zwei von unseren Kreuzern werden das Schnellboot abfangen, bevor es die Erde überhaupt erreichen kann.“

Birrel sah ihn sprachlos an, dann drehte er sich zu Joe Garstang um, der ebenfalls erschüttert zu sein schien.

„Er hat alles arrangiert“, sagte Garstang. Er gebrauchte einen häßlichen Ausdruck. „Ausgezeichnet, wunderbar, erstklassig!“

„Was ist plötzlich in Sie gefahren?“ wollte Mallinson wissen. „Sie wollten doch das Schnellboot aufbringen, weil der Kommandant über die Angriffspläne vom Orion informiert ist. Auf diese Art und Weise bekommen wir ihn bestimmt in die Hand.“

Wieder mußte Birrel sich mühsam beherrschen, bevor er zu sprechen begann. „Hören Sie zu, Mallinson. Sie verstehen von vielen Dingen mehr als ich, aber vom Militär haben Sie keine Ahnung, sonst hätten Sie diesen Befehl nie erteilt. So haben Sie keinerlei Aussichten, etwas zu erfahren.“

„Warum nicht? Das Schnellboot ist unseren Kreuzern weit unterlegen."

Birrel nickte grimmig. „Stimmt. Und sein Kommandant kennt den Angriffsplan. Andererseits weiß er aber auch genau, daß er mit einer Vera-Sonde verhört werden wird, wenn er sich gefangennehmen läßt. Was wird er also tun?"

Mallinson dachte darüber nach.

„Er wird Widerstand leisten", fuhr Birrel fort. „Das läuft natürlich auf Selbstmord hinaus, denn kein Offizier, der Mitwisser eines so wichtigen Planes ist, würde sich jemals ergeben."

Birrel schwieg und gab Mallinson Zeit zum Nachdenken. Und der junge Diplomat tat es auch. Der selbstzufriedene Ausdruck auf seinem Gesicht veränderte sich und wich tiefer Besorgnis.

Auch diesmal war Birrel völlig überrascht, als Mallinson schließlich zu sprechen begann. „Ich sehe ein, daß ich einen Fehler gemacht habe. Was sollen wir tun?"

„Beordern Sie die beiden Kreuzer zurück", sagte Birrel wie aus der Pistole geschossen. „Belästigen Sie das Schnellboot nicht. Wir müssen Tauncers Hubschrauber finden und den Sender einschalten, damit es dort landet. Dann überfallen wir sie und versuchen den Kommandanten lebend in unsere Hände zu bekommen, damit wir ihn verhören können. Wie viele Männer haben Sie jetzt hier?"

„Sechs", antwortete Mallinson. „Ich könnte mehr anfordern, aber dazu ist es wahrscheinlich bereits zu spät."

Birrel warf einen Blick aus dem Fenster. Draußen herrschte Finsternis. „Dazu ist es schon viel zu spät", sagte er, dann fügte er mit beißendem Spott hinzu: „Wenn Sie ein bißchen nachgedacht hätten, während ich bewußtlos war, hätten Sie ein ganzes Regiment in Marsch setzen können. Wir werden uns eben so behelfen müssen. Wir sind zehn Mann gegen fünfzehn oder sechzehn auf dem Schnellboot. Nicht allzu schlecht, wenn wir sie überraschend überfallen."

„Ich werde die beiden Kreuzer zurückrufen lassen", warf Mallinson hastig ein. „Das Funkgerät ist im Wagen."

Er rannte nach draußen, und Birrel hielt sich an Garstangs Schulter fest, um wieder auf die Beine zu kommen. Lyllin stützte ihn von der anderen Seite. Birrel ging langsam auf und ab, bis er sich wieder so weit in der Gewalt hatte, daß er ohne Hilfe gehen konnte. „Jetzt geht es wieder", sagte er schließlich zuversichtlich, aber Garstang und Lyllin blieben dicht an seiner Seite, als er unsicher auf die Terrasse schritt.

Es war ziemlich dunkel, und der stürmische Westwind trieb die Wolkenfetzen vor sich her. Die Sterne glitzerten, und Wega war deutlich zu erkennen. Birrel dachte an Ferdias. Er dachte an die jüngsten Entwicklungen und was Ferdias dazu sagen würde.

Mallinsons Leute hatten sich um seinen Wagen versammelt. Dann kam Mallinson schnell auf die Terrasse zurück. „Jetzt kann die Suche nach dem Hubschrauber losgehen. Haben Sie alle eine Schockpistole?" Dann warf er einen Blick auf Lyllin, die im Halbdunkel neben Birrel stand. „Sollte Ihre Frau nicht lieber hierbleiben?"

Birrel sah geistesabwesend auf die dunkle Linie am Horizont, die die Grenze zwischen den Ausläufern des Waldes und den davorliegenden Feldern bezeichnete.

„Warten Sie, Mallinson", sagte er langsam, „ich habe mich bereits ein bißchen dort drüben umgesehen. Der Wald ist ziemlich groß und dicht, so daß wir unter Umständen die ganze Nacht lang suchen könnten, ohne Tauncers Hubschrauber zu finden. Wir wissen schließlich nur, daß er in der Nähe einer Lichtung unter den Bäumen stehen muß. Wenn wir nun Harper dazu bringen könnten, daß er uns führt . . ."

Mallinson unterbrach ihn bedauernd. „Ich habe Tauncer und Harper bereits nach New York bringen lassen, während Sie noch bewußtlos waren. Ich nahm an, daß wir ihnen schon nach kurzer Zeit folgen würden."

Birrel hätte am liebsten wieder geflucht, aber dazu war jetzt jede Sekunde zu kostbar. Er dachte angestrengt nach. „So geht es also nicht", sagte er nach kurzer Zeit, „aber wir brauchen trotzdem einen Führer. Hier in der Nähe wohnt ein Farmer – der Mann heißt Vinson –, der sich in dem Wald auskennen sollte. Wir müssen ihn holen."

Birrel nahm Lyllins Hand und führte sie die Stufen hinunter. „Du gehst am besten gleich mit, Lyllin. Du kannst bei den Vinsons bleiben, bis alles vorbei ist."

Dies war einer der wenigen Befehle, die er Lyllin je gegeben hatte. Sie tat buchstäblich alles für ihn, aber sie ließ sich nicht herumkommandieren. Einen Augenblick lang zögerte sie, dann folgte sie ihm wortlos. Sie war zu stolz, um ihm eine Szene zu machen, aber Birrel wußte, daß er später noch etwas zu hören bekommen würde.

Mallinson setzte sich ans Steuer und raste mit halsbrecherischer Geschwindigkeit die enge Straße hinunter.

Vinson und seine Frau kamen sofort an die Tür, nachdem Birrel geläutet hatte.

„Ah, Kommandeur Birrel", sagte Vinson. „Und Mrs. Birrel. Wie geht es Ihnen? Kommen Sie doch . . ."

„Ich wollte fragen, ob Lyllin ein oder zwei Stunden bei Ihnen bleiben könnte", unterbrach Birrel ihn. „Außerdem hätte ich gern ein paar Worte mit Ihnen gewechselt, Mr. Vinson."

Mrs. Vinson verschwand mit Lyllin im Inneren des Hauses, während Vinson verwundert die Stufen herunterkam.

„Das hier ist Ross Mallinson, der Sekretär von Mr. Charteris", sagte Birrel erklärend. „Hören Sie, kennen Sie sich in den Wäldern dort hinten aus?"

Vinson starrte ihn sprachlos an, und Birrel mußte die Frage wiederholen, bevor der Farmer antwortete. „Ja, sicher. Aber . . ."

Birrel gab ihm einen kurzen Bericht von den Ereignissen des vergangenen Tages. „Sie sehen selbst, daß wir einen Führer brauchen", schloß er. „Wir zählen auf Sie, Vinson!"

„Ja, das ist doch ganz selbstverständlich", meinte Vinson sofort. „Schließlich ist das hier auch mein Planet – genausogut wie der Ihre, Kommandeur. Ich habe noch einen alten Jagdschocker im Schrank. Bin gleich wieder zurück!"

Als Vinson wieder in seinem Haus verschwunden war, warf Mallinson Birrel einen ironischen Blick zu. „Sein Planet – genauso wie der Ihre", sagte er dann spöttisch.

Birrel zuckte mit den Schultern. „Sie wissen doch, daß ich in gewisser Beziehung aus Orville stamme."

Vinson kam aus dem Haus gerannt und schwenkte dabei einen alten Schocker, dann kletterte er hinten in den Wagen. Auf der Fahrt zurück sprach er aufgeregt. „In dem ganzen Wald gibt es nur drei – vielleicht auch vier – Lichtungen, die groß genug sind, um darauf mit einem Hubschrauber landen zu können. Eine davon ist allerdings nur von Büschen umgeben, in denen man kein Flugzeug verstecken kann."

„Dann halten Sie sich nicht damit auf, sondern führen Sie uns lieber auf dem schnellsten Weg zu den anderen", wies Birrel ihn an, als der Wagen vor Garstang, Vathis und Mallinsons Begleitern hielt.

Mallinson wollte sofort aufbrechen, aber Birrel hielt ihn zurück. „Halt, noch einen Augenblick", sagte er dabei. „Tauncer hatte einen schweren Schocker, den wir gut gebrauchen können. Er ist dort drüben in den . . ."

Einer von Mallinsons Männern unterbrach ihn. „Wir haben ihn bereits gefunden. Wir nehmen ihn mit."

„Gut, dann los", sagte Birrel. Er hatte das Gefühl, als sei doch noch nicht alles verloren. Diese Männer – Geheimdienstagenten, vermutete er – schienen ihr Geschäft zu verstehen.

Vinson führte sie über die Felder in den Wald hinein. Die Männer gingen dicht hintereinander, um sich nicht aus den Augen zu verlieren. Von Zeit zu Zeit hörte man einen unterdrückten Ausruf, wenn einer von ihnen gestolpert und gefallen war, aber sonst herrschte Schweigen.

Wie seltsam, daß der lang erwartete Kampf zwischen Lyra und Orion ausgerechnet hier beginnen mußte, dachte Birrel. Nicht im Weltraum, wie er immer angenommen hatte. Nein, es mußte in den dunklen Wäldern dieses alten Planeten sein, sie mußten sich mit Dornengestrüpp und dichtem Unterholz herumschlagen, während ein Farmer sie führte.

„Dort drüben", sagte Vinson schließlich. „Ich hätte beinahe nicht mehr hergefunden – der Wald sieht nachts ganz anders aus."

Seine Stimme klang laut und aufgeregt, obwohl er leise zu sprechen versuchte. Er führte sie durch hohes Gestrüpp auf eine Waldwiese, die von riesigen Tannen umgeben war.

„Nein, hier ist bestimmt kein Hubschrauber versteckt", stellte Vinson nach einigen Minuten intensiver Suche fest.

„Versuchen wir es mit den anderen Lichtungen", sagte Mallinson. „Aber so schnell wie möglich!"

Sie arbeiteten sich weiter durch das Unterholz, wateten ziemlich geräuschvoll durch einen kleinen Bach und stießen schließlich auf eine weitere Lichtung.

„Halt!“ zischte Vinson plötzlich.

„Was ist?“ fragte Mallinson scharf.

„Die niedrigen Büsche und das Gras sind völlig niedergetreten. Lassen Sie mich suchen.“

Sie warteten und wehrten sich verbissen gegen die Mücken, die in dichten Schwärmen um sie herumtanzten, während Vinson in der Dunkelheit verschwand. Eine Weile hörten sie ihn noch stolpern, dann war alles still.

Einige Minuten später kamen schwere Schritte näher, und Vinson brach durch die Büsche. Seine Stimme klang triumphierend. „Ich habe ihn! Dort drüben in der Baumgruppe – sie sind hier gelandet und haben den Hubschrauber dann . . .“

Mallinson unterbrach ihn. „Führen Sie uns hin, Vinson.“

Die gläserne Bugkanzel des Hubschraubers glänzte vor ihnen, als der Mond einen Augenblick durch ein Wolkenloch schien.

„Kane!“ rief Mallinson leise nach hinten zu seinen Leuten. Der Mann, der die Sonde bedient hatte, kam herbeigeeilt und stieg die wenigen Stufen zur Kanzel hinauf. Dann leuchtete seine abgeschirmte Taschenlampe auf.

Nach einigen Minuten, die den wartenden Männern wie eine Ewigkeit erschienen, meldete sich Kane. „Jetzt habe ich es gefunden. Ein ganz billiger Oszillator, der auf der gleichen Frequenz wie die Fernsehstationen sendet, allerdings mit dem Unterschied, daß die Bandbreite um die Hälfte verringert ist. Gar nicht dumm . . .“

„Kümmern Sie sich nicht darum“, unterbrach ihn Mallinson. „Schalten Sie den Sender ein.“

Sie sahen nichts und hörten nichts, aber Kane kam wieder zu ihnen heruntergeklettert. „Sender in Betrieb, Sir“, meldete er befriedigt.

Mallinson sah sich suchend um. „Birrel“, sagte er dann nach kurzem Zögern.

Birrel trat einige Schritte näher. „Ja.“

„Sie wissen besser als wir, wie ein Schnellboot aussieht und was die Besatzung vermutlich tun wird, wenn wir angreifen“, sagte Mallinson langsam. „Wollen Sie die Einteilung der Leute übernehmen?“

„Kommt der Befehl zum Angriff von mir?"

„Ja, natürlich."

„Schön", meinte Birrel zufrieden. „Am besten gehen wir erst einmal alle zur Lichtung, nachdem das Schnellboot dort landen wird."

Birrel blieb am Rand der Lichtung stehen und überlegte angestrengt. Es war keine besondere Schwierigkeit, die Männer in taktisch günstige Stellungen einzuweisen, aber er machte sich Sorgen wegen des schweren Schockers. Sie würden sich in der Hauptsache auf diese Waffe verlassen müssen, und wenn der Angriff erst einmal ins Rollen gekommen war, hatten sie bestimmt keine Zeit mehr, das Gerät von einer Position in die andere zu schleppen.

Schließlich beschloß er, Garstang bei sich zu behalten und mit ihm zusammen am Rand der Lichtung in Stellung zu gehen, wo sie dem verborgenen Hubschrauber am nächsten waren. Mallinson schloß sich ihnen an und half dann kräftig mit, als der Schocker in Stellung gebracht wurde. Birrel war froh darüber, daß Vinson ebenfalls bei ihnen blieb, weil er fürchtete, daß der Farmer in seiner Aufregung den Erfolg der Aktion gefährden könnte.

Dann gingen sie hinter dem Schocker in Deckung und warteten.

16

DREI Minuten und vierzehn Sekunden vor Mitternacht senkte sich ein kleines, schnelles Raumschiff, das das Kennzeichen der Streitkräfte vom Orion trug, leicht wie ein fallendes Blatt auf die Lichtung herunter. Das leise Summen seiner Antriebsaggregate war für menschliche Ohren beinahe unhörbar, aber die Hunde auf den in der Nähe liegenden Gehöften hörten es und kläfften wild. Das Schnellboot schwebte dichter über dem Boden, landete dann und summte nicht mehr. Die Hunde schwiegen ebenfalls sofort.

Birrel stand auf, wobei er Garstang, der neben Vinson und Mallinson bei dem Schocker zurückblieb, etwas zuflüsterte. „Ich gehe jetzt. Ihr wißt, was ihr zu tun habt. Beeilt euch um Himmels willen, wenn es soweit ist."

Er trat zwischen den Bäumen hervor und auf die dunkle Wiese

hinaus. Das Schnellboot lag wie ein vorsintflutliches Ungeheuer im Gras, seine Umrisse zeichneten sich deutlich gegen den nunmehr sternklaren Himmel ab. Birrel ging einige Schritte darauf zu, blieb dann stehen, nahm eine winzige Lampe aus der Tasche und blinkte dreimal kurz.

Birrel fühlte, wie ihm der Schweiß den Rücken hinunterlief. Wenn Tauncer ein besonderes Erkennungssignal vereinbart hatte, würde er tot sein, bevor er weitere zehn Schritte gemacht hatte. Er mußte riskieren, daß der Sender des Hubschraubers das einzige Zeichen war. Bis zu dieser Sekunde hatte er das Risiko für nicht allzu groß gehalten. Jetzt dachte er anders darüber.

Er wartete einige Zeit und ging einige Schritte weiter auf das Raumschiff zu. Dann hörte er ein bekannt klingendes Geräusch. Der Eingang zur Luftschleuse des Schnellbootes öffnete sich langsam, bis ein schwacher blauer Lichtschein sichtbar wurde.

Birrel schluckte trocken. Sein riskanter Alleingang hatte sich bezahlt gemacht. Er würde am Leben bleiben – aber vielleicht nur noch zwei Minuten, wenn etwas schiefging.

Ein Uniformierter erschien in der Öffnung und blieb stehen, als suche er jemand. Wahrscheinlich der Kommandant des Schnellbootes, überlegte Birrel – ein Offizier in einem Geschwader vom Orion konnte es sich vermutlich kaum leisten, Tauncer nicht persönlich zu begrüßen, wenn dieser an Bord eines Raumschiffes gehen wollte. Birrel sah sonst niemanden, aber er wußte genau, daß ein Mann der Besatzung im Innern des Schnellbootes neben der Luftschleuse stehen würde – der Techniker, der sie zu bedienen hatte.

Birrel ging weiter auf die Luftschleuse zu. Er sprach den Mann vor ihm an und versuchte dabei, Tauncers Stimme so gut wie möglich nachzuahmen. „Sie hätten schon längst kommen sollen! Machen Sie kein Licht an – wir müssen hier schnellstens verschwinden!"

„Schon längst, Sir?" fragte der andere erstaunt. „Aber Sie haben doch selbst gesagt, daß . . ."

Birrel zog den Schocker aus der Tasche und drückte aus acht Schritt Entfernung ab. Der Mann schwieg plötzlich und sackte zusammen.

Das war der entscheidende Augenblick. Birrel legte die wenigen

Meter bis zum Eingang der Luftschleuse in großen Sätzen zurück, wobei er einmal beinahe über einen Ast gestürzt wäre. Er erreichte die Öffnung genau in dem Augenblick, als von der anderen Seite her ein Mitglied der Besatzung auftauchte und den Offizier anstarrte, der bewegungslos am Boden lag. Birrel setzte ihn ebenfalls außer Gefecht und stieg dann über ihn hinweg, um ins Innere des Schnellbootes vorzudringen.

Jetzt war seine Glückssträhne zu Ende. Hinter dem Bedienungspult der Luftschleuse stand noch ein Mann, der sofort nach der Pistole griff. Birrel drückte ab und duckte sich gleichzeitig. Aber er war nicht schnell genug gewesen, denn der Strahl der Schockpistole des anderen erwischte ihn an der rechten Körperhälfte, die sofort gelähmt war. Birrel begann zu fallen.

Er durfte nicht fallen, verdammt noch mal! Er lehnte sich gegen die glatte Metallwand und hielt sich mit aller Kraft aufrecht. Während er den dritten Mann vor sich hatte, war noch alles still gewesen, aber jetzt hörte er ein erregtes Stimmengewirr. Wo blieben Garstang und die anderen? Schliefen die Kerle dort draußen etwa?

Dann hörte er sie endlich kommen, mit soviel Lärm wie eine angreifende Elefantenherde. Zur gleichen Zeit schrillte eine Alarmsirene im Innern des Schiffes auf und rief alle Mann auf ihre Stationen. Birrel wußte, daß er etwas tun mußte, aber im Augenblick war er so hilflos wie ein altes Weib und konnte sich nur gegen die Wand lehnen, um nicht auf den Mann zu fallen, dem er das alles verdankte.

Garstang und Vinson polterten in die Luftschleuse und zerrten den großen Schocker hinter sich her. Garstang schien besorgt, aber trotzdem gelassen, während Vinson vor Aufregung und Anstrengung schwer atmete.

„Hierher!" sagte Birrel. Er hatte es laut rufen wollen, aber seine Stimme war nur ein heiseres Krächzen.

Der Schocker war innerhalb der Luftschleuse ebenso wirkungslos, wie er es von außerhalb gewesen wäre. Selbst ein kleines Schnellboot war stark genug gepanzert, um diese Art von Strahlen wirkungslos abprallen zu lassen, und die Panzerung erstreckte sich auch auf die Innenseite der Luftschleuse.

„Sind Sie verwundet?" fragte Vinson. „Was . . ."

„Kommen Sie!" herrschte Garstang ihn an. Sie schleppten das

schwere Gerät an Birrel vorbei. Einige Meter von ihm entfernt setzten sie es ab, und Garstang betätigte den Schalter, nachdem sie sich hinter den Schutzschild gekauert hatten. In diesem Augenblick erschienen zwei Männer am anderen Ende des Ganges, als hätten sie dort auf das Zeichen für ihren Auftritt gewartet. Sie hielten Schockpistolen in der Hand, konnten sie jedoch nicht mehr gebrauchen. Der energiereiche Strahl warf sie auf der Stelle zu Boden.

„Schwenken, Joe, was ist denn mit dir los?" krächzte Birrel mit letzter Kraft.

„Wenn das verfluchte Ding nur nicht so schwer wäre!" keuchte Garstang. Der Schocker war immer noch eingeschaltet und summte leise, während Garstang ihn so zu drehen versuchte, daß sein Strahl das Innere des Schiffes bestrich. Vinson wollte ihm dabei behilflich sein, aber da er nicht ganz verstanden hatte, was Garstang vorhatte, behinderte er ihn eher. Birrel wollte eingreifen, aber sein rechtes Bein gab nach, so daß er zu Boden rutschte und dort sitzen blieb. Immerhin brachte er es aber noch fertig, laut nach draußen zu rufen: „Helft Garstang!"

Kane verstand sofort, was Garstang vorhatte. Er stieß Vinson zur Seite und faßte das schwere Gerät an. Er und Garstang wuchteten es gemeinsam herum.

Aus den anderen Teilen des Schiffes klangen entsetzte Rufe. Überall zersplitterte Glas, fielen Geräte zu Boden, vibrierten Metallschotts. Ein großer Mann mit den Rangabzeichen eines Oberleutnants kam auf den Gang herausgestürzt. Vinson hob seinen alten Schocker, aber das war nicht mehr nötig, denn schon war der Mann vom Strahl getroffen und lag still.

„Das dürfte genügen", sagte Birrel schließlich. „Schaltet das Ding aus, und durchsucht das Schiff. Sie bleiben hier, um mir aufzuhelfen, Vinson."

Garstang, Kane und die anderen Männer aus Mallinsons Begleitung rannten den Gang entlang. Mallinson selbst stand hinter Birrel und wirkte ein bißchen blaß.

Vinson zitterte kaum merklich, während er Birrel auf die Beine half und ihn stützte. Er plapperte unaufhörlich. „Haben wir gewonnen? Haben wir das Schiff erobert?"

„Das hängt ganz davon ab, ob wir sie rechtzeitig mit dem

schweren Schocker erwischt haben", erklärte Birrel. „Helfen Sie mir weiter."

Vor ihnen und über ihnen hörte er Stimmen, konnte aber nicht feststellen, ob sie von den Besatzungsmitgliedern des Schiffes oder von Mallinsons Leuten stammten.

„Diesen Aufgang hinauf", wies er Vinson an. „Verfluchtes Bein!"

Vinson und Mallinson halfen ihm über die Stufen hinauf. Birrel mußte unwillkürlich daran denken, wie völlig unheldenhaft er als Führer einer Kampfgruppe wirken mußte.

In dem Funkraum hinter der Brücke lagen zwei Männer neben ihren Stühlen. Der Boden war über und über mit Glas- und Plastiksplittern bedeckt.

„Jetzt müssen wir nur noch herausbekommen, ob diese beiden noch genug Zeit hatten, ihr Geschwader zu benachrichtigen", stellte Birrel fest. „Wenn wir sie nicht rechtzeitig erwischt haben sollten . . ."

Mallinson rannte hinaus und rief laut nach Kane. Als der Techniker hereinkam, hatte er ein triumphierendes Leuchten in den Augen. „Alles in bester Ordnung", verkündete er. „Zwei Männer waren noch halbwegs bei Bewußtsein, aber zu keinem ernsthaften Widerstand fähig. Die anderen von uns durchsuchen gerade . . ."

Mallinson unterbrach ihn. „Sehen Sie sich diese Funkgeräte an. Waren sie in Betrieb, während wir das Schiff überfallen haben?"

Sie warteten ungeduldig, während Kane sorgfältig die Geräte prüfte.

„Nein", stellte er schließlich zur Erleichterung der anderen fest. „Die Schalter für die Trägerwelle stehen auf AUS."

„Gut", sagte Birrel befriedigt. „Mallinson, Sie könnten die Logbücher durchsehen, obwohl ich bezweifle, daß Sie dort etwas finden werden. Vermutlich ist der Kommandant der einzige, der uns weiterhelfen kann."

Mallinson nickte und verließ den Raum. Birrel wandte sich an Vinson. „Holen Sie mir doch bitte einen Stuhl."

Vinson schleppte eilfertig einen Stuhl heran. „Haben wir es wirklich geschafft?" fragte er aufgeregt.

Birrel grinste ihn mühsam an. „Ja. Sie haben sich ausgezeichnet gehalten, Vinson."

Garstang kam herein und wischte sich den Schweiß vom Gesicht. „Die Burschen verstehen wirklich keinen Spaß – ihre Schocker waren alle auf ‚tödlich' eingestellt." Er kniff ein Auge zusammen und sah Birrel an. „Ein Glück, daß du keine volle Ladung abbekommen hast."

„Du hast gut reden", murmelte Birrel erbost. „Massiere lieber mein Bein."

Garstang machte sich an die Arbeit, und nach einigen Minuten hatten sich die gelähmten Muskeln wieder erholt, so daß Birrel nach draußen gehen konnte. Er nahm sein Funksprechgerät aus der Tasche und sprach hinein. Dann hinkte er wieder in das Schiff zurück.

Mallinson erwartete ihn dort. „In den Logbüchern war nichts zu finden. Aber wir werden den Kommandanten so schnell wie möglich nach New York schaffen und dort verhören."

Birrel nickte zustimmend. „Dann kann ich gleich mitfliegen. Ich habe gerade mit meinem Stellvertreter gesprochen. Das Geschwader wird bereits alarmiert."

Mallinson sah ihn wütend an. „Oh, nein, auf keinen Fall ohne die Zustimmung des Großen Rates. Ich habe Ihnen doch oft genug gesagt, daß wir weder Orion noch Lyra trauen. Sie müssen damit warten, bis Sie offiziell die Genehmigung erhalten."

„Den Großen Rat kann von mir aus der Teufel holen", antwortete Birrel heftig. „Mein Geschwader läßt sich jedenfalls nicht auf dem Boden überrumpeln. Unsere Schnellboote starten in einer Stunde. Die Leichten Kreuzer dreißig Minuten später."

„Wenn Ihr Geschwader ohne Erlaubnis zu starten versucht, werden wir unsere Raketen einsetzen", drohte Mallinson.

„Das Geschwader startet auf jeden Fall", stellte Birrel gelassen fest. „Sie sollten diese Tatsache als gegeben hinnehmen, Mallinson. Sehen Sie lieber zu, daß Sie Charteris erreichen, damit er den Raketenbatterien anderslautende Befehle geben kann."

Mallinson starrte zu Boden, während ihm der Schweiß auf der Stirn ausbrach. „Das kann ich unmöglich tun", sagte er heiser.

„Wenn Sie es nicht tun", stellte Birrel sachlich fest, „dann kommt es zu einem erbitterten Kampf mit dem Fünften – auf dem Raumhafen. Vielleicht gewinnen Ihre Leute sogar. Aber dann brauchen die Geschwader vom Orion nur noch zu kommen, um die Trümmer zu sortieren."

Mallinson verlor die Beherrschung. „Sie glauben wohl, daß Sie uns ein Ultimatum stellen können, nur weil wir uns in einer schwierigen Lage . . .“

Birrel unterbrach ihn mit fester Stimme. „Sie haben uns ein Ultimatum gestellt. Und ich nehme es nicht an. Mein Geschwader startet. Ich wiederhole: Mein Geschwader startet!“

Mallinson schien endlich begriffen zu haben, daß Birrel es ernst meinte. Er warf ihm einen Blick zu, der erkennen ließ, wie verwirrt er im Augenblick war.

„Ich werde mich mit Charteris in Verbindung setzen“, sagte er schließlich. „Er muß darüber entscheiden.“

Birrel nickte. „An Ihrer Stelle würde ich mir Mühe geben, ihn davon zu überzeugen, daß er keine Wahl hat.“

Birrel ging zusammen mit Garstang und Vinson hinaus. Dann wandte er sich an Vinson. „Würde es Ihnen etwas ausmachen, meine Frau noch ein paar Tage bei sich zu behalten? Ich möchte vermeiden, daß sie allein in meinem Haus bleiben muß.“

„Nein, natürlich nicht“, beruhigte ihn Vinson. „Aber Sie . . .“

„Ich werde in den nächsten Tagen eine Menge Arbeit haben“, unterbrach ihn Birrel.

Birrel wartete.

Schließlich kam Mallinson zu ihm heraus.

„Nun?“

„Ich habe Charteris Bericht erstattet“, antwortete Mallinson. „Die Entscheidung liegt bei ihm. Wenn er der Meinung ist, daß Lyra gefährlicher ist als Orion, dann werden unsere Raketenbatterien das Feuer eröffnen, wenn Ihre Schiffe zu starten versuchen.“

Garstang fluchte. „Hol mich der Teufel! Die Kerle geben vor, es mit uns und Solleremos aufnehmen zu wollen!“ Er sah Birrel aufmunternd an. „Das riskieren sie nie, Jay.“

Er ging, und Birrel, der ihm nachdenklich nachsah, wünschte, er besäße diesen Optimismus ebenfalls. Die unglaubliche Sturheit dieser Leute beunruhigte ihn so, daß er sich überlegte, ob er nicht lieber Brescnik den Befehl geben sollte, die Startvorbereitungen abzubrechen.

Nein. Irgendwo dort oben in dem sternklaren Himmel über ihnen rasten Solleremos' Geschwader auf die Erde zu, um sie heimtückisch zu überfallen, und niemand konnte sagen, wie nahe er bereits war. Das Fünfte würde ihm auf jeden Fall entgegentreten – selbst wenn es darum kämpfen mußte.

17

DIE RAKETEN blieben auf ihren Abschußrampen.

Die Schnellboote des Fünften Geschwaders waren gestartet, dann folgten die Leichten Kreuzer, und währenddessen schwiegen die todbringenden Batterien, die den Raumhafen umgaben. Jetzt hatten die Schnellboote bereits das System Sol verlassen und lagen weit draußen im All auf der Lauer, während die Leichten Kreuzer in enger Formation auf der Höhe von Saturn standen, um dort auf ihre Einsatzbefehle zu warten.

Birrel überlegte sich bereits, daß es für Befehle zu spät sein würde, wenn die Diskussion noch wesentlich länger dauerte. Er saß nun schon über eine Stunde mit den leitenden Beamten der Weltenunion zusammen und versuchte sie davon zu überzeugen, daß er der Erde helfen wollte – bis jetzt ohne Erfolg. Er fühlte sich müde und ausgelaugt, sein Kopf schmerzte heftig, obwohl er bereits eine Spritze bekommen hatte, und seine rechte Körperhälfte war immer noch teilweise gelähmt. Er kam langsam zu der Überzeugung, daß diese Leute sich mit ihrer Sturheit ihr eigenes Grab schaufelten und daß es ihnen ganz recht geschah.

Als Birrel aufsah, begegnete er nur unfreundlichen und mißtrauischen Blicken. Nicht nur Charteris und Mallinson sahen ihn feindselig an, sondern auch Admiral Laney und sein Stab. Birrel hatte Verständnis dafür, daß Politiker selbst in einer so schwierigen Lage um einen Tisch herum sitzen und schwatzen konnten. Aber von erfahrenen Offizieren hätte er das nie vermutet. Kein Wunder, dachte er, daß die Weltenunion ihre führende Rolle verloren hat, wenn die Männer an ihrer Spitze sich in jeder Krise so aufgeführt haben.

„Unser Entschluß ist unwiderruflich“, sagte Charteris mit unbeweglichem Gesicht. „Das Fünfte Geschwader kämpft unter dem Befehl von Admiral Laney – oder es kämpft überhaupt nicht.“

„Hier handelt es sich doch nicht um Kompetenzen", betonte Birrel. „Es geht vor allem um die anzuwendende Taktik!"

„Die wird von uns bestimmt", antwortete Charteris.

Birrel stieß seinen Stuhl zurück und stand auf. Er unterdrückte die Bemerkung, die ihm auf der Zunge lag, und ging an eines der Fenster hinüber, von denen aus man auf New York hinuntersehen konnte. Wenn er jetzt die Beherrschung verlor, setzte er alles aufs Spiel.

Mitternacht war längst vorüber, aber die Straßen der alten Stadt leuchteten immer noch und bildeten unterhalb des Gebäudes der Weltenunion ein weitverzweigtes Netz aus glühenden Linien. Wahrscheinlich waren die Nachtlokale wie üblich von Besuchern überfüllt, die aus Anlaß des Jubiläums nach New York gekommen waren. Sie hatten keine Ahnung davon, wie wenig fröhlich die Feierlichkeiten unter Umständen verlaufen konnten, denn weder die Presse noch Rundfunk und Fernsehen hatten die gegenwärtige Krise bisher erwähnt.

Vielleicht ist es besser so, dachte Birrel. Diese Menschen hätten derartigen Hiobsbotschaften doch nicht geglaubt, dazu war ihr Stolz viel zu ausgeprägt. Sie sahen in der Erde immer noch den Schrittmacher allen Fortschritts, bedauerten den Abfall der anderen Welten und standen den Sektoren mißtrauisch gegenüber. Aber sie konnten sich einfach nicht vorstellen, daß einer der Sektoren ihnen feindlich gegenübertreten könne – genausowenig wie ein Vater sich träumen ließ, seine Kinder könnten ihm ein Leid antun. Diese Überlegung beruhigte Birrel etwas, und er drehte sich wieder zu den anderen um.

Er ging zu der großen Sternkarte hinüber, die an die Rückwand des Konferenzraums projiziert wurde. Quer über die Karte zog sich eine rote Linie, deren Ausgangspunkt in der Umgebung von Scorpio lag, von wo aus die Linie sich bis zu Sol erstreckte. Der gefangengenommene Kommandant des Schnellbootes war verhört worden, und seine Aussagen hatten es den riesigen Datenverarbeitungsmaschinen ermöglicht, den vermutlichen Kurs der Oriongeschwader zu errechnen.

Birrel wies auf den roten Strich, der wie eine Lanze auf die Erde deutete. „Sie haben einen weiten Umweg gemacht", erklärte er dazu, „und kommen jetzt genau aus der Orion entgegengesetzt liegenden Richtung. Von dort hätten wir sie normalerweise nicht . . ."

Admiral Laney unterbrach ihn. „Darüber haben wir bereits gesprochen. Wir werden ihnen entgegentreten. Aber dies ist unser Kampf, und Sie werden sich unseren Anordnungen fügen, wenn Sie auf unserer Seite eingreifen wollen."

Birrel sah den alten Admiral ernst an. „Sir, es wäre mir eine Ehre, unter Ihnen kämpfen zu dürfen. Aber Tatsachen sind Tatsachen. Die Flotte der Weltenunion kann es trotz ihrer langen und ruhmreichen Geschichte nicht mit zwei Oriongeschwadern aufnehmen. Das ist eine Tatsache. Eine andere ist, daß es unsinnig wäre, auf Wunder zu hoffen. Wenn Ihre und meine Schiffe den Orioniden in offener Schlacht gegenübertreten, sind wir mit ziemlicher Sicherheit verloren. Ich bin genauso stolz auf mein Geschwader und seine Tradition wie Sie auf Ihre Flotte, aber trotzdem behaupte ich, daß wir verlieren. Wir haben nur eine Chance – Überraschung."

„Wie wollen Sie einen Gegner überraschen, der über Fernradar verfügt?" fragte einer der Offiziere ungläubig.

„Es gibt eine Methode, die an den Grenzen zwischen den Sektoren bereits mehrmals mit Erfolg angewandt wurde", antwortete Birrel fest. Er drehte sich wieder zu der Sternkarte um und zeigte auf das verschwommen dargestellte Gebiet zwischen Mars und Jupiter. „Hier scheint es das zu geben, was in früheren Zeiten als Annäherungshindernis bezeichnet wurde. Ich möchte davon Gebrauch machen. Kennen Sie dieses Gebiet?"

„Den Asteroidengürtel?" fragte Laney. „Ja, einigermaßen."

„Wenn Sie die Orioniden dort hineinlocken könnten . . .", begann Birrel.

Laney unterbrach ihn. „Glauben Sie wirklich, daß wir es mit Dummköpfen zu tun haben? Sie nehmen doch nicht etwa im Ernst an, daß sie uns den Gefallen tun werden, das zu tun, während sie genau wissen, daß Ihr Geschwader ihre Flanke bedroht?"

„Das werden sie nicht wissen, wenn wir es richtig anfangen", beruhigte ihn Birrel und setzte sich wieder. „Die Schweren Kreuzer des Fünften starten. Auf den Radarschirmen des Gegners wird das gesamte Geschwader sichtbar, das sich in Richtung Orion bewegt, als wolle es einen Angriff von dort abwehren."

„Aber . . ."

„Aber sie orten gar nicht das Fünfte", fuhr Birrel fort. „Eine gleich große Anzahl von Schiffen – Handelsschiffe, Erzfrachter und andere – wird sich um den fünften Planeten von Sol versammeln und das Fünfte darstellen, während die Schiffe in Richtung Orion weiterfliegen. Mit Fernradar ist der Unterschied nicht festzustellen. Und die Hälfte unserer Schnellboote wird mitfliegen, damit die Schnellboote des Gegners nicht nahe genug herankönnen, um mit ihrem Nahradar die Täuschung zu entdekken."

Charteris sah Laney fragend an.

„Durchaus möglich", stellte der Admiral fest. „Und wie soll es weitergehen?"

„Ganz einfach", sagte Birrel zuversichtlich. „Die Weltenflotte bindet einen Teil der gegnerischen Streitkräfte innerhalb dieses Gürtels. Das Fünfte . . ." Er ging an die Karte zurück und zeigte auf die Sonne, „. . . liegt während dieser Zeit hier und ist damit vor der Aufklärung des Feindes geschützt. Wenn die Oriongeschwader in den Kampf mit der Weltenflotte verwickelt sind, dann . . ." Birrel machte eine vielsagende Handbewegung.

Charteris sah wieder zu Laney hinüber. „Nun?"

„So könnte es klappen", gab der Admiral widerwillig zu.

„Empfehlen Sie uns diesen Plan ausdrücklich?"

Laney versuchte keine Ausflüchte. „Ja."

„Ausgezeichnet", meinte Charteris, und Birrel wollte schon aufatmen, als Charteris fortfuhr. „Aber der ursprüngliche Beschluß des Großen Rates wird dadurch nicht beeinflußt. Das Geschwader von Lyra bleibt nach wie vor Ihnen unterstellt, Admiral Laney."

Birrel gab auf. Er hatte alles versucht, um sie umzustimmen, aber es war einfach unmöglich. Mit diesen Menschen konnte man nicht vernünftig reden. In diesem Augenblick meldete sich Laney zu Wort.

„Nein. Dieser Plan kann nur ausgeführt werden, wenn das Geschwader unabhängig geführt wird. Der Befehl zum Eingreifen muß im richtigen Moment gegeben werden – das ist aber unmöglich, denn das Geschwader befindet sich dann so nahe an der Sonne, daß sämtliche Nachrichtenverbindungen unterbrochen sind."

Charteris warf ihm einen zweifelnden Blick zu. „Wenn Sie das wirklich meinen . . ."

„Ich meine es."

Charteris erhob sich. „Die Entscheidung darüber liegt bei der Ratsversammlung. Sie erwartet mich bereits."

Er verließ den Raum. Birrel sah Laney an, aber das Gesicht des alten Admirals war immer noch so unfreundlich und hart wie zuvor, deshalb bedankte Birrel sich nicht bei ihm, wie er es vorgehabt hatte.

„Der Große Rat wird zustimmen", sagte Laney kurz. „Ich bin der Meinung, daß wir gleich mit der Ausarbeitung beginnen."

Zwei Stunden später rasten Birrel und Garstang durch die schlafende Stadt zum Raumhafen hinaus. Garstang fuhr, während Birrel sich müde in die Polster des Wagens zurücklehnte. Er war völlig übermüdet, selbst Stimulantien wirkten nicht mehr.

Das gesamte Flughafengelände wurde von starken Scheinwerfern taghell ausgeleuchtet. Die Besatzungen machten die Kreuzer startklar und wurden dabei ständig mit einer Flut von Befehlen überschüttet, die aus den Lautsprechern drang.

Birrel ging sofort auf die Brücke der *Starsong* und besprach dort seinen Plan mit Brescnik und dessen Stellvertreter Hallet. „Das wäre alles", schloß er. „Noch Fragen?"

Brescnik lächelte verkniffen. „Keine. Ich bin nur der Meinung, daß Ihre Wahl unseres Bereitstellungsraums die Sache ziemlich interessant machen dürfte – bevor der eigentliche Spaß beginnt."

Birrel stand auf. „Stimmt. Starten Sie, wenn Sie die Anweisung dazu von Admiral Laney bekommen. Ich gehe jetzt erst einmal ins Bett."

NÖRDLICH von ihnen hob sich der Morgennebel von den Feldern um Orville. Lyllin stand auf der Wiese hinter Vinsons Haus und horchte angestrengt nach Süden. Sie zitterte in der kühlen Morgenluft. Ein kleiner Hubschrauber dröhnte über sie hinweg nach Westen, sonst war alles still. Dann rollte ein dumpfes Donnern über den Himmel. Sie kannte dieses Geräusch. Sie lauschte, während ein Donner nach dem anderen aufgrollte, schwächer wurde und schließlich verstummte.

Birrel hatte sie kurz angerufen. *Bleib dort, ich komme zurück.*

Jetzt erschien ihr das donnernde Grollen im Süden wie ein endgültiger Abschied von allem, was sie je geliebt hatte.

Sie drehte sich langsam um und ging ins Haus zurück.

18

DAS LICHT war unerträglich hell. Die Sonne, deren Atome unaufhörlich zerfielen, um sich im nächsten Augenblick wieder neu zu formieren, strahlte – Energie, Magnetfelder, Elektrizität, Licht, Strahlungswärme, ein Ausbruch nach dem anderen, ein kosmischer Sturm, Feuer in verschiedenen Farben, violettes Kalzium, gelbes Natrium, rote, grüne und blaue Nebel.

Über diesem unendlichen Inferno schwebten die silbernen Schiffe des Fünften Geschwaders von Lyra. Sie wurden von Strahlenstürmen umhergeworfen, das titanische Magnetfeld der Sonne versuchte sie zu sich herunterzuziehen, die Temperatur drohte die Hüllen der Kreuzer zu versengen und ihre Klimaanlagen zu überlasten. Ihre Formation schwankte, riß auseinander, wurde wiederhergestellt und fiel wieder auseinander, aber trotzdem blieben sie beisammen, wehrten sich verbissen gegen den Stern.

Die *Starsong* hatte es etwas leichter. Sie stand höher über der Sonne, so hoch, daß ihr Fernradar arbeiten konnte – zumindest teilweise. Allerdings konnte sie in dieser Stellung ihrerseits durch Radar geortet werden, während die anderen Schiffe des Geschwaders dieser Gefahr dadurch entgingen, daß sie sich im Bereich des elektrischen Feldes der Sonne aufhielten.

Birrel saß im Funkraum der *Starsong* und aß ein Sandwich. Er hatte gar keinen Appetit, denn seine Magennerven waren vor Aufregung völlig verkrampft, aber gleichzeitig wußte er aus Erfahrung, daß das Benehmen der Besatzung von dem Verhalten ihres Kommandeurs abhing. Wenn er in einer kritischen Situation nervös wurde, konnte er nicht erwarten, daß die anderen wie ein Fels in der Brandung standen. Deswegen kaute er auf dem Sandwich herum und beobachtete dabei Garstang und Venner, die sich über ein Radargerät beugten.

Garstang fluchte. „Schon wieder weg."

Der Schirm leuchtete plötzlich weiß, weil die zurückkehrenden

Signale durch einen Ausbruch auf der Sonnenoberfläche verzerrt worden waren. Das Schiff zitterte einige Sekunden lang.

„Vorläufig ist sowieso noch nichts zu sehen“, beruhigte ihn Birrel. Mein Gott, hoffentlich merkt es niemand, dachte er dann, ich bin der aufgeregteste Mann des gesamten Geschwaders, und ausgerechnet ich muß hier sitzen und Ruhe heucheln. Er wollte aufspringen und an das Gerät eilen, aber dann zwang er sich, sitzen zu bleiben und das Sandwich aufzuessen.

Birrel stand betont langsam auf und ging zu den Radargeräten hinüber. Sie arbeiteten wieder zufriedenstellend, zeigten aber nichts von Interesse.

Ein Gerät war auf Westen und Zenit eingestellt, und der Schirm zeigte eine Ansammlung von winzigen Lichtpunkten, die sich weit außerhalb dieses Sonnensystems befanden und sich auf den Stern Saiph zubewegten. Auf dem Radarschirm sah es wirklich wie ein Geschwader auf dem Marsch aus, und Birrel hoffte, daß es den Orioniden ebenso erschien. Nur die Schnellboote waren echt, der Rest bestand aus allen möglichen Handelsschiffen. Wenn die Schnellboote des Gegners nahe genug an sie herankamen, um ihre Radargeräte einzusetzen und die Täuschung zu entdecken, dann war das der letzte Flug dieser Schiffe gewesen.

Birrel sah auf einen anderen Schirm, auf dem der Rand des Asteroidengürtels zu sehen war – verschwommene Punkte, die Gesteinstrümmer jeden Ausmaßes, Staub und Geröll darstellten, die das Gebiet zwischen Mars und Jupiter ausfüllten. Am Rand dieses steinernen Dschungels entlang flogen fünf Kreuzer, als ob sie einen völlig alltäglichen Erkundungsauftrag auszuführen hätten. Der Rest der Weltenflotte stand zwischen den Asteroiden, wo sie nicht zu orten war.

„Warum kommen sie nicht endlich?“ murmelte Garstang vor sich hin. „Jay, glaubst du, daß der Kommandant sich geirrt hat? Daß der Angriffsplan geändert worden ist?“

Die Schirme strahlten plötzlich wieder weiß. Die *Starsong* rollte und schlingerte einige Sekunden lang, bis ihr Kontrollsystem das Gleichgewicht wiederhergestellt hatte.

Birrel zuckte mit den Schultern. „Wir werden es bald wissen.“

„Hoffentlich dauert es nicht mehr lange“, meinte Garstang besorgt. „Unsere Leute können das dort unten nicht ewig aushalten.“

Die Energiestürme, von denen die *Starsong* immer wieder umhergewirbelt wurde, waren schlimm genug. Aber das Geschwader, das noch näher an der Korona stand, mußte mehr aushalten. Viel mehr. Brescnik hatte es bis jetzt zusammengehalten, aber weder die Kreuzer noch die Männer konnten diese Anstrengung längere Zeit hindurch aushalten. Birrel, der nach außen hin völlig gelassen wirkte, hoffte im stillen, daß die Oriongeschwader bald auftauchen würden.

Sie kamen nicht. Die Zeit verging. Birrel begann zu schwitzen. Er fühlte, daß er bald seine Beherrschung verlieren würde.

Plötzlich lehnte sich Venner aufgeregt vor und zeigte auf den Schirm. „Da!" rief er aufgeregt.

Aus den Tiefen des Alls bei Scorpio kam ein Schwarm kleiner Lichtpunkte hervorgeschossen. Nun war kein Zweifel mehr möglich – die feindlichen Geschwader hielten genau den Kurs, den die Datenverarbeitungsmaschinen auf der Erde als wahrscheinlich errechnet hatten. Zwei Geschwader von Solleremos' Flotte im Angriff auf die Erde.

Die fünf Kreuzer der Weltenflotte vollführten ein abruptes Wendemanöver und stellten sich dem Feind.

Birrel schluckte trocken. Der Schweiß lief ihm über das Gesicht. Seine Hände waren feucht.

Die *Starsong* schwankte wieder, und Garstang fluchte. Die Radargeräte fielen kurzzeitig aus, die Schirme blieben leer. Dann erschienen die fünf Lichtpunkte wieder.

Die Kreuzer hatten sich nicht sehr weit von ihrem ursprünglichen Standort entfernt. Plötzlich schwenkten sie ein und schienen ihre Formation aufgeben zu wollen. Aber Birrel wußte, daß sie jetzt ihre Feuerstellungen eingenommen hatten, und ballte unwillkürlich die Fäuste. Die Kreuzer formierten sich wieder, gewannen an Geschwindigkeit und nahmen sofort Kurs auf den schützenden Bereich des Gürtels.

Einer der Punkte aus dem großen Schwarm, ein Orionkreuzer, verschwand lautlos von den Bildschirmen.

Garstang stieß einen begeisterten Schrei aus. In diesem Augenblick war der Schirm wieder weiß, als habe er das Signal dazu gegeben.

Birrel wischte sich mit dem Ärmel seiner Uniform über das

Gesicht und schwieg. Die Weltenflotte bestand nur aus wenigen Schiffen, und die anderen hatten so viele. Weit unter ihnen lag die Erde und konnte sich nicht selbst verteidigen. Birrel dachte an Lyllin und an das alte Haus mit der staubigen Straße davor. Er dachte an den dunklen Wald und die Lichtung, auf der sie gekämpft hatten, und seltsamerweise dachte er auch an die Katze. Freches kleines Biest . . .

Er beobachtete die Bildschirme.

Eine Anzahl von Schiffen löste sich aus dem Verband und verfolgte die Kreuzer der Weltenflotte. Sie waren wesentlich schneller – wahrscheinlich Leichte Kreuzer vom Typ L-4. Orion schlug jetzt zurück, und einer der fünf Kreuzer verschwand von den Schirmen. Die anderen vier erreichten den Gürtel. Die Orioniden folgten ihnen.

„Jetzt!" flüsterte Garstang. „Jetzt . . ., jetzt . . ."

Die acht feindlichen Kreuzer, die offensichtlich die Aufgabe hatten, ihren Gegner zu vernichten, rasten durch eine Passage in den Asteroidengürtel hinein, bis sie plötzlich nicht mehr weiter konnten. Sie wollten abdrehen, aber in diesem Augenblick tauchten die vier Kreuzer und der Rest der Weltenflotte von allen Seiten auf.

„Los, schießt!" murmelte Garstang verbissen. *„Schießt* doch endlich!"

Genau das taten sie. In rascher Reihenfolge verschwanden zwei Kreuzer der Weltenflotte und fünf vom Orion von den Bildschirmen.

„Den Verlust können sie nicht einfach hinnehmen", sagte Birrel. „Jetzt haben wir sie . . ."

Garstang wandte sich zu ihm um, nahm ein Mikrofon in die Hand und sah Birrel erwartungsvoll an. Birrel beugte sich nach vorn und starrte angestrengt auf den Schirm des Radargeräts.

Dort unten im Asteroidengürtel war jetzt die Falle zugeschnappt. Die Orioniden wußten nun, daß sie es mit der gesamten Flotte der Weltenunion zu tun hatten – sie konnte sie auf keinen Fall aufhalten, war aber doch zu stark, um ignoriert zu werden. Jetzt hing alles von den Bewegungen der beiden feindlichen Geschwader ab. Wenn sie sich von dem „falschen" Fünften hatten täuschen lassen, würden sie so reagieren müssen, wie Birrel es vorhergesagt hatte.

Birrel wurde unruhig, als er die Lichtpunkte beobachtete, die das Gros des feindlichen Verbandes darstellten. Sein Vorschlag war zu durchsichtig gewesen, zu unbeholfen. Er hätte es von Anfang an besser wissen sollen, aber trotzdem hatte er Laney und Charteris dazu überredet und . . .

Er hielt den Atem an. Der Schwarm von Lichtpunkten änderte seine Gruppierung, ging auf einen anderen Kurs. Die Geschwader bildeten jetzt einen Kegel, dessen Spitze auf die Schiffe der Weltenflotte zeigte. Dann rasten die Schweren und Leichten Kreuzer auf den zahlenmäßig weit unterlegenen Gegner zu, während die Schnellboote sich an den Flanken entlang bewegten.

Garstang sah nun fast flehend zu Birrel hinüber. Nein, dachte Birrel. Noch nicht. Jetzt noch nicht.

Er wartete, bis die Spitze des Angriffskegels nur noch fünf Raketenreichweiten von der Weltenflotte entfernt war. Dann nickte er Garstang zu.

„Kommandeur an Stellvertretenden", sagte Garstang hastig in das Mikrofon. „Aufschließen!"

Das Geschwader führte diesen Befehl mit überraschender Geschwindigkeit aus.

Unter ihnen, am Rand des Gürtels, waren die Gegner aufeinandergeprallt. Immer wieder verschwanden Lichtpunkte. Birrel schluckte trocken. Noch nie hatte es bisher ein ähnliches Gefecht zwischen zwei Flotten gegeben, bisher hatten sich immer nur zwei, drei Kreuzer an den Grenzen zwischen den Sektoren miteinander herumgebalgt, aber so etwas war noch nicht dagewesen. Es gab keine Beispiele, nach denen man sich hätte richten können, und sein Plan konnte sich als völlig unsinnig herausstellen. Zweifel und Sorgen sind jetzt überflüssig, dachte Birrel, jetzt hast du keine Wahl mehr, und deswegen kann es auch nicht schaden, wenn du dich ein bißchen heldenhafter aufführst. „Schön, dann wollen wir mal", und das Fünfte Geschwader von Lyra stürzte sich nach unten.

19

BIRREL hatte das Gefühl, als kämpften sie nun bereits seit einer Ewigkeit innerhalb des Gürtels.

Aber war es wirklich ein Kampf, wenn man hier auf der Brücke der *Starsong* stand und die Radarschirme beobachtete, während das Schiff unter einem wie ein lebendiges Wesen ächzte und aufstöhnte?

Die Bildschirme zeigten nur den dunklen Raum, während der Gürtel das obere Drittel einnahm – eine undeutliche Linie, die auf und ab tanzte, wenn Kurskorrekturen vorgenommen wurden. Sonst nichts. Dann glühte eine kleine Nova an der linken Seite eines der Bildschirme auf und zeigte an, daß wieder ein Kreuzer vernichtet worden war.

„Wir kommen ihnen wieder näher", sagte Garstang von seinem Platz aus. Sein Gesicht war schweißüberströmt. „Wo bleiben eigentlich die Kreuzer der Weltenflotte?"

„Laney hat schwere Verluste erlitten", antwortete Birrel. „Wir müssen weiter angreifen, bis er seine Flotte neu formiert hat. Er wird bald wieder eingreifen."

Birrel hoffte es jedenfalls. Er ging nicht gern in den Radarraum zurück, wo man nur Lichtpunkte auf den Schirmen der Geräte beobachten konnte, aber er hatte keine andere Wahl, denn ein Kommandeur mußte sein Geschwader von dort aus führen. Nur dort konnte er den Verlauf der Schlacht genau beobachten und die entsprechenden Befehle erteilen.

Schlacht? So hatte er es sich nicht vorgestellt – daß sein Geschwader sich in zwei Kolonnen auf einen Gegner zubewegte, der alle Anstrengungen unternahm, die Radargeräte zu stören, und gleichzeitig ständig auswich, weil er noch keine günstige Position am Rand des Gürtels gefunden hatte.

Die Fortsetzung des Kampfes nach ihrem ersten Angriff war in gewisser Beziehung eine Enttäuschung. Sie hatten sich mit höchster Geschwindigkeit aus ihrem Hinterhalt über der Sonne auf die feindlichen Geschwader gestürzt, obwohl dieses Verfahren in unmittelbarer Nähe zahlreicher Planeten an Selbstmord grenzte. Aber das Fünfte hatte wie ein Vollblutpferd auf Birrels Befehle reagiert und zunächst die höchstmögliche Geschwindigkeit erreicht, die dann sofort wieder abgebremst wurde. Alles war nach Wunsch verlaufen, die Orioniden hatten keine Zeit mehr gehabt, ihre enge Formation aufzulösen, um dem Gegner ein möglichst geringes Ziel zu bieten. Birrels Geschwader hatte ihre Front in einem Anlauf aufgerissen.

So stellte Birrel es sich jedenfalls vor, aber die Wirklichkeit sah völlig anders aus – es war bisher nicht zu einem Aufeinandertreffen, einem Zusammenprall der feindlichen Geschwader gekommen, sondern die Gegner sahen einander nur auf den Schirmen ihrer Radargeräte. Obwohl die Orioniden in verhältnismäßig enger Formation flogen, war so viel freier Raum zwischen ihren beiden Kolonnen, daß das Fünfte hindurchrasen konnte, ohne eine Kollision befürchten zu müssen. Trotzdem hatten die beiden feindlichen Geschwader schwere Verluste erlitten, denn Birrel hatte sich eine Taktik zunutze gemacht, die bereits vor einigen Jahrhunderten in Marinehandbüchern als *Crossing the T* beschrieben worden war. Gegen das vernichtende Feuer des Fünften hatten sich die Schutzschirme der gegnerischen Schiffe als zu schwach erwiesen, und Solleremos hatte innerhalb weniger Minuten drei Schwere und zwei Leichte Kreuzer verloren.

Im Rücken des Gegners hatten sich Birrels Schiffe in zwei Kolonnen formiert, die nun nebeneinander angriffen. Die Einheiten der Weltenflotte kamen wie wütende Hornissen aus dem Gürtel heraus, um den Feind von der anderen Seite zu überfallen. Die Entscheidung schien unmittelbar bevorzustehen und wäre auch sofort gefallen, wenn die Orioniden nicht ebenfalls zu kämpfen gewußt hätten.

Sie waren immer noch genauso stark wie die Weltenflotte und das Fünfte Geschwader von Lyra zusammen. Und ihr Kommandeur verstand seine Sache. Die Schiffe der Weltenflotte waren im Augenblick am gefährlichsten, weil sie näher bei den Oriongeschwadern standen als das Fünfte. Deshalb konzentrierten die Orioniden ihr gesamtes Feuer auf diesen Gegner. Die Weltenflotte war diesem Ansturm nicht gewachsen, und Admiral Laney beorderte seine Kreuzer in den Asteroidengürtel zurück, nachdem er innerhalb weniger Sekunden vier Schiffe verloren hatte. Der Kommandeur der feindlichen Geschwader hatte auf diese Weise genügend Zeit, seine Schiffe umzugruppieren und sich auf den Angriff des Fünften vorzubereiten.

Birrel hatte seine Kreuzer ausschwärmen lassen, weil er die feindlichen Geschwader gleichzeitig von drei Seiten aus angreifen und umzingeln wollte, aber dazu war es jetzt bereits zu spät. Nachdem Laney sich hatte zurückziehen müssen, konnte er seinen Plan nicht länger durchführen, wenn er nicht selbst in die Gefahr geraten wollte, eingekreist zu werden. Deshalb ließ er sein Geschwader wieder die vorherige Formation – zwei Kolonnen – einnehmen und befahl Schnellfeuer, um ein Umfassungsmanöver der Orioniden zu verhindern.

So konnten sie allerdings nicht mehr lange weiterkämpfen. Wenn Laney nicht bald wieder aus dem Gürtel auftauchte, war es nur eine Frage der Zeit, bis sich die überlegene Feuerkraft des Gegners bemerkbar machte.

Birrel starrte angestrengt auf den Schirm des Radargeräts, dann schaltete er die Bordsprechanlage ein. „Brescniks Kreuzer haben zu große Abstände voneinander. Geben Sie ihm das durch."

„Jawohl, Sir", kam die Stimme des Nachrichtenoffiziers aus dem Lautsprecher. Einen Augenblick später rückten die Schiffe der anderen Kolonne auf dem Bildschirm etwas näher zusammen.

Die *Starsong* schlingerte und bebte heftig, während sie ein Ausweichmanöver nach dem anderen durchführte. Die Generatoren arbeiteten auf höchsten Touren, um möglichst viel Energie für das elektrische Feld um das Schiff herum zu erzeugen, das ihren einzigen Schutz gegen die feindlichen Raketen bildete.

„Ein K-22 in der Steuerbordkolonne durch Volltreffer vernichtet, Sir", meldete Venner.

Einer der Lichtpunkte war verschwunden. Ein Kreuzer des Geschwaders und seine Besatzung waren in einem Feuerball untergegangen, als eine feindliche Rakete ihr Ziel gefunden hatte.

Birrel wandte sich einem anderen Schirm zu und stellte fest, daß die feindlichen Geschwader ihren Schwerpunkt verlegt hatten. „Sie wollen sich offensichtlich zuerst unsere Steuerbordkolonne vornehmen", sagte er.

Birrel zögerte einen Augenblick, weil er erkannt hatte, daß die entscheidende Phase des Kampfes unmittelbar bevorstand. Das Manöver konnte eine Täuschung sein, um ihn dazu zu verleiten, seine Kräfte an dieser Stelle zu konzentrieren, während die feindlichen Geschwader sich auf die andere Kolonne stürzten. Aber wenn es kein Täuschungsmanöver war, dann hatte die Steuerbordkolonne die ganze Wucht des feindlichen Angriffes allein aufzufangen – und dem war sie auf keinen Fall gewachsen. Birrels Geschwader war eben doch zu schwach, deshalb verlor er die

Initiative. Wo zum Teufel war eigentlich die Weltenflotte? Laney hatte reichlich Zeit gehabt, um sie neu zu formieren.

Birrel ballte die Fäuste und gab den Befehl: „Formationen drei und fünf sofort in Gebiet sechzehn . . .“

„Sir!“ rief Venner laut.

Birrel warf sich wütend herum. Einen Kommandeur, der gerade einen Befehl gab, zu unterbrechen war ein so ungeheuerliches Vergehen gegen sämtliche Dienstvorschriften, daß es geradezu unglaublich war.

Venner schien gar nicht daran zu denken, sondern zeigte nur aufgeregt auf einen Schirm. „Sir, sie greifen an . . ., die Weltenflotte . . ., sehen Sie sich das an!“

Laneys Kreuzer hatten plötzlich den schützenden Bereich des Gürtels verlassen. Die kleine Flotte der Weltenunion erschien auf dem Schirm des Radargeräts fast wie ein einziger Lichtpunkt – so nah rasten die Schiffe nebeneinanderher. Sie ließen sämtliche Vorsichtsmaßregeln außer acht und näherten sich mit Höchstgeschwindigkeit der Steuerbordflanke des Feindes.

Die Oriongeschwader änderten sofort ihre Position, um dieser Bedrohung ihrer Flanke zu begegnen. Aber zwei der Lichtpunkte erloschen, als die Raketen der Angreifer ihre Ziele getroffen hatten, und durch diese Lücke rasten Laneys Kreuzer in die Reihen des Gegners.

Selbstverständlich konnte dieser selbstmörderische Angriff keinen dauerhaften Erfolg gegen die beiden weit überlegenen Geschwader bringen, überlegte Birrel. Wider Erwarten stieß die Weltenflotte immer weiter vor, während sich die feindlichen Kreuzer sammelten, um sie zu vernichten.

Aber jetzt hatte Birrel begriffen, welche Absicht Laney mit diesem Verzweiflungsangriff verfolgte. Nun war das Fünfte an der Reihe.

„Ausschwärmen!“ brüllte Birrel in das Kehlkopfmikrofon, das seine Stimme in alle Schiffe des Geschwaders trug.

Auf dem Radarschirm schienen die beiden Kolonnen des Fünften förmlich zu explodieren. Sie zerstreuten sich, als die Kreuzer ihre vorherigen Positionen verließen und auf den Feind zurasten, während sie sich gleichzeitig zu einer tiefgestaffelten Angriffswelle formierten.

Der Kommandeur der Oriongeschwader hatte keine Zeit mehr,

um sich von der Weltenflotte zu trennen und die Abstände seiner eigenen Schiffe vergrößern zu lassen. Dazu war das Fünfte bereits zu nahe. Die Geschwader des Gegners zogen sich in Richtung auf den Asteroidengürtel zurück, wobei sie von Admiral Laneys Kreuzern wütend verfolgt wurden.

Dann griff das Fünfte in den Kampf ein, und Birrel rannte auf die Kommandobrücke. Die *Starsong* holte weit aus, ihre Generatoren liefen mit überhöhter Tourenzahl, und Birrel stolperte auf die Brücke, wo jetzt die großen Bildschirme aufzuleuchten begannen.

Garstang hatte vor Aufregung einen roten Kopf bekommen. „Wir drängen sie in den Gürtel zurück! Sie können sich nicht mehr rechtzeitig von uns lösen – mein Gott, sieh dir bloß die Kerle von der Weltenflotte an!"

Die *Starsong* befand sich jetzt bereits so nah am Feind, daß ihre Nahradargeräte wirkungsvoll eingesetzt werden konnten und ein getreues Bild der Lage wiedergaben.

Der Kampf hatte sich in die Ausläufer des Gürtels verlagert. Winzige Gesteinstrümmer schwebten überall und prasselten gegen die Außenhaut des Kreuzers. Gelegentlich stießen sie beinahe mit größeren Felsbrocken zusammen, von denen ihnen Zerstörung und Verderben drohte. Die Datenverarbeitungsmaschinen im Rechenraum hinter der Brücke summten auf höchsten Touren und errechneten ständig neue Ausweichbewegungen. Auch die anderen Schiffe des Geschwaders flogen auf ähnlichen Zickzackkursen, machten weite Umwege, um schließlich doch wieder in der alten Richtung weiterzurasen. Die feindlichen Geschwader, die sich zurückzogen, um sich neu gruppieren zu können, wurden immer weiter in den Gürtel hineingedrängt und konnten sich dort erst recht nicht wieder formieren.

Überall glühten plötzlich feurige Wolken auf, überstrahlten einen Augenblick lang die Sterne, erloschen wieder. Birrel dachte zuerst, beide Seiten hätten geradezu unglaubliche Verluste. Aber dann beobachtete er, wie ein riesiger Felsbrocken in einem Feuerball verschwand, der von einer explodierenden Rakete stammte, die zweifelsohne für die *Starsong* bestimmt gewesen war.

„Bis jetzt haben wir fast nur solche Dinger getroffen", stellte Garstang mürrisch fest. „Wie soll man denn auch in dieser Suppe kämpfen?"

„Laney und seine Männer können es auch", wies Birrel ihn zurecht. „Los, weiter!"

Raumschiffe – diese Giganten, die für die endlosen Weiten des Weltraums gebaut waren – waren hier am falschen Platz. Das galt nicht nur für das Fünfte Geschwader von Lyra, sondern auch für seinen Gegner. Die kleinen, veralteten Kreuzer der Weltenflotte waren den Geschwadern von Orion an Manövrierfähigkeit weit überlegen und nutzten diesen Vorteil entschlossen aus.

Lange können wir hier nicht mehr bleiben, dachte Birrel. Wir werden noch einen Felsbrocken rammen, wenn wir so weitermachen, etwas wird auseinanderbrechen.

In diesem Fall waren es die Formationen des Gegners.

Auf den Bildschirmen war die Veränderung nicht sofort zu erkennen, denn sie zeigten nach wie vor die gleiche Verwirrung, aber Venner rief plötzlich aus dem Radarraum nach Birrel. Der Kommandeur rannte dorthin.

„Sie setzen sich in Richtung Zenit ab", meldete Venner aufgeregt. „Sehen Sie doch, sie . . ."

Birrel beugte sich über den Schirm eines Geräts. Die Lichtpunkte waren Orionkreuzer, die mit Höchstgeschwindigkeit den Asteroidengürtel verließen, nachdem alle Versuche fehlgeschlagen waren, sich in seinem Schutz neu zu formieren.

„Verfolgen, bevor sie sich sammeln können!" befahl Birrel. „An alle Schiffe – neuer Kurs: Zenit!"

Einige Minuten später waren auch die letzten Kreuzer des Gegners außerhalb des Gürtels und nahmen Kurs auf Orion. Das Fünfte und die Weltenflotte folgten ihnen und hatten bereits den großen Planeten erreicht, der von einem Ring umgeben war – Birrel konnte sich im Augenblick nicht auf seinen Namen besinnen –, als Laney sich über Funk meldete. Birrel atmete erleichtert auf, als er die Stimme des alten Admirals hörte. „Fliehen sie wirklich?"

„Es sieht so aus", antwortete Birrel und warf einen Blick auf die Radarschirme. „Ja, ihr Überraschungsangriff ist fehlgeschlagen, außerdem haben sie große Verluste gehabt. Wir müssen uns gleich an die Verfolgung machen."

„Nicht ohne die ausdrückliche Erlaubnis von Mr. Charteris", antwortete Laney fest. „Ich werde eine Konferenzverbindung herstellen lassen. Warten Sie."

Birrel ärgerte sich über die Verzögerung. Er wollte die Verfolgung sofort aufnehmen, solange noch die Chance dazu bestand. Aber er hatte drei Leichte und einen Schweren Kreuzer verloren, zu denen noch sieben Schnellboote kamen, und war deshalb auf die Unterstützung der Weltenflotte angewiesen.

„Politiker", murmelte er vor sich hin. „Warum müssen die Kerle sich bloß überall einmischen?"

Einige Minuten später, als die Gesichter von Admiral Laney und Mr. Charteris auf einem Bildschirm erschienen, wurden Birrels Vorahnungen bestätigt. Charteris sah müde und abgespannt aus, aber seine Stimme ließ keine Schwäche oder Unentschlossenheit erkennen. „Keine Verfolgung. Beobachten Sie die beiden Geschwader, bis einwandfrei feststeht, daß sie sich auf dem Rückflug nach Orion befinden."

„Sollen wir sie wirklich in Ruhe lassen?"

Charteris nickte. „Ja. Hier auf der Erde weiß noch niemand etwas davon, obwohl bereits einige Gerüchte aufgetaucht sind. Ich werde verbreiten lassen, daß die Erde von einer unbekannten Macht von außerhalb der zivilisierten Galaxis angegriffen worden sei und daß es der Flotte der Weltenunion mit Unterstützung des Fünften Geschwaders von Lyra gelungen sei, die Angreifer zurückzuschlagen."

„Sie wollen Solleremos aus der ganzen Sache mit heiler Haut entkommen lassen?" rief Birrel ungläubig.

„Ja", gab Charteris zu.

„Aber warum denn nur?"

„Wir haben eine Schlacht schlagen müssen", erklärte ihm Mr. Charteris geduldig. „Mit Ihrer Hilfe haben wir sie glücklicherweise gewonnen und den Gegner zur Flucht gezwungen. Aber wir wollen keinen Krieg herbeiführen."

20

WÄHREND der nächsten achtundvierzig Stunden, die das Geschwader in seiner Beobachtungsstellung weit außerhalb der Erde verbrachte, hatte Birrel einen Wutanfall nach dem anderen. Im Verlauf dieser beiden Tage kamen in New York Solidaritätsbotschaften aus sämtlichen Sektoren an, in denen jede nur mögliche Hilfe versprochen wurde, falls die unbekannten Angreifer zurückkehren sollten.

„Unbekannt", sagte Birrel wütend. „Auf jedem Planeten der Galaxis wissen die Leute genau, wer die Erde zu überfallen versucht hat." Er hielt Garstang ein Radiogramm unter die Nase. „Da, das ist die größte Frechheit!"

Garstang las die Botschaft des Gouverneurs vom Orion an die Weltenunion:

> Orion zutiefst über geheimnisvollen Angriff auf Erde betroffen. Werden alles in unserer Macht Stehende versuchen, um die Angreifer zu ermitteln. Orion wird selbstverständlich der Erde beistehen, wenn nochmals ein derartiger Versuch unternommen werden sollte.

Birrel sah ihn erwartungsvoll an.

„Ich weiß nicht recht", meinte Garstang zögernd. „Vielleicht war es wirklich besser, Solleremos diesen Ausweg offenzulassen. Sonst . . ."

Birrel unterbrach ihn. „Bist du etwa wirklich überzeugt, daß Charteris recht hatte, als er uns den Sieg weggeschnappt hat?"

Garstang zuckte mit den Schultern. „Wir haben schon seit über zweihundert Jahren keinen Krieg mehr gehabt. Deshalb ist es vielleicht besser, Solleremos ungeschoren zu lassen, damit er keinen anfängt. Oder etwa nicht?"

Birrel wollte eine hitzige Antwort geben, aber dann mußte er widerstrebend einsehen, daß Garstang recht hatte. „Ach, der Teufel soll euch holen", sagte er und wandte sich ab, „jeder versteht anscheinend meinen Job besser als ich."

Was würde Ferdias zu der Geschichte sagen? Das Fünfte hatte seinen Befehl ausgeführt und den Überfall auf die Erde vereitelt. Aber die Oriongeschwader konnten immer noch genug Schaden anrichten, weil Birrel sie nicht weiter verfolgt hatte. Deswegen machte er sich Sorgen.

Er war immer noch besorgt, als sie schließlich auf die Erde zurückkehrten, nachdem Birrel einige Schnellboote als Vorposten zurückgelassen hatte.

Als das Geschwader zusammen mit der Weltenflotte auf dem

Raumflughafen bei New York gelandet war, erwartete ihn eine Überraschung.

Männer – Hunderte von Männern in der schwarzen Uniform der Weltenflotte – rannten auf die Schiffe des Fünften zu. Sie waren ohne jegliche Disziplin oder Ordnung, sie waren nur eine laut brüllende Masse, und Birrel erschrak beinahe, als er sie mit den Besatzungen seiner Kreuzer verglich, die gerade in Reih und Glied heranmarschierten. Was hatten diese Leute vor, was war in ihre Offiziere gefahren, daß sie das zuließen?

Birrel traute seinen Augen nicht mehr. Die Männer in den schwarzen Uniformen rannten auf die Besatzungen der Kreuzer zu. Sie erreichten die Männer des Fünften. Sie schlugen auf sie ein. Sie griffen nach ihnen und warfen sie fast zu Boden. Sie klopften ihnen auf die Schultern, schüttelten immer wieder ihre Hände, schrien sie an, ihre Stimmen waren heiser, ihre Gesichter waren vor Aufregung gerötet.

„Was . . ."

„Das ist nur eine freundschaftliche Begrüßung", erklärte Garstang ihm grinsend. „Falls du dich nicht mehr daran erinnern solltest – wir haben gemeinsam eine Schlacht gewonnen."

Birrel bemerkte, daß die Disziplin seiner Männer ebenfalls in Auflösung begriffen war. Die Besatzungen des Fünften schrien nun zurück, schüttelten die Hände der anderen und klopften ihnen auf den Rücken.

„Ich hätte nie erwartet, daß meine Männer sich so unmöglich aufführen würden", stellte Birrel fest, aber seine Stimme klang nicht sehr überzeugend.

Vier Offiziere in schwarzen Uniformen kamen auf ihn zu, und Birrel erkannte Admiral Laney unter ihnen. Laney verzog keine Miene, als er Birrel die Hand gab, aber in seinen Augen blitzte ein Feuer, das er nicht verbergen konnte. „Meinen Glückwunsch, Kommandeur", sagte der Admiral steif. „Ausgezeichnete Leistung. Wirklich hervorragend."

„Ihr selbstmörderischer Vorstoß hat uns allerdings ein bißchen dabei geholfen, Sir", antwortete Birrel höflich.

Sie sahen sich einige Sekunden lang ernst an, dann lachten sie beide und schüttelten sich nochmals die Hände.

Venner kam herbeigerannt und wandte sich an Garstang. Eine

Minute später baute Garstang sich vor Birrel auf, salutierte und meldete dann streng nach Vorschrift: „Sir, Ihre Anwesenheit an Bord der *Starsong* scheint dringend erforderlich."

Birrels Herz schlug einen Augenblick schneller, dann schien es auszusetzen. Venner und Garstang machten völlig unbeteiligte Gesichter, aber es gab nur einen Grund, der seine Anwesenheit an Bord des Kreuzers erforderlich machte. Der erwartete Funkspruch von Ferdias mußte angekommen sein.

Birrel wandte sich an Laney. „Wollen Sie mich, bitte, entschuldigen, Sir?"

Laney nickte. „Wir haben alle eine Menge Arbeit." Er warf einen besorgten Blick auf das Gewirr aus schwarzen und blauen Uniformen. „Sollten wir nicht doch lieber ‚Weggetreten!' befehlen, Birrel?" sagte er geistesabwesend, bevor er sich wieder seinen Begleitern zuwandte.

Birrel ging mit Venner und Garstang zu der *Starsong* zurück.

Zwei Funksprüche lagen vor. Einer war offen abgefaßt und an das gesamte Geschwader gerichtet. *Ausgezeichnete Leistung,* hieß es darin. *Der Sektor Lyra und ich persönlich sind stolz auf Euch alle, Ferdias.* Der zweite war verschlüsselt und für Birrel bestimmt.

Er nahm ihn mit in seine Kabine und starrte ihn einige Zeit an, bevor er sich an die Entschlüsselung machte. Er war immer noch besorgt, weil er die Oriongeschwader hatte entkommen lassen, und der Funkspruch an die Adresse des Geschwaders war kein besonderer Trost gewesen. Schließlich war es selbstverständlich, daß Ferdias das Geschwader beglückwünschte – er konnte gar nicht anders. Aber der Funkspruch für den Kommandeur konnte unter Umständen wesentlich weniger freundlich sein. Vielleicht enthielt er sogar den Satz: Mit sofortiger Wirkung sind Sie Ihres Postens enthoben und . . . Birrel wußte, daß er keine Wahl gehabt hatte, als sich den Wünschen der Weltenunion zu beugen – aber würde Ferdias das auch erkennen?

Birrel seufzte und begann zu entschlüsseln.

Der erste Satz befreite ihn von seinen Sorgen. *Wer sagt, daß Du kein Diplomat bist? Erstklassig, Jay.*

Aber der nächste Satz brachte wieder neue Sorgen.

Erhole Dich in Orville, bis weitere Befehle eingetroffen sind.

Warum schickte Ferdias ihn nach Orville zurück?

War jetzt nicht alles vorüber? Hatten sie nicht die Schlacht für sich entschieden? Was hatte er jetzt noch zu tun, außer an den Feierlichkeiten teilzunehmen und das Geschwader anschließend wieder nach Wega zurückzuführen?

Was kümmerte ihn Orville? Vielleicht ein Urlaub? Die Belohnung für eine gute Leistung. Erhol dich auf dem Land, geh spazieren, trink ein Bier mit den Dorfbewohnern, vergiß die Sterne für ein paar Tage.

Vielleicht.

Oder . . . Aber das war lächerlich, Ferdias hatte bestimmt nicht die Absicht, Birrel dort von einem seiner Leute neue Anweisungen geben zu lassen. Er war müde und bildete sich diese Dinge nur ein. Ferdias war mit ihm zufrieden und wollte es Birrel zeigen – sonst war nichts dahinter.

Schön, aber wieso war es Ferdias nicht gleichgültig, wo Jay seinen Urlaub verbrachte? *Erhole dich in Orville* . . . Wenn Ferdias einen solchen Vorschlag machte, war das gleichbedeutend mit einem Befehl.

Birrel dachte angestrengt nach. Plötzlich sah er Tauncer vor sich, der mit der Vera-Sonde verhört wurde. „. . . wenn er es nicht zuerst tut, wird Ferdias die Erde überfallen."

Birrel griff sich an den Kopf und schalt sich selbst einen Narren. Die Tatsache, daß Ferdias ihm weitere Befehle geben wollte, bedeutete doch nicht, daß er diese Absicht hatte. Ferdias hatte ihm schließlich versichert, daß er an der Erde nicht interessiert sei.

Ferdias hatte es Birrel versichert – das stimmte. Aber hätte er es nicht auch dann getan, wenn er in Wirklichkeit völlig andere Pläne gehabt hätte? Wie er ihn in die Falle in dem Sternhaufen hatte gehen lassen, ohne ihn vorher zu warnen?

Ach was, dachte Birrel. Ich bilde mir das alles nur ein, weil ich müde und nervös bin. Ich brauche einfach Schlaf.

Vorläufig sah es damit aber schlecht aus. Mallinson erschien. „Mr. Charteris erwartet Sie", verkündete er nach einer kurzen Verlegenheitspause.

Dann schwieg er wieder und verzog den Mund, als habe er auf etwas Saures gebissen.

„Ich würde mich glücklich schätzen", fuhr er schließlich leise fort, „wenn Sie meine Entschuldigung für vergangene Ereignisse annehmen würden."

Birrel zuckte mit den Schultern. „Sie brauchen sich nicht zu entschuldigen."

Warum sollten diese Leute eigentlich ausgerechnet Lyra mehr als den anderen Sektoren trauen? dachte Birrel, als er mit Mallinson nach New York zurückfuhr. Selbst jetzt hatten sie keinen triftigen Grund dazu. Sie wissen noch nicht, was Ferdias in Zukunft plant. Nicht einmal ich weiß es.

New York war ein Lichtermeer. Die Menschenmassen, die zu dem Jubiläum zusammengeströmt waren, hatten heute etwas anderes zu feiern – den Sieg über die „unbekannten" Angreifer, von denen jeder wußte, daß sie vom Orion gekommen waren. Selbst Mallinsons Regierungslimousine kam nur langsam vorwärts.

„Heute gehört die Stadt praktisch den Besatzungen der Kreuzer", sagte Mallinson. „Ihren und unseren, Kommandeur."

„Na, hoffentlich hängen sie nicht jedem von meinen Männern einen Rausch auf", meinte Birrel verdrossen.

Mallinson grinste zum erstenmal. „Dafür möchte ich beinahe garantieren . . ."

Sie betraten das Gebäude der Weltenunion durch einen Hintereingang. Charteris erwartete sie in seinem kleinen Büro. Diesmal war er weder ruhig noch reserviert. Er wirkte älter und erschöpft, aber zur gleichen Zeit freudig erregt. „Der Große Rat wird Ihnen zu einem späteren Zeitpunkt seinen Dank abstatten wollen, Kommandeur", sagte er freundlich. „Ich wollte Ihnen jetzt nur . . ." Er schwieg, sah verlegen zu Boden und fuhr dann fort: „Ich weiß nicht, wie ich es ausdrücken soll. Vielleicht am besten mit einem Wort – danke." Er streckte Birrel beinahe schüchtern die Hand entgegen. „Setzen Sie sich bitte, Kommandeur", sprach Charteris weiter. „Ich kann mir vorstellen, daß Sie völlig übermüdet sind. Glücklicherweise bleibt bis zu den Feiern genügend Zeit, damit Sie sich ausruhen können, während die Beschädigungen an den Schiffen Ihres Geschwaders repariert werden."

Er fuhr fort, nachdem Birrel sich gesetzt hatte. „Ich habe heute eine persönliche Botschaft vom Gouverneur des Sektors Lyra erhalten."

Birrel schluckte trocken. „Ja?"

„Ich habe mich sehr darüber gefreut", sagte Charteris. Er lächelte verlegen. „Wissen Sie, die Leute sehen mich oft als einen Träumer an, weil ich immer noch daran glaube, daß die Sektoren eines Tages zu uns zurückkehren werden. Vielleicht hat heute eine neue und bessere Zeit begonnen. Wer weiß?"

Birrel war keineswegs erleichtert. Ja, vielleicht hat diese neue Zeit tatsächlich schon begonnen, dachte er, aber wahrscheinlich wird der gute Mr. Charteris nicht sehr begeistert sein, wenn er feststellen muß, daß sie nicht ganz seinen Erwartungen entspricht.

Charteris faßte Birrels Schweigen falsch auf und erhob sich. „Ich bringe einen müden Mann um seine wohlverdiente Ruhe, wenn ich noch weiter schwatze. Ich will Sie nicht länger aufhalten, Kommandeur. Bitte, entschuldigen Sie, daß ich Sie den weiten Weg nach New York habe machen lassen."

Birrel stand ebenfalls auf. „Bitte, nichts zu entschuldigen", wehrte er ab. „Ich wollte sowieso auf die Farm nach Orville zurückfahren – meine Frau ist noch dort."

Charteris warf ihm einen neugierigen Blick zu. „Das alte Haus gefällt Ihnen wohl?" Er lächelte freundlich. „Ausgezeichnet, dann wissen wir wenigstens, womit wir Ihnen eine Freude machen können, um Ihnen unsere Dankbarkeit zu bezeigen. Wir werden den Verkauf der Farm für ungültig erklären lassen, weil er nur unter Vortäuschung falscher Tatsachen zustande gekommen ist, und sie dann für Sie kaufen. Betrachten Sie das Heim Ihrer Vorväter von jetzt ab als Ihr Eigentum, Kommandeur."

Birrel war völlig verblüfft und wollte protestieren, aber seine Einwände wurden unbeachtet gelassen.

„Sprechen wir nicht mehr davon, Kommandeur. Der Wert des Geschenkes mag im Verhältnis zu den Verdiensten, die Sie sich um die Erde erworben haben, gering erscheinen – aber für Sie hat es offensichtlich auch einen ideellen Wert."

Birrel wußte immer noch nicht recht, was er sagen sollte, als Mallinson ihn hinausbegleitete. Das alte Haus war ihm völlig gleichgültig, alles war nur ein Mißverständnis. Er legte nicht den geringsten Wert auf dieses kleine Stückchen Erde.

Ferdias dachte vielleicht anders darüber. Ferdias würde sie vielleicht ganz wollen.

21

Am nächsten Vormittag gegen zehn Uhr kam Vinson über die Felder auf das Haus zu. Er sah aus, als habe er so lange wie möglich gewartet und könne es jetzt nicht mehr aushalten. Er stieg die Stufen zur Veranda hinauf, auf der Lyllin und Birrel beim Frühstück saßen, und grinste sie wohlwollend an. „Sie sollen es den anderen tüchtig gegeben haben", sagte er mit gezwungen wirkender Unbekümmertheit.

Birrel schüttelte den Kopf. „Ein Kampf im Weltraum wird doch nur von Radargeräten und Elektronenrechnern geführt. Das ist längst nicht so spannend wie neulich, als wir den Überfall im Wald unternommen haben."

Vinson wurde vor Stolz rot, schwieg aber, während er Lyllins Aufforderung befolgte und sich setzte. Er warf einen Blick auf die schwarze Katze, die neben Lyllin auf einem Stuhl saß. „So, Sie haben sich also eine Katze zugelegt", meinte er. „Na, dann brauchen Sie sich wenigstens um die Mäuse keine Sorgen zu machen."

Birrel sah mürrisch zu der Katze hinüber, die mit solch unverschämter Überheblichkeit auf ihrem Platz saß, als gehöre ihr das ganze Haus. „Bis jetzt hat das Biest noch nichts gefangen", stellte er dann fest.

Lyllin lachte leise und beugte sich vor, um den Rücken des Tieres zu streicheln. Tom sah gelangweilt zur Seite, als dulde er diese Liebkosung nur als Zeichen besonderen Wohlwollens.

Birrel dachte daran, wie überrascht er gewesen war, als er zurückgekommen war und Lyllin mit der Katze auf dem Schoß auf ihn hatte warten sehen. Einen Augenblick lang hatte er ein Bild aus längst vergangenen Zeiten vor Augen gehabt – Generationen von Frauen, die vor Lyllin auf derselben Veranda gesessen und dort auf die Rückkehr ihrer Männer von der Arbeit gewartet hatten.

Lyllin hatte ihm lächelnd entgegengesehen. „Er hat mich akzeptiert", hatte sie leichthin bemerkt.

„Du hast den Kerl mit Leckerbissen bestochen", hatte er ihr entgegengehalten. „Tom platzt ja beinahe aus seiner Haut."

Sie hatte nur gelacht und die Katze gestreichelt, wie sie es jetzt auch tat, aber ihre Lippen hatten gezittert, als er sich über sie beugte.

Vinson wandte sich an Birrel. „Ich habe Ihnen versprochen, mit Ihnen über Ihre Felder zu gehen, erinnern Sie sich noch? Vielleicht hätten Sie jetzt ein bißchen Zeit dazu?" Er fuhr mit eifrigem Lächeln fort: „Wissen Sie, ich habe mir überlegt, daß ich Ihre Felder ohne weiteres mit meinen Maschinen in Ordnung bringen könnte. Bis zum Herbst ist noch reichlich Zeit dazu, aber bis dahin müßte die Arbeit geschafft sein, damit die Felder nicht noch länger brachliegen."

Birrel hatte Vinsons Vorschlag bereits völlig vergessen gehabt, aber jetzt erinnerte er sich wieder daran und versuchte sich hastig herauszureden. „Danke", begann er. „Vielen Dank. Aber wahrscheinlich muß ich schon sehr bald nach Wega zurück. Ich fürchte, daß ich gar nicht mehr genug Zeit habe, um hier noch etwas zu verändern."

„Machen Sie sich deswegen nur keine Sorgen, ich kann alles für Sie erledigen", beruhigte ihn Vinson. „Meine Maschinen stehen sowieso die Hälfte der Zeit unbenutzt herum. Sie werden Ihren Besitz nicht wiedererkennen, wenn Sie zurückkommen, das verspreche ich Ihnen."

Birrel gab auf. Der Mann war so offensichtlich darum bemüht, ihm einen Gefallen zu erweisen, daß es gemein gewesen wäre, ihm die Möglichkeit dazu zu nehmen. „Schön", sagte Birrel deshalb und erhob sich. „Machen wir also einen kleinen Rundgang."

ALS SIE nach einem zweistündigen Marsch wieder in die Nähe der Einfahrt gelangt waren, blieb Birrel plötzlich stehen. Ein Auto hielt vor dem Haus. Dann sah er eine Frau aussteigen – groß, knochig, etwa vierzig Jahre alt –, die einer Greisin aus dem Wagen half.

„Oje", meinte Vinson. „Das ist ja Mrs. Sawyer. Eine gute alte Seele, aber für meinen Geschmack zu schwatzhaft." Er grinste. „Ich verdrücke mich lieber, sonst hält sie mir wieder Vorträge. Auf Wiedersehen, Kommandeur."

Er ging schnell in Richtung auf seine Farm weg. Birrel eilte auf das Haus zu, als er Lyllin an der Tür erscheinen sah. Die alte Dame hatte sich mit schriller Stimme an ihre Begleiterin gewandt und ihr gesagt, sie möge das „Zeug da“ mitnehmen. Das „Zeug“ erwies sich als ein Stapel schwerer Alben.

Die jüngere Frau legte die Bände auf einen Stuhl und wandte sich mit ausgestreckter Hand an Lyllin und Birrel. „Mein Name ist Netta Sawyer“, stellte sie sich vor. „Mutter wollte Sie unbedingt kennenlernen. Hoffentlich kommen wir nicht ungelegen.“

Birrel versicherte ihr, daß Besuch stets willkommen sei. Die alte Dame kam langsam auf sie zu und sah Birrel prüfend an. „Sie sehen wie ein Birrel aus“, stellte sie fest. „Sie haben das gleiche häßliche Kinn wie alle in Ihrer Familie.“ Dann drehte sie sich zu Lyllin um. „Und Sie sind seine Frau? Ich hoffe, daß er Sie nicht verprügelt, wie Nicholas es getan hat.“

„Mutter . . .“, warf die jüngere Frau entsetzt ein, wurde aber keineswegs beachtet.

„Nicholas?“ fragte Birrel erstaunt.

„Nicholas Birrel, junger Mann“, sagte die Alte. „Er soll seine Frau öfter geschlagen haben. Ich war damals natürlich noch ein Kind, aber ich kann mich noch gut daran erinnern. Wollen wir nicht hineingehen, damit ich mich endlich setzen kann?“

Birrel wollte vorausgehen, um den Weg zu zeigen, aber die alte Dame hielt ihn am Ärmel fest. „Nehmen Sie gefälligst die Alben mit. Schließlich bin ich nur deswegen gekommen.“

Birrel zuckte ergeben mit den Schultern und nahm die unhandlichen Bände mit ins Wohnzimmer.

„Wissen Sie, eigentlich sind wir vor allem gekommen, weil Mutter Ihnen die alten Familienfotos zeigen wollte, die sie noch hat“, erklärte die Tochter, als sie alle um den Tisch herum Platz genommen hatten.

„Oh, das ist aber wirklich reizend“, antwortete Birrel. „Sie sind wohl mit den Birrels verwandt?“

„Ich nicht – ich habe keinen Tropfen Birrelblut in den Adern“, sagte die Alte in einem Ton, als weise sie triumphierend eine Anschuldigung zurück. „Aber die Mutter meines Mannes war eine Birrel, und ich habe seine alten Familienaufnahmen aufbewahrt, obwohl ich keinen Grund dazu hatte. Reichlich komischer Verein, die ganze Sippschaft.“

Sie wandte sich an Lyllin und warf ihr einen verständnisvollen

Blick zu. „Ich nehme an, daß Sie es mit dem da auch nicht ganz leicht haben, junge Frau. Ich weiß, wie sie sind, denn mein Mann hatte den gleichen Charakter wie seine Mutter."

„Ach, eigentlich ist es gar nicht so schlimm", murmelte Lyllin lächelnd.

Die Alte wartete ihre Antwort jedoch nicht erst ab, sondern beschäftigte sich wieder mit Birrel. „Ja, Sie haben genau den mürrischen Gesichtsausdruck, den alle Birrels hatten. Hier, ich werde es Ihnen zeigen."

Sie hatte sich majestätisch mitten auf dem Sofa niedergelassen und blätterte nun in den verstaubten Alben, wobei sie es nicht lassen konnte, zu jeder Aufnahme eine boshafte Bemerkung zu machen. Lyllin und Birrel saßen links und rechts von ihr und verrenkten sich den Hals, um besser sehen zu können. Lyllins Gesichtsausdruck war völlig ernst, aber Birrel wußte genau, daß sie sich königlich darüber amüsierte, daß er sich alles geduldig anhören mußte. Er kochte beinahe vor Zorn.

„Das hier ist Nicholas", sagte die alte Frau. „Ich kann mich nicht mehr sehr gut an ihn erinnern, aber ich bezweifle keinesfalls, daß er seine Frau geschlagen hat, wie die Leute behaupteten. Der hier ist sein Vater . . . Augenblick, das war John Birrel – nein, James . . ."

Sie kommentierte weiterhin jedes Bild, und die vergilbten Aufnahmen, mit denen Birrel nichts anfangen konnte, schienen kein Ende nehmen zu wollen, bis ihm schließlich ein Name auffiel.

„Cleve Birrel, der nach Sirius oder so ähnlich ausgewandert ist. Das war also Ihr Urgroßvater, junger Mann."

Birrel war überrascht, daß die Fotografie einen Zwanzigjährigen zeigte anstatt einen alten Mann – obwohl er wußte, daß seine Überraschung unlogisch war. Selbstverständlich war Cleve Birrel damals kaum erwachsen gewesen, als er die Erde verlassen hatte, um zu den Sternen zu fliegen. Er hatte ein gutes Gesicht mit klugen Augen.

„Sie sehen ihm ziemlich ähnlich", bemerkte Mrs. Sawyer in einem Ton, der deutlich erkennen ließ, daß dies kein Kompliment hatte sein sollen.

Birrel erwiderte, daß er keine Ähnlichkeit feststellen könne. Aber zu seiner Überraschung war Lyllin anderer Meinung. „Doch, ihr habt irgendwie den gleichen Gesichtsausdruck."

Die Alte nickte befriedigt. „Was ich gesagt habe – das gleiche häßliche Kinn."

Eine Stunde später erhob sich Mrs. Sawyer plötzlich und verkündete, daß sie jetzt gehen müsse, weil sie nicht den ganzen Tag zu vertrödeln habe wie manche andere Leute. „Ich lasse Ihnen die Fotoalben hier, aber nur leihweise", sagte sie zu Birrel, der sie zum Wagen begleitet hatte. „Ich habe sie nun schon so lange aufgehoben, daß ich sie nicht zu den Sternen hinauffliegen sehen möchte. Denken Sie daran, junger Mann!"

Birrel versprach es ihr feierlich und schüttelte dann den Kopf, während er mit Lyllin dem davonfahrenden Wagen nachsah.

„Wunderbar", sagte er sarkastisch, „jetzt werden sämtliche Bewohner von Orville der Reihe nach auf den Gedanken kommen, daß sie uns eigentlich einen Besuch abstatten könnten."

„Das glaube ich nicht, Jay", meinte Lyllin. „Ich habe diese Leute in der Zwischenzeit etwas näher kennengelernt und glaube, daß sie dich nicht belästigen werden, obwohl sie dir natürlich äußerst dankbar sind."

„Das brauchen sie nicht", antwortete Birrel beinahe wütend. „Ich habe schließlich nur meine Befehle ausgeführt."

Sie sah ihn erstaunt an, schwieg aber.

Sie hatte recht, denn den ganzen Tag über kam kein Besuch mehr. Dafür ärgerte sich Birrel jetzt über die Stille, die auf dem Haus lastete. Nachmittags gingen sie zusammen spazieren, und Birrel benutzte die Gelegenheit, mit seinen neuerworbenen Kenntnissen anzugeben. „Das hier sind Weiden", sagte er, als sie den Bach erreicht hatten, der in einiger Entfernung hinter dem Haus vorbeifloß. „Die größeren sind Ulmen – nein, Eichen."

Lyllin wollte ihm nicht nachstehen und wies auf die Farmen der Nachbarn, von denen man kaum etwas erkennen konnte. „Dort drüben leben die Bowers", erklärte sie. „Ich habe sie bei den Vinsons kennengelernt – ein nettes älteres Ehepaar. Und das weiße Haus daneben gehört den Hoviks. Die Menzels wohnen gleich dahinter." Sie lachte vergnügt, als Birrel sie erstaunt anstarrte. „So, jetzt habe ich dir deine Weiden und Eichen heimgezahlt."

Der Rest des Nachmittags verlief ungestört, nur Brescnik rief gegen Abend an. „Wir kommen mit den Reparaturarbeiten ziemlich rasch voran", berichtete er und beschrieb die gemachten Fortschritte. „Andererseits haben wir dauernd Schwierigkeiten mit unseren Männern“, klagte er dann. „Die Kerle rennen nur noch von einer Kneipe in die nächste und lassen sich auf Kosten anderer vollaufen.“

„Das habe ich erwartet“, sagte Birrel. „Lassen Sie Garstang dafür sorgen, daß die Sache besser wird.“

Brescnik schnaubte wütend. „Joe Garstang? Den habe ich mir heute erst vorknöpfen müssen, als er aus New York zurückkam.“

Birrel mußte unwillkürlich grinsen. „Richten Sie ihm aus, daß er sich anständig benehmen soll. Sonst noch etwas?“

„Ja, ich habe gerade einen Funkspruch von Wega erhalten, in dem angekündigt wird, daß fünf Schnellboote des Zweiten Geschwaders zu uns abkommandiert worden sind. Sie müßten bereits in wenigen Tagen eintreffen.“

„Setzen Sie sich mit mir in Verbindung, wenn sie angekommen sind“, sagte Birrel und schaltete ab.

Er zog die Augenbrauen hoch und dachte nach. Das war es also. Ferdias hatte einem der Schnellboote die Anweisungen für Birrel mitgegeben, die er ihm nicht über Funk zu übermitteln gewagt hatte. Die Schiffe würden gerade rechtzeitig zu den Feierlichkeiten eintreffen, und dann würde Birrel endlich wissen, wie die Dinge standen – und was er noch zu tun hatte.

DIE NÄCHSTEN beiden Tage verliefen wenig ereignisreich. Er und Lyllin machten Spaziergänge, aßen in gemütlichen Landgasthäusern zu Mittag, saßen abends auf der Veranda und unterhielten sich bei einem Glas Wein. Und Birrel überlegte sich immer wieder, wie lange ein Schnellboot brauchen konnte, um von einem unbekannten Ausgangspunkt innerhalb des Sektors Lyra die Erde zu erreichen.

Das Jubiläum stand unmittelbar bevor, und als er zusammen mit Lyllin nach New York zurückfuhr, um den Fortgang der Reparaturarbeiten zu kontrollieren, stellten sie fest, daß die Straßen der Stadt noch glänzender geschmückt und noch belebter waren. Passanten, die einen Blick auf Birrels Wagen und seine blausilberne Uniform geworfen hatten, blieben stehen und winkten ihnen begeistert zu.

Brescnik meldete, daß die beschädigten Schiffe bis auf einige

Kleinigkeiten wieder repariert seien und daß die letzten Arbeiten bis zur großen Parade beendet sein würden.

„Wann erwarten Sie die Schnellboote vom Zweiten Geschwader?“ erkundigte sich Birrel.

„Sie müßten bald eintreffen“, antwortete Brescnik. „Wir haben allerdings nichts mehr von ihnen gehört.“

Noch einen Tag, vielleicht nur noch wenige Stunden, dachte Birrel, dann weiß ich, was Ferdias vorhat.

Am späten Nachmittag kehrten sie auf die Farm zurück. Kurz darauf klingelte das Telefon, und Vinson war am Apparat. Er hatte sich Gedanken darüber gemacht, wie man Birrels Besitz am schnellsten wieder auf die Höhe bringen könne, und wollte sich nun mit Birrel darüber unterhalten.

„Sehr freundlich von Ihnen“, sagte Birrel. „Ich komme gleich nach dem Abendessen zu Ihnen hinüber.“

Eine halbe Stunde später verließ er das Haus, während Lyllin in der Küche abwusch. Er blieb noch einen Augenblick in der Tür stehen und wunderte sich, daß es ihn gar nicht mehr seltsam berührte, sie in diesem altmodisch eingerichteten Raum zu sehen.

Birrel ging langsam über die Felder und bewunderte den blutroten Sonnenuntergang. Er blieb stehen und beobachtete, wie die Farbe der Wolken allmählich von Gold über Rosa zu Dunkelrot wechselte. Dann schüttelte er verwundert den Kopf. Kein Abend schien dem anderen zu gleichen, jeder Sonnenuntergang war ein einmaliges Ereignis.

Er wollte weitergehen, aber eine Stimme rief seinen Namen, und er blieb stehen.

Er drehte sich um und sah den Mann, der ihm gefolgt war. Der Mann kam nur langsam näher, denn das Feld war uneben, und er hinkte leicht. Birrel blieb einen Augenblick unbeweglich stehen. Dann ging er auf Ferdias zu.

22

FERDIAS' Gesicht schien zu glühen, aber daran waren nicht nur die Strahlen der untergehenden Sonne schuld. Er strahlte eine nervöse Unruhe aus, die sich auch in seinen Augen und seinem Händedruck bemerkbar machte. „Wer hätte gedacht, daß wir uns ausgerechnet hier wiedersehen würden", sagte er. „Lyllin putzt die Küche in diesem verrückten Haus, und du gehst wie ein alter Farmer über die Felder." Er lachte. Dann sah er sich um, und seine scharfen Augen schienen wie gewöhnlich auch die kleinsten Einzelheiten in sich aufzunehmen. „So sieht es also aus, wenn man sich außerhalb der großen Städte befindet. Nicht gerade überwältigend, stimmt's? Aber interessant."

„Ich nehme an, daß du dich nicht auf einem offiziellen Besuch befindest", warf Birrel ein.

Ferdias nickte. „Du hast es erraten. Inoffiziell und streng geheim. Du kannst dir vorstellen, wie sich diese mißtrauische Bande bei der Weltenunion aufführen würde, wenn ich ganz offen erschienen wäre. Deshalb bin ich mit einem der Schnellboote gekommen und habe mich heimlich, still und leise von Joe Garstang herbringen lassen. Da staunst du, was?"

„Das kann man wohl sagen", gab Birrel zurück. „Ich dachte, du seist immer noch auf Wega."

Ferdias schüttelte den Kopf. „Oh, nein – dazu war die Sache hier zu wichtig. Offiziell habe ich Wega nie verlassen. Aber tatsächlich bin ich schon seit über einer Woche mit dem Zweiten unterwegs – immer in der Nähe der Erde –, um zu sehen, wie sich alles entwickeln würde."

Er klopfte Birrel auf die Schulter. „Dir haben wir es zu verdanken, daß alles gutgegangen ist, Jay."

„Wenn ich gekonnt hätte, hätte ich dafür gesorgt, daß alles noch bessergegangen wäre", sagte Birrel und berichtete von den Umständen, die zum Abbruch der Verfolgung geführt hatten.

Ferdias hörte ihm aufmerksam zu, dann schüttelte er wieder den Kopf. „Charteris hat die falsche Entscheidung getroffen. Man kann einen Krieg nicht einfach dadurch vermeiden, daß man vorgibt, er sei nicht ausgebrochen. Solleremos hat sich jetzt aus der Affäre gezogen, aber früher oder später wird er es wieder versuchen. Die Sache sähe anders aus, wenn seine beiden Geschwader vernichtet worden wären."

„Ich möchte darauf hinweisen, daß ihre Vernichtung keineswegs sicher gewesen wäre, wenn wir sie verfolgt hätten, wie ich es vorhatte", warf Birrel spitz ein. „Die beiden Geschwader waren keineswegs demoralisiert und immer noch so stark wie die Weltenflotte und das Fünfte zusammen."

Ferdias nickte verständnisvoll. „Und wenn du die Verfolgung ohne die Weltenflotte aufgenommen hättest, wärst du ihnen an Kampfkraft unterlegen gewesen. Deshalb mußtest du dich der Entscheidung von Mr. Charteris fügen. Aber das macht alles noch komplizierter."

Ferdias schwieg, und Birrel hatte das unbehagliche Gefühl, als ob der andere etwas sagen wollte, worüber er sich schon lange Sorgen machte. Birrel spürte, daß die Entscheidung unmittelbar bevorstand, deshalb sprach er schnell, bevor Ferdias fortfahren konnte.

„Die nötigen Reparaturen werden bis übermorgen abgeschlossen", berichtete er. „Das heißt also, daß wir unmittelbar im Anschluß an das Jubiläum nach Wega zurückfliegen können."

Ferdias schüttelte den Kopf. „Das Geschwader kehrt nicht nach Wega zurück, Jay – wenigstens nicht sofort."

Die bisher laue Abendluft schien plötzlich dumpf und eiskalt auf Birrel zu lasten. Jetzt wußte er alles. Er hatte es erwartet, seit er den geheimnisvollen Befehl erhalten hatte, aber er hatte immer noch gehofft, alles könne sich als ein Irrtum erweisen. Jetzt war kein Zweifel mehr möglich. Birrel sah über die Felder und auf die verwitterten Dächer der Farmhäuser, dann zuckte er bedauernd mit den Schultern.

Ferdias machte eine seiner typischen Handbewegungen, bevor er weitersprach. „Die Transporter können unter Begleitschutz nach Wega zurückfliegen, aber die Masse des Fünften muß hierbleiben – wenigstens in diesem System –, bis wir ganz sicher sind, daß Solleremos seine Pläne aufgegeben hat."

„Glaubst du wirklich, daß er es ein zweites Mal versuchen wird?" fragte Birrel erstaunt. „Schließlich sind seine beiden Elitegeschwader schwer angeschlagen . . ."

Ferdias unterbrach ihn. „Vielleicht nicht in unmittelbarer Zukunft, aber eines Tages bestimmt – oder Gianea oder Strowe oder der alte Vorn. Wir haben diesen Angriff abgewehrt, aber wenn wir jetzt nicht bleiben, kann sich jeder andere an die Erde heranmachen."

„Das Fünfte soll also dauernd hier stationiert bleiben?" fragte Birrel. „Und was wird die Weltenunion dazu sagen?"

„Das habe ich mir bereits überlegt", antwortete Ferdias ungerührt. „Deshalb werde ich ihnen den Abschluß eines Verteidigungsbündnisses vorschlagen, das zugleich den Anschluß an Lyra vorsieht, allerdings mit einer autonomen Regierung für die Erde."

„Klingt erstklassig", meinte Birrel. „Ein hochherziges Angebot. Sie werden es dir vor die Füße werfen."

„Nein, das werden sie nicht", widersprach Ferdias. „Dazu befinden sie sich im Augenblick in einer zu schwierigen Lage."

„Hör zu, Ferdias", sagte Birrel ernst. „Ich kenne mich in der Politik nicht besonders aus, aber dafür kann ich die Leute hier besser beurteilen. Sie werden nie zustimmen, sondern bis zum bitteren Ende kämpfen, wenn es nötig sein sollte."

„Es wird keinen Kampf geben", sagte Ferdias zuversichtlich. „Sicher, der Große Rat wird sich dagegen sträuben, und die Abgeordneten werden nächtelang diskutieren, aber schließlich werden sie meinen Vorschlag doch annehmen." Seine Stimme wurde laut und eindringlich, als spüre er, daß Birrel sich ihm innerlich widersetzte. „Jay, sie müssen es einfach tun, sie haben keine andere Wahl! Die führenden Männer der Weltenunion haben unterdessen erkannt, daß einer der Sektoren sich die Erde angliedern wird. Solleremos' Versuch hat das ganz klar gezeigt. Er, Strowe oder Gianea würden die Erde schlicht und einfach annektieren. Aber ich biete ihnen ein Bündnis unter gleichberechtigten Partnern und stelle nur zwei Bedingungen – Errichtung einer Flottenbasis auf der Erde und eine gemeinsame Außenpolitik. Damit wären die anderen Gouverneure nie zufrieden."

Birrel wußte, daß Ferdias recht hatte. Aber wann hatte er diesen Plan gefaßt? Als er Birrel gegenüber behauptet hatte, er habe nichts mit der Erde vor? Seit damals?

„Du bist nicht davon begeistert", fuhr Ferdias fort. „Nun, ich bin es eigentlich auch nicht. Aber wenn ich jetzt nicht die Initiative ergreife, schenke ich diesen Planeten praktisch den anderen Sektoren. Glaubst du, daß die Menschen hier das einem Bündnis mit Lyra vorziehen würden?"

„Nein", gab Birrel zu. „Ein Bündnis würde wenigstens ihren Stolz nicht verletzen. Aber . . ."

„Es gibt immer einige Einwände – auch der beste Plan ist nicht fehlerlos", unterbrach ihn Ferdias. „Aber jetzt ist der beste Zeitpunkt für meinen Vorschlag, nachdem die Weltenunion diese schlechten Erfahrungen mit einem anderen Sektor gemacht hat. Wir müssen so schnell wie möglich handeln."

Sie gingen langsam zum Haus zurück.

„Das gesamte Geschwader startet am Tag nach dem Jubiläum", erklärte Ferdias. „Die Transporter fliegen unter dem Schutz einiger Schnellboote nach Wega zurück. Wie lange können deine Kreuzer im Raum bleiben, wenn sie ohne Nachschub auskommen müssen?"

„Das hängt davon ab, wo sie sich dabei befinden", antwortete Birrel.

„Jedenfalls außerhalb dieses Systems", sagte Ferdias. „Ich möchte nicht, daß das Geschwader in unmittelbarer Nähe der Erde bleibt, weil das zu sehr wie Erpressung wirken könnte. Und das möchte ich auf jeden Fall vermeiden, wenn ich meinen Bündnisvorschlag mache."

„Wenn wir etwa zwei Parsek außerhalb dieses Systems stehen – drei, vier Wochen", antwortete Birrel, nachdem er über die damit verbundenen logistischen Probleme nachgedacht hatte. „Wenn wir länger bleiben, müßten wir auf dem Flug zurück nach Wega einen Versorgungshalt einlegen."

„Drei bis vier Wochen", wiederholte Ferdias nachdenklich. „Das müßte reichen, um den Vertrag durchzusetzen. Könnte man diese Frist notfalls noch ein bißchen verlängern?"

Birrel schüttelte den Kopf. So war es immer, wenn jemand den Versuch machte, militärische und logistische Probleme zu übersehen, um seine politischen Absichten zu verwirklichen. „Möglich wäre es bestimmt", sagte er. „Aber selbst einige Tage mehr würden unsere Vorräte stark in Anspruch nehmen, und dann wären wir in einer schlechten Ausgangsposition, wenn es zu einem Kampf kommen sollte."

„Ach, laß das doch endlich", erwiderte Ferdias ungeduldig. „Wie oft soll ich dir noch erklären, daß es dazu nicht kommen wird? Sagen wir also endgültig vier Wochen. Wenn alles gutgeht, braucht ihr nicht mehr nach Wega zurück – dann bekommt ihr euren Nachschub auf der Erde."

Birrel haßte Pläne, die auf Annahmen aufgebaut waren, weil er schon oft genug erfahren hatte, daß sie meistens nicht zu verwirklichen waren, aber gleichzeitig kannte er Ferdias gut genug, um zu wissen, daß er keine andere Wahl hatte. „Wie steht es mit der Eskorte für die Transporter?" fragte er nur noch. „Solleremos ist vermutlich nicht gerade in der rosigsten Laune, aber wenn ich meine Schnellboote dafür abstellen muß, wird das Geschwader zu sehr geschwächt."

„Das habe ich mir bereits überlegt", gab Ferdias zurück. „Einige Schiffe des Zweiten Geschwaders werden Geleitschutz fliegen – ihr müßt nur dafür sorgen, daß die Transporter den richtigen Treffpunkt sicher erreichen."

Noch mehr Schwierigkeiten, dachte Birrel, aber er widersprach nicht, denn sie hatten das Haus erreicht, auf dessen Terrasse Lyllin und Garstang saßen.

„Lassen Sie das", sagte Ferdias, als Garstang aufstehen und salutieren wollte. „Birrel und ich haben einiges zu besprechen. Und ich brauche einen Drink."

„Ich werde dir einen holen", bot Birrel an und nickte Lyllin zu, ebenfalls sitzen zu bleiben.

„Nein, danke, ich gehe lieber mit hinein", wehrte Ferdias ab.

Lyllin warf Birrel einen unergründlichen Blick zu, als er Ferdias folgte. Sie und Garstang haben bereits erraten, was hier gespielt wird, dachte Birrel. Es gefällt ihnen anscheinend nicht, aber dagegen kann man nichts machen.

Ferdias nahm einen Schluck aus dem Glas, das Birrel ihm angeboten hatte, und verschränkte die Arme. „Die ganze Sache läuft folgendermaßen ab", begann er dann. „Das Jubiläum ist übermorgen – schön, das Fünfte startet also einen Tag später. Ich werde die Erde natürlich bereits früher verlassen haben. Am selben Tag werde ich veranlassen, daß die Ratsversammlung von Lyra dem Großen Rat der Weltenunion meinen Vorschlag unterbreitet. Das Geschwader fliegt weiter, bis es aus diesem System heraus ist, und wartet dort auf weitere Befehle, während die Transporter in Richtung Wega weiterfliegen. Dann . . ."

Birrel hörte aufmerksam zu. Die Aufgabe war schwierig genug, so daß er es sich nicht leisten konnte, Einzelheiten zu vergessen. Aber dann spürte er, daß eine Veränderung in ihm vorging.

Er zitterte leicht. Das Gefühl in ihm wurde schließlich so übermächtig, daß seine Lippen sich wie von selbst zu bewegen schienen, als er sagte: „Dazu gebe ich mich nicht her, Ferdias."

Er hatte Ferdias noch nie zuvor in Verblüffung versetzen können. Aber diesmal gelang es ihm. Ferdias starrte ihn verständnislos an. „Was?"

Birrel setzte vorsichtig sein Glas auf den Tisch. „Deine Pläne in bezug auf die Erde. Dazu gebe ich mich nicht her. Unter keinen Umständen."

Ferdias hatte sich erhoben. Die Verwunderung in seinem Blick war verschwunden. Er starrte Birrel jetzt wütend an. „Was ist eigentlich mit dir los, Jay? Ich habe dir doch erklärt, daß dieses Bündnis keine Annexion bedeutet . . ."

„Stimmt, das hast du schon früher einmal behauptet", unterbrach ihn Birrel. „Auf Wega, falls du dich noch daran erinnern solltest. Damals hast du behauptet, daß du die Erde nur vor Solleremos schützen wolltest."

Ferdias nickte mit gefährlicher Ruhe. „Ja, das habe ich gesagt."

„War das wirklich wahr, Ferdias? Oder wolltest du mich nur hereinlegen, damit ich glauben sollte, wir kämen als edle Retter auf die Erde anstatt als Eroberer?"

„Hör zu, Jay, ich . . .", begann Ferdias, aber Birrel ließ sich nicht unterbrechen.

„Jetzt willst du mir wieder einreden, wie gut du es mit der Erde meinst – und dabei bist du froh, daß Solleremos unschädlich gemacht ist, weil du sie jetzt für dich behalten kannst!"

Ferdias verlor die Beherrschung. „Was soll das Gerede über Wahrheit, Lügen und Absichten? Glaubst du etwa, daß die Machtkämpfe zwischen den Sektoren sich nach Regeln der Sonntagsschule abspielen?"

„Von mir aus kannst du dir deine Regeln selbst machen", antwortete Birrel. „Ich habe nichts dagegen, wenn du lügst. Aber ich lasse mich deswegen nicht zum Lügner stempeln! Vom ersten Tag an habe ich den Leuten hier immer wieder versichert, daß ich ihnen nur helfen wolle. Und jetzt soll ich das Gegenteil tun – nein, ohne mich."

Ferdias sah ihn nachdenklich an. „Du bist beleidigt, weil du den

Eindruck hast, ich hätte dir die Wahrheit vorenthalten. Aber das ist nicht der einzige Grund."

„Genügt das nicht?" fragte Birrel. „Einem Mann einen derartigen Auftrag zu geben, ohne ihm zu sagen, was dahintersteckt – genügt das wirklich nicht, Ferdias?"

„Nein, da steckt noch mehr dahinter", sagte Ferdias. „Nur deswegen würdest du dich nicht so aufregen. Deine Einstellung zur alten Mutter Erde hat sich geändert, nicht wahr?"

„Nein", widersprach Birrel, „von mir aus kann sie der Teufel holen, aber . . ."

„Wer lügt jetzt eigentlich?" fragte Ferdias scharf.

Birrel wollte eine Antwort geben, schwieg dann aber. Ferdias' Unterstellung war einfach lächerlich, aber . . . Nein, er, Birrel, hatte recht, Ferdias wollte nur Zeit gewinnen, hoffte ihn doch noch zu überreden. „Eines weiß ich ganz sicher", stellte Birrel fest. „Ich werde dem Fünften keinen Befehl geben, die Weltenflotte oder die Erde anzugreifen."

Ferdias sah ihm in die Augen. „Von diesem Augenblick an bist du deines Postens enthoben", sagte er kalt. „Brescnik tritt ab sofort an deine Stelle."

Die Entscheidung war gefallen, aber Birrel stellte zu seiner Verblüffung fest, daß sein Entschluß dadurch nicht beeinflußt wurde. „Brescnik ist ein ausgezeichneter Offizier", sagte er ruhig. „Er wird deine Befehle ausführen. Aber wird das Fünfte ihm gehorchen, wenn er einen Angriff auf die Erde befiehlt?"

„Nicht alle sind so sentimental wie du, Jay", antwortete Ferdias zuversichtlich. „Sie werden gehorchen."

„Wirklich? Warum fragst du nicht Joe Garstang?"

Ferdias runzelte die Stirn. Dann ging er zur Tür und rief Garstang herein.

Garstang hörte aufmerksam zu, aber dann veränderte sich sein Gesichtsausdruck immer mehr.

„Nun?" fragte Ferdias ungeduldig.

„Ich weiß es nicht", sagte Garstang gequält. „Natürlich wird niemand einen direkt gegebenen Befehl verweigern, Sir. Aber . . ."

„Aber – was denn?" wollte Ferdias wissen.

Garstang sah ihm offen ins Gesicht. „Die Weltenflotte hat wesentlich zu unserem Sieg über Solleremos beigetragen. Die

Männer haben an unserer Seite gekämpft und sich hervorragend geschlagen. Niemand würde gegen sie antreten wollen . . ., allerdings ist Befehl natürlich Befehl . . ." Er schwieg und sah unsicher zu Boden. „Dazu kommt noch, daß wir alle mehr oder weniger von der Erde stammen . . ."

„Ich verlange eine konkrete Antwort", fuhr Ferdias ihn an. „Würden die Besatzungen des Fünften diese Befehle ausführen, wenn es nötig sein sollte?"

Garstang sah ihn unsicher an.

„Ganz ehrlich, Sir", sagte er dann leise, „ich weiß es nicht."

Ferdias schwieg betroffen. „Das hätte ich voraussehen müssen", meinte er dann langsam. „Die Erde spielt innerhalb der galaktischen Politik eine große Rolle, weil sie auf viele Menschen in psychologischer Hinsicht Einfluß hat. Ich hätte daran denken sollen, daß auch meine Männer dagegen nicht widerstandsfähig genug sein könnten." Er schwieg, als könne er vor Erregung nicht weitersprechen. Als er weitersprach, war seine Stimme wieder nüchtern und kalt. „Also gut! Das Fünfte nimmt wie geplant an dem Jubiläum teil und kehrt anschließend nach Wega zurück. Ihr vergeßt gefälligst, daß ich je hier gewesen bin." Eine Sekunde lang verlor er seine eiserne Selbstbeherrschung, und seine Stimme klang drohend. „Aber ich werde wiederkommen, das verspreche ich." Er schwieg und ging auf die Tür zu.

„Ich werde Brescnik heute noch das Geschwader übergeben", sagte Birrel.

Ferdias blieb an der Tür stehen und sah Birrel an. Er war ein Mann, der keine Skrupel kannte, ehrgeizig, hart und rücksichtslos. Aber er hatte Format.

„Du hast mir lange und treu gedient, Jay, obwohl du mich schließlich doch enttäuscht hast. Deshalb führst du das Geschwader nach Wega zurück und nimmst erst zwei Wochen später deinen ehrenvollen Abschied. Damit dürften wir quitt sein."

Birrel freute sich so über dieses großherzige Angebot, daß er am liebsten alles zurückgenommen hätte, was er vorher gesagt hatte, um das alte Verhältnis zwischen ihm und Ferdias wiederherzustellen. Aber das war unmöglich, deshalb streckte er ihm nur die Hand entgegen.

Ferdias schlug Birrels Hand aus. „Laß das", sagte er und stolperte in die Dunkelheit hinaus.

Garstang hatte sich unterdessen von seiner Überraschung erholt und folgte ihm.

Er blieb in der Mitte des Zimmers stehen. Eigentlich sollte ich jetzt völlig verzweifelt sein, nachdem ich mit ein paar Worten meine glänzende Karriere zerstört habe, dachte er. Aber er war es nicht.

Birrel sah sich in dem Raum um, betrachtete die Möbel und starrte aus dem Fenster auf die windzerzausten Bäume. Was hatte er damit überhaupt zu tun? Wieso hatte er sich wie ein Narr aufgeführt? Und warum kam er sich doch nicht wie ein Narr vor?

Lyllin kam herein, und er wandte sich um, damit er ihr in die Augen sehen konnte. Er konnte nichts darin erkennen.

„Hast du alles gehört?" fragte er.

Lyllin nickte.

Er dachte an die pompöse Villa auf Wega, an Lyllins Freunde und ihre Familie, an die blaue Sonne, die hinter schwarzen Bergspitzen unterging.

„Sag schon, was du sagen wolltest."

„Was soll ich denn dazu sagen?" meinte Lyllin. „Ich finde, daß du richtig gehandelt hast. Und du weißt es auch."

„Aber alles aufzugeben . . ."

„So hast du nur deinen Posten verloren, aber wenn du Ferdias gehorcht hättest, dann hättest du mich verloren", sagte Lyllin einfach. „Bitte, sei nicht traurig. In ein paar Jahren hättest du doch deinen Abschied genommen, und ich bezweifle, daß dir ein Büroposten zugesagt hätte." Sie sah sich nachdenklich um. „Ich glaube, daß es uns hier gefallen wird, wenn wir zurückkommen. Vielleicht können wir das Haus ein bißchen umbauen und modernisieren. Und wenn dir das Leben auf der Farm nicht mehr gefällt, bekommst du bestimmt jederzeit einen Posten bei der Weltenunion."

Er hielt ihre Hand fest. „Lyllin, ich will dich doch nicht von deiner Welt fortholen."

Sie sah zu ihm auf. „Wir haben jetzt schon lange genug auf meiner Welt gelebt. Aber du, Jay – du hast hier zum erstenmal eine

Heimat gefunden. Dies ist deine Welt. Und das heißt, daß sie auch meine ist."

„Mein Gott", stöhnte Birrel, „warum bildet sich bloß jeder ein, daß ich so scharf auf diesen komischen Planeten bin, daß ich unbedingt hierbleiben möchte?"

„Stimmt das etwa nicht?"

Er wollte etwas sagen, schwieg dann aber. Er sah sich in dem Zimmer um und warf einen Blick auf die Bäume vor dem Fenster. Dann erst wandte er sich an sie. „Ich weiß es selbst noch nicht genau. Wir werden ja sehen."

Lyllin lächelte.

Edmond Hamilton

Wie ein plötzlicher Funke erhellte Edmond Hamilton in den zwanziger und frühen dreißiger Jahren mit einem der umfangreichsten Konzepte die Welt der Science-fiction. In der „Space Opera" entwickelte er die Idee einer intergalaktischen Zivilisation, in der intelligente Lebewesen verschiedener Planeten friedlich miteinander in Kontakt stehen, Handel treiben und durch Verträge verbunden sind, um sich gegenseitig zu helfen, zu unterweisen und zu verteidigen.

Auch die Vorstellung, daß die Erde von Fremden aus dem All kontrolliert wird, geht auf Hamilton zurück. Darüber hinaus war er einer der ersten Science-fiction-Autoren, die über die Devolution, eine Art rückwärtsgerichteter Evolution, nachsannen. Kosmische Strahlung führte seiner Meinung nach dazu, daß höhere Lebensformen sich mit jeder neuen Generation zurückentwickelten, bis sie schließlich die niedrigste, primitivste Stufe erreicht hatten.

Hamilton wurde am 21. Oktober 1904 in Youngstown/Ohio geboren. Nach einem abgebrochenen Physikstudium und dem Verlust seiner Anstellung bei der Eisenbahn verlegte sich der erst Einundzwanzigjährige auf das Verfassen von Science-fiction-Kurzgeschichten für Zeitschriften, die sich zu dieser Zeit besonderer Beliebtheit erfreuten. Seine am meisten beachteten Erzählungen konzentrierten sich auf die „Interstellar Patrol", ein Patrouillenschiff, das sich mit vielhundertfacher Lichtgeschwindigkeit durch das All bewegt und dessen Besatzungsmitglieder aus unterschiedlichen zivilisierten Welten stammen. Genauso unvergessen sind die Abenteuer des Weltraumhelden „Captain Future", die zwischen 1940 und 1951 in verschiedenen amerikanischen Zeitschriften erschienen sind. Da Hamilton am 1. Februar 1977 starb, erlebte er nur den ersten Teil der Filmtrilogie „Krieg der Sterne", in der das Genre der Space Opera erneut erfolgreich aufgegriffen wurde.

Dinosaurier am Polarkreis

Ein Auszug aus dem Buch *Dinosaurierforscher*
von Don Lessem
erschienen im Birkhäuser Verlag

Nur das Mondlicht erhellt das ansonsten völlig im Dunkeln liegende Tal. Rund ein Dutzend Tiere, nicht größer als Zwergkänguruhs, wippen mit vorgebeugtem Rumpf auf ihren Hinterbeinen und knabbern das frische Grün am Ufer eines eiskalten Sees: eine friedliche Szene, die nicht ungewöhnlich ist für Südaustralien mitten im Winter. Diese Szene allerdings spielt vor 100 Millionen Jahren während der mehrere Monate währenden Polarnacht, und ihre Akteure sind keine Beuteltiere, sondern – Dinosaurier.

Damals war Australien noch keine Insel, sondern gehörte zu einer großen Landmasse, die den Südpol bedeckte. Man braucht schon eine gehörige Portion Phantasie, um sich ein Bild von diesem Lebensraum zu machen, da es heutzutage kein vergleichbares Beispiel gibt – das Klima kühl, feucht und gemäßigt, die Landschaft mit immergrüner Vegetation überzogen; die Flüsse schwollen im Frühjahr an, während die stehenden Gewässer während der langen Polarnacht zufroren.

Die Dinosaurier dieses urzeitlichen Australiens gehörten einer neuen Dinosaurierklasse an, die offenbar mit einer langen, dunklen und kalten Jahreszeit zurechtkam. Die Lebensbedingungen waren sicherlich hart. Vergleichbare Verhältnisse soll der Meteoriteneinschlag vor 65 Millionen Jahren geschaffen haben, der angeblich für das Aussterben der Dinosaurier verantwortlich ist. Doch so interessant für die Paläontologen die Frage ist, weshalb die Dinosaurier von der Erde verschwanden – noch wesentlich rätselhafter erscheint es ihnen, wie sie mit Kälte und Dunkelheit fertig wurden.

Aufschlußreiche Funde

In Australien findet man nur selten Dinosaurierüberreste. Eine gut hundert Jahre währende Dinosauriersuche erbrachte auf dem gesamten Kontinent nur zwei Dinosaurierschädel sowie drei Skelette. Während der letzten Jahre gelang es jedoch eini-

gen Forschern, neue fossile Beweise für eine typisch australische, sehr formenreiche Dinosaurierfauna aufzuspüren. Diese versteinerten Dinosaurier zählen zu den reichhaltigsten Fossilienfunden aus der Unterkreide, also aus der Zeit vor 135 bis 100 Millionen Jahren, aus der weltweit nur wenige Überreste bekannt sind.

Die neuentdeckten Dinosaurierfossilien ließen sich nicht ohne größere Schwierigkeiten bergen. Das ehemalige Tal, in dem die Kleinsaurier während der Kreidezeit lebten bzw. (was wahrscheinlicher ist) in dem ihre Kadaver durch einen nahe gelegenen Fluß angeschwemmt wurden, ist heute Teil einer hohen Felswand an der Südspitze Australiens und gehört zu einer Meeresbucht, die unter dem Namen „Dinosaur Cove" bekannt geworden ist. Entlang der malerischen Küste branden heftige Wellen gegen die Felsen, und dabei werden gelegentlich Dinosaurierfossilien freigelegt. Der Geologe William Hamilton Ferguson wurde hier um die Jahrhundertwende als erster fündig. Beim Kartographieren einer kohlehaltigen Formation, die sich über 140 Kilometer an der Küste entlangzieht, entdeckte er ein Fossil, das später als Kralle eines Theropoden (Raubsauriers) identifiziert wurde.

Während der folgenden siebzig Jahre wurde kein weiteres Fossil gefunden. Doch 1978 entdeckten Tim Flannery, ein Geologiediplomand der „Monash University of Melbourne", und sein Vetter John Long mit Hilfe von Fergusons Karte die Fundstelle an den Klippen wieder. Schon nach ein paar Minuten Suche stieß Flannery auf ein Fossil, das sich als Vorderende des „Humerus" (Oberarmknochen) eines Dinosauriers entpuppte, und während der folgenden Sommermonate fand er noch weitere dreißig Knochen.

In den nächsten beiden Sommern kam eine Gruppe Paläontologen an die Küste, um nach Fossilien zu suchen. Zu diesem Team gehörten außer Flannery die Wissenschaftler Ralph Molnar, Pat Rich-Vickers, die an der Monash-Universität lehrt, sowie ihr Ehemann Tom Rich, Kustos am Victoria-Museum in Melbourne und Leiter der Grabungen. Sie stießen auf vier recht *ergiebige Fundstellen, wobei die „Dinosaur Cove" die reichhaltigste von allen war. Die Ausgrabungen wurden an offenliegendem Fels in der Bucht durchgeführt, und während der folgenden zwei Jahre entdeckten die Forscher rund ein Dutzend Fossilien, die sich an der Oberfläche oder in geringer Tiefe befanden.*

Doch bald mußte Rich einsehen, daß sie mit ihren Spitzhacken und Hämmern nicht tiefer in das ehemalige Flußbett eindringen konnten, das heute aus hartem Sandstein besteht. Die Ausgrabungen in den folgenden beiden Sommern wurden äußerst zermürbend. „Hauptsächlich haben wir schwere körperliche Arbeit leisten müssen", erinnert sich Rich, „richtige Knochenarbeit, wie etwa einen Tunnel graben." Das Team wühlte sich wie eine Gruppe von Maulwürfen an drei verschiedenen Stellen von unten nach oben durch den Fels. Mit Hilfe dieser Technik wurden zahlreiche Fossilien (meist Knochenfragmente kleinerer Wirbeltiere), aber auch ein paar „heile" Knochen und Zähne entdeckt.

Eine Bohrgesellschaft stiftete Rich schließlich eine Bohrausrüstung und half ihm, einen Tunnel in das Gestein zu treiben. Schließlich konnte seine Gruppe im Sommer 1986 einen größeren Erfolg verbuchen: Man fand Bruchstücke eines Dinosaurierskeletts. Daraufhin setzte eine fieberhafte Suche ein, um auch noch die fehlenden Teile zu bergen. Am nächsten Tag wurden zwei Wirbelfragmente gefunden, das Bruchstück eines Hinterbeinknochens sowie ein Stück eines Schädels, auf dem man deutlich den Abdruck der Hirnoberseite erkennen konnte. Aufgrund der recht primitiven Form des Gebisses vermutete Rich anfänglich, daß dies das Fossil eines Iguanodons sei, eines der ersten größeren Pflanzenfresser, die man weltweit in Sedimenten der Unterkreide gefunden hatte. Im Gegensatz zum Gebiß war die Schädelkapsel dieses Dinosauriers ziemlich hoch entwickelt; sie bot Platz für ein Gehirn, das dreimal so groß war, wie man es für ein Reptil dieser Größe erwartet hätte.

Im Jahr 1987 fanden Rich und seine Gruppe gegen Ende der Grabungsperiode weitere Einzelknochen von Dinosauriern,

Die pflanzenfressenden Iguanodontiden lebten in der Kreidezeit.

Rekonstruktion eines Allosauriers

aber auch bruchstückhaft erhaltene Skelette von vier oder fünf Fischarten sowie das Becken eines etwa fünf Meter langen Dinosauriers. Obwohl das immer noch relativ klein ist, handelte es sich vermutlich dennoch um den größten Dinosaurier, der in der „Dinosaur Cove“ gefunden wurde.

Die Auswertung der bisherigen, teilweise sehr bizarren Funde war so arbeitsaufwendig, daß Rich 1988 keine erneute Grabung durchführen konnte. Statt dessen verbrachte er den Sommer damit, um die Welt zu reisen, seine Funde mit anderen Fossilien zu vergleichen und seine Ergebnisse mit Kollegen zu diskutieren, die sich mit verschiedenen (nicht nur australischen) Dinosauriern der Unterkreide und den Lebensbedingungen in jener Zeit befaßten.

Ende 1988 und Anfang 1989 veröffentlichten Tom Rich und Pat Rich-Vickers Artikel, in denen sie die Ergebnisse ihrer Arbeit über die Dinosaurier der „Dinosaur Cove“ vorlegten. Die drei gefundenen Tiere stuften sie als kleine bis mittelgroße Hypsilophodontiden ein. Hypsilophodontiden hatten ein Gebiß, dessen Zähne übereinandergriffen, wodurch eine breite Kaufläche entstand. Ihre kräftige Kiefermuskulatur erlaubte es ihnen, auch

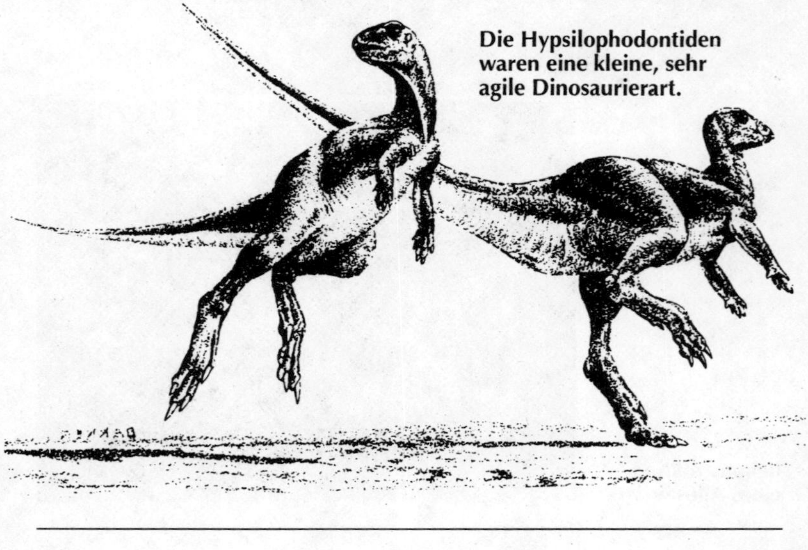

Die Hypsilophodontiden waren eine kleine, sehr agile Dinosaurierart.

hartes Futter zu kauen, und diese anatomische Besonderheit stellt den Hauptvorteil gegenüber früheren Pflanzenfressern wie dem Iguanodon dar. Den Dinosaurier mit dem großen Gehirn nannten Rich und seine Frau „Leaellynasaura" nach ihrer kleinen Tochter Lea Elly, die sich schon als Zweijährige – lange bevor sich Tom Rich erstmals auf Sauriersuche begeben hatte – einen Saurier ganz für sich allein gewünscht hatte. Leaellynasaura besaß zwar Zahnhöhlen, jedoch keine Zähne, und diese Tatsache unterstützte die These, daß es sich um den Schädel eines Jungdinosauriers handelte.

Über die Intelligenz dieser kleinen Dinosaurier kann man keine genauen Aussagen treffen, doch waren ihre Gehirne ungewöhnlich groß. Allerdings ließ sich die genaue Größe nur sehr schwer einschätzen, da die Schädel lediglich in Fragmenten gefunden wurden. Hinzu kommt, daß sie von jungen Tieren stammten, und darüber hinaus ist der Zusammenhang zwischen Gehirngröße und Intelligenz nicht eindeutig. Trotzdem sehen Pat und Tom Rich im großen Gehirn von „Leaellynasaura", das ausgeprägte Lobi optici *(Sehlappen) besaß, um visuelle Informationen zu verarbeiten, und in den besonders großen Augenhöhlen einen möglichen Hinweis darauf, daß dieser Dinosaurier hervorragend an die langen Dunkelperioden des arktischen Winters angepaßt war.*

Doch wie kalt und dunkel war es damals wirklich? Den Ergebnissen einer Arbeitsgruppe an der Monash-Universität zufolge lag die mittlere Jahrestemperatur in der Nähe des Gefrierpunkts, und dementsprechend müssen die Winter in diesem feuchten, saisonal veränderten Gebiet sehr streng gewesen sein. Der australische Winter war zu Dinosaurierzeiten laut Tom und Pat Rich aber nicht nur kalt, sondern auch dunkel. Australien, das damals noch nicht von der Antarktis getrennt war, lag deutlich südlich des Polarkreises. Somit lebten die australischen Dinosaurier weit von jenen Gebieten im Norden entfernt, die ganzjährig Tageslicht besaßen, und angesichts dieser Entfernung und der geringen Größe der Tiere erscheint es recht unwahrscheinlich, daß sie im Winter wegzogen.

Überleben durch Anpassung

Offenbar haben sich die australischen Dinosaurier unabhängig von den restlichen Dinosauriern der Unterkreide entwickelt. Die hier lebenden Pflanzenfresser, die zu der einzigen bekannten Fauna gehören, die von kleinen Hypsilophodontiden beherrscht wurde, waren endemische Arten (d. h. typisch nur für diese Region). Andere, wie zum Beispiel kleine Allosaurier (Raubsaurier), aber auch Amphibien und einige Pflanzen sind sogenannte Reliktarten – Tiere und Pflanzen, die aus früheren Zeiten übriggeblieben waren. Zum Teil gelangten diese Tiere aus entfernteren Erdteilen über die Antarktis nach Australien, wo sie sich kaum veränderten. Diese „Isolation der Arten" kam durch die relative Abgeschiedenheit des Kontinents oder infolge anderer begrenzender Faktoren zustande, möglicherweise aufgrund des strengen Klimas. Im Australien der Unterkreide konnten jedenfalls offensichtlich nur die kleinen, geschickten und zum Teil bizarr anmutenden Dinosaurier überleben.

Die wenigen Informationen über die Dinosaurier jener Zeit deuten darauf hin, daß sich neue Formen entwickelten, die charakteristisch für ihren Lebensraum waren. Das steht durchaus im Einklang mit den Spielregeln der Evolution, denn damals brachen die Kontinente auseinander, das Klima und die Geographie veränderten sich, und die Dinosaurier mußten sich entsprechend anpassen. Einige der uns bekannten Formen blieben, wie sie waren – beispielsweise die Stegosaurier in Afrika und Indien oder jener plumpe, gepanzerte Nodosaurier, den man kürzlich in Felsschichten aus der Unterkreide gefunden hat. Doch andere Formen entwickelten sich auf dramatische Weise. So entstanden in Afrika riesige Ornithischier und Theropoden, deren Rücken mit Stacheln bewehrt waren, und in Asien kamen kleine Theropoden und die ersten Vorfahren*

**„Vogelhüftige Dinosaurier", eine der beiden Saurierordnungen in Abgrenzung zu „Saurischiern", den „echsenhüftigen Dinosauriern"*

<u>Oben:</u> Charakteristisch für den Stegosaurus ist die auf dem Rücken verlaufende Reihe von Knochenplatten. <u>Rechts:</u> ein Hadrosaurier

Schädel eines Triceratops (Dreihornsauriers)

der Ceratopsier (Hornsaurier) auf. Überall auf der Welt ging die Artenzahl der Sauropoden, riesiger pflanzenfressender Saurischier, zurück, doch in Afrika bildeten sie gepanzerte Flanken und Schwanzkeulen, die sie wie einen Morgenstern nutzen konnten.

Doch es gibt noch einen weiteren Faktor, der möglicherweise darüber bestimmte, welche Arten in der Unterkreide aussterben und welche überleben sollten. Zu jener Zeit setzten sich langsam und durchaus nicht einheitlich die Blütenpflanzen durch. Vor allem rund um den Äquator entwickelten sie viele neue Arten. In der Oberkreide waren sie dann schon recht gleichmäßig über den Erdball verteilt. Die Hypsilophodonten, die noch bis Ende des Mesozoikums, des Erdmittelalters, lebten, besaßen vermutlich ein ideales Gebiß, um die neuen Blütenpflanzen zermahlen zu können. Hingegen nahm die Zahl der Iguanodonten in der Unterkreide erheblich ab, und an ihre Stelle rückten die Hadrosaurier, auch Entenschnabelsaurier genannt. Sie besaßen eine gewaltige „Zahnbatterie" aus Hunderten von Mahlzähnen sowie einen in sich beweglichen Kiefer, und mit einem solchen kombinierten „Shredder-Gebiß" konnten sie hervorragend eine Menge Pflanzen als Nahrungsquelle nutzen.

Paradies Alaska

Bei der Suche nach Informationen über die spätmesozoische Flora in arktisnahen Gebieten wurden weitere Hinweise gefunden, die halfen, das Rätsel über die Anpassung der Dinosaurier an das Leben jenseits des Polarkreises zu lösen.

Heute herrscht an der Küste im Norden Alaskas ein feuchtkühles Klima, und die Landschaft besitzt eine reiche Vegetation. Im Winter fällt die Temperatur unter den Gefrierpunkt (wenn auch nicht immer sehr stark), die Sommer sind feucht und gemäßigt. Entlang der Meeresküste, den Flüssen, Seen und Sümpfen grünen Büsche und Bäume im Überfluß. Einige der

Versteinerter Fisch, Fund aus der Kreidezeit (vor ca. 60 Mill. Jahren)

Bei Ausgrabungen legen diese Paläontologen ein Dinosaurierskelett frei.

größten Tiere des Kontinents ernähren sich von den Pflanzen, die hier während der langen Sommermonate üppig wachsen.

Dieses blühende Stilleben verblaßt jedoch, wenn man es mit dem Leben in einem anderen Teil Alaskas während der Oberkreide vergleicht. Vor etwa 70 Millionen Jahren, also etwa fünf Millionen Jahre vor dem Ende der Dinosaurier, herrschten in den nördlichen Ausläufern Alaskas zumindest in den Sommermonaten wahrhaft paradiesische Zustände. Die Pflanzen und Bäume, die ihre Blätter und Nadeln im letzten Herbst abgeworfen hatten, trieben innerhalb kürzester Zeit aus und bedeckten bald den gesamten Boden. Dieses Bild stützt sich auf zahlreiche einzigartige Fossilien, unter anderem versteinerte Baumreste mit Jahresringen. Sehr wahrscheinlich haben die Tiere weite Strecken zurückgelegt, um an diesen grünen „gedeckten Tisch" zu gelangen.

Gegen Ende der 80er Jahre reiste ein Wissenschaftlerteam in den äußersten Norden Alaskas zu den Ufern des milchig-trüben Colville River und studierte am sogenannten „Ocean Point" die fossilen Überreste dieses Schlaraffenlandes. Von 1987 bis 1989 leitete diese Arbeiten William A. Clemens, Leiter der Paläontologischen Abteilung der „University of California" in Berkeley und Fürsprecher der Theorie, daß Dinosaurier graduell (also allmählich) ausgestorben sind. Zu den ersten Knochen, die Clemens und seine Gruppe entdeckten, gehörten die Zähne eines Trodoon, jenes intelligenten Theropoden, den man aus Asien und Nordamerika kennt. Ein andermal durchsuchte Howard Hutchinson, der ebenfalls zum Team gehörte, das Ende einer Sandbank nahe des Lagers nach kleinen Fossilien und siebte hierzu mehrere Eimer Sedimentgestein durch. Dabei entdeckte er einen Knochensplitter, der sich als Bruchstück vom „Schnabel" eines Ceratopsiers entpuppte. Hutchinson grub in der dahinterliegenden Böschung und fand den fast vollständigen Schädel eines Pachyrhinosaurus, eines Hornsauriers aus dem Westen Nordamerikas. Bei dem Gros der Knochen, die aus den Felswänden herausragten oder in ihnen verborgen lagen, handelte es sich um Trümmer von Rippen, Wirbel und Oberschenkel, die allerdings von Hadrosauriern und nicht von Ceratopsiern stammten.

Die starke Ähnlichkeit zwischen den Dinosauriern vom Colville River und Arten, die zur selben Zeit viele tausend Kilometer weiter südwärts in Nordamerika vorkamen, läßt viele Wissenschaftler vermuten, daß die arktischen Dinosaurier sich nur im Sommer in dieser dann sehr einladenden Region aufhielten, da sie im Winter sehr unwirtlich wurde. Clemens jedoch ist anderer Ansicht. Er und seine Mitarbeiter meinen, daß die Dinosaurierjungen, deren Fossilien hier sehr häufig gefunden wurden, zu klein gewesen seien, um im Winter wegzuziehen. Außerdem hätten die Tiere diese Gegend in einem kühlen, aber frostfreien Winter nicht verlassen müssen, sondern sich auf andere Weise ernähren können – beispielsweise, indem sie Futterpflanzen aus dem Seewasser herausfilterten

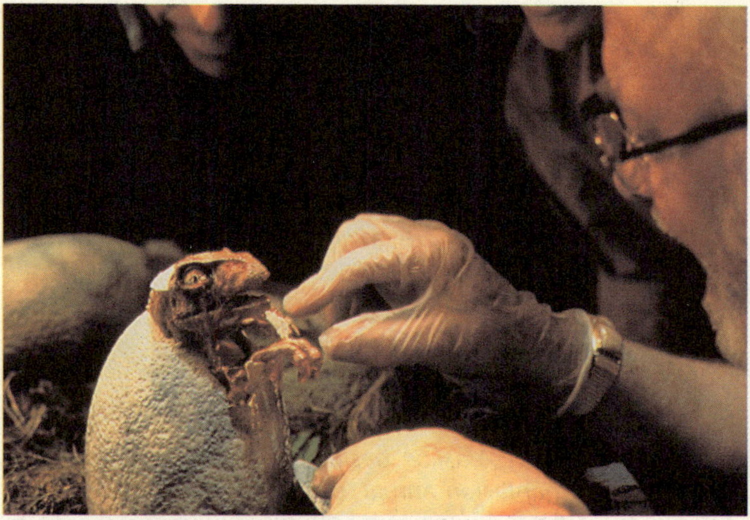

Regisseur Steven Spielberg verfilmte Michael Crichtons Roman „Jurassic Park“, in dem Dinosaurier wieder zum Leben erwachen.

oder Pflanzen vom Waldboden oder die Zweige immergrüner Nadelhölzer fraßen. Falls jedoch tatsächlich einige Arten ganzjährig in kalten und dunklen Regionen überleben konnten, bestünde damit ein Widerspruch zu den „tödlichen Konsequenzen" eines Meteoriteneinschlags, wie ihn Wissenschaftler für das Aussterben der Dinosaurier verantwortlich machen, denn diese Folgen bestünden nach Clemens vor allem darin, daß einige Wochen oder Monate lang permanente Dunkelheit geherrscht hätte. Aber für diese These fehlt letztlich noch der Beweis.

Reanimierte Dinosaurier aus Fossilien?

Die Saurierfossilien Alaskas besitzen eine besondere Eigenschaft, die zu Phantasien anregt, die direkt Michael Crichtons „Jurassic Park" entsprungen sein könnten: Sollte es eines Tages möglich sein, lebende Dinosaurierzellen oder gar einen lebendigen Dinosaurier zu schaffen? Um die Einmaligkeit dieser Fossilien zu verstehen, muß man die Knochen nur in die Hand nehmen. Während die meisten Fossilien schwer wie Stein sind, wiegen diese hier erheblich weniger. Robert Spicer, ein britischer Paläobotaniker und einer der ersten Sammler fossiler Pflanzen, nimmt an, daß die Knochen deshalb so leicht sind, weil sie nicht in großer Tiefe abgelagert wurden und deshalb weder hohen Temperaturen noch extremem Druck ausgesetzt waren. Statt dessen lagen sie lange Zeit im Eis. „Da sie so lange gekühlt waren, fand der fossile Umwandlungsprozeß nur langsam statt", erklärt er.

Spicer sandte einige der Fossilien aus Alaska an Gordon Curry, einen Geologen an der „University of Glasgow". Seit 1984 versucht Curry zusammen mit seiner Arbeitsgruppe, die genaue Struktur der organischen Bestandteile in den Gesteinsproben herauszufinden. Lange Zeit wurde angenommen, daß die Peptidketten, aus denen sich die einzelnen Proteine (und somit auch ein lebender Organismus) zusammensetzen, in-

folge von Verwesung und Fossilierung der toten Organismen zerstört würden. Allerdings können, wie Curry auffiel, einige widerstandsfähige organische Moleküle unter geringfügigen Veränderungen durchaus in das Gestein inkorporiert werden. Diese biologischen „Marker" sind zwar in ihre einzelnen Bausteine, die Aminosäuren, zerfallen, blieben jedoch so gut erhalten, daß sie den Wissenschaftlern Rückschlüsse über ihre ursprüngliche Peptidstruktur liefern.

Diese Aminosäuresequenzen unterscheiden sich nicht nur von Individuum zu Individuum, sondern auch von Art zu Art. Ähnlich verhält es sich bei der DNS (Desoxyribonukleinsäure), die ebenfalls durch eine bestimmte Sequenz festgelegt ist. Obgleich DNS nur sehr schwer in Fossilien zu finden ist, kann man Aminosäuresequenzen heute in unvorstellbar geringen Konzentrationen in einem Fossil nachweisen, indem man die passenden Antikörper (die beispielsweise mit einem Farbstoff markiert sind) auf Peptidbruchstücke einwirken läßt und so eine meßbare Reaktion erhält. Curry hofft, daß er – wenn er ausreichend Erfahrungen mit den Proteinen der Fossilien aus Alaska gesammelt hat – selbst den kleinsten Fossiliensplitter der jeweils richtigen Gruppe zuordnen kann. Und da die Dinosaurierknochen aus Alaska nur schwach mineralisiert sind und zudem auch lange tiefgefroren waren, könnten sie möglicherweise sogar Spuren von DNS enthalten. „Das ist natürlich reine Spekulation", gesteht Curry ein, „doch würde man im Prinzip durch die Synthese einer Proteinsequenz Teile eines Dinosauriers nachbauen, zwar nur den Bruchteil eines Moleküls, aber es stammt von einem echten Dinosaurier." Mit Hilfe der sogenannten Polymerase-Kettenreaktion, einer 1985 entwickelten Labortechnik, vermögen Wissenschaftler DNS-Fragmente beliebig oft zu vervielfältigen, eventuell sogar die Sequenzen für sehr alte Moleküle. Auf diese Weise könnte man eines Tages vielleicht auch Dinosaurier-DNS aus einem leichten Knochenfragment eines arktischen Hadrosauriers neu synthetisieren.